Sander · Mit Kreditgebern auf Augenhöhe verhandeln

Online-Version inklusive!

Stellen Sie dieses Buch jetzt in Ihre „digitale Bibliothek" in der NWB Datenbank und nutzen Sie Ihre Vorteile:

- Ob am Arbeitsplatz, zu Hause oder unterwegs: Die Online-Version dieses Buches können Sie jederzeit und überall da nutzen, wo Sie Zugang zu einem mit dem Internet verbundenen PC haben.
- Die praktischen Recherchefunktionen der NWB Datenbank erleichtern Ihnen die gezielte Suche nach bestimmten Inhalten und Fragestellungen.
- Die Anlage Ihrer persönlichen „digitalen Bibliothek" und deren Nutzung in der NWB Datenbank online ist kostenlos. Sie müssen dazu nicht Abonnent der Datenbank sein.

Ihr Freischaltcode: VFSRRSDWQATWDEOXJPGTL

Sander, Mit Kreditgebern auf Augenhöhe verhandeln

So einfach geht's:

1. Rufen Sie im Internet die Seite **www.nwb.de/go/online-buch** auf.
2. Geben Sie Ihren Freischaltcode in Großbuchstaben ein und folgen Sie dem Anmeldedialog.
3. Fertig!

Alternativ können Sie auch den Barcode direkt mit der **NWB Mobile** App einscannen und so Ihr Produkt freischalten! Die NWB Mobile App gibt es für iOS, Android und Windows Phone!

Die NWB Datenbank – alle digitalen Inhalte aus unserem Verlagsprogramm in einem System.

www.nwb.de

Mit Kreditgebern auf Augenhöhe verhandeln

Praxisleitfaden zur Bankenkommunikation für Unternehmer und Berater

- Grundlagen einer Kreditentscheidung
- Typische Kreditunterlagen
- Verhandlungen über Kreditkonditionen

Von
Carl-Dietrich Sander

2. Auflage

nwb

ISBN 978-3-482-**63692**-9
2. Auflage 2015

Satz: Griebsch & Rochol Druck GmbH & Co. KG, Hamm
Druck: medienHaus Plump GmbH, Rheinbreitbach

VORWORT ZUR 2. AUFLAGE

Was hat sich geändert in der Finanzierer-Landschaft des Mittelstandes seit Ende 2011, als ich die Arbeit an der ersten Auflage dieses Buches abgeschlossen habe? Mehr als ich selber gedacht habe! Denn aus der Ergänzung des Buches um neuere Entwicklungen ist eine komplette Überarbeitung und Ergänzung geworden. Die von mir wahrgenommenen Veränderungen möchte ich in einigen wesentlichen Stichworten aufzeigen:

Das Wort „Kreditklemme" ist aus der öffentliche Debatte verschwunden (kann aber jederzeit wieder auftauchen – siehe dazu die einleitenden Anmerkungen im Vorwort zur ersten Auflage). Viele Unternehmen fühlen sich aber unverändert in einer Zeit der Kreditklemme: viele Untersuchungen zeigen, dass es besonders die kleineren Unternehmen sind und diejenigen mit nicht so guter Bonität, die es oftmals schwer haben, erforderliche Finanzierungen am Markt zu erhalten. Daher wird es für diese Unternehmen noch wichtiger, die eigene Situation realistisch einzuschätzen und das Thema Finanzierung gezielt anzugehen. Andererseits ist der Wettbwerb um die guten Bonitäten wieder genauso heftig entbrannt wie vor der Finanzmarktkrise 2008. Das stellt diese Unternehmen vor die Herausforderung, strategisch und taktisch klug auszuwählen.

Die Banken sind nicht kleiner geworden. Dieses Ziel hat die Politik nicht erreicht. Im Gegenteil: Die zehn größten europäischen Banken hatten im 1. Quartal 2007 eine kumulierte Bilanzsumme von € 12,1 Billionen was 96,7 % des Bruttoinlandsproduktes ihrer Länder entsprach. Im 1. Quartal 2014 ist die kumulierte Bilanzsumme auf € 14,2 Billionen gestiegen und der Prozentsatz zum Bruttoinlandsprodukt auf 105,2 (vgl. *Drost/Köhler/Landgraf*, Handelsblatt 9. 7. 2014)! Zwar hat sich die Eigenkapitalausstattung dank Basel III durch die Bank verbessert. Eine Schieflage einer großen systemkritischen Bank dürfte aber weiterhin am langen Ende am Steuerzahler hängen bleiben – was sich kein Land in Europa mehr leisten kann. Nebenbei: in den USA geht der Trend in dieselbe Richtung. Die Aussage, dass Banken nicht kleiner geworden sind, gilt auch für die typischen Mittelfinanzierer in Deutschland, die Sparkassen und Genossenschaftsbanken, – hier vor allem getrieben durch Fusionen. Ob diese Banken damit wirklich "besser" und sicherer werden oder marktnäher für den Mittelstand, sei dahin gestellt. Auch die Wirkung von Sanierungsfällen immer größerer Banken auf die Sicherungseinrichtungen der Verbünde wäre vielleicht ein Diskussionspunkt (vgl. das neue Kapitel 13.2.7 und 13.2.4)!? Somit stellt sich auch hier die Frage, mit welchen Partnern die Unternehmen zukünftig (weiter) zusammenarbeiten wollen, um ihre Finanzierungsbasis dauerhaft und für den zukünftigen Bedarf abzusichern.

Die Zahl der Finanzierungs-Alternativen ist gestiegen. Damit nimmt in vielen Bereichen die Auswahlmöglichkeit für Mittelständler zu. Gleichzeitig treibt diese Entwicklung aber auch die Komplexität des Finanzierungsgeschäfts und macht eine bewusste und strategische Steuerung der eigenen Liquidität und Finanzierung noch wichtiger.

Finanzierung ist unverändert eine der wichtigsten Chefaufgaben. Allerdings auch eine Chefaufgabe, die vielen Unternehmern nicht unbedingt auf den Leib geschneidert ist. Wer daher keine qualifizierte Unterstützung in der eigenen Mannschaft hat, sollte sich zumindest punktuell nach entsprechender Unterstützung von außen umsehen. Dies kann der Steuerberater sein, ein Unternehmerkollege, ein Unternehmensberater. Im Fazit zu jedem Kapitel habe ich die Zeile "Für Berater: . . ." systematisch ausgebaut. Damit können Sie als Unternehmer erkennen, was Sie von Ihren Beratern erwarten können und erwarten sollten. Für Berater ergeben sich damit Impulse für das eigene Geschäft.

Nie war es so wertvoll wie heute! So etwas unbescheiden meine zusammenfassende Bewertung zu diesem Buch in seiner zweiten Auflage. Für den Einstieg lesen Sie bitte auch das Vorwort zur ersten Auflage. Besonders wichtig sind aus meiner Sicht die Hinweise zur "Arbeitsweise" mit diesem Buch – damit Sie es in Ihrem unternehmerischen Alltag möglichst produktiv nutzen können.

Neuss, im November 2014 — Carl-Dietrich Sander

VORWORT ZUR 1. AUFLAGE

„Kreditklemme" war in den Jahren 2009 und 2010 ein viel gebrauchtes Wort in den Medien und in Gesprächen von Unternehmer/innen und Berater/innen. Auch wenn die bessere Wirtschaftslage den Begriff in den Hintergrund hat rücken lassen – er kann schneller wieder auftauchen, als vielen in den beratenden Berufen und in Unternehmerkreisen lieb ist.

Zumal eine Kreditklemme **drei Dimensionen/Ausgangslagen** haben kann:

1. Die **volkswirtschaftliche Entwicklung**, die sozusagen als „exogener Schock" die Unternehmen und/oder die Kreditgeber trifft – das war die Situation Ende 2008 in der vom Immobilienmarkt der USA ausgehenden Finanzkrise; und eine solche Situation kann jederzeit wieder getrieben von einer anderen „Blase" um die nächste Ecke kommen (die Diskussion um „schwarze Schwäne" und das angebliche nur „Rest-Risiko" beleuchtet das deutlich).
2. Die Situation eines **Kreditgebers**, der auf Basis der aufsichtsrechtlichen Vorgaben und der Risikostruktur seines Kreditgeschäfts dasselbe nicht mehr oder nur sehr risikoscheu ausweiten kann bzw. darf. Diese Situation tritt kreditgeber-individuell immer wieder ein. Man spricht dann von der „Schieflage" z. B. einer Sparkasse oder Genossenschaftsbank, die durch die jeweilige Sicherungseinrichtung unterstützt oder aufgefangen werden muss. Zusätzlich wird Basel III einige Kreditinstitute in die Richtung „Risiko-Zurückhaltung" drängen.
3. Die Situation eines **Unternehmens**, das aufgrund seiner negativen wirtschaftlichen Entwicklung auf immer geringere Kreditbereitschaft seiner Fremdkapitalgeber stößt – bis zum Kreditstopp und zur Kreditkündigung.

Besonders fatal wird es dann, wenn sich zwei oder gar alle drei Entwicklungen im Fokus eines konkreten Unternehmens überlappen.

Wie können Unternehmer/innen und ihre Berater/innen agieren, damit sie eine starke Verhandlungsposition gegenüber ihren Kreditgebern aufbauen? Das ist die Kernfrage und der Begriff **„Verhandlungsmacht"** oder „Verhandlungsposition" wird sich wie ein roter Faden durch dieses Buch ziehen.

Das **Ziel** muss sein, auf Basis einer stabilen Finanzierungssituation und „Bankenlandschaft" auch Phasen von Kreditklemmen der Arten 1 und 2 gut zu überstehen und in eine Kreditklemme der Art 3 erst gar nicht zu geraten! Diesen Themen mehr Aufmerksamkeit im Rahmen der kaufmännischen Unternehmensführung zu widmen, gehört zu den **„Chefaufgaben"** im Mittelstand – um mit Kreditgebern (noch besser) auf Augenhöhe verhandeln zu können.

Dafür gibt es (leider) **keine Musterlösungen**! Was es gibt, ist ein **Werkzeugkasten**, aus dem Unternehmer/innen je nach Situation und Zielen das jeweils passende Teil entnehmen und nutzen können. Als ein solcher Werkzeugkasten versteht sich dieses Buch.

Das Buch richtet sich an zwei Gruppen:

- **Steuerberater/innen und Unternehmensberater/innen** die ihren Mandanten bei der Bankenkommunikation erfolgreich zur Seite stehen wollen – und zwar sowohl aus freiberuflicher oder angestellter Tätigkeit heraus (letztere z. B. als Mitarbeiter/innen von Wirtschaftsförderungen, Verbundgruppen, Verbänden, Einkaufsgenossenschaften, Kammern, ...),
- **Unternehmer/innen**, die allein oder mit Unterstützung ihrer Berater/innen ihre Kommunikation mit Kreditgebern verbessern und auf eine solide dauerhafte Basis stellen wollen. Zielgruppe sind Unternehmer/innen, die bereits einige Jahr am Markt erfolgreich sind. Die speziellen Aspekte der Bankenkommunikation bei Existenzgründungen werden nicht behandelt. Auch die ganz spezifischen Aspekte der Krisen- oder Sanierungs-Phase eines Unternehmens sind nicht Gegenstand dieses Buches. Vielmehr geht es darum, durch eine **vorausschauende Unternehmensführung** zu sichern, dass Krisenphasen gar nicht erst erreicht werden.

Wenn hier von **„Kreditgebern"** die Rede ist, wird hauptsächlich über Banken und Sparkassen gesprochen; aber auch Leasinggeber, Factoring-Gesellschaften und auch Lieferanten als typische weitere Fremdkapital-Lieferanten arbeiten grundsätzlich nach den gleichen Prinzipien.

Dieses Buch ist darüber hinaus auch ein guter „Impulsgeber" für die Mitarbeiter/innen von Kreditgebern, also z. B. **Gewerbe- und Firmenkunden-Betreuern/innen von Kreditinstituten** oder Verantwortlichen für das Forderungsmanagement in Unternehmen: wer mit seinen Kunden wirklich partnerschaftlich verhandeln will, sollte deren Situation einschätzen und sogar unterstützen können. Kompetente Verhandlungspartner/innen sind zwar nicht immer einfach – aber letztlich werden schneller produktive und dauerhaft tragfähige Ergebnisse für beide Seiten erzielt.

Nebenbei: wenn hier von der Kommunikation mit Kreditgebern gesprochen wird, so gelten viele der angesprochenen Aspekte und Themen auch für die Kommunikation mit Eigenkapitalgebern, bei denen aber weitere Aspekte aus der Haftungssituation des Eigenkapitals hinzukommen.

Auf welche Weise dieses Buch einen Werkzeugkasten zur Bankenkommunikation zur Verfügung stellt und wie Sie diesen gezielt nutzen können, lesen Sie im Beitrag „Zur Arbeit mit diesem Buch“.

Neuss, im Dezember 2011 — Carl-Dietrich Sander

ARBEITSWEISE

Um dieses Buch zu nutzen, stehen Ihnen grundsätzlich **drei Lesewege** offen:

1. Sie können **jedes Kapitel und Unterkapitel einzeln** lesen und nutzen. Diesen Leseweg erleichtern vielfache Querverweise, so dass Sie das Thema, wenn gewünscht, immer weiter abrunden können. Für diesen Leseweg wurde bewusst die eine oder andere kleinere inhaltliche Wiederholung in Kauf genommen, um die Verständlichkeit einzelner Abschnitte zu erhöhen.
2. Sie können das **Buch durchgehend lesen**. Auch dabei sind die Querverweise eine Unterstützung beim Vor- oder Zurück-Gehen.
3. Sie starten mit einem **Schnelldurchgang**: Dazu nutzen Sie das „Fazit" am Ende jedes Abschnitts und entscheiden dann, ob Sie diesen Abschnitt komplett lesen wollen.

Welchen Weg Sie wählen, hängt von den Themen ab, die Sie zur Zeit gerade bei Ihrer Finanzierungs- und Liquiditätssituation bzw. der Ihrer Mandanten beschäftigen.

Um Ihnen die Entscheidung für einen Arbeitsweg zu erleichtern, finden Sie im Download-Bereich zu diesem Buch in der NWB-Datenbank – siehe unten – eine **Checkliste als Einstiegshilfe**. Nutzen Sie diese Checkliste – sie gibt Ihnen

- die Chance für eine erste Bestandsaufnahme zu Ihrer Bankenkommunikation,
- eine Hilfestellung bei Ihrer Entscheidung zur Arbeit mit diesem Buch.

Entscheidend aus Sicht des Verfassers ist nicht nur das „Lesen" – sondern vor allem das **„Nutzen"**, damit Sie die Informationen und Impulse aus diesem **Werkzeugkasten** wirklich im eigenen Umgang mit Kreditgebern und Mandanten konkret einsetzen können.

Diesem Anspruch möchte dieses Buch im Sinne eines Leitfadens für die unternehmerische und beratende Praxis mit den folgenden **Gestaltungselementen** gerecht werden:

- Verständlichen Texten,
- inhaltlichen Verweisen zwischen den einzelnen Kapiteln zum Hin- und Herblättern,
- Praxisbeispielen,
- Abbildungen und Übersichten,
- Handlungsimpulsen am Ende eines jeden Kapitels im Fazit,
- Stichwortverzeichnis zum schnellen Auffinden der wirklich relevanten Textstellen zu dem jeweiligen Begriff.

Ein **besonderes Werkzeug** ist der spezielle **Download-Bereich** zu diesem Buch in der NWB-Datenbank. Alle Informationen zur Nutzung dieses Bereichs finden Sie zu Beginn des Buches auf der Seite „Online-Version inklusive!"

Folgende Inhalte finden Sie im Download-Bereich:

- Zu jedem Kapitel ein **„Begleitblatt"** – getrennt für Berater/innen, Unternehmer/innen und Bankbetreuer.

  Das Begleitblatt beinhaltet die Gliederung des jeweiligen Abschnitts und ist dafür gedacht, dass Sie sich als Leser/in direkt Notizen zum eigenen Beratungsgeschäft / zum eigenen Unternehmen / zum eigenen Firmenkundengeschäft machen. So können Sie am Ende jedes Kapitels konkret festlegen, welche **Aktivitäten** Sie jetzt kurzfristig oder auch mittelfristig angehen wollen.

  Dafür unterscheidet jedes Begleitblatt **drei Dimensionen**, und zwar für

  Unternehmer/innen:

  - Themen/Aktivitäten kurzfristig,
  - Themen/Aktivitäten zur Wiedervorlage,
  - Unternehmensstrategie;

  Berater/innen:

  - für einzelne Mandanten kurzfristig,
  - für einzelne Mandanten Wiedervorlage,
  - für meine Beratungsarbeit generell/Strategie;

  Bankbetreuer/innen:

  - für einzelne Firmenkunden kurzfristig,
  - für einzelne Firmenkunden Wiedervorlage,
  - für unsere Betreuungskonzeption/Strategie.

- Zu verschiedenen Themen **„Methoden-Arbeitsblätter"** – diese sind ein Angebot, direkt mit der Arbeit an einem konkreten Thema zu beginnen. Dabei bietet das Arbeitsblatt eine Struktur, die Sie unmittelbar nutzen oder auch vorher noch auf Ihre ganz spezifischen Bedürfnisse anpassen können. Auf jeden Fall soll es den Einstieg in das direkte Tun erleichtern.
- Zu einigen Themen **„Arbeitsblätter"** mit ergänzenden Informationen.

Bzgl. der **sprachlichen Arbeitsweise** in diesem Buch beachten Sie bitte die folgenden Punkte:

- Wegen der flüssigeren Lesbarkeit wird im Text auf die jeweilige Nennung der männlichen und der weiblichen Form verzichtet.
- Der Begriff „Bank" wird als Bezeichnung für alle Arten von Kreditinstituten genutzt – insbesondere Sparkassen sind dabei immer mit gemeint. Ebenso können dabei auch andere Kreditgeber gedanklich einbezogen werden.

- Die Ansprache mit „Sie“ ist auf den Unternehmer hin formuliert. Steuer- oder Unternehmensberater und ebenso Bankbetreuer deuten dies bitte jeweils mit Blickrichtung auf die eigenen Mandanten/Firmenkunden um.

INHALTSVERZEICHNIS

ABBILDUNGSVERZEICHNIS

ABKÜRZUNGSVERZEICHNIS

A

Abs.	Absatz
Abt.	Abteilung
AG	Aktiengesellschaft
AGB	Allgemeine Geschäftsbedingungen

B

BaFin	Bundesanstalt für Finanzdienstleistungsaufsicht
BGB	Bürgerliche Gesetzbuch
BGH	Bundesgerichtshof
BilMoG	Bilanzrechts-Modernisierungs-Gesetz
BVR	Bundesverband der Volks- und Raiffeisenbanken
BWA	Betriebswirtschaftliche Auswertung
bzw.	beziehungsweise

C

ca.	cirka
CF	Cashflow

D

d. h.	das heißt

E

evtl.	eventuell
EWB	Einzelwertberichtigung
EZB	Europäische Zentralbank

F

ff.	fortfolgende
FSR	Firmenkundenschnellrating (der Genossenschaftsbanken)

G

GmbH	Gesellschaft mit beschränkter Haftung
gem.	gemäß

GuV	Gewinn- und Verlustrechnung

H

HGB	Handelsgesetzbuch
Hrsg.	Herausgeber

I

i. d. R.	in der Regel
IFD	Initiative Finanzstandort Deutschland
i. H.	in Höhe
i. R. d.	im Rahmen der
i. R. v.	im Rahmen von
i. S.	im Sinne

K

KDF	Kapitaldienstfähigkeit
KK-Kredit	Kontokorrent-Kredit
KKR	Kleinst-Kunden-Rating oder Kunden-Kompakt-Rating der Sparkassen-Finanzgruppe
KMU	kleine und mittlere Unternehmen
KWG	Kreditwesengesetz

L

lt.	laut

M

MaRisk	Mindestanforderungen für das Risikomanagement der Kreditinstitute
Mio.	Million
Mrd.	Milliarde

P

p. a.	per annum

R

rd.	rund

S

sog.	so genannt

SolvV	Solvabilitätsverordnung
SPP	Stärken-Potenzial-Profil
StGB	Strafgesetzbuch
SuSa	Summen-Salden-Liste
S&P	Standard & Poors

U

u. a.	unter anderem

V

v. a.	vor allem
vgl.	vergleiche

Z

z.T.	zum Teil

DOWNLOADVERZEICHNIS

Methoden-Arbeitsblätter

sonstige Arbeitsblätter

Begleitblätter

DOWNLOAD-VERZEICHNIS

1. Gesprächsanlässe mit Kreditgebern und Kommunikationsstrategie

DOWNLOAD:

Begleitblätter „Gesprächsanlässe"

Das Kreditgespräch hat seine Besonderheiten auch in Abhängigkeit von der geschäftlichen Situation, in der Sie mit dem jeweiligen Kreditgeber stehen. Entscheidend für Ihr Ziel, die benötigten Kredite dauerhaft zu erhalten, ist Ihre **Kommunikationsstrategie** – sowohl bei Beantragung eines Kredites als auch während der Laufzeit dieses Kredites. Insbesondere die Bedeutung der Kommunikation während eines laufenden Kreditverhältnisses wird oft unterschätzt.

Ein weiterer Eckpfeiler in der Kommunikation mit Kreditgebern ist Ihre Abhängigkeit oder Unabhängigkeit von diesen. Der Gestaltung der eigenen „Finanziererlandschaft" kommt eine besondere Bedeutung zu – diese wird abschließend in Kapitel 13 ausführlich dargestellt.

1.1 Aufnahme eines neuen Kredites

Wenn Unternehmer erstmals mit einem Kreditwunsch an eine bestehende oder eine ganz neue Bankverbindung herantreten, dann ist es selbstverständlich, dass diese Informationen und Unterlagen benötigt. Diese werden auch relativ „bereitwillig" zur Verfügung gestellt.

Dabei ist es hilfreich, folgende **Schritte** zu berücksichtigen:

- Den eigenen **Finanzierungsbedarf** realistisch abschätzen (vgl. Kapitel 6) – und zwar zumindest für die nächsten 1-3 Jahre. Dabei natürlich wissend, dass sich dieser noch verschieben kann im Laufe der Zeit. Der Hintergrund dieser Überlegung: Banken möchten nicht alle drei Monate dasselbe Kreditengagement wieder für eine Krediterhöhung in die Hand nehmen müssen.
- Mit der Bank in einem Vorkontakt den Kreditwunsch skizzieren (wofür, wie viel und wann) und die für eine fundierte und zügige Entscheidung der Bank **erforderlichen Unterlagen** (vgl. Kapitel 7) erfragen (welche, welcher Umfang und welche Qualität); gute Banken haben dafür Checklisten, sodass Sie auf einen Blick alles Erforderliche ersehen können.

- Die angeforderten **Unterlagen** erstellen und **in einem Paket** an die Bank schicken oder übergeben, sodass Ihr Kreditwunsch in der Bank in einem Arbeitsgang – und damit produktiv – bearbeitet werden kann: Machen Sie es den Bankmitarbeitern möglichst einfach! Vor allem vermeiden Sie auf diese Weise das wiederholte erneute Nachfordern von weiteren oder verbesserten Unterlagen durch die Bank (wobei es im Einzelfall dennoch vorkommen kann, z. B. wenn die Unterlagen weitere Themen oder Fragen aufkommen lassen. Letztlich sorgen Sie mit der Qualität Ihrer Unterlagen dafür, dass ein Nachliefern nicht nötig wird).
- Bei Übersendung/Übergabe den **Termin** für das Kreditgespräch direkt mit vereinbaren.

Besonders wichtig: Gehen Sie rechtzeitig auf die Bank zu, damit diese Zeit für ihren Entscheidungsprozess hat (vgl. Kapitel 5). Speziell im Fall der erstmaligen Kreditaufnahme bei einer neuen Bankverbindung wird dafür ggf. mehr Zeit benötigt als bei einem bestehenden und gut bekannten Kreditengagement.

FAZIT:

- Schätzen Sie den eigenen Finanzierungsbedarf mittelfristig ab.
- Klären Sie im Vorfeld den Informationsbedarf der Kreditgeber für die anstehenden Kreditwünsche.
- Übersenden Sie alle erforderlichen Informationen kompakt in der geforderten Qualität.
- Für Berater: Sprechen Sie z. B. im Gespräch über den Jahresabschluss den zukünftigen Kreditbedarf an, sodass sich Ihr Mandant entsprechend vorbereiten kann.

1.2 Aufstockung des Kreditvolumens

Dies ist für viele Unternehmer eine „alltägliche" Situation unter dem Motto „Die Bank kennt mich ja". Konsequenz: Über die Kommunikation mit der Bank wird oft nicht mehr viel nachgedacht.

Für die Bank stellt sich die Situation jedoch im Prinzip genauso dar, wie im Falle eines erstmaligen Kreditwunsches! Denn die ihr gestellte Aufgabe lautet: Kredit- und damit Risikovolumen erhöhen.

Ein Sonderfall der Kreditaufstockung sind Umfinanzierungen oder Umschuldungen (vgl. Kapitel 6.2.2.4). Die bisherigen Inanspruchnahmen werden neu geordnet. Dies muss nicht mit einer Erhöhung des Kreditvolumens einhergehen. Meist ist damit aber eine andere Risikosicht der Bank verbunden, z. B. weil kurzfristige Kreditinanspruchnahmen in mittel- oder langfristige Darlehen gewandelt werden.

Das bedeutet für Unternehmer: Die gleichen Schritte beachten und gehen, wie in Kapitel 1.1 dargestellt.

FAZIT:

- Schätzen Sie den eigenen Finanzierungsbedarf mittelfristig ab.
- Klären Sie im Vorfeld den Informationsbedarf der Kreditgeber für die anstehenden Kreditwünsche.
- Übersenden Sie alle erforderlichen Informationen kompakt in der geforderten Qualität.
- Für Berater: Unterstützen Sie aktiv bei diesen Themen.

1.3 Laufende Kreditverhältnisse

Alles läuft in geregelten Bahnen – zumindest aus Ihrem Blickwinkel als Kreditnehmer. Aus diesem Grund wird häufig keine Notwendigkeit zu einer Kommunikation mit der Bank gesehen.

Der Kundenbetreuer der **Bank** hat aber vielleicht – oder sogar wahrscheinlich – eine andere **Sichtweise**:

- Die Bank sieht ggf. **„Warnsignale"** speziell aus der Kontoführung, die Sie als Kunde (noch) nicht als solche wahrnehmen (vgl. Kapitel 4.2.2.3).
- Die Bank erwartet die **regelmäßige Einreichung von Unterlagen** zur wirtschaftlichen Entwicklung, was Ihnen vielleicht nicht so wichtig erscheint – oder schon mal vergessen wird. Ganz typisch ist hier zu nennen der Jahresabschluss (vgl. Kapitel 7.4). und ggf. viertel- oder halbjährlich die Betriebswirtschaftliche Auswertung (BWA) – und zwar einschließlich der Summen-Salden-Liste (SuSa) – vgl. Kapitel 7.6. Dabei gilt: Je frühzeitiger und d. h. je aktueller Sie Ihre Unterlagen einreichen, desto besser für Ihr Kommunikations-Standing bei den Kreditgebern.
- Die Bank erwartet Informationen über **sonstige Entwicklungen im Unternehmen** (z. B. über neue Gesellschafter, Prokura-Erteilungen etc.) und ist verstimmt, wenn sie diese aus anderen Quellen erfährt – z. B. Internet, Büroauskünfte, von sonstigen Dritten (vgl. Kapitel 4.5 – 4.7).

FAZIT:

- Klären Sie bei Vertragsabschluss, welche Informationen die Kreditgeber laufend erhalten wollen und „liefern" Sie diese vereinbarungsgemäß.
- Für Berater: Sensibilisieren Sie immer wieder für diese Themen.

1.4 Konto-Überziehungen

Nicht immer sind Situationen zu vermeiden, in denen die vereinbarte Kontokorrent-Kreditlinie nicht ausreicht. Z. B., weil ein Kunde verzögert zahlt oder ein besonders großer Auftrag vorfinanziert werden muss. Eine weitere Möglichkeit ist, weil der vereinbarte Kreditrahmen schlicht zu gering ist vor dem Hintergrund des Geschäftsvolumens (vgl. Kapitel 6.3).

Jetzt gilt es **rechtzeitig** zu handeln – d. h. einige Tage bevor die Überziehung eintreten könnte! Dabei geben Sie Ihrem Bankbetreuer die folgenden **vier zentralen Informationen**:

- Aus welchem Grund Sie diese Überziehung benötigen,
- in welcher Höhe Sie Kredit über die vereinbarte Linie hinaus benötigen,
- wie lange Sie voraussichtlich diese Überziehung benötigen werden,
- aus welchen Geldeingängen innerhalb der angesprochenen Zeit die Überziehung zurückgeführt wird.

Auf dieser Informationsbasis kann Ihre Bank jetzt entscheiden, ob sie die Überziehung genehmigen will. Da Sie frühzeitig auf Ihre Bank zugegangen sind, besteht auch noch **Zeit**

- damit Ihr Bankbetreuer die Entscheidung ggf. mit seinem Kollegen in der „Marktfolge" abstimmen kann (vgl. Kapitel 3.1.2);
- damit Sie selbst bei einer Ablehnung noch Alternativen angehen können.

Da Kontoüberziehungen zu den Warnsignalen i. S. des Rating zählen (vgl. Kapitel 4.2.2.3), ist besondere Sorgfalt und frühzeitiges Agieren gefragt. Insbesondere sollten Sie mit der Bank besprechen, ob die Tage einer genehmigten Überziehungen in den sog. Rating-Warnsignalen mitgezählt werden. Wenn eine Vereinbarung zugrunde liegt, sollte dies eigentlich nicht der Fall sein.

FAZIT:

- Vermeiden Sie Kontoüberziehungen durch eine gezielte Steuerung der Zahlungsströme soweit irgend möglich.
- Sollten sich Überziehungen voraussichtlich nicht vermeiden lassen, geben Sie rechzeitig die vier wichtigen Informationen an die Bank.
- Klären Sie mit der Bank, dass die Tage der Nutzung einer genehmigten Überziehung nicht in den Warnsignalen des Rating mitgezählt werden.
- Für Berater: Sensibilisieren Sie Ihre Mandanten für das Thema Kontoüberziehungen.

1.5 Ihre Kommunikationsstrategie

In allen vier Beispielen für Gesprächsanlässe (und es gibt natürlich weitere) wird sichtbar, welche Bedeutung der Frage zukommt, wie Sie Ihre Vorbereitung und Ihre Kommunikation steuern. Die **Grundentscheidung** dazu findet „in Ihrem Kopf" statt: Entscheiden Sie sich für Transparenz und Offenheit oder huldigen Sie dem Motto „meine Bank muss noch lange nicht alles wissen"?

Es mag im **Einzelfall** Situationen geben, wo die eine oder andere Information zurückgehalten wird/werden kann. Das sollten dann aber die berühmten Ausnahmen von der Regel der offenen und transparenten Kommunikation sein. Denn: Grundstein aller Kreditbeziehungen ist Vertrauen. Wie Sie Ihre Kommunikationsstrategie fahren, entscheiden Sie. In diesem Buch geht es darum, Ihnen die Hintergründe und Denkweisen bei Kreditgebern und Ihre Handlungsmöglichkeiten aufzuzeigen. Und damit Ihre Verhandlungsposition zu stärken.

Bedenken Sie dabei auch: Informationsverhalten und Zuverlässigkeit sind wesentliche Elemente der Bankbeurteilung Ihrer **Kreditwürdigkeit** und im **Rating** (vgl. Kapitel 4.2.2.2 und 4.7).

Wichtig daher: Treffen Sie jeweils klare **Vereinbarungen**, welche Informationen in welcher Frequenz Ihre Banken von Ihnen erhalten – und halten Sie diese Vereinbarungen dann peinlich genau ein.

Sie sollten im Laufe der Zeit nach aller Möglichkeit keine „Warnsignale" senden. Das bedeutet, die Steuerung Ihrer Liquidität bewusst und gezielt in die Hand zu nehmen und nicht dem Zufall zu überlassen (vgl. Kapitel 4.2.2.3 und 6).

Kreditentscheidungen können aus Bankensicht in **drei Kategorien** eingeteilt werden:

- Kredite, die man machen muss.

- Kredite, die man nicht machen darf.
- Kredite, die man machen kann.

Die letzte Kategorie ist die problematischste und erfordert von den Entscheidungsträgern in Banken besondere Sorgfalt in der Informationseinholung und in der Risikobeurteilung. Gerade bei Entscheidungen über Kredite der dritten Kategorie ist der Erfahrungshintergrund und damit das Bauchgefühl der Bankmitarbeiter gefragt. Das wiederum hängt sehr von den Vertrauenserfahrungen mit dem Kreditnehmer ab. So lautet umgekehrt die Schlussfolgerung für Sie als Unternehmer: Welche Informationen benötigen meine Kreditgeber?

Berücksichtigen Sie dabei: Banken blicken nicht auf einen einzelnen Kredit oder Kreditwunsch, sondern immer auf das gesamte Kreditvolumen eines Kunden (auch Gesamtengagement oder Obligo). Dabei werden Kredite an juristisch und/oder wirtschaftliche verbundene Unternehmen und Personen zu einem Gesamtengagement zusammengefasst (vgl. Kapitel 3.2.7).

Letztendlich entscheidet Ihre **„Verhandlungsmacht"** darüber, wie erfolgreich Sie Ihre Vorstellungen in Kreditgesprächen werden durchsetzen können. Dieses Buch will Sie mit den Informationen in jedem Kapitel in die Lage versetzen, Ihre Verhandlungsposition zu verbessern und auszubauen. Je mehr Hinweise und Informationen Sie in Ihren Kontakten mit Kreditgebern berücksichtigen – natürlich angepasst auf Ihre individuelle Ausgangssituation – desto größer werden Ihre Chancen sein, Ihre Ziele umzusetzen. Wichtig ist dabei die realistische Einschätzung der eigenen Verhandlungsposition als Ausgangslage für Kreditgespräche – und die darauf aufbauende Vorgehensweise.

FAZIT:

- Ihre Kommunikation mit Ihren Kreditgebern sollte keine tagesgesteuerte Zufalls-Kommunikation sein, sondern einer klar überlegten und definierten Kommunikations-Strategie folgen.
- Für Berater: Erarbeiten Sie mit Ihren Mandanten eine klare Kommunikationsstrategie gegenüber deren Kreditgebern.

2. Ihre Gesprächspartner und der betriebliche Rahmen, in dem diese arbeiten

DOWNLOAD:

Begleitblätter „Gesprächspartner“

2.1 „Kunden-Segmentierung“ bei Kreditinstituten

Nicht alle Firmenkunden einer Bank werden gleich behandelt. Kreditinstitute unterscheiden verschiedene Segmente von Firmenkunden, die unterschiedlich „bedient“ werden. Diese **Unterschiedlichkeit** zeigt sich z. B.

- in der Anzahl der Kunden, für die ein Berater oder Betreuer zuständig ist;
- in der Ausbildung/Qualifizierung, die ein Berater oder Betreuer hat;
- in den Kompetenzen, die einem Berater oder Betreuer übertragen werden.

Typische **Kriterien** der Segmentierung sind z. B.

- Umsatzgröße des Unternehmens,
- Kreditvolumen, welches ein Unternehmen in Anspruch nimmt, (Banken sprechen auch von „Gesamtengagement“ oder „Obligo“)
- Anlagevolumen, das ein Unternehmen unterhält,
- Kundenvolumen, d. h. Addition von Kredit- und Anlagevolumen,
- Verbundvolumen, d. h. Kundenvolumen plus Kredit- und Anlagevolumina, die über die Bank an deren „Verbundpartner“ vermittelt wurden – z. B. Versicherungen, Bausparen, Leasing, . . ., (von Verbundpartner spricht man speziell bei Sparkassen und Genossenschaftsbanken – die sich auch „Finanzverbund“ nennen; bei anderen Kreditinstituten wird meist von Kooperationspartnern gesprochen),
- Geschäftspotenziale, die mit einem Unternehmen noch gesehen werden,
- Branche eines Unternehmens,
- Risikosituation eines Unternehmens nach Einschätzung der Bank (Ratingnote),
- . . .

Wichtig dabei: Als „Kunde“ ist i. d. R. nicht das einzelne Unternehmen alleine definiert, sondern es werden darunter **„Kundenverbünde“** (vgl. zur gesetzlichen Grundlage Kapitel 3.2.7) verstanden, in denen zusammengefasst werden:

- Alle Unternehmen, die einem Gesellschafterkreis/einer Unternehmensgruppe zuzuordnen sind,

- die Inhaber bzw. Gesellschafter und Geschäftsführer dieser Unternehmen mit ihren privaten Konten,
- ggf. auch die weiteren Familienangehörigen dieses Personenkreises.

Die „Kundenzahl“ in der nachstehenden Tabelle beinhaltet diese „Verbünde“ – d. h. dahinter steht z. T. eine wesentliche größere Anzahl von Einzelkunden.

Die Kunden-Segmente, die nach diesen möglichen Kriterien gebildet werden, werden oft auch unterschiedlich bezeichnet. Eine durchaus verbreitete Segmentierung für eine größere Bank könnte z. B. so aussehen:

ABB. 1: Beispiel für eine Kundensegmentierung in Kreditinstituten

Kunden-Segment	**Segmentierungs-Kriterien beispielhaft***	**Kundenanzahl pro Berater/ Betreuer beispielhaft**
Geschäftskunden	Umsatz < T€ 250 und/oder Kredit- oder Anlagevolumen < T€ 50	Bis zu 300 – teilweise noch mehr (bisher höchste gehörte Zahl: 1000 Kunden pro Betreuer)
Gewerbekunden	Umsatz T€ 250 - T€ 500 und/oder Kredit- oder Anlagevolumen T€ 50 - T€ 250	Bis zu 200 – teilweise noch mehr
Firmenkunden	Umsatz T€ 500 – T€ 6.000 und/oder Kreditvolumen T€ 250 - T€ 750	Bis zu 100
Unternehmenskunden	Umsatz > T€ 6.000 und/ oder Kreditvolumen > T€ 750	Bis zu 50
Freiberufler		Bis zu 100
Existenzgründer	Oft kein eigenes Segment, sondern anderen Segmenten zugeordnet	
Intensivbetreuungs-Kunden	Erhöhtes Risiko – abhängig von Ratingklasse und Blankoanteil	
Sanierungskunden	Krisenkunden mit Sanierungsbedarf	

* Die Daten in der Spalte “Segmentierungskriterien beispielhaft“ sind entnommen aus *Fröhlich/Kolak*, BankInformation 11/2013 S. 22.

Im Rahmen der Segmentierung sind dem einzelnen Mitarbeiter Kundenverbünde namentlich zugeordnet, für die er die Ergebnisverantwortung hat. Das Selektionskriterium „Branche“ findet dabei erst bei relativ wenigen und dann größeren Kreditinstituten Anwendung. In vielen Banken reicht dafür die „kritische Masse“ nicht aus. Das bedeutet, dass innerhalb der gebildeten Segmente die Zuordnung der Kunden auf die einzelnen Mitarbeiter meist nach Anfangsbuchstaben der Kundennamen oder nach regionalen Kriterien erfolgt. Konsequenz: Ihr **Betreuer** ist **i. d. R. kein Branchenspezialist**, sondern Generalist; und das hat Konsequenzen für Ihre Kommunikation – sie haben die kommunikative Bringschuld, Ihr Geschäftsmodell zu erläutern (vgl. Kapitel 7.3). Dies gilt sehr oft ebenso für die Kundengruppe Existenzgründer, die längst nicht in allen Banken als separates Segment bearbeitet wird, sondern oft anderen Segmenten mit zugeordnet wird.

Gehen Sie i. d. R. davon aus, dass je größer Ihre Banken sind – gemessen an deren Bilanzsumme – desto weiter aufgefächert ist die Segmentierung. Die beiden Segmente „Intensivbetreuung“ und „Sanierung“ stehen in der Verantwortung des sog. „Marktfolge-Bereichs“ der Banken (vgl. Kapitel 2.6). Hier werden besonders betriebswirtschaftlich geschulte Spezialisten eingesetzt.

Beispiele sollen die mögliche **Bandbreite** verdeutlichen:

Bei den **Volks- und Raiffeisenbanken** läuft bundesweit seit 2008 das Projekt „ProFi – Professionalisierung im Firmenkundengeschäft“: Mit Hilfe ihrer Verbände können die Banken eine Analyse Ihres Firmenkundengeschäfts vornehmen und aus den Ergebnissen Strategien und konkrete Schritte für die weitere Marktbearbeitung ableiten. Um zu vergleichbaren Ergebnissen zu kommen, wird in allen beteiligten Banken das Geschäft nach den in Abb. 1 aufgeführten vier Gruppen – „Clustern“ – analyisiert(vgl. *Fröhlich/Kolak*, BankInformation 11/2013 S. 22):

- Cluster 1: Oberer Mittelstand – in Abb. 1 Unternehmenskunden,
- Cluster 2: Mittelstand – in Abb. 1 Firmenkunden,
- Cluster 3: Gewerbekunden,
- Cluster 4: Geschäftskunden.

Diese Unterteilung der genossenschaftlichen Verbände binden allerdings die Volks- und Raifffeisenbanken nicht. Jedes Institut definiert seine Segmentierung nach den jeweiligen Marktgegebenheiten. So verwendet die Volksbank Fulda eG (Bilanzsumme 2012 ca. € 1 Mrd.) die dargestellte Clusterung des Verbandes (vgl. *Abel*, BankInformation 11/2013 S. 28). Die Volksbank Lahr eG (Bilanzsumme 2012 gut € 2 Mrd.) hingegen hat sich für ein anderes Modell entschieden (vgl. *Bleier/Hübner*, BankInformation 11/2013 S. 33):

ABB. 2: Beispiel Kundensegmentierung Volksbank Lahr eG

Segment	Segmentierungskriterien	Anzahl Kunden	Betreuungsstatus
Unternehmenskunden	Kredite > 500 TEUR oder Umsatz > 1.000 TEUR	**450**	aktive Kundenbetreuung durch UKB
Firmen- und Gewerbekunden	Kredite > 50 TEUR oder Umsatz > 100 TEUR	**1.400**	aktive Kundenbetreuung durch FKB
Freiberufler	Rechtsformschlüssel	**450**	aktive Kundenbetreuung durch Berater Freie Berufe
Geschäftskunden	Kredite < 50 TEUR oder Umsatz < 100 TEUR	**2.300**	reaktive Kundenbetreuung durch Tandem aus FKB + PKB

Die **Sparkasse Osnabrück** mit einer Bilanzsumme von € 5,7 Mrd. im Jahr 2010 und damit im Jahr 2010 auf Platz 38 der bundesweiten Größenrangliste der 429 Sparkassen (vgl. *Moormann/Schnitzler*, Betriebswirtschaftliche Blätter 06/2011 S. 345-354) hat das gewerbliche Geschäft seit 2007 neu in fünf Segmente geordnet und dabei ein Segment „Unternehmenskunden" aufgebaut mit den folgenden beiden Segmentierungskriterien:

- Gewerbliches Aktiv (Kredit-)-Volumen von über € 5 Mio. oder
- Firmenumsatz über € 20 Mio.

In diesem Segment werden von einem Mitarbeiter 25-30 Kundenverbünde betreut (vgl. *Hartig/Kampmann/Dockenfuß*, Betriebswirtschaftliche Blätter 04/2011 S. 219-220).

FAZIT:

- Fragen Sie Ihre Banken, in welchem Kundensegment Ihr Unternehmen betreut wird, damit eine Vorstellung der „Einordnung" besteht.
- Leiten Sie daraus die mögliche Betreuungsintensität des Bankmitarbeiters (siehe nächster Abschnitt) ab.
- Sprechen Sie Ihre eigenen Erwartungen an, sodass beide Seiten einen realistischen Umgang mit einander pflegen können.
- Für Berater: Nutzen Sie Ihre Bankkontakte und informieren Sie Ihre Kunden.

2.2 Aufgaben-Vielfalt Ihres Bankbetreuers

Vor dem Hintergrund, dass ein Jahr i. d. R. 220 Arbeitstage hat (Krankheits- und Fortbildungstage noch nicht abgezogen) können Sie mit der Abbildung 1 aus Kapitel 2.1 in etwa abschätzen, wie viel Zeit Ihr Bankbetreuer für eines seiner Kreditengagements zur Verfügung hat. Das bedeutet gleichzeitig: Die Abläufe in der Bank bis hin zu den angebotenen Produkten bzw. Dienstleistungen sind umso standardisierter, je „kleiner" das Kundensegment ist.

Diese Einschätzung können Sie dadurch weiter „schärfen", in dem Sie die **Aufgabenvielfalt** in den Blick nehmen, die Ihr Bankbetreuer auf seinem Schreibtisch liegen hat:

ABB. 3: Aufgaben eines Bankbetreuers

Aufgaben in der direkten Kundenbetreuung	**Aufgaben in der Sachbearbeitung**
Kundenselektion nach möglichen Geschäftspotenzialen	Protokollieren der Kontakte mit seinen Kunden und Erarbeiten von Kreditvorschlägen
Bindung der für die Bank besonders interessanten Kunden	Rechtzeitiges Erkennen von Gefährdungs- bzw. Risikopotenzialen in einzelnen Kreditengagements und Gegensteuerung
Generierung von mehr Geschäft im Rahmen seiner Zielvereinbarungen/Zielvorgaben: ► Kreditvolumen – natürlich mit möglichst wenig Risiko ► Anlagevolumen ► Provisionserträge aus Dienstleistungsgeschäften	Diverse Sachbearbeitungsfunktionen in der laufenden Betreuung; Umfang ist abhängig davon, ob Mitarbeiter mit Assistenzfunktion vorhanden sind und wie die Arbeitsteilung zwischen Markt und Marktfolge im Detail geregelt ist.
Generierung eines bestimmten Deckungsbeitrages über alle ihm zugeordneten Kunden	Gewährleistung von Revisionssicherheit in seinem Zuständigkeitsbereich
Risikofrüherkennung in den bestehenden Kundenengagements	Einbindung in Jahresabschluss-Analyse und Rating-Erstellung
	Sonderaufgaben z. B. im Rahmen von Projekten im Firmenkundengeschäft (oder bei Fusionen)

In diesem Aufgabenspektrum bewegen sich Bankmitarbeiter in einem dauerhaften Spagat zwischen **Zielerreichung** und **Revisionssicherheit**. Bankmitarbeiter können in dieser Situation ihre Zeit nur selektiv einsetzen. In Banken wird dabei oft der Begriff **„Nettomarktzeit"** verwendet: Es ist der Prozentanteil der Gesamtarbeitszeit, die ein Betreuer tatsächlich in Kundenkontakten verbringt. So berichtet die Raiffeisenbank Much-Ruppichteroth eG (Bilanzsumme 2012 ca. € 213 Mio.), dass die Firmenkundenberater 34 % ihrer Zeit für direkte Verkaufsgespräche, deren Vor- und Nachbereitung und sonstige Kundenkontakte einsetzen. D. h. im Umkehrschluss: 66 % der Arbeitszeit gehen für Verwaltungsaufgaben drauf (*Beil/Frohn*, BankInformation 4/2013 S. 54). Ziel aller Banken ist es, diesen Prozentanteil zu erhöhen, um mehr Geschäfte und damit Erträge generieren zu können. Dazu passt eine Untersuchung aus dem Sparkassenbereich zum Jahre 2011, die feststellt, dass ca. 30 % der Beratungsgespräche zu einem Produktabschluss geführt haben. Dabei liegt die Zahl bei den Unternehmenskunden interessanter Weise mit 26 % unter dem Durchschnitt. Und das bei der vergleichsweise hohen Zahl von drei Gesprächen pro Kunde und Jahr (vgl. *Ringwald*, Betriebswirtschaftliche Blätter 7/2012 S. 384).

Dabei kommt dem Selektionskriterium **„Geschäftspotenziale“** (vgl. Kapitel 2.1) hohe Bedeutung zu; dieses ist bei vielen Banken allerdings erst in der Entwicklung. Banken konzentrieren sich dafür auf zwei Felder:

- Attraktive **Geschäftspotenziale** nach der Vorgabe der Jahresziele (hier geht es darum, welche Dienstleistungen in welchem Volumen zu welchen Preisen an welche Kunden verkauft werden können) – siehe im folgenden Abschnitt.
- **Risikoreduzierung** bei Engagements, bei denen Warnsignale erkennbar werden (vgl. Kapitel 4.2.2.3).

Das bedeutet auch, dass viele Kunden „einfach so mit laufen“, ohne das aktive Ansprachen seitens der Bank erfolgen. Was bei diesen Kunden dann ggf. wiederum den Eindruck hervorruft, dass sie ihrerseits nicht mit der Bank zu kommunizieren brauchen (vgl. Kapitel 1).

Auch wenn es auf den ersten Blick widersprüchlich erscheinen mag: Machen Sie Ihrem Betreuer die Arbeit „mit Ihnen“ so einfach wie möglich z. B. durch vollständige und pünktliche Unterlagen (vgl. Kapitel 7), durch das Einhalten von Vereinbarungen und das Vermeiden von Warnsignalen (vgl. Kapitel 4.2.2.3). So bekommt er Zeit für die wirklich wichtigen Gesprächsthemen mit Ihnen (vgl. Kapitel 12). Sie werden für ihn erst einmal ein „angenehmer“ Kunde sein, mit dem er gerne Kontakt pflegt, zumindest solange Ihre Bonität (vgl. Kapitel 4.2 zur Risikoklassifizierung/Rating) gut ist.

! FAZIT:

- Signalisieren Sie Ihrem Betreuer Verständnis für seine Arbeitssituation.
- Sprechen Sie Ihren Betreuer auch selbst auf Geschäftsmöglichkeiten an, die Ihnen gerade wichtig sind.
- Machen Sie Ihrem Betreuer die Arbeit für Ihr Kreditengagement so leicht wie möglich.

► Für Berater: Machen Sie Ihren Mandanten die Arbeitssituation auf der Bankenseite bewusst.

2.3 Ziele Ihres Bankbetreuers

Im Rahmen ihrer Marketingstrategie legen auch Ihre Finanzierungspartner Ziele für das jeweilige Geschäftsjahr fest. In den beiden Verbünden der Sparkassen und Genossenschaftsbanken definieren auch die Verbände „Oberziele" für die einzelnen Geschäftsfelder. Die jeweiligen Institute können und sollten diese in ihre Marketingüberlegungen einbeziehen. So werden die Oberziele der Genossenschaftsbanken im Firmenkundengeschäft für das Jahr 2015 wie folgt beschrieben (*Götze/Weegen*, BankInformation 6/2014 S. 11):

- Zielgruppe: Mittelstand und Oberer Mittelstand (siehe Abb. 1 und die Erläuterung der Cluster der Genossenschaftsbanken in Kapitel 2.1)
- Thema: „Genossenschaftliche Beratung"; Schwerpunkt Alllfinanzkonzept
- Zielsetzung national: Steigerung der Bekanntheit der genossenschaftlichen Idee mit Bezug auf das Thema; „Erste Wahl" erhöhen (Genossenschaftsbank als Hauptbankverbindung); Ausschöpfung von Bestandskundenpotenzialen/Erhöhung der Produktnutzungsquote (Anzahl der verkauften Produkte pro Kunde)
- Zielsetzung regional/lokal: „Erste Wahl" erhöhen; Generierung von Beratungskontakten; Ausschöpfung von Bestandskundenpotenzialen/Erhöhung der Produktnutzungsquote

In der Bank vor Ort sind grundsätzlich **zwei Arten** von Zielvereinbarungen oder auch Zielvorgaben (je nach dem wie das in der Bank verstanden und in der Führungsarbeit gelebt wird) denkbar:

a. Ziele für das abzusetzende **Volumen einzelner Produkte/Dienstleistungen** im aktuellen Jahr.

   Dies können beispielsweise sein:

   - Zuwachs Kontokorrentlinien-Volumen: Euro...
   - Verkauf Lebensversicherungen im Abschluss-Volumen (Versicherungssumme) von Euro ...
   - Steigerung Absatz Sachversicherungs-Prämienvolumen gg. Vorjahr ...%
   - Verkauftes Leasing-Volumen Euro

b. Ziele für den mit der Gesamtheit der zugeordneten Kunden zu erreichenden **Deckungsbeitrag.**

Ziele zu a. führen oftmals zu „Produkt-Verkaufs-Aktionen" – es werden die Kunden aktiv angesprochen, bei denen die Potenzialanalyse ergeben hat, dass sie diese Dienstleistungen im eigenen Hause entweder noch gar nicht abnehmen (was natürlich nicht heißt, dass dieser Bedarf nicht „woanders" längst abgedeckt sein kann) oder noch zusätzliches Absatzvolumen nach bestimmten edv-gesteuerten Analysen gesehen wird. Oft führt dies zu einer kommunikativen „Überlastung" der Kunden, die womöglich immer wieder auf Dienstleistungen angesprochen werden, die sie bereits mehr oder weniger deutlich „negiert" haben.

Im Zielsystem b. geht es für den Betreuer darum, seine Kunden besonders gut einschätzen und ganz gezielt auf diejenigen zugehen zu können, mit denen er seine Ziele mit möglichst wenig Vertriebsaufwand erreichen kann. Das bedeutet auch, dass das Zielsystem b. tendenziell eher bei den „größeren" Kunden-Segmenten zu finden ist.

In beiden Fällen geht es immer darum,

- dass Kreditrisiko überschaubar zu halten und zu begrenzen,
- Warnsignale rechtzeitig zu erkennen,
- Geschäftspotenziale gezielt für jeden Kunden zu definieren und auf dieser Basis in der Betreuung aktiv zu werden. Tendenziell gelingt dies besser im Ansatz b.

Zu beachten ist dabei, dass sich in der Kommunikation nach außen alle Kreditinstitute die **„ganzheitliche Beratung"** auf die Fahnen geschrieben haben – also eigentlich den Ansatz b. Im praktischen Vertriebsleben wird das allerdings oft durch das Einflechten von Produkt-Verkaufs-Aktionen konterkariert.

Als Basis für die Potenzialermittlungen arbeiten die Banken heute mit ausgefeilter EDV-Technik. Sie ermitteln die „normale" Produktnutzung eines bestimmten Kundensegments und gleichen dieses "Muster-Kunden-Portfolio (MKP)" (ein Begriff aus der Sparkassen-Welt, vgl. *Bendzulla*, Betriebswirtschaftliche Blätter 12/2006) mit der aktuellen Produktnutzung des einzelnen Kunden ab. Produkte aus dem MKP, die der Kunde noch nicht hat, stehen dann auf der Gesprächs-Agenda des Betreuers, der natürlich nicht weiß, ob sein Kunde diese Dienstleistungen nicht bei einem anderen Anbieter bereits nutzt.

Speziell im Sparkassen-Bereich gibt es dazu das **„Sparkassen-Finanzkonzept Firmenkunden"** mit dem „Finanz-Check" als standardisierte Vorgehensweise in der Kundenberatung. Bei den Volks- und Raiffeisenbanken heißt das Pendant **„VR-FinanzPlan Mittelstand"**. Und natürlich verfügen die Groß- und Regionalbanken über ähnliche Ansätze.

Entscheidend ist dabei, wie diese im konkreten Beratungsgespräch genutzt werden (vgl. z. B. Kapitel 11.4 zum „Zukunftsgespräch"). Ihnen als Kunden bieten diese Konzepte durchaus Chancen für eine umfassende Beratung bis hin zu Fragen der betrieblichen

Risiken. Das nachstehende Schaubild des VR-FinanzPlan Mittelstand mag die Breite des Ansatzes verdeutlichen:

ABB. 4: Der VR-FinanzPlan Mittelstand der Volks- und Raiffeisenbanken

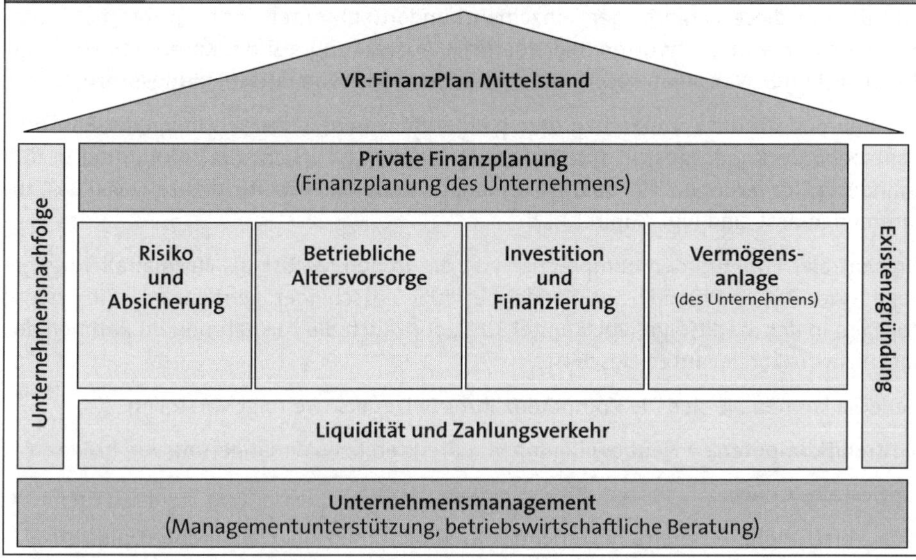

Detailinformationen finden Sie i. d. R. in den Internetauftritten Ihrer Kreditinstitute im Menüpunkt „Firmenkunden". Interessanterweise werden Sie bei den meisten Volks- und Raiffeisenbanken allerdings den Basisbalken „Unternehmensmanagement" der obigen Darstellung nicht finden.

Einen Nachtrag hierzu finden Sie auf S. 409.

FAZIT:

- Sprechen Sie mit den Betreuern bei Ihren verschiedenen Banken auch über deren Ziele.
- Entscheiden Sie im Gesamtzusammenhang der eigenen Finanziererlandschaft bewusst, welche Geschäfte zu welchen Preisen Sie mit welchen Banken abschließen wollen (vgl. Kapitel 13.4).
- Für Berater: Unterstützen Sie Ihre Mandanten auf Basis Ihrer lokalen und regionalen Marktkenntnisse.

2.4 Kompetenzen Ihres Bankbetreuers

Welche **Entscheidungen** darf der Ihnen zugeordnete Bankmitarbeiter treffen? Welche alleine? Welche nur in Zusammenarbeit mit Kollegen oder Vorgesetzten?

Wie Banken diese Frage in den einzelnen Kundensegmenten in ihren internen **Kompetenzrichtlinien** beantworten, hat deutliche Auswirkung auf die Kommunikation mit Ihnen als Kunde. Vor allem spüren Sie dies in der Dauer von Entscheidungsprozessen.

Den Rahmen für die Kompetenzordnung einer Bank geben die Richtlinien der Bankaufsichtsbehörde Bundesanstalt für Finanzdienstleistungsaufsicht (BaFin) vor, die in den „Mindestanforderungen für das Risikomanagement der Kreditinstitute" (MaRisk) zusammengefasst sind (vgl. Kapitel 3.1).

Ein zentraler Punkt in den Kompetenzen ist das in den **MaRisk** als **Normalfall** vorgegebene **„Vier-Augen-Prinzip"**: Ihr Kundenbetreuer entscheidet gemeinsam mit seinem Kollegen in der Marktfolge (vgl. Kapitel 3.1.2, dort auch die Ausnahmen im Rahmen des sog. nicht-risikorelevanten Geschäfts).

Generell können Sie sich die **Kompetenz Ihres Betreuers** wie folgt vorstellen:

a. **Kreditkompetenz** = Neubewilligung von Krediten bzw. Verlängerung von Krediten

   Gestaffelt nach

   - Kredithöhe – bereits bestehendes Kreditvolumen über alle Konten plus zusätzlich beantragter Kredit (Gesamt-Obligo oder Gesamtengagement – unter Berücksichtigung der sog. Kreditnehmereinheit nach § 19 KWG – vgl. Kapitel 3.2.7)
   - Risiko = Ratingklasse (vgl. Kapitel 4.2)
   - Blankoanteil = Kredithöhe abzüglich der Sicherheiten nach den Bewertungsmaßstäben der Bank (vgl. Kapitel 8)

   Und dabei nochmals unterschieden nach

   - in eigener Allein-Kompetenz
   - in gemeinsamer Kompetenz mit dem zugeordneten Kollegen aus der „Marktfolge" – sozusagen der Sachbearbeitungsfunktion (sog. „Vier-Augen-Prinzip")

b. **Überziehungskompetenz** = vorübergehende Überschreitung vereinbarter Kontokorrentlinien

   Gestaffelt in vergleichbarer Weise wie zu a.

c. **Konditionenkompetenz** = Abweichung von den Norm-Zinsen und Norm-Gebühren-Sätzen

   Gestaffelt in vergleichbarer Weise wie zu a.

Wenn die Kompetenz eines Betreuers, ob alleine oder im Vier-Augen-Prinzip für einen anstehenden Kredit- bzw. Überziehungs- oder Konditionenwunsch des Kunden nicht mehr ausreicht, greift die **Kompetenzhierarchie** der Bank. In ihr ist geregelt, in welchen weiteren Stufen der jeweilige Kreditwunsch entschieden wird. Dabei werden diese Stufen bei jeder Entscheidung sukzessive hintereinander durchlaufen – ein Sprung z. B. direkt zur übernächsten Kompetenzstufe ist i. d. R. nicht vorgesehen. Für eine größere Bank können Sie sich die **Kompetenzhierarchie** wie folgt vorstellen:

- Ihr Kundenbetreuer,
- dessen Gruppenleiter,
- der Abteilungsleiter Firmenkundengeschäft,
- Einzelvorstandsmitglied „Markt",
- Gesamtvorstand als Kollegium,
- Kreditausschuss des Aufsichts-/Verwaltungsrates (der nur in bestimmten Abständen tagt, z. B. monatlich).

Dabei gilt auf den ersten vier Stufen wiederum die Unterscheidung nach Alleinkompetenz oder Vier-Augen-Prinzip. Je höher die angefragte Entscheidung vom Volumen und/oder vom Risiko ist, desto zügiger wird das Vier-Augen-Prinzip greifen.

Je kleiner Ihre Bank ist (Kriterium Bilanzsumme), desto geringer sind die Kompetenzen auf den einzelnen Stufen. D. h. bei einer Volksbank mit Bilanzsumme € 200 Mio. werden Sie ggf. schon mit einem Kreditengagement von € 1 Mio. beim Vorstand oder sogar im Kreditausschuss „landen", bei einer Sparkasse mit einer Bilanzsumme von € 5 Mrd. fällt eine solche Entscheidung je nach Kompetenzstruktur evtl. noch auf Abteilungsleiter-Ebene.

FAZIT:

- Je mehr Stufen Ihr Kreditwunsch durchlaufen muss, desto länger wird die Entscheidung dauern.

  Fragen Sie also danach und berücksichtigen Sie den Hinweis aus Kapitel 1.1 zu den komplett eingereichten Kreditunterlagen.
- Die letztlich entscheidenden Personen kennen Sie als Kunden oft nicht persönlich. Es könnte sinnvoll sein, zumindest den Vorgesetzten Ihres Betreuers einmal kennen zu lernen, damit auf beiden Seiten auch eine gewisse persönliche Vorstellungskraft besteht.
- Je aussagekräftiger Ihre Unterlagen für die Banken sind, desto wahrscheinlicher ist eine zügige Entscheidung (vgl. Kapitel 7).

► Für Berater: Verdeutlichen Sie Ihren Mandanten diese Strukturen, damit realistische Erwartungen bestehen.

2.5 Aufgaben von Spezialisten in Ergänzung zum Betreuer

Ihr Kundenbetreuer kann unmöglich alle Fragen seiner Kunden zu allen Themen- und Produktbereichen seiner Bank in vollständiger Tiefe alleine beantworten. Dazu ist die Bandbreite, die von Krediten über Spezialitäten in der Geldanlage bis hin zu Währungsabsicherungsgeschäften reicht, zu groß geworden.

Daher hat er **in der Bank** oder bei deren **„Verbundpartnern"** (Kooperationspartnern) entsprechende Spezialisten, die er hinzuziehen kann. Als Verbundpartner bezeichnet man kooperierende Unternehmen, die i. d. R. auch zur jeweiligen Finanzgruppe (Sparkassen und Genossenschaftsbanken) oder zum Konzern (Groß- und Regionalbanken) gehören. Typische Beispiele sind die R+V Versicherung als Versicherungspartner der Volks- und Raiffeisenbanken und die Landesbausparkassen als Partner der Sparkassen. Wie auch immer diese Beziehungen im Einzelnen gestaltet sind: Ihr Bankbetreuer wird versuchen, Ihre Fragen zu den entsprechenden Themen mit Hilfe seiner Bankkollegen und seiner Verbundkollegen zu beantworten und Ihnen Lösungsmöglichkeiten aus dem gemeinsamen Produktbaukasten anzubieten und zu verkaufen. Denken Sie dabei an die oben im Kapitel 2.3 geschilderte Zielsituation Ihres Betreuers.

Oft werden dann gemeinsam Gespräche mit den Spezialisten geführt und in der Folge übernehmen diese zu den Spezialfragen auch den alleinigen Kontakt zum Kunden. Gehen Sie davon aus, dass Ihr Betreuer i. d. R. über den weiteren Verlauf informiert wird. Außerdem wird er von jedem Verkaufs-Abschluss im Rahmen seiner Zielvereinbarungen profitieren: Die Erträge der Bank (auch von den Abschlüssen mit den Verbundpartnern erhält die Bank Provisionen) werden Ihrem Betreuer in der einen oder anderen Weise zumindest anteilig auf seine Ziele „gutgeschrieben".

In diesem Zusammenhang ist auch der Anspruch vieler Banken zu sehen, ihre Kunden auch betriebswirtschaftlich zu unterstützen (siehe in Abb. 4 in Kapitel 2.3 der „Grundbalken" mit der Bezeichnung „Unternehmensmanagement" im VR-FinanzPlan Mittelstand der Genossenschaftsbanken). Wie weit dieser Anspruch realistisch erscheint, wird in Kapitel 2.8 behandelt.

!
FAZIT:

- Nutzen Sie auf jeden Fall die Chancen, die in Gesprächen mit Spezialisten liegen. Ihre abschließende konkrete Entscheidung ist letztlich eine andere Frage (vgl. Kapitel 13.4 zur strategischen Verteilung der Bankgeschäfte).
- Holen Sie auf jeden Fall immer Konkurrenzangebote ein.
- Für Berater: Forcieren Sie ggf. den Einsatz von Spezialisten auf Seite der Kreditinstitute.

2.6 Rolle der „Marktfolge“ im Gespräch mit den Kunden

Das **Vier-Augen-Prinzip** führt dazu, dass Ihr Kreditwunsch von zwei Mitarbeitern der Bank entschieden wird: Ihrem Kundenbetreuer und seinen ihm zugeordneten Kollegen in der „Marktfolge“. Diese beiden haben gem. MaRisk (vgl. Kapitel 3.1) zwei voneinander unabhängige „Voten“ also Entscheidungsvorschläge abzugeben. Wenn sich beide einig sind, erhalten Sie Ihren Kredit. Wenn die Voten nicht deckungsgleich sind, müssen sich beide „zusammenraufen“ – oft ist das damit verbunden, dass Ihr Betreuer mit zusätzlichen Fragen oder Unterlagen-Anforderungen auf Sie zukommt.

Im Gespräch treffen Sie den Marktfolge-Mitarbeiter in aller Regel nicht persönlich an. Die MaRisk sehen ihn als Risiko-Korrektur zum Kundenbetreuer: Die Marktfolge soll unabhängig von einer persönlichen Kenntnis des Kunden rein nach „Aktenlage“ entscheiden. Dies hat übrigens entscheidende Konsequenzen für die Unterlagen, die Sie Ihren Banken einreichen (vgl. Kapitel 5.2 und Kapitel 7).

Ausnahmen bestätigen die Regel:

- Bei großen Engagements wird der Marktfolge-Mitarbeiter schon mal zum Bilanz-Analyse-Gespräch mit hinzugezogen (vgl. Kapitel 11.2).
- Bei „kritischen“ Engagements übernimmt ein Mitarbeiter der Marktfolge die Betreuung als „Intensiv- oder Sanierungs-Betreuer“.

Die Frage, ob der Marktfolge-Mitarbeiter beim Gespräch dabei sein wird, ist für Sie also durchaus sehr erheblich und damit Gegenstand Ihrer Gesprächsvorbereitung (vgl. Kapitel 10.2 und 10.5).

Allerdings ist der Marktfolge-Kollege oft „virtuell“ bei Bankgesprächen dabei. Nämlich dann, wenn der Kundenbetreuer mit den Fragen, Anforderungen oder Vorbehalten seines Kollegen aus der Marktfolge Ihnen gegenüber argumentiert. Dies ist übrigens ein Zeichen von Schwäche in der Kultur Ihrer Bank und/oder in der Person Ihres Betreuers:

Die Unterteilung in Markt und Marktfolge ist eine interne Angelegenheit der Bank. Ihnen gegenüber als Kunde sollte die Bank mit einer Stimme sprechen und nicht interne Differenzen ins Feld führen.

! FAZIT:

- Klären Sie vor jedem Gespräch, wer aus der Bank daran teilnehmen wird (vgl. Kapitel 10.2).
- Bereiten Sie sich entsprechend intensiv auf Bankgespräche vor (vgl. Kapitel 10.3).
- Für Berater: Informieren Sie Ihre Mandanten über das Vier-Augen-Prinzip und dessen praktische Konsequenzen.

2.7 Ihr zuständiger Kundenbetreuer – seine Qualitäten und seine „Abwahl"

Natürlich stellt sich auch die Frage nach der Qualität der Kundenbetreuung oder auch der Qualifizierung der Betreuer. Generell können Sie davon ausgehen, dass alle Kreditinstitute heute großen Wert auf Aus- und Fortbildung legen. Dennoch gibt es immer wieder **vielfältige Klagen von Mittelständlern**:

- Mein Betreuer versteht mein Geschäft nicht,
- mein Betreuer will nur verkaufen,
- mein Betreuer bietet mir ständig Dinge an, die ich nicht haben will,
- mein Betreuer ist so jung, der hat noch gar keine praktischen (Lebens-) Erfahrungen,
- mein Betreuer wechselt viel zu oft, jedes Mal fängt man von vorne an,
- zu meinem Betreuer finde ich einfach keine Basis, die „Chemie" stimmt nicht,
- ...

Bei aller Fortbildung ist ein grundsätzlicher Wandel in vielen Banken festzustellen: Wurden „früher" erfahrene Kreditleute Kundenbetreuer, so werden die Auswahlkriterien heute stark von den Vertriebsqualitäten bestimmt. Viele Mitarbeiter kommen auch direkt aus dem Studium in die Betreuungsaufgabe und müssen sozusagen im „Feldversuch" lernen.

Was können Sie als Kunde tun, wenn Sie mit Ihrem Betreuer nicht zufrieden sind? Die Grundregel lautet auf jeden Fall: Ansprechen und nicht lange „gären" lassen. Führen Sie ein Gespräch mit Ihrem Betreuer über die gegenseitigen Erwartungen in die Zusammenarbeit (vgl. Kapitel 2.8) und versuchen Sie einen gemeinsamen Weg zu vereinbaren.

Führen Sie dieses Gespräch möglichst auf der Sachebene und ohne persönliche Abwertung des Betreuers, damit Sie die weitere Zusammenarbeit nicht von vorneherein erschweren.

Wenn es daraufhin keine Veränderungen (oder sogar von Ihnen erlebte Verhärtungen) gibt oder Sie einfach keine Basis finden, dann besteht immer noch die Möglichkeit, den Kontakt zur **nächst höheren Ebene** zu suchen und dort das eigene „Betreuungs-Unwohlsein“ darzustellen und um eine Veränderung zu bitten. Ihre Erfolgschancen mit einem solchen Veränderungswunsch sind natürlich abhängig von Ihrer Verhandlungsmacht-Position. Als guter langjähriger Kunde mit hohen Deckungsbeiträgen für die Bank und wenig Risiko gehen Sie stärker in solche Gespräche, als wenn Ihr Kreditengagement gerade von der Intensivbetreuung übernommen wurde.

FAZIT:

- Sprechen Sie mit Ihrem Betreuer über die gegenseitigen Erwartungen (vgl. Kapitel 13.2.2 zu den Kriterien für eine Zusammenarbeit).
- Gestalten Sie die eigene Finanziererlandschaft so, dass eine Abhängigkeit von einer Bank und deren Mitarbeiter/innen nicht entstehen kann (vgl. Kapitel 13).
- Für Berater: Unterstützen Sie Ihren Mandanten bei einer konstruktiven Zusammenarbeit mit den Bankbetreuern. Wecken Sie auf beiden Seiten das gegenseitige Verständnis, werden Sie ggf. als Moderator in einem gemeinsamen Gespräch aktiv.

2.8 Die eigenen Erwartungen und Ansprüche formulieren

Was erwarten Sie für ein Leistungsspektrum von Ihren Finanzierungspartnern? Denken Sie dabei nicht nur an Produkte und Dienstleistungen, sondern auch an Service, Beratung und weitergehende Unterstützung sowie an Themen wie Offenheit, Transparenz der Entscheidungskriterien und auch aktive Ansprache seitens der Bank.

Es erscheint sinnvoll, diese Erwartungen einmal zu formulieren (zumindest stichwortartig) und sie in Gespräche mit den Betreuern einzubringen. Dabei gilt es dann natürlich auch, deren Erwartungen ebenso entgegenzunehmen. Dieser offene Austausch kann deutlich zu einer produktiven Zusammenarbeit beitragen. Gleichzeitig vermeiden Sie so, mit unrealistischen Erwartungen in eine Geschäftsverbindung zu gehen, was auf Dauer für beide Seiten sehr belastend sein kann. Ihrem Betreuer geben Sie die Chance, sich auf Ihre Wünsche einzustellen.

Mit dem Ziel der Kundenbindung – gerade bei den attraktiven Firmenkunden (hoher Deckungsbeitrag, geringes Risiko, weitere Geschäftspotenziale) – wollen sich immer mehr Banken als „Problemlöser" profilieren: „Seine [des Kundenbetreuers, der Verfasser] Kenntnisse sollten am besten soweit gehen, dass er wie ein 'Unternehmensberater' strategisch i. S. des Kunden denken und seine Probleme erkennen kann" (*Steven*, Betriebswirtschaftliche Blätter 7/2011 S. 411 f.). Auf Seiten der Genossenschaftsbanken wird ähnlich argumentiert und als ein Beispiel das Thema Risikomanagement in den Unternehmen angeführt, das gem. einer Umfrage unter Banken 81 % der genossenschaftlichen Firmenkundenbetreuer bereits aktiv ansprechen (*Günther/Schmidt*, Bank-Information 1/2012 S. 56).

Die spannende Frage aus Kundensicht: Möchten Sie das überhaupt? Ist Ihr Bankbetreuer für Sie neutral genug, um die Funktion eines Unternehmensberaters für Sie einzunehmen? Schließlich ist es seine Aufgabe, die Interessen der Bank in den Verhandlungen mit Ihnen zu vertreten. Natürlich sind seine Einschätzungen zu Ihrem Unternehmen „durch die Brille der Bank" für Sie wichtig und interessant. Ein anderer Blickwinkel ist immer fruchtbar. Aber Unternehmensberater? Was erwarten Sie von einem Unternehmensberater und kann Ihr Bankbetreuer diese Erwartungen wirklich erfüllen? (Ausführlicher dazu *Sander*, Die Bank 6/2012 S. 36 ff.). Ein erster und leichter Test zu diesen Ansprüchen Ihrer Banken ist die Frage, inwieweit diese Ihnen unaufgefordert nutzenstiftende Informationen vermitteln. So haben z. B. beide Verbünde Zeitschriften speziell für Firmenkunden: Die Sparkassen „PROFITS", die Genossenschaftsbanken „Auf Kurs". Erhalten Sie diese? Oder bekommen Sie unaufgefordert Informationen aus den Branchenvergleichsdatenbanken beider Verbünde (siehe Kapitel 4.1.5)? Oder hat Ihr Betreuer Ihnen schon einmal den „Notfallordner" angeboten? Beide Verbünde verfügen über ein solches Angebot, um ihren Kunden ein umfassendes Paket an Checklisten und Formularen für die eigene Risikovorsorge für den „persönlichen Ernstfall" an die Hand zu geben – bis hin zu den Themen Patientenverfügung und Betreuungsvollmacht.

Eine gute Möglichkeit, Ihre Erwartungen an die Kommunikation zu überprüfen, bietet auch das „KMU-Banken-Barometer". Der Verband Die KMU-Berater – Bundesverband freier Berater e.V. (www.kmu-berater.de) bietet damit einen Selbst-Check und eine jährliche Umfrage zur Bankenkommunikation an: www.banken-barometer.kmu-berater.de.

! FAZIT:

- Klären Sie Ihre eigenen Erwartungen an Ihre Finanzierungspartner und bringen Sie diese in die Gespräche ein.

- Fragen Sie Ihre Finanzierungspartner nach deren eigenen Beratungsansprüchen, gleichen Sie diese mit Ihren Erwartungen ab und thematisieren Sie ggf. Differenzen.
- Überprüfen Sie die von Ihren Finanzierungspartnern formulierten Ansprüche an der Realität und machen Sie auch dies ggf. zum Thema.
- Für Berater: Unterstützen Sie Ihre Mandanten in diesem Prozess – auch mit Ihren Kenntnissen aus den Geschäftsbeziehungen anderer Mandanten im lokalen und regionalen Finanzierungsmarkt.

3. Das rechtliche „Korsett“ für Kreditgeber ist eng

DOWNLOAD:

Begleitblätter „Rechtlicher Rahmen“

Es ist in vielen Situationen wichtig, für die Einschätzung der eigenen Verhandlungsposition die rechtlichen Rahmenbedingungen zumindest grob zu kennen. Allein dass es für das Kreditgewerbe mit dem Kreditwesengesetz (KWG) ein eigenes Gesetz und eine Aufsichtsbehörde gibt, wirft ein Schlaglicht auf die Regelungsdichte in dieser Branche. Welche Aufgaben die Bankaufsichtsbehörde BaFin hat und welche Befugnisse sich generell daraus ableiten, das regeln die § 6 ff KWG. Die wesentlichen, die Kreditnehmer betreffenden Regelungen werden im Folgenden dargestellt.

3.1 Mindestanforderungen an das Risikomanagement der Kreditinstitute (MaRisk)

In den MaRisk legt die Bankenaufsicht fest, welche Rahmenbedingungen und konkrete Vorgehensweisen alle (!) Kreditinstitute einzuhalten haben.

Für Ihre Kreditgespräche sollten Sie die in den folgenden Kapitel aufgeführten Regelungen der MaRisk kennen und beachten:

3.1.1 Risikostrategie Ihrer Banken

Die Bankenaufsicht verpflichtet die Kreditinstitute eine „Kreditrisikostrategie“ zu formulieren, diese jährlich zu überprüfen und sie dann im täglichen Geschäft umzusetzen. Verantwortlich dafür ist der Vorstand. Der Aufsichtsrat muss diese zur Kenntnis nehmen und zustimmen. Die Kreditrisikostrategie ist von der Bank jährlich zu überprüfen und ggf. zu ändern und/oder zu ergänzen.

Sie können sich eine Kreditrisikostrategie vorstellen wie ein **„Limitsystem“**: Die Bank legt Kreditvolumina fest, die sie an eine bestimmte Gruppe von Kreditnehmern maximal ausleihen will. Diese Gruppen von Kreditnehmern werden nach verschiedenen Kriterien gebildet. Hierzu zählen z. B.

- Kundengruppen (vgl. Kapitel 2.1)
- Branchen

- Ratingklassen (vgl. Kapitel 4.2.4)
- Blankoanteile (Kredit abzüglich Sicherheiten in der Bewertung der Bank = das „eigentliche" Kreditrisiko – vgl. Kapitel 8)
- Einzelkredithöhe für das Gesamtengagement eines Kunden

So könnten Gruppen z. B. definiert sein als:

- Metallverarbeitendes Gewerbe, Ratingklasse bis 8
  - Gesamtvolumen über alle Kreditnehmer € 100 Mio.
  - Davon Blankovolumen insgesamt max. € 60 Mio.
  - Kreditvolumen pro Kreditnehmer max. € 3 Mio.
- Baufinanzierungskredite Privatkunden, Ratingklasse 10
  - Gesamtvolumen € 300 Mio.
  - Davon Blankovolumen max. € 50 Mio.

Ziel dieser bankaufsichtsrechtlichen Vorgabe ist es, bei den Kreditinstituten „Klumpenrisiken" möglichst zu vermeiden. „Klumpenrisiken" können z. B. sein:

- viele Kredite an Unternehmen einer Branche (Beispiel: Kreditinstitute auf der Insel Sylt und die Branche „Hotellerie/Gastronomie"),
- ein großer Kredit an einen Kreditnehmer,
- viele Kredite mit schlechter Bonität (Ratingklasse)
- viele Kredite mit hohen Blankonanteilen (wenig bewertbaren Sicherheiten)
- ...

Die Kreditrisikostrategie einer Bank ist im wesentlichen abhängig von:

- Größe der Bank gemessen an der Bilanzsumme,
- „Risikotragfähigkeit" der Bank gemessen an Ertragskraft und vorhandener Eigenkapitalausstattung (vgl. Kapitel 13.2.4).

Besonders der „Risikotragfähigkeit" kommt eine hohe Bedeutung zu. Sie werden dieses Thema wiederfinden im Kapitel 13, wenn es um Ihre „Finanziererlandschaft" geht. Dahinter steht die Frage, mit welchen Banken Sie zusammen arbeiten wollen.

Dieses Limitsystem kann für Sie als Kreditnehmer durchaus fatale **Folgen** haben:

Eine Kreditablehnung kann auch daraus resultieren, dass Ihre Bank das Limit für Ihre Engagement-Kategorie ausgeschöpft hat und Sie trotz bester Bonität keine weiteren Kredite erhalten können. Zwar kann ein Bankvorstand eine Ausnahme-Entscheidung treffen. Je mehr solcher Entscheidungen allerdings getroffen werden, desto kritischer werden die Jahresabschlussprüfer der Bank diesen Tatbestand prüfen (vgl. unten 3.2.9).

FAZIT:

- Erfragen Sie die Grundsätze der Kreditrisikostrategie im Gespräch mit dem Betreuer, z. B. wie Ihre Branche bzw. Ihre Gesamtkonstellation gesehen wird.
- Informieren Sie sich selbst darüber, z. B. im Internet im veröffentlichten Geschäftsbericht.
- Machen Sie sich nicht von einer Bank abhängig (vgl. Kapitel 13).
- Für Berater: Informieren Sie sich über die Kreditrisikostrategie der regionalen Banken, sodass Sie Ihre Mandanten bei der Einschätzung unterstützen können.

3.1.2 Kreditentscheidungsprozess

Das oben im Kapitel 2.4 bereits angesprochene **„Vier-Augen-Prinzip"** – also die gemeinsame Kreditentscheidung durch Markt und Marktfolge ist nach Vorgabe der MaRisk der **Normalfall** der Kreditentscheidung. Dieses Prinzip der Risikotrennung **bedeutet**:

- Ihr Kundenbetreuer gibt das 1. Votum zu einer anstehenden Kreditentscheidung ab.
- Der Ihrem Engagement zugeordnete Mitarbeiter in der Marktfolge gibt ein 2. vom Markt unabhängiges (!) Votum ab.

Stimmen beide Vota überein – bestens. Gibt es unterschiedliche Akzente oder gar gegenläufige Vota wird bankintern weiter „verhandelt". Oftmals bedeutet dies weitergehende Fragen und Unterlagen sowie Anforderungen Ihnen gegenüber. Es kann aber auch sein, dass daraus direkt eine Kreditablehnung resultiert, wenn „der Markt" keine Kraft in die weitere Entscheidungsfindung investieren will (also i. d. R. auch nicht 100 %-ig überzeugt ist vom Engagement – „ein Kredit, den man machen kann" – vgl. Kapitel 1.5). Eine weitere Möglichkeit könnte sein, dass die Marktfolge deutlich macht, dass sie keinerlei Kompromissmöglichkeit bzw. Nachverhandlungsspielraum sieht.

Können sich beide nicht einigen, geht die Entscheidung in der Kompetenzhierarchie in beiden Bereichen eine Stufe höher (vgl. Kapitel 2.4).

Vom Vier-Augen-Prinzip kann es **Ausnahmen** geben. Die MaRisk räumen solche ein, im Rahmen des sog. **„nicht risiko-relevanten Kreditgeschäfts"**. Dieses zu definieren ist Aufgabe jeder Bank, im Rahmen ihrer Kreditrisikostrategie – also auch vor dem Hintergrund der eigenen Risikotragfähigkeit (vgl. Kapitel 13.2.4).

Während in den ersten Jahren der MaRisk i. d. R. nur das private Baufinanzierungsgeschäft als „nicht risikorelevant" definiert wurde, gehen immer mehr Banken und

Sparkassen dazu über, auch Teile des gewerblichen Kreditgeschäfts so einzuordnen. Der Hintergrund ist meist, i. S. von schlankeren Prozessen das zeit- und arbeitsaufwändige Vier-Augen-Prinzip zu vermeiden. Der Umfang, in dem dies geschieht ist unterschiedlich. Bei größeren Banken geht dies durchaus bis zur sogenannten Freigrenze des § 18 KWG (vgl. unten Kapitel 3.2.6) i. H. von € 750.000. Es versteht sich von selbst, dass Ratingklassen und Blankoanteile zusätzlich eine Rolle spielen und damit diese Grenze reduzieren. So hat z. B. die Raiffeisenbank Much-Ruppichteroth eG (Bilanzsumme 2012 € 213 Mio. und Kundenforderungen i. H. von € 133 Mio.) im Rahmen eines Projektes die Grenze des nichtrisikorelevanten Kreditgeschäfts von € 100.000 auf € 250.000 angehoben (bei unverändert Blankoanteil maximal € 50.000 und Bonität kleiner Risikoklasse 20; vgl. Kapitel 4.3). Damit sind 60 % des gesamten Forderungsbestandes als nicht-risikorelevant eingestuft worden (*Beil/Frohn*, BankInformation 4/2013 S. 53). In einer Untersuchung zum Thema „Covenants“ (vgl. Kapitel 8.6) im Jahre 2010 wurden Betragsgrenzen für das nicht-risikorelevante Kreditgeschäft zwischen € 125.000-750.000 Gesamtkreditvolumen pro Kunde festgestellt. Auf der Basis von 209 untersuchten Sparkassen aller Größenordnungen betrug das nicht-risikorelevante Kreditgeschäft im Durchschnitt 39,9 % des Kundenkreditportfolios (*Heitzer/Wittgruber*, Betriebswirtschaftliche Blätter 9/2011 S. 509).

Gehen Sie nicht davon aus, dass die Kreditentscheidung „flüchtiger“ gefällt wird, wenn Ihr Kundenbetreuer alleine entscheiden kann. Sollte Ihr Kreditengagement in zwei, drei Jahren kritisch werden, muss er sich viele Fragen gefallen lassen – das wird er wegen einer möglichen persönlichen Haftung (sowie wegen der Folgen für seine Karriere) zu vermeiden versuchen (vgl. auch Kapitel 3.3 zur persönlichen Haftung des Bankmitarbeiters).

FAZIT:

- Erfragen Sie, auf welchem Weg Ihre Kreditwünsche entschieden werden.
- Erfragen Sie die voraussichtliche Dauer der Kreditentscheidung unter der Voraussetzung, dass alle erforderlichen Unterlagen eingereicht worden sind (vgl. Kapitel 1.1).
- Für Berater: Nutzen Sie Ihre Kenntnisse der lokalen und regionalen Bank-Kontakte aus allen Ihren Mandaten, und unterstützen Sie mit entsprechenden Informationen.

3.1.3 Risikoklassifizierungsverfahren

Die MaRisk schreiben vor, dass jede Kreditentscheidung auf der Grundlage eines „Risikoklassifizierungsverfahrens“ getroffen werden muss. Also auf Basis einer systematischen und in den Richtlinien der Bank festgelegten Kreditwürdigkeitsprüfung.

Für diese Prüfung nutzen die Banken das **„Rating“**, das sie im Ursprung für Zwecke der Eigenkapitalunterlegung (vgl. Kapitel 3.2.2) entwickelt haben. Im Rating wird gemessen, mit wie viel Prozent Wahrscheinlichkeit das geprüfte Unternehmen in zwölf Monaten insolvent sein wird (statistische Ausfallwahrscheinlichkeit) – Details zu den Ratingverfahren finden Sie in Kapitel 4.2.

! FAZIT:

- Eine Vorbereitung auf Kreditgespräche ist sinnvoll nur möglich, wenn Sie die Grundstrukturen der Ratingsysteme kennen. Denn nur so können Sie den Banken die erforderlichen Informationen zur Vorbereitung einer Kreditentscheidung zur Verfügung stellen – als Basis für eine angemessene Beurteilung/ein angemessenes Rating.
- Das Gespräch über das Rating sollte ein wesentlicher Teil Ihrer Bankenkommunikation sein (vgl. Kapitel 11.3).
- Für Berater: Die Information Ihrer Mandanten über das und die Vorbereitung auf das Rating ist eine „klassische“ Beratungsleistung mit hohem Zusatznutzen für Ihre Mandanten.

3.1.4 Zusammenhang zwischen Risikoklassifizierung und Konditionen

Nach den MaRisk soll (!) ein nachvollziehbarer Zusammenhang bestehen zwischen dem Ergebnis im Risikoklassifizierungsverfahren und den mit dem Kunden vereinbarten Konditionen – also Zinsen und Gebühren. Das bedeutet, dass schlechter beurteilte Kunden (schlechtere Ratingnote) bei ansonsten vergleichbarer Situation einen höheren Sollzinssatz bezahlen sollen, als besser beurteilte Kunden.

Dieses **„Versicherungsprinzip“** kennen wir aus vielen Bereichen z. B. der Autoversicherung in Form der Schadensklassen. Auf Banken übertragen lässt sich dies wie folgt beschreiben:

Eine Bank hat 100 Kreditnehmer in der Ratingklasse „X“. Die Ratingklasse „X“ sei dadurch definiert, dass die Ausfallwahrscheinlichkeit bei 2,00 % liegt. Die Bank „weiß“

jetzt, dass von den 100 Kunden nach zwölf Monaten zwei insolvent gegangen sein werden. Ihr Problem: Sie weiß nicht welche beiden von den 100 es sein werden. Konsequenz: Alle 100 in dieser Ratingklasse müssen über höhere Zinssätze für die Bank das Risiko der beiden unbekannten Ausfall-Kandidaten mit bezahlen.

Eine solche **Differenzierung oder Spreizung der Kreditzinssätze** gab es schon immer. Die Einführung des Rating im Rahmen der internationalen Vereinbarungen zu „Basel II" hat diese Entwicklung jedoch deutlich verstärkt. Beachten Sie: Nicht immer können Banken die eigentlich kalkulierten Sollzinssätze im Wettbewerb auch durchsetzen – vorausgesetzt Sie nutzen den Bankenwettbewerb durch entsprechende Gestaltung Ihrer Finanziererlandschaft (vgl. Kapitel 13).

FAZIT:

- Die Ratingergebnisse müssen Sie kennen und die Wirkung auf die Zinssätze zumindest grob abschätzen können (vgl. Kapitel 9).
- Vergleichen Sie immer die Konditionen. Voraussetzung dafür ist aber mehr als eine Bankverbindung (vgl. Kapitel 9.8).
- Für Berater: Nutzen Sie Ihre Kenntnis vieler Unternehmen, um Ihre Mandanten bei einer realistischen Einschätzung zu unterstützen.

3.1.5 Frühwarnsystem Ihrer Banken zur Risikofrüherkennung

Die MaRisk verlangen – und das ist sicherlich auch für Unternehmer gut nachvollziehbar – ein System zur Risikofrüherkennung sowohl auf der Ebene des einzelnen Kreditengagements wie auf Ebene aller Kredite, des sog. Kreditportfolios. Die Bank möchte möglichst frühzeitig erkennen können,

- wann ein einzelner Kreditnehmer Gefahr läuft, sich zu einem höheren Risiko zu entwickeln,
- wann sich in der Gesamtheit aller Kredite Risiken zunehmend addieren.

Das Ganze geschieht mit dem Ziel, möglichst frühzeitig – im Zweifelsfall gemeinsam mit dem Kreditnehmer – Maßnahmen zur Gegensteuerung ergreifen zu können. Je später die Bank Probleme beim Kreditnehmer erkennt, desto größer ist die Gefahr, dass „gegen den Kreditnehmer gesteuert" wird, weil die Zeit für sinnvolle Veränderungen im Unternehmen nicht mehr ausreicht. Dies zeigt sich dann durch Verweigerung weiterer Kredite, Reduzierung von Kreditlinien bis hin zu Kreditkündigungen.

Die Frühwarnsignale der Banken bestehen aus verschiedenen Elementen:

- Analyse Ihrer Jahresabschlüsse (vgl. Kapitel 4.1) und BWAs (vgl. Kapitel 7.6)
- Rating (vgl. Kapitel 4.2)
- Analyse der Führung des Geschäftsgirokontos (vgl. Kapitel 4.2.2.3)
- Umfeldinformationen (vgl. Kapitel 4.5 bis 4.7)

Ob alle diese Instrumente den Titel „Frühwarnsystem“ verdienen, wird in den einzelnen Abschnitten kritisch zu diskutieren sein.

FAZIT:

- Eine umfassende Kenntnisse der Risikofrüherkennungs-Systeme der Banken sollte bei Ihnen gegeben sein mit dem Ziel, das Senden von Frühwarnsignalen tunlichst zu vermeiden. Dies wird nicht immer 100 %-ig gelingen – aber viele Unternehmen senden heute oftmals unbedacht Risikosignale, weil diesem Thema nicht genügend Aufmerksamkeit gewidmet wird.
- Dazu gehört, im eigenen Unternehmen ein eigenes Frühwarnsystem zu installieren und zu nutzen. Auch dazu werden in den einzelnen Abschnitten Hinweise gegeben.
- Für Berater: Unterstützen Sie mit Ihren umfassenden Kenntnissen Ihre Mandanten beim Aufbau eines Frühwarnsystems und regen Sie aktiv den Aufbau solcher Systeme an.

3.2 Kreditwesengesetz (KWG) und seine wesentlichen Vorschriften für das Kreditgeschäft

Im Folgenden werden die für das Kreditgeschäft der Banken und Sparkassen wichtigsten KWG-Vorschriften kurz (!) beleuchtet, damit Sie über die wesentlichen Hintergrundinformationen verfügen.

3.2.1 Eigenkapital der Bank als Haftungsmasse – § 10 KWG

Das Eigenkapital einer Bank ist – wie auch bei Ihrem Unternehmen – das **Risikodeckungspotenzial**. In der Finanzmarktkrise seit Ende 2008 haben wir drastisch erlebt, was geschieht, wenn ein solcher Risikopuffer nicht in ausreichender Höhe vorhanden ist (und nur noch der Staat als Bankenretter einspringen kann).

§ 10 KWG regelt in der eng bedruckten Gesetzessammlung auf 16 Seiten (!) die Eigenkapitalausstattung der einzelnen Bank.

Basis sind die internationalen Vereinbarungen zu **"Basel II"**, die jetzt durch **"Basel III"** deutlich verschärft werden (vgl. Details zu Basel III in Kap. 13.2.3). Das Eigenkapital einer Bank wird grundsätzlich in **drei Bestandteile** unterteilt (hier in grober Darstellung, ohne auf die letzten rechtlichen Einzelheiten einzugehen):

- Hartes Kernkapital: Eingezahltes Kapital der Gesellschafter voll haftend (Grundkapital der AG, Stammkapital der GmbH, Geschäftsguthaben der Genossenschaft, Dotationskapital öffentlich-rechtlicher Institute – einschließlich evtl. Aufschläge auf die Nominalwerte bei einer Kapitelerhöhung – erfasst in den Kapitalrücklagen) und aus versteuerten Gewinnen gebildete Gewinnrücklagen.
- Weiches Kernkapital: Z. B. Einlagen stiller Gesellschafter, die bestimmten Anforderungen genügen, und Fonds für allgemeine Bankrisiken nach § 340e Abs. 4 HGB.
- Ergänzungskapital: Z. B. Genussrechte und Nachrangverbindlichkeiten, deren Gläubiger sich damit einverstanden erklärt haben, im „Notfall" erst nach allen anderen Gläubigern bedient zu werden.

Diese Eigenkapitalbestandteile dürfen nur in bestimmten Verhältnissen zu einander stehen, sind also nicht beliebig gegeneinander austauschbar. In der Summe müssen sie nach Basel II mindestens 8 % der sog. risikogewichteten Aktiva der Bank betragen (vgl. folgendes Kapitel 3.2.2).

„Basel III" erhöht diese Anforderungen in differenzierter Form. Für viele Banken und Sparkassen bedeutet dies eine weitere Erhöhung der Eigenkapitalausstattung (vgl. Kapitel 13.2.3). Im Einzelfall kann das zu einer vom Kreditinstitut ausgehenden „Kreditklemme" führen – wie im Vorwort als eine von drei möglichen Kreditklemmen-Ursachen angesprochen.

FAZIT:

- Erheben Sie Informationen über die „Risikotragfähigkeit" der genutzten Bankverbindungen (vgl. Kapitel 13.2.4).
- Gestalten Sie Ihre Finanziererlandschaft so, dass die eigenen Kreditgeber „starke" Banken sind.
- Für Berater: Nutzen und systematisieren Sie Ihre Kenntnis der regionalen Institute, um Ihre Mandanten zu unterstützen.

3.2.2 Eigenkapitalunterlegung von Risiken – Solvabilitätsverordnung

Wie viel Eigenkapital eine Bank für ihre Risiken vorhalten muss, das wird in der sog. „Solvabilitätsverordnung" (SolvV) geregelt, die die Bankenaufsicht als Ausführungsbestimmung zum KWG erlassen hat.

Der Grundgedanke: Jede Bank muss ihre risikobehafteten Geschäfte – sog. **„Risikoaktiva"** (da auf der Aktivseite der Bankbilanz erfasst) – zu einem bestimmten Prozentsatz mit Eigenkapital unterlegen in Abhängigkeit vom Risikogehalt der jeweiligen Geschäftsarten. Risikoaktiva sind natürlich Kredite, aber auch Aktien und Anleihen, die eine Bank als Geldanlage unterhält, oder auch derivative Geschäfte. Diese werden z.T. nicht mit Ihrem Nominalvolumen, sondern nur mit bestimmten Anrechnungssätzen erfasst (sog. Risikogewicht). Anleihen der Bundesrepublik Deutschland haben z.B. einen Anrechnungssatz/ein Risikogewicht von 0%, d.h. für diese braucht kein Eigenkapital vorgehalten zu werden. Für derivative Geschäfte werden sog. Kreditäquivalenzbeträge ermittelt als Basis für die Eigenkapitalunterlegung.

Die Unterlegung aller Risikoaktiva mit ihren jeweiligen Anrechnungs- bzw. Unterlegungs-Prozentsätzen wird in einer Kennzahl ausgedrückt: Dem **Solvabilitätskoeffizienten**. Dieser muss derzeit nach Basel II mindestens 8% betragen – mit steigender Tendenz in den kommenden Jahren gem. Basel III (vgl. Kapitel 13.2.3). D.h. im Schnitt muss eine Bank für alle anrechnungspflichtigen Aktiva 8% Eigenkapital vorhalten. I.d.R. liegt der Solvabilitätskoeffizient der Banken deutlich über 8%. Sie finden diesen im Internetauftritt Ihrer Banken i.d.R im Menüpunkt „Über uns", dann oft in einem Unterpunkt „Zahlen und Fakten" im „Offenlegungsbericht gem. § 26a KWG", den Sie dort herunterladen können.

Kompliziert wird die Angelegenheit dadurch, dass die Banken Eigenkapital von verschiedener Qualität besitzen können (vgl. oben Kapitel 3.2.1). Besonders wichtig ist das sog. „Harte Kernkapital". Insofern trifft auch der **„Solvabilitätskoeffizient für das Kernkapital"** eine wichtige Aussage. Und diese wird im Rahmen von Basel III noch wichtiger (vgl. Kapitel 13.2.3).

Für Sie als Kreditnehmer ist wesentlich: Der Prozentsatz, zu dem Ihre Banken Ihre Kredite mit Bankeigenkapital unterlegen müssen, ist abhängig von folgenden **Parametern**:

- Im Rating ermittelte Ausfallwahrscheinlichkeit,
- erwartete Kredithöhe zum Zeitpunkt des Ausfalls,
- Verlustquote bei Ausfall: Diese ist abhängig vom Wert der von Ihnen gestellten Sicherheiten (Blankoanteil).

Ohne es jetzt unnötig kompliziert zu machen: Banken haben **drei Möglichkeiten**, die Eigenkapitalunterlegung zu ermitteln:

- Kreditrisiko-Standardansatz: Die Ausfallwahrscheinlichkeit wird auf Basis des Ratings einer „Ratingagentur" ermittelt (sog. „externes Rating"); die anderen Parameter werden für alle Forderungsklassen von der Bankenaufsicht festgelegt; liegt kein externes Rating vor, wird in der Forderungsklasse Unternehmen generell von einem Risikogewicht von 100 % ausgegangen, das entspricht einem Eigenkapitalunterlegungs-Prozentsatz von 8 %. Für „Mittelstandskredite" in bestimmten Abgrenzungen gelten z. T. geringere Risikogewichte, die z. B. zu einer Eigenkapitalunterlegung von 6 % führen können.
- Auf internen Ratings basierender Ansatz (IRBA – Internal Rating Based Approach): Die Bank erarbeitet ein eigenes Rating („internes Rating") und damit eine eigene Ausfallwahrscheinlichkeit – die anderen Parameter gibt die Bankenaufsicht für jede Forderungsklasse vor.
- IRBA fortgeschrittener Ansatz: Die Banken errechnen alle Parameter selbst.

Die internen Ratingverfahren für die IRBA-Ansätze müssen von der Bankenaufsicht abgenommen werden. Alle Banken und Bankengruppen haben IRBA-Ansätze entwickelt und abnehmen lassen. Speziell bei Volks- und Raiffeisenbanken und Sparkassen arbeiten viele Institute mit dem Kreditrisiko-Standardansatz für die Eigenkapitalunterlegung.

Für Sie bedeutet das aber nicht, dass Ihr Unternehmen gar nicht geratet wird oder zumindest das Ratingergebnis unerheblich wäre. Denn jetzt greifen die MaRisk und deren Forderung nach einem **Risikoklassifizierungsverfahren** (vgl. oben 3.1.3): Da die meisten Institute dafür das ohnehin vorhandene Ratingverfahren nutzen, wird Ihr Unternehmen einem Rating unterzogen – unabhängig davon welchen der Ansätze für die Eigenkapitalunterlegung Ihre Banken gewählt haben.

FAZIT:

- Je ertrags- und eigenkapitalstärker Ihre Banken sind umso besser. Denn desto eher können diese Risiken übernehmen – daher der Begriff Risikotragfähigkeit. Und somit ein aktives Kreditgeschäft betreiben.
- Daher sollten Sie die eigene „Finanziererlandschaft" entsprechend gestalten (vgl. Kapitel 13)
- Für Berater: Unterstützen Sie mit Ihrer Kenntnis der regionalen Kreditinstitute.

3.2.3 Kreditgrenzen für den Einzelkredit (Großkredit) – § 13 KWG

Eine Bank darf einem Kreditnehmer nicht unbegrenzt Kredite geben. Der Gesetzgeber will bewusst zu hohe Einzelrisiken (Klumpenrisiken) vermeiden. Folglich definiert er in § 13 KWG die sog. **Großkreditgrenze**. Diese liegt bei 25 % des haftenden Eigenkapitals der Bank. Diese Grenze für ein einzelnes Engagement (vgl. Kapitel 3.2.7 zur Kreditnehmereinheit) darf die Bank nicht überschreiten. Ob eine Bank diese Grenze überhaupt ausnutzen will, legt sie in ihrer Kreditrisikostrategie fest. Eine Bank kann also durchaus intern geringere Grenzen festlegen.

Neben diesem Höchstbetrag sieht § 13 KWG weiter vor:

- Überschreitet ein Kredit 10 % des haftenden Eigenkapitals der Bank gilt er bereits als „Großkredit“ und ist der Bundesbank unverzüglich anzuzeigen. Diese leitet die Anzeigen an die BaFin weiter. Auf diese Weise erhält die Bankenaufsicht einen Überblick über die Risikokonzentrationen in den Bankbilanzen.
- Ein Großkredit muss von allen Geschäftsleitern der Bank (Vorstandsmitgliedern) einstimmig beschlossen werden. Auch diese Vorschrift soll der Risikobegrenzung dienen.

Bedenken Sie die daraus resultierenden Entscheidungswege – i. d. R wird auch noch der Kreditausschuss zustimmen müssen (vgl. Kapitel 2.4).

Wenn Sie Kreditkunde bei einer kleineren Bank oder Sparkasse sind, kann es sein, dass Ihr Kreditengagement die Großkreditgrenze von 10 % überschreitet oder sogar an den Deckel der 25 %-Grenze stößt. Aufgrund der Risikokonzentration wird eine Bank Großkredite mit ganz besonderer Aufmerksamkeit verfolgen.

Um es an zwei **Beispielen** zu verdeutlichen:

BEISPIEL 1 Die Volksbank Meerbusch eG weist im Internet zum 31. 12. 2013 eine Bilanzsumme von € 224 Mio. und ein Eigenkapital von € 16,8 Mio. aus. Das bedeutet: Ein Kreditengagement von € 1.680.000 ist ein Großkredit und nach § 13 KWG kann der höchste Kredit dieser Bank über € 4.200.000 lauten.

BEISPIEL 2 Die ebenfalls im Rhein-Kreis Neuss ansässige Sparkasse Neuss weist lt. Offenlegungsbericht 2012 (Internet Juli 2014) ein Eigenkapital i. H. von € 505,9 Mio. aus bei einer Bilanzsumme von rd. € 6,1 Mrd. Damit beginnt ein Großkredit bei einem Kreditvolumen von € 50,59 Mio. und die Großkreditgrenze lt. Gesetz liegt bei € 126,47 Mio.

FAZIT:

- Die Großkreditgrenzen Ihrer Banken sollten Ihnen als größerem Unternehmen mit entsprechendem Kreditbedarf bekannt sein.

- Verteilen Sie Ihre Kredite so auf verschiedene Banken, dass diese jeweils unter der Großkreditgrenze liegen, wenn Sie das für sinnvoll halten.
- Für Berater: Halten Sie die Großkreditgrenzen der regionalen Institute vor und informieren Sie Ihre Mandanten.

3.2.4 Meldepflichten für Millionenkredite – § 14 KWG

Um Risikokonzentrationen für einen Kreditnehmer bei verschiedenen Kreditinstituten erfassen zu können, wird in § 14 KWG festgelegt, dass alle Banken Kredite ab € 1.000.000 für eine Kreditnehmereinheit (vgl. Kapitel 3.2.7) mit einem umfassenden Datensatz an die „Evidenzzentrale" der Bundesbank melden müssen. Liegen für einen gemeldeten Kreditnehmer derartige „Millionenkreditmeldungen" von weiteren Banken vor, bekommt das meldende Institut eine Rückmeldung der Bundesbank mit **Informationen** über

- die Gesamtverschuldung des Kreditnehmers und der Kreditnehmereinheit,
- die Anzahl der beteiligten Kreditgeber,
- die prognostizierte Ausfallwahrscheinlichkeit – wenn das meldende Institut diese ebenfalls mit angegeben hat.

Das bedeutet, dass Ihr Kreditgeber nicht nur seine Kredite kennt, sondern auch Ihre Gesamtverschuldung bei allen Banken, bei denen Sie als Kreditnehmereinheit jeweils über € 1,0 Mio. im Gesamtobligo aufgenommen haben.

Zu beachten ist, dass die Banken auch für beabsichtigte Kredite also bereits im Vorfeld einer Kreditvergabe von der Bundesbank eine Information über die Gesamtverschuldung erhalten können. Dabei kann die Bundesbank verlangen, dass die Bank die Höhe des beabsichtigen Kredits mitteilt und nachweist, dass der potenzielle Kreditnehmer in die Mitteilung eingewilligt hat.

FAZIT:

- Berücksichtigen Sie den Meldekreislauf zu den Millionen-Krediten ggf. in der eigenen Bankenstrategie.
- Bedenken Sie: Auch bei kleineren Kreditvolumina wollen alle Kreditgeber i. d. R. die Gesamtbankverbindlichkeiten Ihrer Kreditkunden kennen – Stichwort „Bankenspiegel" (vgl. Kapitel 7.9 und 13.1).
- Für Berater: Sprechen Sie dieses Thema bei entsprechenden Kreditvolumina aktiv an.

3.2.5 Organkredite als Besonderheit – § 15 KWG

Dieses Kapitel **betrifft Sie** als Unternehmer oder Berater, unter folgenden **Voraussetzungen**:

- Sie sind „Mitglied eines zur Überwachung der Geschäftsführung bestellten Organs des Instituts“ und wenn „die Überwachungsbefugnisse des Organs durch Gesetz geregelt sind (Aufsichtsorgan)“ – so § 15 Abs. 1 Satz 1 Nr. 3 KWG.
  Konkret: Sie sind Mitglied des Aufsichtsrates einer Bank in der Rechtsform AG, GmbH, GmbH & Co. KG oder eG bzw. Mitglied des Verwaltungsrates einer Sparkasse oder Landesbank.
- „ein Geschäftsleiter, ein Prokurist oder ein zum gesamten Geschäftsbetrieb ermächtigter Handlungsbevollmächtigter des Instituts“ ist ein „gesetzlicher Vertreter oder Mitglied des Aufsichtsorgans“ bzw. „Gesellschafter der Personenhandelsgesellschaft“ – so § 15 Abs. 1 Satz 1 Nr. 7 KWG.
  Konkret: Ein „wichtiger“ Mitarbeiter Ihrer Bank ist an Ihrem Unternehmen beteiligt oder sitzt im Aufsichtsrat/Beirat Ihres Unternehmens.

Daraus ergibt sich die Konsequenz, dass Kredite an sie persönlich und an ihr Unternehmen als „Organkredite“ betrachtet werden. Und ebenso private Kredite an Ihre „Ehegatten, Lebenspartner und minderjährige Kinder“ (§ 15 Abs. 1 Satz 1 Nr. 5 KWG).

Die weiteren Fallgestaltungen des § 15 KWG sollen hier nicht alle aufgeführt werden. Aber: Immer dann, wenn es personale Verflechtungen zwischen Unternehmen und Bank gibt, wird Ihre Bank die Organkrediteigenschaft prüfen.

Der Gesetzgeber sieht in solchen persönlichen Beziehungen die Gefahr einer zu laschen Kreditprüfung oder von persönlich beeinflussten Entscheidungen. Deshalb schreibt § 15 KWG vor, dass Organkredite „nur aufgrund eines einstimmigen Beschlusses sämtlicher Geschäftsleiter des Instituts …, nur zu marktmäßigen Bedingungen und nur mit ausdrücklicher Zustimmung des Aufsichtsorgans … gewährt werden“.

Ganz praktisch: Ein Organkredit durchläuft immer die komplette Kompetenzhierarchie bis zum Kreditausschuss (vgl. Kapitel 2.4) – und ist damit für alle Beteiligten ein aufwändiges Verfahren.

FAZIT:

- Bei einer (möglicherweise) bestehenden „Verflechtung“ im oben dargestellten Sinne klären Sie vor einem Kreditwunsch ab, ob es sich um einen Organkredit handelt.
- Entscheiden Sie im Rahmen der Gestaltung Ihrer Finanziererlandschaft, ob Organkredite aufgenommen oder besser vermieden werden sollen.

► Für Berater: Beachten Sie Ihre eventuelle „Befangenheit", sollten Sie in einer personalen Verflechtung zu den Banken Ihrer Mandanten stehen.

3.2.6 Kreditunterlagen, die Kreditnehmer einreichen müssen – § 18 KWG

Der § 18 des Kreditwesengesetzes dürfte der Paragraph des KWG sein, der in Unternehmerkreisen am besten bekannt ist. Denn auf ihn berufen sich viele Banken, wenn sie schriftlich oder mündlich die „Kreditunterlagen" von ihren Firmenkunden einfordern. Der § 18 KWG schreibt unter der Überschrift „Kreditunterlagen" vor, welche Informationen und Unterlagen Sie als Kreditnehmer einzureichen haben.

Dabei geht dieser Paragraph einmal nicht ins Detail, sondern legt lediglich fest, dass ein Institut „einen Kredit ... nur gewähren (darf), wenn es sich von dem Kreditnehmer die wirtschaftlichen Verhältnisse, insbesondere durch Vorlage der Jahresabschlüsse, offen legen lässt" – § 18 Abs. 1 Satz 1 KWG.

Wie eine Bank § 18 KWG konkret ausfüllt und lebt, wird in einer **Arbeitsanweisung zu § 18 KWG** festgelegt, die sich wiederum in den Rahmen der **Kreditrisikostrategie** der Bank (vgl. Kapitel 3.1.1) eingliedern muss.

Das bedeutet, die Bank legt selbst fest, welche Informationen und Unterlagen bei welchem Kreditanlass sie benötigt (siehe auch Kapitel 1).

Diese Anforderungen sind abhängig von

► der **Situation des einzelnen Kreditnehmers** – beschrieben durch die Indikatoren Kredithöhe, Ratingnote, Blankoanteil;
► die **Gesamtrisikosituation der Bank selbst** mit Blick auf deren Risikotragfähigkeit (vgl. Kapitel 13.2.4).

D. h. je risikobehafteter Ihr Kreditengagement bei der Bank gesehen wird und je schwächer die Risikotragfähigkeit der Bank selbst ist, desto mehr und aktuellere Informationen und Unterlagen werden im Zweifelsfall von Ihnen eingefordert, um Ihren Kreditwunsch beurteilen zu können. Und das sowohl bei der **erstmaligen Offenlegung** im Falle eines Neukredites oder einer Krediterhöhung wie bei der **laufenden Offenlegung** während des Bestehens eines Kreditengagements.

Aktuell ist zu beobachten, dass sich die Informationsanforderungen vieler Banken weiter „verschärfen" – hinsichtlich Art, Umfang und Qualität der angeforderten Unterlagen. Dies ist zurückzuführen auf die erhöhten Eigenkapitalerfordernisse aus Basel III (vgl. Kapitel 13.2.3).

Das bedeutet, dass die Anforderungen bei verschiedenen Banken durchaus unterschiedlich sein können! So kann es sein, dass Ihr Unternehmen unterschiedlich beurteilt wird und/oder dass Sie mit Banken unterschiedlicher Risikotragfähigkeit zusammen arbeiten.

Zwei **Ausnahmen** formuliert § 18 KWG, bei denen das Gesetz entsprechende Informationen/Unterlagen bei einer Kreditgewährung (**Erst-Offenlegung**) nicht (ausdrücklich) verlangt:

a. Die sog. **Freigrenze** des § 18 KWG: Das Erfordernis der Offenlegung sieht das Gesetz erst vor ab einer Kreditsumme von € 750.000 bzw. wenn der Kredit 10 % des haftenden Eigenkapitals der Bank überschreitet (Großkredit – vgl. Kapitel 3.2.3) – § 18 Abs. 1 Satz 1 KWG.

   Diese Regelung führt immer wieder zu einem Missverständnis bei Unternehmern, die dann sagen: „Prima, da brauche ich meiner Bank ja keine Informationen zu geben, wenn meine Kreditsumme unter dieser Grenze bleibt“.

   Gegen diese Interpretation spricht: Jede Bank muss nach MaRisk (vgl. Kapitel 3.1) ein Risikoklassifizierungsverfahren haben zur Beurteilung der Kreditwürdigkeit. Und diese kann nur auf der Basis eines bestimmten Informationsumfangs erfolgen. Genau hier liegt die Absicht des Gesetzgebers: Bei Krediten unter der Freigrenze können Banken – wenn sie dies wollen – ihre Anforderungen an die Kreditnehmer etwas „großzügiger“ gestalten. Aber ganz ohne Informationen und Unterlagen wird es auf keinen Fall gehen.

b. Wenn „das Verlangen nach Offenlegung im Hinblick auf die gestellten **Sicherheiten** oder auf die **Mitverpflichteten** offensichtlich unbegründet wäre“ – § 18 Abs. 1 Satz 2 KWG.

   Auch hier sei vor Missverständnissen gewarnt: Das Gesetz formuliert nicht, dass eine Bank in diesem Falle keine Informationen bzw. Unterlagen einfordern darf, sondern „das Kreditinstitut kann hiervon absehen“.

   Außerdem geht jede Bank bei der Beurteilung der Sicherheiten und Mitverpflichteten (Mit-Kreditnehmer oder Bürgen) von der Bewertung nach den eigenen Bank-Maßstäben aus (vgl. Kapitel 8), die sich von denen aus Unternehmenssicht deutlich unterscheiden können. Sodass ein Kreditnehmer z. B. davon ausgeht, dass diese Regelung des § 18 KWG in seinem Fall greift, während die Bank mit einem deutlichen Blankoanteil argumentiert, der die Anwendung dieser Regelung ausschließt.

Bei der **laufenden Offenlegung** formuliert § 18 Abs. 1, Satz 3 KWG ebenfalls eine **Ausnahme**, denn eine Bank „**kann** von der laufenden Offenlegung absehen“, wenn der Kredit durch Grundschulden auf selbstgenutztes Wohneigentum bis zu einer bestimmten Grenze abgesichert ist und dieser ordnungsgemäß bedient wird.

Gerade in der laufenden Offenlegung gehen Banken i. R. d. Definition des „nicht-risikorelevanten Geschäfts" (vgl. Kapitel 3.1.2) heute oft „großzügige" Wege und verlangen kaum noch oder gar keine Unterlagen mehr. Kehrseite dieser Medaille sind dann allerdings häufig die sog. „Schnell-Rating-Verfahren" – die wiederum ihre eigene negative Dynamik entwickeln können – siehe Kapitel 4.2.3.

Beachten Sie in der laufenden Offenlegung unbedingt die **Anforderungsschreiben** Ihrer Banken, mit denen diese die Unterlagen bei Ihnen abfragen, sofern Sie selbst diese noch nicht eingereicht haben. Dabei ist oft eine dreistufige Eskalation zu beobachten:

- ca. im Mai erstes Anforderungsschreiben im netten Ton;
- ca. im Juli/August zweites Anforderungsschreiben schon etwas drängender;
- ca. im September/Oktober drittes Anforderungsschreiben mit Androhung von Konsequenzen, wenn die Unterlagen nicht vorliegen bis ....

  Die angedrohten Konsequenzen können je nach Situation der Gesamtverbindung bis zur Kreditkündigung gehen.

Da Sie die Hinweise zum „pünktlichen Jahresabschluss" in Kapitel 7.4.1 beherzigen, kann bei Ihnen maximal das erste Anforderungsschreiben auflaufen.

Lesen Sie die Anforderungsschreiben genau: Wenn zum Jahresabschluss irgendwelche weiteren Ausführungen mit Begriffen wie „Plausibilitätsbeurteilung" oder „Qualität" auftauchen, nehmen Sie unbedingt Rücksprache und klären Sie, was genau Ihre Banken erwarten; in Kapitel 4.1.8 werden die verschiedenen Anforderungen dargestellt.

Die Gestaltungsmöglichkeiten i. R. d. gesetzlichen Regelung des § 18 KWG sorgen aber auch dafür, dass Umfang und Intensität der Informations- und Unterlagen-Anforderung durchaus ein Mittel im **Wettbewerb der Kreditgeber** um die sehr guten Bonitäten sein kann.

Welche Informationen und Unterlagen typischerweise von Banken angefordert und hinzugezogen werden, wird in Kapitel 7 ausführlich beschrieben.

FAZIT:

- Erfragen Sie in jedem Einzelfall, welche Informationen bzw. Unterlagen Kreditgeber erwarten.
- Geben Sie sich auf keinen Fall mit unklaren Hinweisen zufrieden, am besten eine schriftliche Aussage (Checkliste) fordern – unterschieden nach Erstoffenlegung und laufender Offenlegung.

- Verschärfte Anforderungen sind oft ein klares Signal, dass eine Bank ein Kreditengagement jetzt kritischer sieht – was entsprechende Reaktionen auf Ihrer Seite auslösen muss (z. B. mit Blick auf die Vorbereitung von Gesprächen – vgl. Kapitel 10.3).
- Für Berater: Betonen Sie gegenüber Ihren Mandanten regelmäßig und immer wieder die Bedeutung der Unterlagen nach § 18 KWG und informieren Sie über die Usancen der lokalen und regionalen Institute. Als Steuerberater: Tragen Sie durch entsprechende Organisation und Vereinbarungen mit Ihren Mandanten zur Einhaltung der gesetzlichen Fristen und der Fristen-Vereinbarungen mit den Banken bei.

3.2.7 Kreditnehmereinheit – wichtig für Kapitalgesellschaften – § 19 Abs. 2 KWG

Für jeden Einzelunternehmer ist klar: Seine private Baufinanzierung und der Kontokorrentkredit für seine Firma gehen an einen Kreditnehmer – denn Privatmann und Unternehmen sind dieselbe Rechtsperson.

Für den Gesellschafter bzw. Geschäftsführer einer GmbH – also einer Kapitalgesellschaft – dagegen ist klar: Er als Privatmann und seine GmbH sind zwei unterschiedliche Rechtspersönlichkeiten. Also gibt es auch zwei Kreditnehmer. Ebenso denkt der Gesellschafter einer Personenhandelsgesellschaft.

Aus Sicht eines Kreditgebers allerdings sind Gesellschaft und Gesellschafter bzw. Geschäftsführer eine **„Risikoeinheit“** – weil die eine nicht ohne den anderen denkbar ist; und weil der Gesellschafter bzw. Geschäftsführer seine Einkünfte wiederum aus der Gesellschaft bezieht und in den meisten Fällen auch für die Kredite seines Unternehmens eine Bürgschaft übernommen hat (vgl. Kapitel 8.4.1).

Dieser Risikosicht trägt § 19 Abs. 2 KWG Rechnung, der die sog. **„Kreditnehmereinheit“** postuliert: Wenn ein Unternehmen auf ein anderes oder ein Gesellschafter bzw. Geschäftsführer auf ein Unternehmen einen „unmittelbar oder mittelbar beherrschenden Einfluss“ hat, sind diese als ein Kreditnehmer anzusehen. Das bedeutet in der **Praxis**:

- Personenhandelsgesellschaften und ihre persönlich haftenden Gesellschafter,
- Kapitalgesellschaften und ihre mit Mehrheit beteiligten Geschäftsführer,
- Unternehmen mit gleichen Gesellschaftern und starker wirtschaftlicher Verflechtung,
- alle Unternehmen eines Konzerns gem. § 18 Aktiengesetz

sind als „ein Kreditnehmer“ anzusehen, bilden also eine Kreditnehmereinheit. Mit der Konsequenz, dass die in diesem Kapitel beschriebenen gesetzlichen Regelungen sowie die in Kapitel 2 beschriebenen Rahmenbedingungen in Kreditinstituten (z. B. Kompetenzen) sich immer auf die Kreditnehmereinheit beziehen.

In ihren internen Richtlinien gehen Banken z.T. noch über die gesetzliche Definition hinaus und bilden sog. „wirtschaftliche Kreditnehmer-Einheiten“, fassen also den Einfluss-Tatbestand weiter.

Mittlerweile sind auch Vorschriften des europäischen Rechts immer stärker zu beachten. So gibt es eine europäische Richtlinie als unmittelbar geltendes Europarecht (Capital Requirements Regulation – CRR), die noch einen weiteren Bezug herstellt: Danach sind auch Lieferanten und Abnehmer, von denen das Unternehmen entscheidend abhängig ist, in die Kreditnehmereinheit miteinzubeziehen; eine Fragestellung, die auch im Rating eine Rolle spielt (vgl. Kapitel 4.2.2.2). Dieser Aspekt wird hier der Vollständigkeit halber erwähnt; in den meisten Fällen wird er für mittelständische Unternehmen nicht die entscheidende Rolle gegenüber den anderen Aspekten des § 19 Abs. 2 KWG spielen.

Dies ist auch mit Blick auf die eigenen Finanzierungswünsche (vgl. Kapitel 6) und die Gestaltung der eigenen Finanziererlandschaft (vgl. Kapitel 13) zu berücksichtigen.

FAZIT:

- Verschaffen Sie sich Klarheit darüber, welche Kreditnehmer aus Bankensicht als eine Einheit behandelt werden.
- Leiten Sie daraus ggf. Schlussfolgerungen ab, wie Sie Ihre Finanzierungswünsche auf Kreditinstitute verteilen wollen.
- Für Berater: Weisen Sie Ihre Mandanten unbedingt auf diese Konstellation hin.

3.2.8 Besondere organisatorische Pflichten der Kreditinstitute – § 25a KWG

Dieser Paragraph des KWG ist für Sie als Kreditnehmer nur mittelbar von Bedeutung: hier werden Anforderungen an die Organisation und das Risikomanagement der Kreditinstitute formuliert.

Die mittelbare Wirkung kommt dadurch zustande, dass der § 25a KWG die rechtliche Grundlage für die Bankenaufsicht ist, um den Kreditinstituten Vorschriften für deren Organisation zu machen – wie dies in den MaRisk (vgl. Kapitel 3.1) geschieht.

FAZIT:

- Siehe die Fazits in den Kapiteln 3.1.1 bis 3.1.5

3.2.9 Prüfung des Jahresabschlusses der Banken – § 29 KWG

Jedes Kreditinstitut muss seinen Jahresabschluss prüfen lassen. Die Wirtschaftsprüfer der Kreditinstitute unterliegen besonderen gesetzlichen Weisungen, die in § 29 KWG zusammengefasst sind. Im Absatz 4 wird auch festgelegt, dass der Bundesfinanzminister die Details durch Verordnungen festlegen kann. Die auf dieser Basis erlassene „Prüfungsberichtsverordnung“ regelt die Inhalte der Prüfung und die Berichterstattung darüber. Diese **Prüfungsberichte** gehen an die **Bankaufsichtsbehörden** also Bundesbank und BaFin.

An dieser Stelle entfaltet sich wieder die **mittelbare Wirkung** für Sie als Kreditnehmer: Die **Prüfung des Kreditgeschäfts** ist wesentlicher Bestandteil der Jahresabschlussprüfung einer Bank unter den **Fragestellungen**:

- Sind alle von der Bank selbst festgelegten Rahmenbedingungen/Kompetenzen/Abläufe eingehalten worden (Systemprüfung)?
- Ergeben sich Hinweise für steigende oder „zu hohe“ Risiken einer Bank im Kreditgeschäft (und anderen Geschäftsbereichen)?
- Ergeben stichprobenweise Einzelprüfungen von Kreditengagements ergänzende Risiko-Hinweise?

Basis für die Beurteilung ist die Risikostrategie der Bank (vgl. Kapitel 3.1.1) und ihre Risikotragfähigkeit (vgl. Kapitel 13.2.4).

Ergibt die Prüfung z. B., dass eine Bank eine vorsichtigere Risikopolitik fahren sollte, so können Sie als Kreditnehmer plötzlich eine Zurückhaltung bei Kreditwünschen spüren, die bisher nicht vorhanden war und auch nicht auf schlechtere wirtschaftliche Verhältnisse in Ihrem Unternehmen zurückgeführt werden kann.

FAZIT:

- Schätzen Sie die wirtschaftliche Situation Ihrer Kreditgeber zumindest grob ein (vgl. Kapitel 13.4).
- Verfolgen Sie Veränderungen in der Kreditpolitik der eigenen Banken aufmerksam.

- Gestalten Sie die eigene Finanziererlandschaft so, dass keine Abhängigkeit von nur einer Bankverbindung besteht oder entstehen kann und dass Sie möglichst „starke" Banken als Kreditgeber haben (vgl. Kapitel 13).

3.2.10 Auskünfte und Prüfungen der Kreditinstitute – § 44 KWG

Im Rahmen ihrer Arbeit kann die Bankenaufsicht von Kreditinstituten und ihren Organen und Beschäftigten jedwede **Auskunft** verlangen und **Prüfungen** vor Ort durchführen – „auch ohne besonderen Anlass" (§ 44 Abs. 1 Satz 2 KWG). Diese sog. „44er-Prüfungen" werden einerseits routinemäßig in bestimmten Abständen durchgeführt, andererseits einzelfallbezogen aus „gegebener Veranlassung" – z. B. weil im Bericht über die Prüfung des Jahresabschlusses kritische Hinweise enthalten sind, die die Bankenaufsicht zum Nachfassen veranlassen.

Es gibt auch hier die **mittelbare Wirkung** auf Sie als Kreditnehmer, weil

- sich z. B. die Kreditpolitik einer Bank durch eine solche Prüfung ändert,
- oder sogar womöglich Ihr Kreditengagement in der Prüfungsstichprobe enthalten ist, und die Bank plötzlich mit zusätzlichen Informationsanforderungen kurzfristig auf Sie zukommt.

Das KWG beschreibt in weiteren Paragraphen, welche Befugnisse die Bankenaufsicht hat, um ggf. Konsequenzen aus ihren Prüfungserkenntnissen abzuleiten, das Gesetz spricht von „Maßnahmen", die die Bankenaufsicht ergreifen kann.

! FAZIT:

- Eine 44er-Prüfung bei einer Bank muss nichts „Bedrohliches" beinhalten.
- Eine 44er-Prüfung bei einer Bank kann ein Signal für eine „Schieflage" der Bank sein.
- Die im Fazit zum vorhergehenden Kapitel 3.2.9 gezogenen Schlussfolgerungen gelten auch hier.

3.3 Persönliche Haftung des Kundenbetreuers

Die Rahmenbedingungen, in denen Ihre persönlichen Ansprechpartner bei Ihren Kreditgebern – also Ihre Kundenbetreuer – arbeiten, sind eng. Dies gilt sowohl für die gesetzliche Seite als auch für die bankinternen Arbeitsanweisungen und Kompetenzen.

Wen wundert es, wenn **also durchaus „vorsichtig“ agiert wird**. Denn welcher Banker will schon gegen Richtlinien und Gesetze verstoßen – muss er doch mit schwerwiegenden Konsequenzen rechnen.

Da ist zuerst die **disziplinarische Konsequenz** seitens seines Arbeitgebers, die zukünftige Karriere- und Gehalts-Chancen reduzieren oder sogar bis zur Kündigung reichen kann.

Darüber hinaus sorgt auch hier der Gesetzgeber in Gestalt des § 266 Strafgesetzbuch (StGB) für weitere Unbill. § 266 StGB regelt den **Tatbestand der „Untreue“**. Hierzu hat der Bundesgerichtshof (BGH) mit Datum vom 15. 11. 2001 ein wegweisendes Urteil gesprochen, dessen Grundzüge hier nach einem Bericht der Sparkassen-Zeitung wiedergegeben werden (vgl. Die SparkassenZeitung vom 2. 8. 2002):

Es ging um den Verstoß eines Bankmitarbeiters gegen Kreditbewilligungsgrenzen und Kompetenzbegrenzungen: ein solcher Verstoß bedeutet immer Untreue gegenüber dem Arbeitgeber – also der Bank.

Wenn aber kein solcher Verstoß vorliegt, gelten laut BGH weitere **Überlegungen**:

Es ist dann zu prüfen, ob der Mitarbeiter seiner Prüfungs- und Informationspflicht hinsichtlich der Vermögensverhältnisse des Schuldners „ausreichend“ nachgekommen ist – konkret:

- Hat er § 18 KWG (vgl. Kapitel 3.2.6) bei Kreditbewilligung beachtet?
- Hat er § 18 KWG (vgl. Kapitel 3.2.6) während der gesamten Dauer des Engagements beachtet?
- Hat er eine Überprüfung der persönlichen Integrität und der unternehmerischen Fähigkeiten vorgenommen – auch dann, wenn der Kreditnehmer Sicherheiten gestellt hat?

Bei dieser Prüfung sind dann natürlich die internen Anweisungen der Bank wiederum Maßstab – aber hier geht es wirklich in die Tiefe der Kreditprozesse.

Interessanterweise hat der BGH auch eine **Ausnahme** konzediert – und zwar für den Spezialfall des **Sanierungskredits:** Hier liegt keine Pflichtwidrigkeit vor bei einem vorliegendem, wirtschaftlich vernünftigen Gesamtplan, sorgfältiger Prüfung der Kreditwürdigkeit und wenn die Existenz der Bank durch diesen Kredit nicht bedroht wird; das gleiche gilt bei sozialer Verantwortung für den ökonomisch sinnvollen Erhalt von Unternehmen und Arbeitsplätzen.

Die aktuellen Prozesse gegen Bankvorstände in Folge der Finanzkrise zeigen, dass der Tatbestand der Untreue im Einzelfall schwer zu fassen ist. Dennoch werden diese Prozesse eine bewusste oder auch unterschwellige Wirkung auf die Entscheidungsprozesse und Entscheidungsträger in Banken haben – und zwar tendenziell i. S. einer (noch) größeren Vorsicht beim Eingehen von Risiken.

FAZIT:

- Berücksichtigen Sie den engen Handlungsrahmen der Kundenbetreuer (ohne Mitleid mit ihnen zu haben).
- Stellen Sie die erbetenen Informationen und Unterlagen zur Verfügung (vgl. Kapitel 3.2.6 und Kapitel 7).
- Führen Sie einen offenen Dialog, der es Ihren Bankpartnern ermöglicht, Ihr Unternehmen und seine Perspektiven realistisch einzuschätzen – das erleichtert Bankern auch, ihren Ermessenspielraum zu nutzen.
- Bringen Sie Ihre Bankbetreuer nicht durch unrealistische Erwartungen und Forderungen in Konfliktsituationen mit Rahmenbedingungen und Arbeitgeber.
- Für Berater: Sensibilisieren Sie Ihre Mandanten für diese Zusammenhänge und unterstützen Sie bei der Gestaltung der Bankbeziehungen.

4. Grundlagen einer Kreditentscheidung – das müssen Sie wissen

DOWNLOAD:

Begleitblätter „Grundlagen Kreditentscheidung – Teil 1: Jahresabschluss“

Ihr Kreditwunsch wird in der Bank geprüft und anschließend wird ein Beschluss gefasst. Welche Informationen dabei zugrunde gelegt und wie diese hinterfragt und bewertet werden, genau das ist Gegenstand dieses Kapitels. Es geht also ganz bewusst darum, die Sichtweise der Banker besser kennen und verstehen zu lernen, sozusagen die Bankerbrille einmal selbst aufzusetzen. Für Sie als Kreditnehmer ist das ein Hintergrundwissen, das Sie bei der **Steuerung Ihres Unternehmens nutzen können**: Dabei sollten Sie sich u. a. folgende Fragen stellen:

- Gibt es aus der Bankensicht Überlegungen und Hinweise, die auch Sie als berechtigt beurteilen und zukünftig berücksichtigen werden?
- Welche Informationen und Unterlagen werden Sie Ihren Kreditgebern zur Verfügung stellen (vgl. die Details dazu in Kapitel 7), um deren Informationsbedürfnisse zu erfüllen, damit diese Ihr Unternehmen angemessen beurteilen können? Dabei geht es nicht darum, Informationen und Unterlagen für Ihre Kreditgeber zu „schönen“, sondern diese so aufzubereiten, dass sich Kreditgeber möglichst ohne weitere Nachfragen ein klares eigenes Bild machen können.

4.1 Analyse Ihrer Jahresabschlüsse – worauf es ankommt

Die Analyse der Jahresabschlüsse war immer schon „**die**“ wesentliche Beurteilungsgrundlage für Kreditgeber. Im Rahmen der Risikoklassifizierung nach MaRisk (vgl. Kapitel 3.1.3) – also im Rating (vgl. ab Kapitel 4.2 im Detail) – sind die Jahresabschlüsse „**ein**“ wesentlicher Informations- und Beurteilungsbaustein bezeichnet auch als quantitative Analyse oder „harte Faktoren“. Die Akzentverschiebung von „**die**“ Beurteilungsgrundlage zu „**eine**“ Beurteilungsgrundlage sollte aber nicht darüber hinwegtäuschen, dass die Jahresabschluss-Analyse i. d. R. immer noch mit mehr als 50 % Gewichtung in die Rating-Note einfließt.

Aus diesem Grund werden die Details zur Jahresabschluss-Analyse in diesem Kapitel 4.1 als Einstieg in das Thema „Grundlagen der Kreditentscheidung“ behandelt.

In Kapitel 11.2 wird das „Bilanzgespräch" – also das Gespräch mit Ihrem Bankbetreuer über Ihre Bilanzzahlen – nochmals unter dem Aspekt der Kommunikation geschildert.

Sehen Sie dieses Kapitel 4.1 aber nicht nur aus dem Blickwinkel Ihrer Kreditgeber. Sondern „verdoppeln" Sie den Blick unter der Fragestellung, wie Sie die hier angesprochenen Themen für die kaufmännische Steuerung Ihres Unternehmens (noch mehr) nutzen können!

4.1.1 Auswertungsmethodik von Kreditinstituten

Ihre Kreditgeber übertragen die Daten aus Ihren Jahresabschlüssen in eine jeweils **bundesweite Datenbank**, in der die Jahresabschlüsse aller Kreditnehmer enthalten sind. „Bundesweit" gilt dies auch für Sparkassen und Genossenschaftsbanken – d. h. diese haben jeweils ein einheitliches bundesweites System.

In diesen Datenbanken werden Ihre Jahresabschluss-Zahlen

- nach einer bestimmten **Systematik** verarbeitet,
- zu bestimmten **Kennzahlen** verdichtet,
- immer im **Drei-Jahres-Vergleich** betrachtet, um die zeitlichen Entwicklungen und Strukturveränderungen beobachten und beurteilen zu können,
- mit anderen Unternehmen Ihrer **Branche verglichen**

und abschließend in einer bestimmten Struktur an die Bank zurückgespielt – man spricht vom Ergebnis als von einer **„Bilanzgliederung"**.

Dabei werden z. T. die Zahlen nicht in der gleichen Systematik erfasst wie diese in Ihrem Jahresabschluss stehen – es erfolgen mitunter abweichende Zuordnungen. Auch die Berechnung der Kennzahlen kann von Bank zu Bank im Detail unterschiedlich erfolgen – auch wenn die Kennzahlen den gleichen Namen tragen. Einzelheiten werden in den folgenden Abschnitten dargestellt; dabei wird nur auf die für eine Kreditprüfung relevanten Positionen eingegangen.

Zu berücksichtigen ist auch, dass Ihre Jahresabschlüsse oftmals in einem sehr schlanken oder auch schnell getakteten Verfahren in die Datenbanken der Kreditinstitute eingegeben werden. Die Zahl der Jahresabschlüsse pro Mitarbeiter und Tag, über die berichtet wird, lassen einen Externen schon mal an der Qualität dieser Eingabeprozesse leichte Zweifel haben: Wird hier nur nach „Schema F" gehandelt oder werden die Jahresabschlüsse wirklich gelesen und die oben angesprochenen Zuordnungen sorgfältig getroffen? Das bedeutet, dass Ihr Begleitschreiben zu Ihren Unterlagen i. S. der von mir sog. „Deutungshoheit" (vgl. Kapitel 7.1) besonders wichtig erscheint.

Dabei sollten Sie als Unternehmer auch eine **uralte Bankenregel** kennen: „Gute Bilanzen sind immer noch besser, schlechte Bilanzen sind immer noch schlechter!“ Dahinter steht die Idee des vorsichtigen und ehrbaren Kaufmanns, der seine Situation vorsichtig einschätzt und alle erdenklichen Risiken bereits berücksichtigt und somit eine „gute“ (oder auch konservative) Bilanz erstellt hat.

Ab Ihrem Jahresabschluss 2010, also dem ersten, den Sie zwingend nach dem **Bilanzrechts-Modernisierungs-Gesetz (BilMoG)** aufstellen müssen, spielt die Frage eine Rolle, „welche“ Bilanz Ihre Banken zur Analyse von Ihnen haben möchten:

- Ihre **Handelsbilanz,**
- ihre **Steuerbilanz** (wenn denn eine erstellt wurde),
- ihre Handelsbilanz und Ihre Steuerbilanz (wenn denn eine erstellt wurde),
- ihre Handelsbilanz und Ihre **steuerliche Überleitungsrechnung** (die erstellt wird, wenn keine separate Steuerbilanz erstellt wird).

Hintergrund: Gab es bisher im Mittelstand häufig die sog. "Einheitsbilanz“, die gleichzeitig die handels- wie die steuerrechtlichen Regelungen abbildete, wird nach BilMoG zwingend eine Handelsbilanz erstellt und alternativ zusätzlich eine Steuerbilanz oder eine steuerliche Überleitungsrechnung. Dies ist sowohl mit Ihren Kreditgebern wie Ihrer Buchhaltung/Steuerberatung/Wirtschaftsprüfung zu klären.

Die Kreditgeber selbst scheinen auch noch nicht alle entschieden zu haben, welche Unterlagen zukünftig erforderlich sein werden. Die Handelsbilanz wird aber die entscheidende Rolle spielen, denn sie spiegelt die betriebswirtschaftlichen Grundlagen wider. Mit zunehmender Komplexität werden die steuerlichen Informationen ebenfalls angefordert werden. Dabei ist auch mit Blick auf die Vergleichbarkeit über die Jahre (Transparenz für Sie selbst wie für Dritte) der Steuerbilanz der Vorzug zu geben vor einer Überleitungsrechnung. Bei einfacheren Situationen sollten die Erläuterungen im Anhang oder falls nicht erstellungspflichtig im (freiwilligen) Erläuterungsbericht (vgl. Kapitel 4.1.6) ausreichen, um die Abweichungen zwischen Handelsbilanz und steuerlichen Rechenwegen zu erklären.

FAZIT:

- Klären Sie die Fragestellung Handelsbilanz/Steuerbilanz.
- Lassen Sie sich die Bilanzgliederungen der Banken aushändigen und erläutern.
- Nutzen Sie so die Chance, die Zahlensicht der Banken nachzuvollziehen und diese ggfs.
  - ebenso zu sehen und zukünftig zu nutzen,

– oder schlüssig gegen die Sichtweise der Bank Argumente vortragen zu können.

- Für Berater: Klären Sie mit den regionalen Banken deren Herangehensweise und informieren Sie Ihre Mandanten.

4.1.2 Wesentliche Positionen in der Bilanz

Auf welche Positionen der Aktiv- und Passivseite der Bilanz schauen Kreditgeber besonders – und unter welchem Blickwinkel?

Der **Blickwinkel eines Kreditgebers** ist prinzipiell eindeutig: Welche **Risiken** sind in einer Bilanz enthalten und welches Potenzial besteht, ein Risiko aufzufangen – für den Fall, dass es eintreten sollte? Um ein **Risiko aufzufangen**, bietet eine Bilanz zwei Möglichkeiten:

- Das ausgewiesene Eigenkapital ist „der Risikopuffer". Je mehr davon vorhanden ist, desto besser.
- Darüber hinaus könnten in der Bilanz „Stille Reserven" enthalten sein – allerdings mit der Frage, ob und wie schnell sich diese realisieren lassen. Als Stille Reserve wird ein Vermögenswert auf der Aktivseite der Bilanz bezeichnet, dessen in der Bilanz ausgewiesener Wertansatz unter dem derzeit am Markt erzielbaren Verkaufspreis liegt. Auf der Passivseite kann eine Stille Reserve in einer nicht mehr benötigten aber aufrechterhaltenen Rückstellung liegen, die aufgelöst werden kann.

Die Betrachtung der Bank folgt dabei einer einfachen Richtung: **Welchen Anteil hat eine Bilanzposition prozentual an der Bilanzsumme?** Je höher dieser Prozentsatz ist, desto genauer wird die Bank diese Position und deren Bewertung betrachten. Denn wenn Risiken in einer Bilanzposition enthalten sein sollten, könnten diese umso verlustträchtiger sein, je höher der Prozentanteil ist. I. S. des Risikopuffers Eigenkapital wird dann weiter gefragt, ob das Eigenkapital ausreicht, um evtl. enthaltene Risiken abdecken zu können. Das bedeutet auch, dass die Bilanzgliederung Ihrer Bank pro Jahr zwei Spalten beinhaltet: Die €-Beträge in einer Spalte und die dazugehörigen %-Anteile an der Bilanzsumme in einer zweiten Spalte.

Im Folgenden werden die aus Bankensicht besonders wichtigen Bilanzpositionen betrachtet.

Alle hier nicht näher besprochenen Bilanzpositionen werden von Banken i. d. R. nur intensiver betrachtet, wenn sie als für Ihre Branche unüblich hoch beurteilt werden (das kann sich sowohl auf den absoluten Betrag wie auf den relativen Anteil beziehen). Sollten Sie das selbst so beurteilen, sollten Sie die Besonderheiten und Hintergründe dieser Positionen erläutern können.

FAZIT:

- Achten Sie bei der Analyse auf den Prozentanteil einer Bilanzposition an der Bilanzsumme.
- Vergleichen Sie diesen für die Risikoeinschätzung mit dem Risikopuffer Eigenkapital.
- Für Berater: Unterstützen Sie Ihre Mandanten bei der kritischen Betrachtung des eigenen Jahresabschlusses – das gilt für alle weiteren Punkte bis 4.1.9.

4.1.2.1 Umlaufvermögen

Die wesentlichen Positionen des Umlaufvermögens (neudeutsch auch als „Working Capital" bezeichnet) sind:

- **Fertige und Halbfertige Arbeiten** mit der Frage: Wie wurden diese im Rahmen der durch das Handelsgesetzbuch (HGB) zugelassenen Bewertungsspielräume (§ 255 Abs. 2 HGB) angesetzt: Wurde hier vorsichtig bzw. konservativ bewertet, d. h. nicht alle Ansatzmöglichkeiten lt. HGB ausgeschöpft? Diese Bewertung i. S. des „vorsichtigen Kaufmanns" wird von Kreditgebern begrüßt: Es sind „stille Reserven" in der Position vorhanden, die beim Abverkauf aus dem Bestand realisiert werden – also sind Erträge in die Zukunft verschoben worden. Andererseits wurden alle Ansatzwahlrechte des HGB ausgenutzt, sehen dies Kreditgeber kritisch, weil bei Abverkauf ggf. kaum noch oder je nach Marktentwicklung keine Erträge mehr erzielt werden können.

  Ein besonderer Blick gilt dabei auch dem Alter dieser Bestände: Wie lange sind die einzelnen Gegenstände schon im Bestand sind diese noch marktgängig oder kaum noch verkäuflich? Sind im letzteren Fall bereits entsprechende Teilwertabschreibungen vorgenommen worden?
- **Warenbestände** mit der gleichen Frage wie oben geschildert. Hier nimmt das Thema Alter der Bestände und Verkäuflichkeit einen besonderen Schwerpunkt ein – besonders in Branchen, die stark saisonabhängige oder verderbliche Sortimente haben. Das HGB spricht vom „beizulegenden Wert" (§ 255 Abs. 4 HGB).
- **Roh-, Hilfs- und Betriebsstoffe** mit der gleichen Frage nach dem beizulegenden Wert, also den Wertansätzen und der weiteren Nutzbarkeit.
- **Bei Forderungen an Kunden** stellt sich die Frage nach dem beizulegenden Wert mit Blick auf das Alter dieser Forderungen und damit ihre Werthaltigkeit bzw. Realisierbarkeit. Diese Frage wird in Abhängigkeit von den branchenüblichen Zahlungszielen

beurteilt. Sind in Ihrer Branche oder in Teilmärkten (z. B. im Ausland) besondere Zahlungsgepflogenheiten zu beachten, sollten Sie Ihre Banken darüber informieren (vor allem bei längeren Zahlungszielen). Denken Sie daran, dass Ihr Bankbetreuer und auch sein Kollege in der Marktfolge keine Branchenspezialisten sind (vgl. Kapitel 2.2). Banken verlangen daher oft ergänzend Auswertungen zur Fälligkeits- und Mahnstruktur des Forderungsbestandes.

Hinzu kommen Fragen nach der Nutzung der steuerlich zugelassenen Pauschalwertberichtigung und der gezielten Bildung von Einzelwertberichtigungen (nach welchen Kriterien, derzeitiger Umfang).

In Unternehmen ist oft zu beobachten, dass diesen Bilanzpositionen nicht die Aufmerksamkeit geschenkt wird, die ihnen eigentlich zukommen sollte. Empfehlung daher: Jedes Jahr im Rahmen der Inventur kritisch die Bestände prüfen und realistisch abwerten. Die Idee dahinter: Besser regelmäßig kleinere Beträge abschreiben, als nach ein paar Jahren plötzlich zur großen Bewertungs-Schere greifen zu müssen (Politik der kleinen Schritte). Ein schöner Hinweis aus der Bewertungspraxis der Banken ist der Blick auf die „Staubschichten": Je höher im Lager der Staub auf Warenbeständen liegt, desto wahrscheinlicher ist es, dass eine Abwertung dringend erforderlich ist.

Bedenken Sie dabei auch die Bewertung dieser Vermögensgegenstände als Sicherheit für Ihre Kredite, wie in Kapitel 8 dargestellt (Bestände vgl. Kapitel 8.4.3, Forderungen vgl. Kapitel 8.4.4).

An einem Beispiel sei die **Betrachtungsweise der Banken** nochmals dargestellt:

BEISPIEL: Ihre Bilanz weist einen Forderungsbestand von € 154.000 aus – ca. 23 % der Bilanzsumme. Würden in diesem Forderungsbestand 10 % der Forderungen überfällig und damit zweifelhaft sein – sprich ein Risiko bedeuten – wären das € 15.400. Beträgt jetzt das Eigenkapital in Ihrer Bilanz € 50.000 (das entspräche ca. 7,5 % der Bilanzsumme), würde dieses bereits zu 30 % verbraucht, wenn diese zweifelhaften Forderungen tatsächlich ausfallen würden. Also wäre die Frage zu stellen, ob Ihre Bilanz „risikofest" ist? Würden in dieser Konstellation in anderen Bilanzpositionen weitere Risiken gesehen, würde Ihre Bilanz bereits sehr kritisch beurteilt.

FAZIT:

- Geben Sie Ihren Banken umfangreiche Informationen zur Bewertung des Umlaufvermögens.
- Ihr selbstkritischer Blick auf die Werthaltigkeit der eigenen Bilanzpositionen ist für Ihre Unternehmenssteuerung von ebenso hoher Bedeutung.
- Für Berater: Seien Sie bei diesen Themen durchaus ein kritischer und „unbequemer" Begleiter Ihrer Mandanten.

4.1.2.2 Anlagevermögen

Das Anlagevermögen besteht aus drei Untergruppen. Dabei werden die einzelnen Positionen im Vergleich zur Definition in § 266 HGB z.T. verkürzt dargestellt:

Die **„immateriellen Vermögensgegenstände“** umfassen z. B. selbst geschaffene gewerbliche Schutzrechte oder ähnliche Rechte und Werte, entgeltlich erworbene gewerbliche Schutzrechte . . ., Geschäfts- oder Firmenwert sowie geleistete Anzahlungen auf solche Werte.

Die „**Sachanlagen**“ umfassen Immobilien, Maschinen und Anlagen, Betriebs- und Geschäftsausstattung (einschließlich selbst erstellter Anlagen - aktivierte Eigenleistungen) sowie wiederum Anzahlungen.

Auf Basis des **„Anlagenverzeichnisses“** stellen Banken häufig folgende Fragen:

- Entsprechen die regelmäßigen Abschreibungen dem Werteverbrauch – also i. d. R. den Nutzungsdauern der steuerlichen Tabelle?
- Wurden dort, wo ein besonderer Werteverfall eingetreten ist, Sonderabschreibungen vorgenommen?
- Wurden steuerliche Sonderabschreibungsmöglichkeiten genutzt?
- Wie alt ist der Maschinenpark des Unternehmens? Wie ist die regelmäßige Investitionspolitik? Ist das Unternehmen in seiner Branche technisch auf dem neuesten Stand?
- Ein besonders kritischer Blick gilt der Bewertung der sog. „immateriellen Vermögensgegenstände“, deren realistische Bewertung meist schwieriger ist und deshalb besonders vorsichtig betrachtet wird. Oftmals wird diese Position aus diesem Grunde bei der Ermittlung der Eigenkapitalquote vom Eigenkapital (vgl. Kapitel 4.1.2.4) abgezogen.

Auch hier ist entscheidend der Abgleich vermuteter Risikopotenziale (in diesem Fall also aus Sicht der Kreditgeber zu geringe planmäßige oder außerplanmäßige Abschreibungen) mit dem vorhandenen Risikopuffer Eigenkapital. Dazu kommt die Frage nach dem technischen Stand.

Unter den Begriff „**Finanzanlagen**“ fallen vor allem Beteiligungen, Ausleihungen an Unternehmen mit Beteiligungsverhältnis und Wertpapiere. Die Bewertung von Beteiligungen und Ausleihungen ist mangels Marktwerten oft schwierig und steht damit unter besonders kritischen Vorzeichen (vgl. auch das nächste Kapitel 4.1.2.3).

FAZIT:

- Betrachten Sie die Positionen des Anlagevermögens selbstkritisch.
- Geben Sie speziell dort umfangreiche Informationen, wo Externe ggf. wegen mangelnder Branchenerfahrung oder fehlender extern zugänglicher Informationen zu Fehlschlüssen kommen könnten.
- Für Berater: Fördern Sie den selbstkritischen Blick Ihrer Mandanten und verhindern Sie so Selbsttäuschungen.

4.1.2.3 Forderungen gegen Gesellschafter oder verbundene Unternehmen

Zur sprachlichen Vereinfachung werden „Unternehmen mit denen ein Beteiligungsverhältnis besteht" und „verbundene Unternehmen" an dieser Stelle unter dem Begriff „verbundene Unternehmen" zusammengefasst.

Diese Forderungen sind immer Gegenstand einer **besonders kritischen Betrachtung**. Folgende Fragen drängen sich auf:

- Aus welchen Geschäftsverhältnissen resultieren diese Forderungen?
- Wie lange bestehen diese Forderungen bereits?
- Welche vertraglichen Regelungen bezüglich Verzinsung und Tilgung liegen zugrunde und werden diese eingehalten?
- Würden diese vertraglichen Regelungen genau so mit „Dritten" abgeschlossen werden, oder werden verbundene Unternehmen bevorzugt behandelt?
- Wie ist die Werthaltigkeit der Forderungen zu beurteilen?

Da diese Positionen bei der Eigenkapitalbeurteilung oftmals vom Eigenkapital abgezogen werden – siehe weiter unten zum Eigenkapital 4.1.2.4 – sollten auch Sie hierauf besonders achten.

Beachten Sie zudem, dass diese Positionen in der Bilanz z.T. unter Finanzanlagen z.T. aber auch unter „Sonstige Forderungen" ausgewiesen werden.

FAZIT:

- Bewerten Sie diese Positionen besonders vorsichtig.
- Reduzieren Sie solche Positionen in der Bilanz möglichst bzw. vermeiden Sie diese.

- Erläutern Sie speziell Forderungen gegen Gesellschafter ausführlich mit plausiblen wirtschaftlichen Hintergründen – und vermeiden Sie diese am besten ganz.
- Für Berater: Unterstützen Sie Ihre Mandanten bei diesen Positionen, besonders beim erstmaligen Auftreten im Kontenplan, um so von Beginn an „Unachtsamkeit" zu vermeiden.

4.1.2.4 Eigenkapital

Die bedeutendste Position auf der **Passivseite der Bilanz** ist das Eigenkapital:

Die klassische Beurteilungsgröße ist die Kennzahl **„Eigenkapitalquote"** also das Eigenkapital in Prozent der Bilanzsumme. Allerdings ist diese Quote oft gar nicht einfach zu errechnen – weil zu entscheiden ist, welche **Eigenkapital-Komponenten** in die Berechnung einbezogen und welche Korrekturfaktoren ggf. vom auf der Passivseite ausgewiesenen Eigenkapital abgezogen werden.

- Für ein **Einzelunternehmen** ist dies relativ einfach: Es gibt nur „das" Eigenkapitalkonto. Korrekturposten könnten ggf. Forderungen gegen verbundene Unternehmen sowie immaterielle Vermögensgegenstände auf der Aktivseite sein.

  Im Zeitverlauf besonders beobachtet wird das **Entnahmeverhalten:**

  - Gesamthöhe,
  - Verteilung auf die typischen Entnahmearten (üblicherweise laufende Entnahmen, Altersversorgung, Grundstückskosten, Steuern, Sonstige),
  - Verhältnis zum Jahresüberschuss – wobei naturgemäß gewinnübersteigende Entnahmen besonders kritisch gesehen werden.

- Bei **Personengesellschaften** werden die unterschiedlichen Kapitalkonten betrachtet

  - in der Gesamtheit aller Gesellschafter,
  - für die einzelnen persönlich haftenden Gesellschafter bzw. Kommanditisten,
  - mit Blick auf das Entnahmeverhalten der einzelnen Gesellschafter,
  - im Verhältnis zum Jahresüberschuss – wobei naturgemäß gewinnübersteigende Entnahmen besonders kritisch gesehen werden.

  Korrekturposten könnten hier immaterielle Vermögensgegenstände und sowohl Forderungen gegen verbundene Unternehmen als auch Forderungen gegenüber einzelnen Gesellschaftern sein. Besonders letztere werden von Kreditgebern sehr kritisch gesehen.

- **Kapitalgesellschaften** können eine besonders „lebhafte" Eigenkapitalstruktur aufweisen; Banken sprechen dann gerne von „hartem" und „weichem" Eigenkapital:
  - Als hartes Eigenkapital werden i. d. R. nur angesehen: Grundkapital und Rücklagen der AG bzw. Stammkapital und Rücklagen der GmbH.
  - Das weiche Eigenkapital umfasst i. d. R. die folgenden Positionen:
    - Gewinnvortrag – da jederzeit dessen Ausschüttung beschlossen werden kann,
    - Jahresüberschuss des laufenden Jahres – mit der gleichen Begründung.

  Abzugsposten können auch hier immaterielle Vermögensgegenstände und Forderungen gegenüber Gesellschaftern und verbundenen Unternehmen sein – es gilt das gleiche wie bei den Personengesellschaften.

  Darlehen von Gesellschaftern werden bezüglich ihres Eigenkapitalcharakters unterschiedlich bewertet.

  Sollte ein Gesellschafter einer **Personengesellschaft** dieser ein Darlehen zur Verfügung gestellt haben – also Verbindlichkeiten gegenüber Gesellschaftern auf der Passivseite der Bilanz ausgewiesen sein – so ist zu klären, ob die Bank diese ggf. dem Eigenkapital hinzurechnet. Dies wird i. d. R. nur der Fall sein, wenn der Gesellschafter für sein Darlehen eine Rangrücktrittserklärung abgegeben hat. Das ist eine privatschriftliche Erklärung gegenüber der einzelnen Bank, dass der Gesellschafter sein Darlehen erst dann aus der Personengesellschaft zurückziehen wird, wenn alle Forderungen der angesprochenen Bank erfüllt worden sind.

  Auch bei der **Kapitalgesellschaft** erfolgt die Hinzurechnung evtl. vorhandener Darlehen der Gesellschafter i. d. R. nur bei Vorlage einer Rangrücktrittserklärung. Dass nach der letzten Änderung des GmbH-Gesetzes Darlehen eines GmbH-Gesellschafters im Krisenfall immer wie Eigenkapital behandelt werden, wird an dieser üblichen Praxis voraussichtlich nichts ändern.

Für **sämtliche Rechtsformen** sind weitere Aspekte zu beachten:

Beteiligungskapital z. B. stille Beteiligungen von Privatpersonen oder Konstruktionen mit Beteiligungsgesellschaften werden dem Eigenkapital zugerechnet.

Finanzierungskonstruktionen mit **Nachrangcharakter (Mezzanine)** werden von Kreditinstituten sehr unterschiedlich gesehen; hier sollte im Einzelfall abgeklärt werden, ob und in welchem Umfang diese als Eigenkapital gewertet werden (vgl. Kapitel 6.4.1).

Verbindlichkeiten gegenüber verbundenen Unternehmen werden i. d. R. nicht dem Eigenkapital zugerechnet – insoweit besteht keine Proportionalität zum Abzug von Forderungen dieser Klasse. Eine Ausnahme könnte bestehen bei einem Darlehen, das mit einer entsprechenden Bürgschaft des darlehensgebenden Unternehmens unterlegt ist.

Sollte es **„Eventualverbindlichkeiten“** geben, die „unter dem Bilanzstrich“ – also auf der Passivseite unter der Bilanzsumme ergänzend aufgeführt – ausgewiesen werden, klären Sie die Hintergründe. Oft verbergen sich hier weitere Haftungsverhältnisse (Bürgschaften, Patronatserklärungen) unter verbundenen Unternehmen, die aus Bankensicht wiederum negative Rückwirkungen auf die Eigenkapitalbeurteilung haben könnten.

Ein Aspekt, der bei der Diskussion der Eigenkapitalsituation oft übersehen wird, ist das **„nicht-bilanzielle“ Eigenkapital**. Dahinter verbergen sich zwei Überlegungen:

- Als Einzelunternehmen und persönlich haftender Gesellschafter einer Personengesellschaft haftet Ihr gesamtes Privatvermögen für alle Verbindlichkeiten gegenüber Kreditgebern des Unternehmens. Daher könnte sinnvoller Weise Ihr privates Vermögen (abzüglich Ihrer privaten Verbindlichkeiten – vgl. Kapitel 7.7 zur Vermögens-/Verbindlichkeitenübersicht) als zusätzliches aber eben nicht in der Bilanz stehendes Eigenkapital betrachtet werden.
- Als Inhaber oder Gesellschafter haben Sie private Vermögenswerte als Sicherheiten für die Kredite Ihrer Banken zur Verfügung gestellt – seien es nun Grundschulden, Abtretung von Lebensversicherungen oder Guthaben etc. Diese Vermögenswerte sind vorhanden und dienen dem Unternehmen – daher sollten sie bei der Eigenkapitalbetrachtung zumindest ergänzend mit einbezogen werden.

Dass sich Kreditgeber auf diese – für Banken etwas ungewohnte – Betrachtung bei der Berechnung der Eigenkapitalquote argumentativ einlassen ist nicht sehr wahrscheinlich. Außerdem wird es dabei oftmals weitere Diskussionen um die Wertansätze für solches nicht-bilanzielles Eigenkapital geben. Banken werden immer aus der Perspektive ihrer Sicherheitenbewertung herangehen (vgl. Kapitel 8). Dennoch kann es sinnvoll sein, diese Argumente vorzutragen, um den eigenen Blickwinkel zu betonen und damit auch den der Bank zumindest argumentativ zu erweitern.

Ein letzter Aspekt sind die **Stillen Reserven**, die bereits oben beim Umlauf- und Anlagevermögen betrachtet wurden: Wenn solche nachweisbar vorhanden sind, können diese gedanklich dem Eigenkapital zugerechnet werden. Denn: Würden die Vermögenswerte mit ihrem jeweils „richtigen“ Marktwert in der Bilanz dargestellt, würde ein höherer Wert auf der Aktivseite ausgewiesen – und der entsprechende Betrag wäre auf der Passivseite dem Eigenkapital zuzuordnen, da keine entsprechende Fremdverbindlichkeit besteht. In der Folge würde das die Eigenkapitalquote verbessern. Kreditgeber werden hier jedoch zwei deutliche „aber“ entgegensetzen:

- Ist der angesetzte Marktwert realistisch nachgewiesen und belegt? D. h. Gutachten eines vereidigten Sachverständigen oder konkretes Kaufangebot muss vorliegen. Ihre persönliche Schätzung reicht nicht aus. Und ob dann die Bank diesen Wertansätzen in vollem Umfange folgt, ist eine weitere Frage – sie wird ihre eigenen Richtlinien für die Sicherheitenbewertung zugrunde legen (vgl. Kapitel 8).

- Und wenn die Bank stille Reserven eigenkapitalerhöhend anerkennt, wird sie im gleichen Atemzug prüfen, ob in der Bilanz evtl. Stille Lasten enthalten sind, die dann natürlich im Gegenzug zum Abzug gebracht werden müssen. Stille Lasten sind zu hoch bewertete Aktivpositionen und zu niedrig angesetzte Passivpositionen – letztere vor allem im Bereich der Rückstellungen.

Ganz kritisch sehen Kreditgeber natürlich ein sog. **„negatives Eigenkapital"**: Das Eigenkapital wird auf der Aktivseite der Bilanz als „nicht durch Eigenkapital gedeckter Fehlbetrag" ausgewiesen. I. d. R. entstehen diese Posten durch gewinnübersteigernde Entnahmen oder durch das Eigenkapital übersteigende Verluste. Dieses „Fehlkapital" führt per se zu einer überaus kritischen Sichtweise. Speziell in dieser Situation sollten die Argumente zum nicht-bilanziellen Eigenkapital sorgfältig erarbeitet werden. Abgesehen davon ist eine Kapitalgesellschaft mit Fehlkapital verpflichtet, den Insolvenzantragsgrund Überschuldung kritisch zu prüfen. Aber darauf wird Ihr Steuerberater Sie spätestens bei Bilanzerstellung hingewiesen und seine Unterstützung angeboten haben.

Bei der **Berechnung der Eigenkapitalquote** ist weiter zu beachten, dass Banken oft nicht nur die entsprechenden Bereinigungen beim Eigenkapital vornehmen, sondern auch die Bilanzsumme analog verändern.

FAZIT:

- Höhe und Struktur der Eigenkapital-Positionen gehört Ihre besondere Aufmerksamkeit.
- Prüfen Sie, ob und inwieweit bei einer Kapitalgesellschaft weiches zu hartem Eigenkapital gemacht werden könnte – und ob das sinnvoll und gewollt ist.
- Vermeiden Sie Forderungen gegenüber Gesellschaftern, bauen Sie bestehende möglichst zügig ab.
- Wandeln Sie vorhandene hohe und damit für die Eigenkapitalquote wesentliche Gesellschafterdarlehen ggf. z. T. oder ganz in Stammkapital um.
- Halten Sie die gegenseitigen Forderungen und Verbindlichkeiten mit verbundenen Unternehmen möglichst gering. Prüfen Sie laufend die zugrundeliegenden Geschäfte und vor allem Zahlungsbedingungen. Diese sollten mindestens branchenüblich sein. Beachten Sie auch evtl. außerbilanziell eingegangene Haftungszusagen.
- Bringen Sie Positionen des „nicht-bilanziellen" Eigenkapitals argumentativ in Bankgespräche ein.

- Beziehen Sie stille Reserven – aber auch stille Lasten – auf Basis einer vorsichtigen Bewertung in die Eigenkapital-Diskussion ein.
- Für Berater: Mit Blick auf Umfang und auch Komplexität des Themas sind Ihre Unterstützung und Ihre aktiven Impulse hier oft besonders gefordert – auch wenn das Ihre Mandantengespräche nicht immer erleichtern wird.

4.1.2.5 Rückstellungen

In der Position Rückstellungen spiegelt sich aus dem Blickwinkel der Bank wider, ob i. R. d. Risikomanagements des Unternehmens allen **erkennbaren Risiken** ausreichend Rechnung getragen worden ist. Rückstellungen sind zu bilden für alle „ungewissen" Verbindlichkeiten – also Verbindlichkeiten, die zwar dem Grunde nach bekannt sind, jedoch nicht ihre genaue Höhe und/oder ihr exakter Fälligkeitstermin.

Die **standardmäßigen** Rückstellungspositionen sind:

- Pensionsrückstellungen (Art der Aufholung gemäß BilMoG zu beachten),
- Steuerrückstellungen,
- Rückstellungen für nicht genommene Urlaubstage,
- Rückstellungen für Aufstellung und Prüfung des Jahresabschlusses,
- Rückstellungen für den Aufwand der gesetzlichen Aufbewahrungsfristen.

Dazu können je nach Geschäftsstruktur **weitere** Rückstellungen kommen wie z. B.

- Rückstellungen für unterlassene Instandhaltungen (Nachholung in den ersten drei Monaten des Folgejahres),
- Rückstellungen für unterlassene Abraumbeseitigung (Nachholung im Folgejahr),
- Rückstellungen für Gewährleistungen ohne rechtliche Verpflichtung,
- Rückstellungen für Verluste aus schwebenden Geschäften wie z. B. Prozessrisiken.

! FAZIT:

- Erfassen Sie die Risiken im Unternehmen systematisch und selbstkritisch und bilden Sie erforderliche Rückstellungen vollumfänglich.
- Erläutern Sie die „weiteren" Rückstellungen ausführlich.
- Für Berater: Unterstützen Sie i. S. einer umfassenden Analyse der Unternehmensrisiken.

4.1.2.6 Verbindlichkeiten gegenüber Kreditinstituten

Diese Positionen sind für Banken besonders interessant, weil deutlich wird, zu wem Sie welche Geschäftsbeziehungen unterhalten und wie die Risiken der Gesamtfinanzierung Ihres Unternehmens verteilt sind. Die gleichen Themen sind natürlich für Sie als Unternehmer von Bedeutung – dieser Aspekt wird in Kapitel 13 zu Ihrer „Finanziererlandschaft" näher betrachtet.

Oftmals werden Banken von Ihnen ergänzend einen **Bankenspiegel** verlangen – vgl. Kapitel 7.9.

FAZIT:

- Nutzen Sie Ihren Bankenspiegel für die Information Ihrer Kreditgeber – und zur Steuerung der eigenen Bank-Finanzierungs-Struktur.
- Nutzen Sie den Bankenspiegel zur Vorbereitung Ihrer Bankgespräche und ggf. auch im Gespräch selbst für die eigene Verhandlungsführung (vgl. Kapitel 10.3).
- Für Berater: Unterstützen Sie beim Erstellen und Aktualisieren eines Bankenspiegels und regen Sie das Erstellen an, wenn noch nicht vorhanden.

4.1.2.7 Verbindlichkeiten aus Lieferungen und Leistungen

Hier stellt sich für Kreditgeber vor allem die Frage, auf wie viele Schultern Sie Ihr Einkaufsvolumen verteilen (können) und welche Zahlungsvereinbarungen Sie getroffen haben und ob und wie Sie diese einhalten. Ggf. werden Kreditgeber hier analog zu den Kundenforderungen eine Offene-Posten-Liste mit entsprechenden Fälligkeitsinformationen erbitten.

FAZIT:

- Führen Sie Ihre Kreditorenliste kritisch und erläutern Sie Ihren Banken Auffälligkeiten.
- Für Berater: Seien Sie auch hier kritischer Begleiter mit Ihrem externen Blick.

4.1.3 Wesentliche Positionen in der Gewinn- und Verlustrechnung

Auch bei der Analyse der Gewinn- und Verlustrechnung (GuV) folgen die Banken dem **Dreijahres-Vergleich** und dem **Branchenvergleich** sowie einer **Prozent-Struktur**. Diese nimmt bei der GuV die Gesamtleistung zum Ausgangspunkt – d. h. die Gesamtleistung wird als Ausgangsgröße gleich 100 % gesetzt. Alle anderen Positionen werden in Prozent der Gesamtleistung ausgedrückt. In der ersten Spalte stehen pro Jahr wiederum die €-Beträge, in der zweiten Spalte die %-Sätze.

4.1.3.1 Umsatz und Gesamtleistung

In vielen Branchen ist Umsatz gleich der Gesamtleistung, nämlich dann, wenn die beiden folgenden Positionen nicht anfallen:

- Erhöhung oder Verminderung des Bestandes an fertigen und unfertigen Erzeugnissen:

  Dies ist die entsprechende GuV-Position zur Aktivseite der Bilanz – vgl. Kapitel 4.1.2.1 fertige und halbfertige Erzeugnisse; deren Veränderung gegenüber dem Vorjahr findet sich hier wieder. Die Bewertungsthematik dazu wurde bereits oben unter 4.1.2.1 behandelt.

- Aktivierte Eigenleistungen:

  Hier werden Material und Löhne für selbst erstellte Positionen des Anlagevermögens erfasst, die in der Bilanz aktiviert worden sind und somit die Abschreibungsbasis für die Folgejahre erhöht haben.

  Die Frage der Bewertung stellt sich analog zur Bewertung der halbfertigen und fertigen Arbeiten – wie wurden die Bewertungsspielräume des HGB genutzt?

  Für Kreditgeber stellt sich zudem immer die Frage, ob nicht alternativ eine direkte Verbuchung in der GuV zu Lasten des Ertrages möglich gewesen wäre – und wenn ja, warum diese nicht erfolgte?

Zum **Umsatz** selbst ergeben sich aus Kreditgebersicht eine ganze Reihe interessierender **Fragen**:

- Von welchen Hauptprodukten/-dienstleistungen wurde der Umsatz getragen? Und wie wird sich dieser in der Zukunft entwickeln?
- Von welche Hauptkunden oder Kundengruppen wurde der Umsatz getragen? Und wie werden sich dieser in der Zukunft entwickeln?
- Woraus resultiert ein Umsatzanstieg – Mengen- und/oder Preisänderung?

- Worauf ist ein Umsatzrückgang zurückzuführen – der im Übrigen i. d. R. sofort kritisch betrachtet wird; dahinter steht die Frage, ob womöglich die Leistungsfähigkeit des Unternehmens am Markt sinkt?

FAZIT:

- Analysieren Sie ausführlich die Umsatzentwicklung, insbesondere bei einem Rückgang – auch wenn Sie diesen bewusst herbei geführt haben.
- Wägen Sie die weiteren Perspektiven ab.
- Klären Sie ggf. Ihre weiteren Aktivitäten zur Stabilisierung bzw. zum Ausbau Ihrer Marktposition.
- Stellen Sie dies Ihren Banken ausführlich dar.
- Für Berater: Unterstützen Sie bei diesen Betrachtungen mit kritischen Fragen aus dem externen Blickwinkel und mit Ihren Kenntnisse aus anderen Mandaten.

4.1.3.2 Sonstige betriebliche Erträge

In dieser Position befindet sich oft ein Sammelsurium verschiedenster Geschäftsvorfälle. Für Kreditgeber stellt sich auch hier die Frage nach der Größenordnung – sowohl als absoluter Geldbetrag als auch in Prozent der Gesamtleistung. Typische Inhalte sind:

- Steuerpflichtiger Sachbezug der Gesellschafter/Geschäftsführer
- Mieterträge
- Erträge aus der Währungsumrechnung
- Erträge aus Dienstleistungen für andere Gruppen-Unternehmen

FAZIT:

- Bei größeren Beträgen schauen Sie sich die Aufteilung an und stellen Sie vor allem die Frage nach der Dauerhaftigkeit.

4.1.3.3 Materialaufwand und Rohertrag

An dieser Stelle entscheidet sich im Rechenwerk der GuV, wie viel Finanzvolumen (= Rohertrag) erwirtschaftet werden konnte, um den Personal- und Sachkosten-Apparat des Unternehmens zu decken. An dieser Stelle kommt auch zum ersten Mal die oben angesprochene Strukturanalyse mit der Aussage „Prozent der Gesamtleistung" zum Einsatz, und zwar in Form der Materialaufwands – (oder: Wareneinsatz-) und der Rohertrags-Quote.

Fragen der Banken sind u. a.:

- Wie entwickeln sich Materialaufwand- und Rohertragsquote im Zeitverlauf?
- Welche Preisentwicklungen auf der Materialaufwand-Seite haben stattgefunden bzw. sind zu erwarten?
- Bei Fremdleistungen: Dauerhafter Einsatz oder einzelfallbedingt?
- Mit welchen Hauptprodukten und Hauptkunden wird der Rohertrag erwirtschaftet – siehe analog zu den Fragen beim Umsatz. Damit stellt sich letztlich die Frage nach Ihrem Geschäftsmodell (vgl. Kapitel 7.3) und seinem Erfolg am Markt.

! FAZIT:

- Gehen Sie bei der Analyse Ihres Rohertrages – wenn Sie es nicht ohnehin tun – bis auf die Produkt- und Kundenebene.
- Wägen Sie auch die weiteren Perspektiven ab, ggf. einschließlich Ihrer Aktivitäten.
- Für Berater: Unterstützen Sie an dieser zentralen Stelle bei Analyse und Bewertung des Geschäftsmodells.

4.1.3.4 Kosten

Die GuV unterscheidet drei **Kosten-Arten**:

- Personalaufwand – unterteilt nach Löhne/Gehälter und Soziale Abgaben/Aufwendungen für Altersvorsorge
- Abschreibungen – unterteilt nach Anlagevermögen und Umlaufvermögen
- Sonstige betriebliche Aufwendungen – hier werden alle „Sachaufwendungen" gesammelt typischerweise in einer Aufteilung gemäß den Musterkontenplänen beginnend bei „Raumkosten" und endend bei „Sonstige".

In der **Bankensystematik** werden alle Positionen wieder ausgedrückt und analysiert in Prozent der Gesamtleistungen. Diese sog. Kostenquoten dienen den Banken im Rahmen von Zeit- und Branchenvergleichen (vgl. Kapitel 4.1.5) zu Angemessenheitsfragen oder -aussagen. Oft ist zu beobachten, dass Banken in Bilanzgesprächen (vgl. Kapitel 11.2) der Kostenentwicklung besondere Aufmerksamkeit widmen – obwohl aus Unternehmenssicht die intensive Betrachtung des Rohertrages (vgl. vorhergehender Abschnitt 4.1.3.3) sehr viel wichtiger ist. Hinzu kommt: Auch wenn die Berechnung der Kostenquoten in Prozent der Gesamtleistung bankentypisch ist, so ist sie aus der unternehmerischen Perspektive nicht sinnvoll:

- Die Senkung dieser Kosten-Quoten, um zu einer besseren Beurteilung zu kommen, ist natürlich durch das Senken von Kosten und/oder durch deutlichen Mehrumsatz zu erreichen. Bei Letzterem wird dann leider nicht gefragt, ob dieser auch den Rohertrag steigert. Demnach führt auch rabattierter Umsatz, der das Unternehmensergebnis nicht steigert, in dieser Systematik zu sinkenden Kostenquoten.
- Die **bessere Alternative** ist es, die Kostenquoten nicht in Prozent der Gesamtleistung, sondern in Prozent des Rohertrages zu berechnen. Denn dieser ist, wie oben festgestellt, die Größe, aus der alle Kosten zu bezahlen sind. Dann führt nur ertragbringender Mehrumsatz auch zu einer Senkung der Kostenquoten.

FAZIT:

- Bereiten Sie sich gut auf das Gespräch mit Ihren Banken zur Kostensituation Ihres Unternehmens vor. Beachten Sie dabei die Tücken des Branchenvergleichs (vgl. Kapitel 4.1.5).
- Analysieren Sie durchaus parallele Kostenquoten – einmal nach Gesamtleistung, einmal nach Rohertrag.
- Erläutern Sie ggf. Ihre Kostenstrategie im Gesamtzusammenhang Ihres Geschäftsmodells.
- Für Berater: Unterstützen Sie ggf. mit einer parallelen Auswertung der GuV mit Kostenquoten sowohl in Prozent der Gesamtleistung als auch in Prozent des Rohertrages.

4.1.3.5 Zinsergebnis

Eine tiefergehende Analyse ist nur bei entsprechenden Größenordnungen sinnvoll. Die **Fragen** lauten dann u. a.:

- Wie dauerhaft sind Beteiligungs- und Zinserträge?
- Wo lassen sich Reduzierungen des Zinsaufwands erreichen?

FAZIT:

- Bei größeren Beträgen analysieren Sie Dauerhaftigkeit und Verbesserungsmöglichkeiten und beachten Sie die Zusammenhänge mit den gesamten Finanzierungsstrukturen Ihres Unternehmens (vgl. auch Kapitel 6 zum Kreditbedarf und Kapitel 7.9 zum Bankenspiegel sowie Kapitel 13 zur Finanziererlandschaft).
- Für Berater: Unterstützen Sie vor allem mit dem Blick auf die Zukunftsfähigkeit der Finanzierungsstrukturen.

4.1.3.6 Außerordentliche Positionen

Außerordentliche (oder auch neutrale) Aufwendungen und Erträge sind solche, die entweder nichts mit dem eigentlichen Geschäftsgegenstand Ihres Unternehmens zu tun haben, oder die nicht zum laufenden Geschäftsjahr gehören.

Bei der **Zuordnung** eines Ertrages oder Aufwandes in diese Positionen oder in die „Sonstigen betrieblichen Erträge“ oder „Sonstigen betrieblichen Aufwendungen“ gibt es Ermessensspielräume und daher auch immer wieder Diskussionen mit Banken. Denn diese neigen dazu, sonstige betriebliche Erträge mitunter als „außerordentlich“ zuzuordnen, wodurch sich das Betriebsergebnis, bzw. im Wortlaut der GuV das „Ergebnis der gewöhnlichen Geschäftstätigkeit“ reduziert. Bei größeren Dimensionen kann das die Rentabilitätsanalyse deutlich beeinflussen.

FAZIT:

- Klären Sie mit Ihren Banken, wie diese solche Positionen in der Bilanzgliederung behandeln.
- Diskutieren Sie ggf. diese Zuordnungen.
- Für Berater: Geben Sie bei Erstellung oder Analyse des Jahresabschlusses bereits entsprechende Hinweise aus Ihrer Kenntnis der Gliederungspraxis der Banken.

4.1.4 Wichtige Kennzahlen

Ein wesentlicher Teil jeder Bilanzanalyse bei Banken ist die Errechnung einer großen Anzahl von Kennzahlen. Wenn Sie sich die von Ihrer Bank übergebene Bilanzgliederung anschauen – vgl. oben Fazit zu Kapitel 4.1.1 – werden Sie über die große Anzahl vermutlich sehr erstaunt sein und sich fragen: Wozu diese Vielzahl? Diese Frage ist berechtigt, denn die meisten Kennzahlen werden in der Praxis tatsächlich wenig oder gar nicht weiter beachtet (aber die Datenverarbeitung kann ja schnell rechnen). Interessant sind jedoch diejenigen, die in das Rating einfließen (vgl. Kapitel 4.2.2.1).

Was ist unter einer **Kennzahl** zu verstehen?

Es werden zwei oder drei Werte aus der Bilanz und/oder der GuV in Beziehung zu einander gesetzt, d. h. die Kennzahl wird aus den Eingangsgrößen nach einer bestimmten Formel errechnet. Nehmen wir als **Beispiel** die oben schon einmal angesprochene – vgl. Kapitel 4.1.2.4 – **Eigenkapitalquote**:

- Die Formel lautet: Eigenkapital · 100/Bilanzsumme = Eigenkapital in % der Bilanzsumme
- Eine positive Beeinflussung, sprich eine Steigerung der Eigenkapitalquote ist möglich durch Erhöhung des Eigenkapitals und/oder eine Senkung der Bilanzsumme.
- Demnach sind die Eingangsgrößen einer Kennzahl die Stellschrauben zu ihrer Beeinflussung.

Damit ist die Idee der Kennzahl eine für die unternehmerische Steuerung sehr praktikable: Ergebnis und Steuerungsgrößen sind eindeutig definiert und transparent.

Nachfolgend sollen **einige von vielen Kreditgebern genutzte Kennzahlen** beschrieben werden. Dabei ist allerdings zu beachten, dass es in der konkreten Berechnung (Eingangsgrößen und Rechenformel) durchaus Unterschiede geben kann. Am Beispiel der Eigenkapitalquote wurde das bereits in Kapitel 4.1.2.4 diskutiert.

Das Gleiche gilt natürlich auch für die **Interpretation** des errechneten Kennzahlenwertes. Es kann z. B. sein, dass eine Bank eine Eigenkapitalquote von 18 % bei einem Unternehmen bereits als recht positiv bewertet, während ein anderes Institut beim gleichen Unternehmen zu der Aussage kommt, dass diese Quote unbefriedigend ist und deutlich verbessert werden sollte.

Anlagendeckung (Goldene Bilanzregel)

- Aussage: Ist das Unternehmen solide – sprich langfristig bzw. unter Wahrung der Fristenkongruenz – finanziert?
- Formel: (Eigenkapital + langfristige Darlehen)/Anlagevermögen * 100.
- Ergebnisbewertung: Die Anlagendeckung sollte deutlich über 100 % liegen, d. h. das Anlagevermögen sollte in voller Höhe langfristig finanziert sein.
- Besonderheit bei der Berechnung: Die Größe „langfristige Darlehen" kann unterschiedlich beschrieben werden; ursprünglich wurden hierunter Darlehen mit einer vereinbarten Laufzeit von vier Jahren und mehr verstanden; seitdem in den Jahres-

abschlüssen die Darlehen nach Restlaufzeiten ausgewiesen werden, ist diese Definition nicht mehr eindeutig.

- Ergänzende Interpretation: Der bei einer Anlagendeckung von über 100 % gegebene langfristige Finanzierungsüberhang dient dazu, einen Teil des „eisernen Warenbestandes" zu finanzieren, also des Mindestwarenbestandes, der nötig ist, um die Lieferbereitschaft des Unternehmens zu gewährleisten.

Eigenkapitalquote

- Aussage: Ist der Risikopuffer für das Geschäftsmodell des Unternehmens ausreichend?
- Formel: Eigenkapital · 100/Bilanzsumme.
- Ergebnisbewertung: Abhängig von Branchenbesonderheiten; aus Bankensicht ist oft eine Quote von mindestens 20 % gewünscht.
- Besonderheit bei der Berechnung: Die einzelnen Eigenkapitalbestandteile werden z. T. von Banken unterschiedlich in die Position „Eigenkapital" und auch „Bilanzsumme" einbezogen und es können Positionen der Aktivseite der Bilanz abgezogen werden – vgl. Kapitel 4.1.2.4.

Cashflow-Rate

- Aussage: Wie groß ist die finanzielle/liquiditätsmäßige Leistungskraft des Unternehmens?
- Formel: Cashflow · 100/Gesamtleistung; dabei lässt sich der Cashflow in verschiedenen Versionen berechnen; die einfachste Cashflow-Formel lautet: Cashflow = Betriebsergebnis + Abschreibungen auf das Sachanlagevermögen (vgl. Kapitel 4.4 zur Kapitaldienstfähigkeit).
- Ergebnisbewertung: Abhängig von Branche und auch Bewertungsraster der Bank; das Ergebnis sollte jedoch über 8 % liegen.
- Besonderheit bei der Berechnung: Ermittlung des Cashflow bei der jeweiligen Bank.

Gesamtkapitalrentabilität

- Aussage: Wie ist die Rentabilität des Unternehmens zu beurteilen, z. B. im Vergleich mit alternativ zu erzielenden Verzinsungen wie Bundesanleihen.
- Formel: (Betriebsergebnis + Zinsaufwand) · 100/Bilanzsumme.
- Ergebnisbewertung: Auf jeden Fall sollte die Rendite deutlich über der von Bundesanleihen liegen und auch über den selbst gezahlten Fremdkapitalzinsen.
- Besonderheit bei der Berechnung: Wie werden rechtsformabhängig bei Einzelunternehmen und Personengesellschaften die Privatentnahmen ggf. beim Betriebsergebnis abgezogen – um mit Kapitalgesellschaften (Geschäftsführergehalt ist in Personalkosten enthalten) vergleichen zu können?

Verschuldungsdauer in Jahren

- Aussage: Wie lange braucht ein Unternehmen, um seine Verbindlichkeiten zurückzuzahlen, wenn der Cashflow (vgl. Kapitel 4.4) ausschließlich für diesen Zweck verwendet würde?
- Formel: (Verbindlichkeiten - Flüssige Mittel)/Cashflow.
- Ergebnisbewertung: i. d. R. wird ein Ergebnis von bis zu 5 Jahren als gut bewertet.
- Besonderheiten bei der Berechnung: Welche Cashflow-Formel wird genutzt?

Umsatzrendite

- Aussage: Wie ist die Rentabilität zu beurteilen?
- Formel: Jahresüberschuss · 100/Gesamtleistung.
- Ergebnisbewertung: Branchenabhängig.
- Besonderheiten bei der Berechnung: Behandlung der Privatentnahmen analog zur Darstellung bei der Gesamtkapitalrentabilität.

Debitorenlaufzeit

- Aussage: Durchschnittliche Dauer (Anzahl Tage) bis die Kunden ausstehende Rechnungen bezahlen.
- Formel: Forderungsbestand · 360 Tage/Gesamtleistung.
- Ergebnisbewertung: Abhängig von den Zahlungsvereinbarungen mit den Kunden; Beispiel: Wenn die übliche Zahlungsregel lautet „10 Tage Skonto oder 30 Tage netto" sollte die Debitorenlaufzeit nicht über 30 Tage liegen.

Kreditorenlaufzeit

- Aussage: Durchschnittliche Dauer (Anzahl Tage) bis Sie Ihre Lieferanten bezahlen.
- Formel: Verbindlichkeiten aus Lieferungen/Leistungen · 360 Tage/Materialaufwand.
- Ergebnisbewertung: Abhängig von den Zahlungsvereinbarungen mit Ihren Lieferanten; Beispiel: Wenn die übliche Zahlungsregel lautet „10 Tage Skonto oder 30 Tage netto" sollte die Kreditorenlaufzeit nicht über 30 Tage liegen.

In den vergangenen Jahren sind **weitere Kennzahlen** aus der vergleichenden Analyse von Großunternehmen auch in die Bilanzanalyse mittelständischer Unternehmen übernommen worden, die jedoch aus zwei Gründen **kritisch** zu beurteilen sind, denn

- die Eingangsgrößen selbst spiegeln immer nur einen Teil der Ertragskraft wider;
- diese Kennzahlen wurden entwickelt, um beim Vergleich von Unternehmen bestimmte individuelle und damit evtl. verzerrende Strukturen ausblenden zu können – allerdings werden diese mittlerweile auch für die Einzelanalyse verwendet.

An dieser Stelle sollen nur die beiden verwendeten Eingangsgrößen beleuchtet werden, um die kritische Sichtweise bei Verwendung in der Einzelunternehmensanalyse zu begründen:

- EBIT (earnings before interest and taxes): Einkommen vor Zinsen und Steuern.

  Ziel dieser Kennzahl ist es, unterschiedliche Finanzierungsstrukturen und steuerliche Gestaltungen im Unternehmensvergleich auszuklammern.

- EBITDA (earnings before interest, taxes, depreciation and amortization): Gewinn vor Zinsen, Steuern, Abschreibungen (auf Sachanlagen) und Abschreibungen (auf immaterielle Vermögensgegenstände).

  Dadurch sollen über das EBIT hinaus auch noch unterschiedliche Investitionsstrategien eleminiert werden.

Das **Problem** dieser Eingangsrechengrößen für Kennzahlen ist, dass diese eben nur einen Teil der für ein Unternehmen auf Dauer erforderlichen Ertragskraft umfassen. Damit sind auch die errechneten Kennzahlenwerte in einer Einzelbilanzanalyse sehr kritisch zu betrachten.

Wenn Sie **selbst** eine **Einschätzung** zu wichtigen Kennzahlen Ihres Unternehmens erarbeiten wollen, finden Sie in der Unternehmenssoftware MinD.business der Volks- und Raiffeisenbanken (vgl. Kapitel 7.14.2) als „Bonitätsanalyse" eine Auswertung Ihrer Zahlen in vier verschiedenen gängigen Kennzahlensystemen. Darunter ist auch der „Quicktest von Kralicek", der mit vier Kennzahlen eine Gesamtsicht gewährleistet und weit verbreitet ist. Im **Download-Bereich** finden Sie dazu das **Methoden-Arbeitsblatt 02** inklusive Auswertungsraster. Eine weitere Möglichkeit für größere Unternehmen besteht darin, eine Bilanzauswertung bei der Deutschen Bundesbank anzufordern. Auch deren Kennzahlensystematik ist in MinD.business enthalten. Eine ausführliche Beschreibung des Bonitätsanalyseverfahrens der Deutschen Bundesbank enthält die Informationsbroschüre „Bonitätsanalyse der Deutschen Bundesbank". Diese kann im Internet heruntergeladen werden: http://www.bundesbank.de/Redaktion/DE/Downloads/Aufgaben/Geldpolitik/bonitaetsanalyse_kurzuebersicht.pdf?__blob=publicationFile.

FAZIT:

- Klären Sie mit Ihren Banken, welche Kennzahlen in deren Kreditentscheidungen bzw. ins Rating einfließen.
- Lassen Sie sich die Berechnung und derzeitige Bewertung durch die Banken erläutern.

- Berechnen und verfolgen Sie wichtige Kennzahlen selbst – zur Steuerung Ihres Unternehmens und zur Vorbereitung auf Bankengespräche.
- Für Berater: Unterstützen Sie durch regelmäßiges Analysieren und Besprechen wesentlicher Kennzahlen zur Steuerung des Unternehmens und damit auch zur Verbesserung des Rating.

4.1.5 Branchenvergleiche und ihre Tücken

Wie schon in Kapitel 4.1.1 erläutert, gehören für Kreditgeber immer auch Branchenvergleiche auf Basis der bundesweiten Datenbanken mit zur Analyse Ihres Jahresabschlusses. Das kann dazu führen, dass Sie im Gespräch von Ihrem Banker mit Aussagen und Bewertungen zum Branchenvergleich konfrontiert werden. Solche Aussagen **können, müssen aber nicht** auf einer sinnvollen **Datengrundlage** beruhen.

Ihr Berater könnte z. B. fragen: „Im Branchenvergleich ist Ihre Materialaufwandsquote deutlich zu hoch! Wo sehen Sie die Ursachen und was könnten und werden Sie dagegen tun?“

Bevor Sie antworten, stellen Sie die folgenden **vier Fragen**, um zu klären, ob der angestellte Vergleich grundsätzlich **aussagefähig** sein kann:

- In welche Branche ist Ihr Unternehmen „einsortiert“? Die Banken verwenden den Branchenschlüssel des statistischen Bundesamtes. Dieser ist zwar sehr umfangreich und detailliert – kann aber dennoch nicht alle unternehmerischen Besonderheiten abbilden. Dies sei an zwei **Beispielen** deutlich gemacht:

BEISPIEL 1 ► Sie betreiben eine freie Kfz-Werkstatt mit Autohandel und einer Waschanlage. Im Branchenschlüssel müssen Sie sich jetzt entscheiden für eine der folgenden Alternativen:

- G 50.10.3 Einzelhandel mit Kraftwagen
- G 50.20.5 Instandhaltung und Reparatur von Kraftwagen (ohne Lackierung und Autowäsche)
- G 50.20.4 Autowaschanlagen

Welchen Branchenschlüssel nimmt Ihre Bank? Ggf. nach dem größten Umsatzanteil? Aber wie auch immer: Die Vergleichszahlen sind bei Ihrem „Misch-Unternehmen“ kaum sinnvoll auszuwerten.

BEISPIEL 2 ► Sie betreiben eine Detektei mit mehreren Mitarbeitern. Im Branchenschlüssel finden Sie dafür nur die OA 93.05.3 Erbringung von sonstigen Dienstleistungen, anderweitig nicht genannt. Dieser Sammelposten kann vieles enthalten.

Daher: Wenn sich zeigt, dass Ihr Unternehmen mit seinem spezifischen Geschäftsmodell in keine Branchengruppe sinnvoll hinein passt, also sinnvoll verglichen werden kann, ist das Thema Branchenvergleich bereits an dieser Stelle erledigt.

- Ist der Branchenvergleich Ihrer Bank nach **Umsatzgrößenklassen** differenziert? Denn der Vergleich einer freien Kfz-Werkstatt mit einem Jahresumsatz von € 750.000 mit einer Autohändler-Gruppe mit einem Jahresumsatz von mehreren Mio. Euro ist wenig sinnvoll.
- Unterscheidet der Branchenvergleich Ihrer Bank zumindest nach den beiden **Rechtsformen** Kapitalgesellschaften und Einzelunternehmen/Personenhandelsgesellschaften? Denn viele Rentabilitätskennzahlen sind zwischen unterschiedlichen Rechtsformen nicht vergleichbar.
- **Wie viele Unternehmen** sind in der vom Banker genutzten Vergleichsgruppe ausgewertet worden. Denn nur bei einer großen Stichprobe können einigermaßen zuverlässige Vergleiche angestellt werden. Je kleiner die Stichprobe, desto mehr verzerren einige „ungewöhnliche" Unternehmen (Ausreißer) den Durchschnittswert. Dies gilt insbesondere, wenn die Problematik der Branchenverschlüsselung groß ist. Eine Stichprobe von z. B. 20 Unternehmen stellt eine wenig sinnvolle Ausgangsbasis dar.

Damit werden Sie die Aussagefähigkeit des Branchenvergleichs der Bank ggf. verneinen können. Ideal wäre es, wenn Sie selbst Branchenvergleichszahlen präsentieren können (vgl. Kapitel 7.5).

FAZIT:

- Stellen Sie bei Branchenvergleichsaussagen Ihrer Banken die oben genannten vier Fragen.
- Argumentieren Sie ggf. auf Basis der obigen Antworten, warum die Branchenvergleichszahlen der Banken nicht aussagekräftig sind.
- Haben Sie möglichst eigene Branchenvergleichszahlen zur Hand.
- Für Berater: Unterstützen Sie beim Erarbeiten eigener Branchenvergleichszahlen (vgl. Kapitel 7.5).

4.1.6 Anhang oder Erläuterungsbericht

Kapitalgesellschaften haben nach den §§ 284-288 HGB einen Anhang zu erstellen, in dem abhängig von der Größenordnung der Kapitalgesellschaft mehr oder weniger umfangreiche Angaben in Ergänzung zu den einzelnen Positionen der Bilanz und der GuV zu machen sind.

Diese werden von Kreditgebern intensiv studiert, weil z. B. die Angaben zu den **Bewertungsmethoden** dazu beitragen können, die Frage nach stillen Reserven und stillen Lasten zu beantworten. Besonders interessieren auch die Informationen zur Änderung von Bewertungsmethoden.

Die Details im Anhang ersparen daher viele Nachfragen seitens der Bank. Deshalb sollten diese möglichst umfangreich sein (vgl. Kapitel 7).

Für Einzelunternehmen und Personengesellschaften, die nicht anhangspflichtig sind, bedeutet dies, einen entsprechenden Erläuterungsbericht dem Jahresabschluss beizufügen. Üblich ist heute die Aufstellung der Salden aller Bilanz- und GuV-Konten (sozusagen eine Summen-Salden-Liste, wie diese zur Betriebswirtschaftlichen Auswertung gehört – vgl. Kapitel 7.6). Darüber hinausgehende Informationen in Analogie zu den Angaben im Anhang können sehr sinnvoll sein, um die wirtschaftliche Entwicklung des Unternehmens für die meist branchenfremden Banker (vgl. Kapitel 2.2) nachvollziehbar darzulegen. Zudem lassen sich so die **Fragen der Bank reduzieren** (vgl. Kapitel 10.4 zur Bedeutung dieses Aspekts im Bankgespräch selbst).

FAZIT:

- Überlassen Sie die Erstellung des Anhangs nicht alleine Ihrem Bilanzbuchhalter oder Steuerberater, sondern überlegen Sie, welche Informationen Sie transportieren wollen.
- Geben Sie umfangreiche, ergänzende Informationen auch, wenn Ihr Unternehmen nicht anhangspflichtig ist.
- Überlegen Sie ggf. in welcher Form Sie ergänzende Informationen geben: In einem Anhang oder Erläuterungsbericht oder in einem ergänzenden Schreiben zur Einreichung der Unterlagen (vgl. Kapitel 7.1 zur „Deutungshoheit").
- Für Berater: Unterstützen Sie beim Erstellen der Erläuterungen unabhängig von deren Form auch mit Ihrem Hintergrundwissen zu den Informationsbedürfnissen der Banken in Ihrem Umfeld.

4.1.7 Lagebericht

Bereits mittelgroße Kapitalgesellschaften müssen zusätzlich zum Jahresabschluss einen Lagebericht erstellen – §§ 289 und 289a HGB.

Dabei geht es vorrangig um vier **Themen**:

- Umfassende Darstellung der Entwicklung der Gesellschaft im Berichtsjahr.
- Umfassende Darstellung der voraussichtlichen Entwicklung der Gesellschaft mit den wesentlichen Chancen und Risiken und den dabei zugrunde liegenden Annahmen.
- Vorgänge von besonderer Bedeutung, die bisher nach dem Schluss des Berichtsjahres eingetreten sind.
- Risikomanagementziele und -methoden der Gesellschaft.

Auch den Lagebericht sollten Sie nutzen, um ein realistisches Bild zu zeichnen. Auch wenn Ihr Unternehmen nach dem HGB gar keinen Lagebericht erstellen muss, könnten die genannten inhaltlichen Schwerpunkte Veranlassung sein, dies für sich selbst zu tun. Denn diese Fragestellungen betreffen die erfolgreiche Weiterführung Ihres Unternehmens. Wenn Sie dies tun, dann sollten Sie allerdings nicht den Begriff „Lagebericht" aus dem HGB verwenden, sondern eine abweichende Überschrift wählen, um deutlich zu machen, dass Sie einen freiwilligen Bericht vorlegen.

FAZIT:

- Nutzen Sie den Lagebericht zur eigenen Standortbestimmung und zur Information Ihrer Kreditgeber.
- Wenn Sie nicht verpflichtet sind, einen Lagebericht gem. HGB zu erstellen, überlegen Sie dennoch, welche dieser Themen für Sie selbst und Ihre Kreditgeber von Bedeutung sind, sodass Sie diese ergänzend zu Bilanz und GuV mitteilen – vgl. Kapitel 4.1.6.
- Für Berater: Unterstützen Sie Ihre Mandanten beim Erarbeiten eines freiwilligen „Berichts zur Unternehmenssituation", in dem Sie z. B. eine Mustergliederung zur Verfügung stellen.

4.1.8 Die „Bescheinigung" Ihres Steuerberaters zum Jahresabschluss

Regelmäßig wird der Jahresabschluss eines nicht prüfungspflichtigen Unternehmens von einem Steuerberater oder Wirtschaftsprüfer erstellt – selbst wenn die Buchführung im Unternehmen selbst durchgeführt wird. Dabei erteilt dieser eine entsprechende „Bescheinigung", in der er den Umfang seiner Tätigkeit dokumentiert. Von Unternehmen selbst erstellte Jahresabschlüsse ohne entsprechende Bescheinigung eines Steuerberaters oder Wirtschaftsprüfers werden von Banken besonders kritisch unter die Lupe genommen.

Aber auch die „bloße Erstellung" ist in den letzten Jahren in die Kritik gekommen – und zwar ausgehend von der Steuerberaterkammer selbst. Diese hatte bereits 2001 in einer „Verlautbarung zu den Grundsätzen für die Erstellung von Jahresabschlüssen durch Steuerberater vom 22. und 23. Oktober 2001" festgestellt, dass die bloße Erstellung eines Jahresabschlusses den Qualitätsanforderungen des § 18 KWG (vgl. Kapitel 3.2.6) und des Rating der Kreditinstitute (vgl. Kapitel 4.2) nicht mehr genügt. Zudem hatte sie einen Rahmen definiert, in dem die Steuerberater bei der Erstellung des Jahresabschlusses bestimmte Prüfungshandlungen vornehmen können, um zu einer **Plausibilitätsbeurteilung** über den Jahresabschluss zu kommen.

Das hat seinerzeit viele Kreditinstitute veranlasst, selektiv oder auch komplett Jahresabschlüsse nur noch mit einer solchen Plausibilitätsbeurteilung zu akzeptieren.

Mittlerweile hat die Steuerberaterkammer ihre Verlautbarung überarbeitet und im Frühjahr 2010 verabschiedet (vgl. *Bundessteuerberaterkammer* (Hrsg.), 13. 4. 2010). Die neue Verlautbarung wurde in weitgehender Übereinstimmung mit dem entsprechenden Standard der Wirtschaftsprüferkammer für die Jahresabschlusserstellung (IDW Standard: Grundsätze für die Erstellung von Jahresabschlüssen (IDW S 7)) verfasst (vgl. *Bundessteuerberaterkammer* (Hrsg.), 7. 1. 2010).

Der Unterschied wird sofort deutlich, wenn die **Formulierungen** der beiden Alternativen gegenüber gestellt werden:

Bloße Erstellung: „Wir haben auftragsgemäß den Jahresabschluss – bestehend aus ... – für das Geschäftsjahr ... unter Beachtung der deutschen handelsrechtlichen Vorschriften erstellt. Grundlage für die Erstellung waren die uns vorgelegten Belege, Bücher und Bestandsnachweise, die wir auftragsgemäß nicht geprüft haben, sowie die uns erteilten Auskünfte. Die Buchführung sowie die Aufstellung des Inventars und des Jahresabschlusses ... liegen in der Verantwortung der gesetzlichen Vertreter der Gesellschaft."

Erstellung mit Plausibilitätsbeurteilung: „Grundlage für die Erstellung waren die uns vorgelegten Belege, Bücher und Bestandsnachweise, die wir auftragsgemäß nicht geprüft, wohl aber auf Plausibilität beurteilt haben, sowie die uns erteilten Auskünfte. ... Zur Beurteilung der Plausibilität haben wir ... Hierbei sind uns keine Umstände bekannt geworden, die gegen die Ordnungsmäßigkeit der uns vorgelegten Unterlagen und des auf dieser Grundlage erstellten Jahresabschlusses sprechen." Diese Aussage beinhaltet im Gegensatz zur ersten eine Haftung des Steuerberaters, die ggf. bei gravierenden Fehlern im Jahresabschluss, die er hätte erkennen müssen, auch eingefordert werden könnte.

Die **Verfahrensweise der Banken** dazu ist mittlerweile deutlich selektiver geworden. Aber immer wieder werden in Abhängigkeit von der Höhe des Gesamtengagements, Rating-Note, Blankoanteil, Portfoliostrukturen der Bank selbst Jahresabschlüsse mit Plausibilitätsbeurteilung verlangt. Meist geht es den Banken dabei um die Bewertungsfragen speziell zum Umlaufvermögen (vgl. Kapitel 4.1.2.1), zum Anlagevermögen (vgl. Kapitel 4.1.2.2) oder zu den Rückstellungen (vgl. Kapitel 4.1.2.4). Wenn derartige Anforderungen gestellt werden, sollte direkt erfragt werden, welche Themen den Banken wichtig sind, um den Auftrag an den Steuerberater entsprechend punktgenau formulieren zu können. Sonst besteht die Gefahr, dass der Steuerberater Sachverhalte beurteilt – und Ihnen in Rechnung stellt, die der Bank selbst gar nicht so wichtig sind.

Zu unterscheiden hiervon ist das „Testat" des Wirtschaftsprüfers oder vereidigten Buchprüfers unter dem von ihm geprüften Jahresabschluss. Diese Prüfung ist gesetzlich vorgeschrieben für mittelgroße und große Kapitalgesellschaften (§ 316 ff. HGB).

FAZIT:

- Wenn die Banken Plausibilitätsbeurteilungen ansprechen, klären Sie den gewünschten Umfang genau ab und erteilen Sie einen entsprechenden punktgenauen Auftrag.
- Überlegen Sie, inwieweit es aus Ihrem eigenen Interesse wichtig sein könnte, den Erstellungsauftrag an Ihren Steuerberater oder Wirtschaftsprüfer entsprechend auszuweiten – um die risikotragenden Positionen Ihres Jahresabschlusses kritisch zu hinterfragen.
- Für Berater: Sensibilisieren Sie für dieses Thema.

4.1.9 Veröffentlichungspflicht und E-Bilanz

Die Jahresabschlüsse von Kapitalgesellschaften müssen im **Elektronischen Handelsregister** veröffentlicht werden. Dadurch können z. B. Auskunfteien (vgl. Kapitel 4.5) darauf ohne Nachfrage beim Unternehmen zugreifen. Der Umfang der Veröffentlichungspflicht ist nach Größenklassen gestaffelt. Hier sollte mit dem Steuerberater, der i. d. R. den Auftrag hat, die Daten zu übertragen, darüber gesprochen werden, dass dort nur das gesetzliche Minimum veröffentlicht wird. Dass es sinnvoll sein kann, im Einzelfall z. B. einer Auskunftei auch mehr Informationen zu geben, wird in Kapitel 4.5 diskutiert. Natürlich bietet auch Ihnen dieses Unternehmensregister die Möglichkeit, sich die Jahresabschlüsse anderer Unternehmen anzusehen (www.unternehmensregister.de).

Ein neues Thema ist mit der sog. **E-Bilanz** auf Sie zu gekommen. Ab dem Jahresabschluss zum 31. 12. 2013 müssen Sie Ihre Jahresabschlüsse der Finanzverwaltung auf elektronischem Wege übersenden. Dazu werden umfangreiche neue Daten-Aufgliederungen verlangt, die die Finanzämter tiefer in Ihre Zahlen blicken lassen als bisher. Noch nicht abzusehen ist, ob und in welchem Umfang auch Ihre Banken an diesen weiter aufgeschlüsselten Zahlen Interesse anmelden werden (vgl. in Kapitel 4.1.1 das Thema Handelsbilanz/Steuerbilanz).

FAZIT:

- Klären Sie mit Ihrem Steuerberater den Umfang der Daten für das elektronische Handelsregister ab.

4.1.10 Vorbereitung Ihres Jahresabschlusses

Die vorhergehenden Abschnitte haben gezeigt, dass Ihr Jahresabschluss für Ihre Banken unverändert ein hohes Gewicht in der Beurteilung der Kreditwürdigkeit Ihres Unternehmens hat. Damit kommt der rechtzeitigen und zeitnahen Erstellung des Jahresabschlusses eine große Bedeutung zu (vgl. auch Kapitel 7.4). Dabei systematisch vorzugehen, ist sowohl für das Unternehmen als auch für seinen begleitenden Steuerberater von Vorteil. Checklisten zur Vorbereitung des Jahresabschlusses und zur Abstimmung der Erstellung gemeinsam mit dem Steuerberater finden Sie im Internet unter www.jahresabschluss-check.de.

Steuerberater finden weitere Informationen in einem Beitrag in „NWB Betriebswirtschaftliche Beratung“ in den Ausgaben 9-11 des Jahrgangs 2012 (*Sander*, NWB-Betriebswirtschaftliche Beratung 9-11/2012).

FAZIT:

- Überlassen Sie das Erstellen Ihres Jahresabschlusses nicht dem Zufall, sondern gehen Sie systematisch vor.
- Für Berater: Unterstützen Sie mit einer übersichtlichen eigenen Systematik und klarer, offener Kommunikation.

4.1.11 Die Betriebswirtschaftliche Auswertung (BWA) als Basis für unterjährige Analysen

Der Jahresabschluss ist für die Bank einmal im Jahr Analyse-Basis. Kreditgeber möchten jedoch auch unterjährig – also im Laufe des Jahres – über die wirtschaftliche Entwicklung ihrer Kreditnehmer informiert sein. Als Basis dafür dient die BWA. I. d. R. wird vereinbart, dass diese vierteljährlich oder halbjährlich vom Kreditnehmen übersandt wird einschließlich der Summen-Salden-Liste. Eine solche Vereinbarung sollten Sie unbedingt einhalten. Denn im Rating wird auch danach gefragt, ob der Kunde Zusagen und Vereinbarungen zuverlässig einhält.

Wie Sie Ihre BWA so gestalten, dass Sie diese im Unternehmen als Steuerungsinstrument nutzen können und gleichzeitig Ihre Kreditgeber transparent und umfassend informieren, wird in Kapitel 7.6 behandelt.

FAZIT:

- Nutzen Sie im Unternehmen und für die Bankenkommunikation eine aussagefähige BWA (vgl. Kapitel 7.6).
- Für Berater: Unterstützen Sie beim Aufbau und beim Arbeiten mit einer aussagefähigen BWA.

4.2 Risikoklassifizierung oder „Rating“

DOWNLOAD:

Begleitblätter „Grundlagen Kreditentscheidung – Teil 2: Rating“

Die MaRisk (vgl. Kapitel 3.1) schreiben vor, dass jede **Kreditentscheidung** auf dem Ergebnis eines **Risikoklassifizierungsverfahrens** aufbauen muss. D. h. gleichzeitig, dass ein Risikoklassifizierungsverfahren nicht „die Kreditentscheidung“ vorgibt oder gar trifft. Die Entscheidung über eine Kreditanfrage treffen unverändert Menschen – nämlich i. d. R. der Kundenbetreuer gemeinsam mit seinem Kollegen in der Marktfolge im sog. Vier-Augen-Prinzip (vgl. Kapitel 2.4 und 3.1.2). Aber das Ergebnis der Risikoklassifizierung ist eine **wesentliche Grundlage** für die Kreditentscheidung. Und ab einem bestimmten negativen Ergebnis wird es den handelnden Personen in einer Bank sehr schwer fallen, noch für eine positive Kreditentscheidung zu argumentieren. Beachten

Sie dabei allerdings, dass in letzter Zeit im kleinteiligen Kreditgeschäft (vgl. Kapitel 2.1 zur Kundensegmentierung) die Tendenz zunimmt, sich immer mehr auf die Ergebnisse der Rating- oder Scoring-Systeme zu stützen. Dies ist der Verschlankung der Prozesse geschuldet. Speziell für kleinere Unternehmen oder Unternehmen mit kleineren Nebenbankverbindungen kann sich dies negativ auswirken, da ggf. individuelle Besonderheiten z. B. im Geschäftsmodell (vgl. Kapitel 7.3) nicht mehr ausreichend oder auch gar nicht berücksichtigt werden.

Wie die Risikoklassifizierungs-Verfahren auszusehen haben, schreibt die Bankenaufsicht nicht im Detail vor. In den Banken hat es sich durchgesetzt, dafür die bankaufsichtsrechtlich vorgeschriebenen **„Rating-Verfahren“** zu nutzen. Diese wurden entwickelt, um die Eigenkapitalunterlegung (vgl. Kapitel 3.2.2) für jeden einzelnen Kredit in Abhängigkeit von seinem Risiko festzulegen. Diese Verfahren wiederum muss die Bankenaufsicht zertifizieren.

Da es diese Verfahren mit dem Ziel einer Risikokategorisierung bereits gibt, liegt es aus Bankensicht natürlich nahe, sie auch für die Zwecke der Risikoklassifizierung nach MaRisk zu nutzen.

Als Kunde einer Sparkasse oder Genossenschaftsbank sollten Sie berücksichtigen, dass diese beiden Finanz-Verbünde jeweils ein eigenes Ratingverfahren für alle ihre Mitgliedsinstitute entwickelt haben. D. h. es gibt ein einheitliches Ratingverfahren für alle Sparkassen und für alle Volks- und Raiffeisenbanken. Für diese Verfahren wird auch jeweils in jedem Verbund ein bundesweiter Datenbestand als Grundlage vorgehalten (vgl. Kapitel 4.2.1.1).

Soweit in den folgenden Abschnitten über die Ratingverfahren der Sparkassen und der Genossenschaftsbanken berichtet wird, sind die Quellen – wenn nicht anders verzeichnet – als „vertraulich“ einzustufen und daher nicht zu benennen. Die Quellen im Sparkassenbereich stammen aus dem Jahr 2011, im Genossenschaftsbereich aus dem Jahr 2012, zum Schnell-Rating aus dem Jahr 2011; weitere Veränderungen im Detail können seitdem eingetreten sein; die Grundstrukturen haben sich allerdings nicht verändert.

! FAZIT:

- Da das Rating eine wesentliche Grundlage für die Entscheidungen über Ihre Kreditwünsche ist, sollten Sie es möglichst genau kennen.
- Auf dieser Basis können Sie dann Ihren Kreditgebern die Informationen zur Verfügung stellen, die diese für eine angemessene Risikobewertung Ihres Unternehmens im Rating benötigen.

- Für Berater: Die Information über die Ratingsysteme ist eine klassische Unterstützungsaufgabe. Dazu gehört auch, das eigene Wissen aktuell zu halten.

4.2.1 Ratingverfahren „im Wandel der Zeiten“

Die Ratingverfahren der Kreditinstitute wurden zwischen 2000 und 2004 entwickelt und seitdem immer wieder an neue Entwicklungen angepasst.

Diese **Anpassung** basiert auf zwei Grundlagen:

- Die **Bankenaufsicht** verlangt, dass Kreditinstitute einmal im Jahr ihre Ratingverfahren einer grundlegenden **Überprüfung** unterziehen und zwar dahingehend, ob die verwendeten Kennzahlen (sog. Quantitatives Rating vgl. Kapitel 4.2.2.1) und Fragen (sog. Qualitatives Rating vgl. Kapitel 4.2.2.2) weiterhin unverändert statistisch „trennscharf“ sind, also eine zuverlässige Aussage zum Risikogehalt eines Unternehmens treffen. Dieses Überprüfungsverfahren läuft in der Fachsprache unter dem Begriff „Backtesting“. Hintergrund ist, dass sich der einem Rating zugrundeliegende Datenbestand mit jedem neu oder wieder gerateten Unternehmen verändert.
- Die **Banken** selbst überprüfen immer wieder, wie gut und mit welchem Aufwand sie ihr Ziel einer klaren Risikotrennung erreichen – und ob nicht auch mit weniger Aufwand das gleiche Ziel erreicht werden kann.

Das bedeutet, einzelne Komponenten und Rechenweisen ändern sich in den bereits vorhandenen Ratingverfahren. Zusätzlich werden immer wieder neue oder auch ergänzende Verfahren eingeführt, die in bestimmten Konstellationen die bisherigen Vorgehensweisen ersetzen und/oder ergänzen. Ein Beispiel für neue Verfahren, sind die in den letzten Jahren zum Einsatz gekommenen „Schnell-Ratings“ (vgl. Kapitel 4.2.3.)

FAZIT:

- Es reicht nicht, sich als Unternehmer einmal in der Vergangenheit über das Rating seiner Banken informiert zu haben.
- Jedes Jahr sollte im Gespräch über das Rating (vgl. Kapitel 11.3) die Frage nach neuen Entwicklungen und Komponenten gestellt werden.
- Für Berater: Nehmen Sie das Ihren Mandanten ab, in dem Sie diese Frage regelmäßig mit den Kreditinstituten in Ihrer Region besprechen und neue Informationen systematisch an Ihre Mandanten weitergeben.

4.2.1.1 Grundzüge eines Ratingverfahrens

Wie ist ein Rating in seinen Grundzügen aufgebaut? Was „passiert“ mit den eigenen Informationen, die ein Unternehmen seinen Banken für das Rating zur Verfügung stellt?

Dazu hilft es, erst einmal das englische Wort zu übersetzen, das Lexikon sagt dazu:

- rating = Schätzung/Steuersatz/Dienstgrad/Schelte
- the rate = Verhältnis, Maß, Satz/Preis, Gebühr/Grad, Rang
- to rate = (ein-)schätzen, taxieren/ausschelten

Es geht also immer um eine **Bewertung** – und auch die sprachliche Dimension „Schelte“ hat bei einem schlechten Bewertungsergebnis = Rating ja durchaus Charme.

Um zu einem Bewertungsergebnis zu kommen, vergleicht ein Rating die aktuelle Situation und Einschätzung über ein zu bewertendes Unternehmen mit vielen anderen Unternehmen. Dazu unterhalten die Banken jeweils einen **bundesweiten Datenpool**. In diesen fließen alle Daten aller gerateten Unternehmen aus den letzten Jahren ein und werden dort unterteilt z. B. nach Branche, Größenklassen, Rechtsformen etc. vorgehalten.

Im Ratingprozess werden die aktuellen **Kennzahlen** (vgl. Kapitel 4.2.2.1), die beantworteten **Fragen zur Unternehmensführung** (vgl. Kapitel 4.2.2.2), die sog. **Warnsignale** (vgl. Kapitel 4.2.2.3) und die sog. **Bonitätseinflüsse** (vgl. Kapitel 4.2.2.4) mit den im Pool enthaltenen Daten vergleichbarer Unternehmen abgeglichen.

Da diese Daten über mehrere Jahre zur Verfügung stehen, verfügen die Banken über eine entsprechende **Datenhistorie**. Daher kann aus dem Datenpool abgeleitet werden, wie sich Unternehmen, die in der Vergangenheit zur Kennzahl „A“ eine Merkmalsausprägung von z. B. „1“, „5“ oder „8“ hatten, in den Folgejahren weiter entwickelt haben:

- Stehen diese unverändert wirtschaftlich gut da?
- Sind diese mittlerweile in wirtschaftliche Schwierigkeiten geraten oder gar insolvent geworden?

Mit bestimmten mathematisch-statistischen Verfahren, auf die hier nicht näher eingegangen werden soll, wird statistisch trennscharf errechnet, ob die Kennzahl „A“ in der Ausprägung „5“ ein negatives oder positives Signal für das untersuchte Unternehmen setzt.

Dies geschieht mit einer **Reihe von Kennzahlen**, die sich alle in der Vergangenheit als trennscharf erwiesen haben. Diese Kennzahlen werden sodann in einer bestimmten Form zueinander **gewichtet**, weil ihre Aussagekraft sich als unterschiedlich stark erwiesen hat. Die Gewichtungen teilen Banken i. d. R. ihren Kunden nicht mit. Das Argument lautet: Gerade diese Gewichtungen entscheiden über die Qualität der Aussagekraft eines Ratingverfahrens und sind daher ein wesentlicher Wettbewerbsvorteil gegenüber anderen Instituten. Man spricht in diesem Zusammenhang auch von der „Black Box" im Rating. Auf die kommunikativen Aspekte wird im weiteren Verlauf immer wieder und im Kapitel 11.3 nochmals speziell eingegangen.

In den Ratingsystemen unterschiedlicher Banken werden unterschiedliche Kennzahlen verwendet (sowohl Anzahl der verwendeten Kennzahlen als auch welche) – weil die Datenpools naturgemäß eine jeweils unterschiedliche Zusammensetzung haben und damit andere mathematisch-statistische Ergebnisse liefern.

Ebenso wird mit den **Fragen zur Unternehmensführung** und mit den sog. **Warnsignalen** (vgl. Kapitel 3.1.5 und 4.2.2.3) verfahren.

Im **Gesamtrating** werden jetzt die **Teilergebnisse** zu den Kennzahlen und den Fragen zur Unternehmensführung (hier spricht man auch von „Scores" – zu deutsch: Punktzahlen) erneut **gewichtet**. Dabei kann davon ausgegangen werden, dass die Kennzahlen in den meisten Ratingverfahren unverändert eine Gewichtung von über 50 % erhalten, also das Gesamtergebnis dominieren. Sollten bei der Prüfung der Warnsignale negative Ergebnisse zu Tage treten, führt das i. d. R. nicht zu einer Gewichtungs-Verschiebung innerhalb der Rating-Teilbereiche, sondern direkt zur Abstufung des Rating-Ergebnisses um eine oder mehrere Noten (zu den Notensystemen der Bankenratings vgl. Kapitel 4.2.4).

Das **Gesamtergebnis** eines Ratingverfahrens ist eine **statistische Ausfallwahrscheinlichkeit** bezogen auf einen Zeithorizont von zwölf Monaten. Anders ausgedrückt: Das Ratingergebnis trifft eine Aussage darüber, mit wie viel Prozent Wahrscheinlichkeit das bewertete Unternehmen in einem Jahr insolvent sein wird.

Die Bankenaufsicht verlangt, dass die Kreditinstitute ihre Kunden einmal im Jahr einem Ratingverfahren unterziehen, da sich natürlich die Verhältnisse im einzelnen Unternehmen verändern können und – siehe oben – auch die Grundlagen im Datenpool mittlerweile verändert sein können. Es ist ein offenes Geheimnis, dass die Überprüfungen bzw. Back-Testings sowohl bei den Sparkassen wie den Genossenschaftsbanken dazu geführt haben, dass bei unveränderten Verhältnisse im Unternehmen die Ratingeinstufungen in den letzten Jahren um ein bis zwei Noten gesunken sind. D. h. dass die Ratingverfahren in ihren ersten Versionen geringere Ausfallwahrscheinlichkeiten prognostiziert hatten, als in der Realität aufgetreten sind.

Aus diesem Ratingergebnis müssen Kreditinstitute dann – so verlangt es die Bankenaufsicht – **Schlussfolgerungen für ihre Engagementsführung** ableiten – und das natürlich insbesondere, wenn sich das Rating im Zeitablauf negativ verändert. Konkret betrifft das **Fragen** nach:

- Höhe des Kreditengagements (weitere Erhöhungen? Reduzierungen?)
- Sicherheiten für das Kreditengagement (weitere Sicherheiten?)
- Konditionen für das Kreditengagement i. S. d. risikoangemessenen Bepreisung (vgl. Kapitel 3.1.4 und Kapitel 9.2) (Zinssätze erhöhen?)
- Vereinbarung von Maßnahmen im Unternehmen, damit dieses seine wirtschaftliche Situation konsolidieren und/oder wieder verbessern kann.

Welche Konsequenzen eine Bank aus einem verschlechterten Rating gezogen hat, muss sie in der Kreditakte dokumentieren. Diese Dokumentation und die Weiterverfolgung wiederum ist Gegenstand der Prüfung des Jahresabschlusses der Bank (vgl. Kapitel 3.2.9).

FAZIT:

- Führen Sie mit Ihren Banken jährlich ein Rating-Gespräch (vgl. Kapitel 11.3).
- Halten Sie mit der Bank getroffene Vereinbarungen ein.
- Für Berater: Halten Sie sich zu allen Rating-Themen auf dem Laufenden und unterstützen Sie Ihre Mandanten zu allen Themen des Kapitels 4.2.

4.2.1.2 Die verschiedenen Ratingverfahren in einer Bank

Es leuchtet auf den ersten Blick ein, dass eine Bank in einem Rating „nicht alle Unternehmen über einen Kamm scheren kann“. So würde es sicherlich zu keinen tragfähigen Ergebnissen führen, wenn man den örtlichen Bosch-Dienst als freie Kfz-Werkstatt mit dem gleichen Verfahren bewerten würde, wie den Bosch-Konzern.

Die Banken unterscheiden daher nach Unternehmensgröße, die festgemacht ist am **Jahresumsatz** des Unternehmens. Darüber hinaus gibt es z. T. auch Branchen- oder Sektoren-Unterteilungen. Die Sparkassen z. B. unterteilen nach vier Sektoren:

- Produktion,
- Dienstleistung,
- Handel,
- Sonstige.

Dabei kann diese Einteilung bei Unternehmen, die in mehreren Sektoren tätig sind, prozentual auf die Sektoren verteilt werden.

Die Verfahren in den einzelnen Sektoren und Umsatzgrößenklassen können sich hinsichtlich folgender **Komponenten** unterscheiden:

- Anzahl der verwendeten Kennzahlen,
- welche Kennzahlen,
- Gewichtung der Kennzahlen im Teilergebnis Quantitatives Rating,
- Anzahl der verwendeten Fragen zur Unternehmensführung,
- welche Fragen,
- Gewichtung der Fragen im Teilergebnis Qualitatives Rating,
- Kriterien zur Beurteilung des Bonitätseinflusses (vgl. Kapitel 4.2.2.4).

Die deutsche **Sparkassen-Organisation** verwendet im Firmenkundengeschäft folgende **Größenklassen-Unterteilung** (daneben gibt es weitere Ratingverfahren im Privatkundengeschäft und für weitere spezielle Kundenkreise):

- Freiberuflerrating
- Gewerbekundenrating:
  - Nettoumsatz größer/gleich € 250.000 und kleiner € 2,5 Mio.
  - oder Engagement > € 50.000

    das bedeutet, auch Unternehmen mit einem Umsatz kleiner als € 250.000 werden mit diesem Verfahren bewertet, wenn ihr Kreditengagement (also die bewilligten Kreditlimite) über € 50.000 liegen.
- Firmenkundenrating I:

  Nettoumsatz größer/gleich € 2,5 Mio. und kleiner € 20 Mio ohne mittelgroße Kapitalgesellschaften nach § 267 HGB.
- Firmenkundenrating II:

  ab mittelgroßen Kapitalgesellschaften gem. § 267 HGB bis Nettoumsatz < € 20 Mio.
- Firmenkundenrating III:

  Nettoumsatz > € 20 Mio.

Zusätzlich gibt es ein Immobiliengeschäftsrating für Projektfinanzierungen und drei abgestufte Ratingverfahren für Existenzgründer:

- Existenzgründerrating I: Gründungsjahr
- Existenzgründerrating II: 2. Geschäftsjahr nach Gründung

  Bei entsprechend stabilem Unternehmen kann alternativ das Existenzgründerrating III oder auch das Gewerbe- oder Firmenkundenrating verwendet werden.
- Existenzgründerrating III: 3. Geschäftsjahr nach Gründung

  Bei entsprechend stabilem Unternehmen kann alternativ auch das Gewerbe- oder Firmenkundenrating verwendet werden.

Daneben gibt es das „Kleinst-Kunden-Rating" oder auch „Kunden-Kompakt-Rating", das im Kapitel 4.2.3 unter den „Schnell-Ratings" beschrieben wird.

Bei den **Volks- und Raiffeisenbanken** sieht die **Größenklassen-Unterteilung** im Firmenkundengeschäft hingegen wie folgt aus:

- Freiberufler: Ohne Umsatzgrenze
- Gewerbekunden: Bis € 500.000 Umsatz
- Mittelstand: Umsatz € 500.000 bis € 6 Mio.
- Oberer Mittelstand: Umsatz € 6 Mio. bis € 1 Mrd.
- Großkunden: Umsatz über € 1 Mrd.

Daneben gibt es Ratingverfahren für den Agrarsektor, für Non-Profit-Organisationen, für gewerbliche Immobilien und das Firmenkunden-Schnell-Rating, das im Kapitel 4.2.3 beschrieben wird.

Bereits an diesen beiden Größeneinteilungen wird deutlich, wie unterschiedlich Ratingsysteme aufgebaut sein können, die aber beide von der Bankenaufsichtsbehörde bestätigt worden sind.

Die **Groß- und Regionalbanken** verfügen über ähnliche Rating-Systematiken. Informationen dazu sollten Sie „eigentlich" auf der Internetseite Ihrer Bank finden können. Die Oldenburgische Landesbank AG z. B bietet ihren Kunden zwei Broschüren zum Herunterladen an – einmal für Kunden mit einem Umsatz bis € 7,5 Mio. und eine weitere für größere Unternehmen: https://internet.olb.de/firmenkunden/370.php

FAZIT:

- Fragen Sie Ihre Banken konkret danach, mit welchem Ratingverfahren Ihr Unternehmen derzeit bewertet wird.
- Fragen Sie nach den in allen Banken vorhandenen Kunden-Broschüren zum Rating, wenn Ihr Bankbetreuer Ihnen diese nicht unaufgefordert aushändigt (vgl. auch Kapitel 13.2.2 zu den Kriterien der Zusammenarbeit mit Banken).
- Alternativ: Schauen Sie im Internetauftritt Ihrer Bank nach Informationen zum Rating.
- Für Berater: Übernehmen Sie für Ihre Mandanten diese Aufgabe im Kontakt mit den Kreditinstituten in Ihrem Geschäftsgebiet.

4.2.1.3 Wann welches Ratingverfahren zum Einsatz kommt

Bis ca. vor vier Jahren stellte sich diese Frage nicht: Ein Rating war immer ein „Voll-Rating" oder auch „Jahresabschlussbasiertes Rating", so wie es in den vorhergehenden Abschnitten dargestellt wurde.

Dass dieses jährlich wiederkehrende Verfahren für die Kreditinstitute aufwändig ist (siehe auch nächstes Kapitel 4.2.1.4), ist nachvollziehbar. Aus diesem Grund sannen die Banken auf Verfahren, die gerade bei kleineren Firmenkunden mit deutlich weniger Aufwand zu einem nutzbaren Bewertungsergebnis kommen. Dies war die Geburtsstunde der „Schnell-Ratings" (siehe Kapitel 4.2.3), die sich ausschließlich an der Kontoführung orientieren und vollautomatisch ablaufen, ohne dass ein Bankmitarbeiter beteiligt ist.

Damit stellt sich jetzt für die Banken – und für Sie als Kunde – die Frage, welches Rating zum Einsatz kommen sollte.

Die folgende Darstellung ist ein mögliches **Beispiel**, wie die Anwendung des „Schnell-Ratings" oder des „Voll-Ratings" erfolgen könnte. Dabei legt jede einzelne Bank im Rahmen Ihrer Kreditrisikostrategie (vgl. Kapitel 3.1.1) fest, nach welchen Kriterien sie welches Ratingverfahren nutzt:

- Neukunde: Immer Voll-Rating der entsprechenden Umsatzgrößenklasse
- Bestehender Kunde und anlassbezogene Bewertung (z. B. neuer Kreditantrag, neuer Jahresabschluss):
  - Bei einer Kreditgesamtbewilligung von kleiner € 75.000: Schnell-Rating,
  - ab einer Kreditgesamtbewilligung von € 75.000: Voll-Rating.
- Bestehender Kunde und laufende/jährliche Bewertung ohne besonderen Anlass:
  - Bei einer Kreditgesamtbewilligung von kleiner € 150.000: Schnell-Rating,
  - ab einer Kreditgesamtbewilligung von € 150.000: Voll-Rating.

Interessanterweise sehen Sparkassen wie Genossenschaftsbanken einheitlich eine Obergrenze von € 250.000 Gesamtbewilligung für die Nutzung des Schnell-Ratings vor (vgl. *Reichmann*, Betriebswirtschaftliche Blätter 1/2006 S. 48-50). Dabei geht die Tendenz in den Banken dahin, die Anwendung der Schnell-Ratings im Rahmen des nicht-risikorelevanten Geschäfts (vgl. Kapitel 2.4) auszuweiten.

FAZIT:

- Fragen Sie Ihre Bank, mit welchem Ratingverfahren Ihr Unternehmen aktuell bewertet wird.
- Für Berater: Unterstützen Sie mit Ihren regionalen Bank-Kenntnissen.

4.2.1.4 Wie der Ratingprozess in der Bank abläuft

Während das Schnell-Rating automatisch und rein edv-gesteuert abläuft, ist das Voll-Rating eine Mensch-Maschine-Kombination. Die **Bearbeitung** der vier Grundelemente (siehe oben im Kapitel 4.2.1.1 und detailliert unten im Kapitel 4.2.2) können Sie sich wie folgt vorstellen:

- **Quantitative Analyse**: Eingabe der Zahlen Ihres aktuellen Jahresabschlusses in das EDV-System durch die Marktfolge.
- **Qualitative Analyse**: Bearbeiten des Fragenkatalogs in folgenden Schritten:
  - Ausfüllen durch Ihren Betreuer
  - Plausibilisierung durch dessen Kollegen in der Marktfolge im Rahmen des Vier-Augen-Prinzips (vgl. Kapitel 2.4) mit der Sichtweise: Lassen sich die vom Betreuer gegebenen Antworten aus der Aktenlage nachvollziehen?
    - Stimmt die Einschätzung überein: Eingabe der Antworten in das EDV-System

      (alternativ: Bereits der Betreuer hat seine Antworten in die EDV eingegeben – dann bei Zustimmung „Freigabe“ durch den Marktfolge-Kollegen in der EDV)
    - Stimmt die Einschätzung nicht überein: Rückfrage und Klärung – ggf. bei dauerhaft unterschiedlicher Einschätzung Einschalten der nächsten Kompetenzstufe (vgl. Kapitel 2.4).
- **Warnsignale:** Vollautomatische EDV-Auswertung
- **Bonitätseinflüsse:** Wenn vorhanden Bearbeiten analog Qualitative Analyse
- **Freigabe** aller Eingaben und des Ratingergebnisses liegt in der abschließenden Kompetenz der Marktfolge
- Ggf. „Überschreiben“ des Ratingergebnisses, wenn Informationen vorliegen, die im Rating selbst nicht verarbeitet werden konnten (vgl. Kapitel 4.2.5)
- Nutzen des Ratingergebnisses im Kreditentscheidungsprozess

! FAZIT:

- Die Einbindung der Marktfolge in die Beurteilung der Qualitativen Analyse erfordert aussagefähige Unterlagen mit den erforderlichen Informationen in der Kreditakte der Bank; solche Informationen sollten Sie regelmäßig Ihren Banken zur Verfügung stellen (vgl. Kapitel 7).
- Für Berater: Unterstützen Sie systematisch beim Erstellen der notwendigen Unterlagen für die Banken.

4.2.2 „Jahresabschluss-basiertes" Rating – die klassische Variante

Ein Voll-Rating oder jahresabschluss-basiertes Rating besteht üblicher Weise aus vier Elementen, die im Folgenden dargestellt werden nach der Systematik der Sparkassenorganisation (Kundenbroschüre „Rating – Chance für mein Unternehmen", Deutscher SparkassenVerlag, 2. Auflage 10/2007, S. 8):

ABB. 5: Elemente des Rating der Sparkassen-Finanzgruppe (Quelle DSGV – Deutscher Sparkassen- und Giroverband)

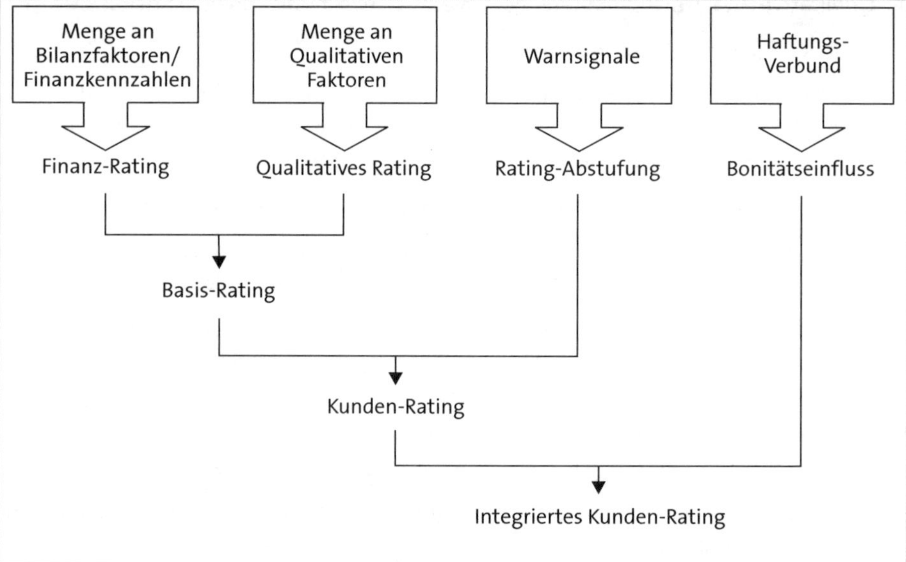

Die drei ersten Elemente werden in jedem Voll-Rating bearbeitet; der Haftungsverbund nur, wenn ein solcher auch tatsächlich vorliegt (vgl. unten Kapitel 4.2.2.4).

Mit diesen vier Rating-Elementen soll erreicht werden, dass eben nicht nur die Vergangenheit eines Unternehmens (Finanz-Rating in der Abbildung) beurteilt wird, sondern auch dessen aktuelle Situation und seine Zukunftsperspektiven – dafür stehen das Qualitative Rating und die Warnsignale. Speziell das Qualitative Rating wurde in dieser formalisierten Form als neues Element in den Kreditentscheidungsprozess mit dem Rating eingeführt – wenngleich es auch davor schon immer eine Rolle spielte, aber die Beurteilung oft mehr dem Erfahrungs- und Bauchgefühl des Bankers überlassen blieb.

Wie diese vier Grundelemente genannt werden, unterscheidet sich in den Rating-Systemen. Z.T. werden diese auch anders zusammengefasst. Die „Warnsignale" z. B. finden sich im Rating der Genossenschaftsbanken als „Kontoführung" im „Qualitativen Fragenbereich“. Diese Zuordnung ist auch nicht entscheidend, sondern dass diese vier „Themenbereiche“ in jedem System vorhanden sind.

Eine Besonderheit gibt es in der Grundsystematik im Mittelstands-Rating der Genossenschaftsbanken: Hier kann eine Bank die Option wählen, auch Fragen zur privaten Vermögens-, Liquiditäts- und Einkommens-Situation des Firmenkunden in das Rating einzubeziehen.

Besonders bedenken sollten Unternehmen den Zusammenhang zwischen dem „Qualitativen Rating“ und dem „Finanz-Rating“, wie in der folgenden Abbildung dargestellt:

ABB. 6: Der Zusammenhang zwischen qualitativer und quantitativer Rating-Dimension

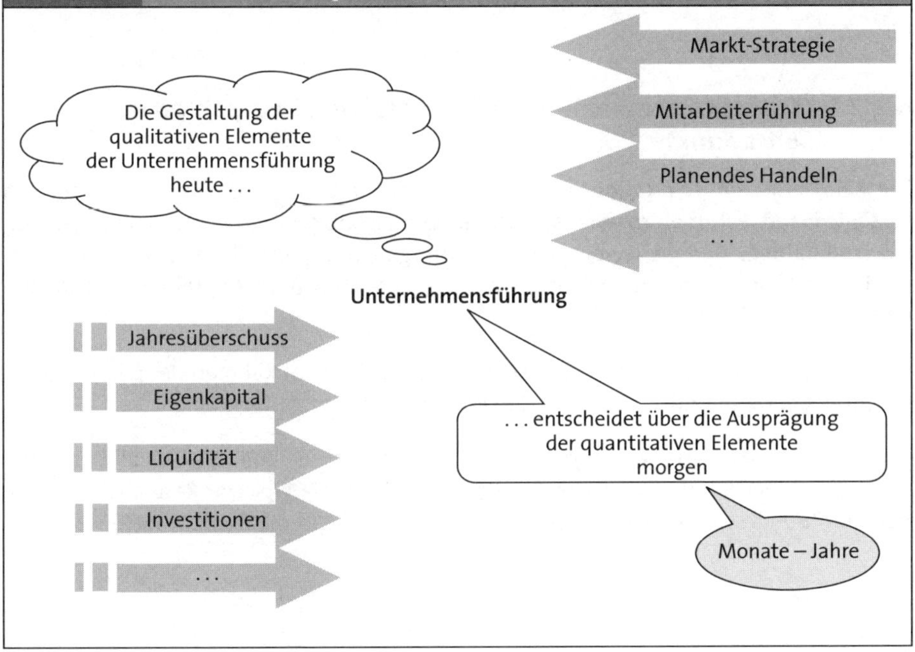

Die in die qualitativen Themen investierte Zeit und Kraft wird sich in besseren Zahlen auswirken. Dass dabei oft eine „Zeitlücke“ besteht, bis diese Wirkung eintritt – ist in den meisten Fällen zwangsläufig. Sollte aber nicht zu der Schlussfolgerung führen: „Das dauert mir zu lange, dafür habe ich keine Zeit, ich muss mich ums Tagesgeschäft kümmern“. Beachten Sie: Die Zeitlücke wird umso größer, je weniger konsequent Aktivitäten umgesetzt werden.

FAZIT:

- Vergegenwärtigen Sie sich die Grundstruktur des Rating für Ihre Gespräche mit Ihren Banken über das Rating Ihres Unternehmens.
- Bedenken Sie immer die positive Wirkung der qualitativen Stellschrauben auf die quantitativen Rating-Ergebnisse und steuern Sie Ihre Aktivitäten entsprechend.
- Für Berater: Bringen Sie den Zusammenhang zwischen den qualitativen und quantitativen Faktoren immer wieder in Ihre Gespräche mit Ihren Mandanten ein. Bieten Sie Unterstützung an beim Drehen an den qualitativen Stellschrauben.

4.2.2.1 Quantitative Analyse – die Jahresabschluss-Zahlen im Blickpunkt

Die Kennzahlen in den Rating-Systemen sind sehr unterschiedlich und abhängig von verschiedenen Parametern wie z. B. Unternehmensgröße und Branche bzw. Sektor. Noch vielfältiger sind die jeweiligen Gewichtungen, mit denen die einzelnen Kennzahlen in den Score für das quantitative Rating eingehen (vgl. in Kapitel 4.2.1.1 den Hinweis zur „Black-Box“).

Im Kapitel 4.1.4 sind wichtige Unternehmenskennzahlen im Rahmen der Bilanzanalyse beschrieben. Diese finden auch in vielen Rating-Systemen Verwendung.

Im Folgenden werden die Kennzahlen dargestellt, die der Bundesverband Deutscher Banken in einer Rating-Broschüre aus dem Jahr 2010 als typische Rating-Kennzahlen benennt (Bundesverband Deutscher Banken „Rating“, September 2010, S. 10):

ABB. 7: Beispiele für Kennzahlen in Ratingsystemen

Kennzahl	Definition
Gesamtkapitalrentabilität	$\frac{\text{Betriebsergebnis + Finanzergebnis + Zinsaufwand + Zinserträge}}{\text{Bilanzsumme}}$
Kapitalstruktur	$\frac{\text{Bereinigte Eigenmittel}}{\text{Bilanzsumme – immaterielles Vermögen – Kasse – Grundstücke und Bauten}}$
Netto-Verschuldungsquote	$\frac{\text{Kurzfristiges Fremdkapital – liquide Mittel}}{\text{Bilanzsumme}}$
Lohnproduktivität	$\frac{\text{Rohertrag}}{\text{Personalaufwand}}$
Liquiditätsgrad	$\frac{\text{Umlaufvermögen}}{\text{Kurzfristige Verbindlichkeiten}}$
Zinsdeckungsgrad	$\frac{\text{EBITDA*}}{\text{Zinsaufwand}}$

*EBITDA = engl.: earnings before interest, taxes, depreciation and amortization;
Ergebnis vor Zinsen, Steuern, Abschreibungen auf Sachanlagen und Abschreibungen auf immaterielle Vermögenswerte = Betriebsergebnis.

Bei der Betrachtung von Kennzahlen beachten Sie bitte, dass die Kennzahlen-Definitionen und die Rechenformeln bei verschiedenen Banken im Detail unterschiedlich ausfallen können, auch wenn der Kennzahlen-Name der gleiche ist.

FAZIT:

- Fragen Sie Ihre Banken im Rating-Gespräch (vgl. Kapitel 11.3) nach
  - den verwendeten Kennzahlen und deren genauer Berechnung,
  - der Beurteilung Ihrer aktuellen Kennzahlen-Ausprägungen,
  - der Bedeutung einzelner Kennzahlen für das Rating-Ergebnis,
  - Verbesserungspotenzialen.
- Berechnen Sie diese Kennzahlen selbst, damit Sie auf das nächste Rating-Gespräch gut vorbereitet sind.
- Stimmen Sie ggf. Ihre Bilanzpolitik darauf ab, gute Rating-Kennzahlen zu erreichen; wägen Sie ggf. andere bilanzpolitische Zielsetzungen mit der Rating-Zielsetzung ab.
- Nutzen Sie diese Kennzahlen dort, wo es Ihnen sinnvoll erscheint, auch für die eigene Unternehmens-Steuerung (vgl. Kapitel 4.1.4).
- Für Berater: Dies ist ein klassisches Unterstützungsthema in allen hier angesprochenen Punkten.

4.2.2.2 Qualitative Analyse – die Beurteilung der kaufmännischen Unternehmensführung

Die Fragekataloge zur Qualitativen Analyse sind unterschiedlich umfangreich: Je höher die Umsatzgrößenklasse eines Rating definiert ist, desto umfangreicher und damit inhaltlich tiefergehend ist der Fragenkatalog. Dabei stellt ein Rating die Fragen, die sich Unternehmer ohnehin selbst stellen, wenn sie eine **Stärken-Schwächen-Analyse** Ihres Unternehmens vornehmen. Insofern ist der Qualitative Fragenkatalog an sich kein Geheimnis.

Interessant wird es dann, wenn überlegt wird, auf welcher **Informationsbasis** Banken diesen Fragenkatalog beantworten – vgl. Kapitel 4.2.1.4. Immer wieder berichten Unternehmer erstaunt, dass ihre Banken ihnen diese Fragen noch nie gestellt hätten – also offen bleibe, auf welcher Basis sie diese dennoch beantwortet hätten. Manche Banker erwidern: Sie kennen ihre Kunden so gut, dass sie die Ratingfragen schlicht aus dieser Kenntnis beantworten könnten. Diese Aussage ist jedoch aus externer Sicht und mit Blick auf den Umfang und die Tiefe mancher Fragenkataloge im Rating äußerst fragwürdig. Mitunter stellen Banken auch Fragen die für das Rating verwendet werden, ohne dass sie dies ausdrücklich erwähnen.

Im Folgenden werden einige Ratingfragen-Kataloge dargestellt. Dabei ist zu bedenken, dass nicht immer alle gestellten Fragen tatsächlich in die Ratingauswertung einfließen.

Darüber hinaus sind die **Antwort-Alternativen** zu bedenken, die Ratingsysteme den Bankmitarbeitern vorgeben:

- Harte Fragen: Sie werden mit einer eindeutigen Zahl, mit ja oder nein beantwortet,
- weiche Fragen: Hier gibt es verschiedene Antwort-Alternativen, zwischen denen sich sowohl der Betreuer im ersten als auch sein Marktfolge-Kollege im zweiten Schritt entscheiden müssen; es werden zwei Formen unterschieden:
  - Es gibt zwei bis sechs vorformulierte Antworten: eine ist anzukreuzen (z. B. Genossenschaftsbanken),
  - es gibt eine Notenskala von 1 – 6: eine Note ist anzukreuzen (z. B. Sparkassen).

Damit zeigt sich, dass die Bankmitarbeiter bei den weichen Fragen einen **Beurteilungs-Spielraum**, sozusagen einen Ermessens-Spielraum, haben. Wie sie diesen nutzen ist sicherlich auch eine Frage danach, wie gut, aussagefähig und zuverlässig die Informationen eingeschätzt werden, die das zu bewertende Unternehmen zur Verfügung stellt. Es sei denn, die Banker urteilen ausschließlich nach ihren Erfahrungs-Kenntnissen.

Dabei erscheint die Sparkassen-Version mit der Skala 1 – 6 auf den zweiten Blick besonders schwierig: Die Fragebögen geben Beispiel-Konstellationen z. B. für die Note „2“

oder „5" vor – man spricht in diesem Zusammenhang auch von „Leitplanken"; auf dieser Basis sollen die Sparkassen-Mitarbeiten dann ihre Einschätzung treffen.

Als Unternehmer sollten Sie bedenken, dass Banker dabei immer eher zu einer vorsichtigen Betrachtungsweise neigen werden (vgl. auch Kapitel 3.3). Das bedeutet für Sie, dass es sehr sinnvoll ist, **möglichst aussagefähige Unterlagen** (vgl. Kapitel 7) zu den Ratingfragen zusammen zu stellen und Ihren Banken zu übergeben.

Ganz wichtig ist dabei folgende Regelung: Wenn zu einer Ratingfrage **keine Information** vorhanden ist, wird dies nicht neutral, sondern immer **negativ** gewertet!

BEISPIEL 1: **Gewerbekunden-Rating der Sparkassen** (Nettoumsatz größer/gleich € 250.000 aber kleiner € 2,5 Mio. oder Engagement größer € 50.000 – also dann auch bei einem Umsatz kleiner als € 250.000). Ob hier alle Fragen und deren Antworten auch tatsächlich in die Rating-Berechnung einfließen, ist dem Autor nicht bekannt (zu vermuten ist eher: nicht alle Fragen fließen in den Score ein):

Harte Fragen (vgl. oben)

- Neukunde/Kunde ohne Girokonto/Weder noch
- Anzahl der Überziehungstage in den letzten zwölf Monaten
- Neutralisierung der Kleinst-Kunden-Rating-Kennzahlen für dieses Rating erforderlich?

  An dieser Stelle besteht die Möglichkeit unter bestimmten Voraussetzungen die „harten" am Konto orientierten Ergebnisse des Kleinst-Kunden-Rating (vgl. Kapitel 4.2.3) außen vor zu lassen.
- Wie lange ist das Unternehmen bereits Kunde
- Wie alt ist der ranghöchste Geschäftsführer/Inhaber
- Wurde bereits eine leitende Position in einem anderen Unternehmen ausgeübt
- Bestand dieses Unternehmen nach dem Ausscheiden noch weiter
- Hat Unternehmer/ein Mitglied der Geschäftsleitung eine branchenspezifisches Ausbildung
- Hat Unternehmer/ein Mitglied der Geschäftsleitung darüber hinausgehende Branchenerfahrung
- Gründungsdatum des Unternehmens
- Wird Debitorenbuchhaltung zeitnah geführt
- Wird eine nachvollziehbare schriftliche Planung erstellt
- Werden unterjährige betriebswirtschaftliche Unterlagen genutzt
- Ist die Nachfolge adäquat sichergestellt
- Sind die betrieblichen Risiken derzeit angemessen versichert

Weiche Fragen – Beantwortung auf 6er-Skala (vgl. oben):

- Wie beurteilen Sie die Position des Kunden im Markt

  Dazu Beispiele („Leitplanke") für die Note 2:
  - Stabiler Auftragsbestand mit Ausbaupotenzial
  - Keine erkennbaren Abhängigkeiten von Großkunden mit guter Bonität

Dazu Beispiele für die Note 5:
- Geringer Auftragsbestand, der starken Schwankungen unterliegt
- Hohe Abhängigkeit von wenigen Kunden mit z.T. schlechter Bonität

► Wie beurteilen Sie die Planung des Kunden

Dazu Beispiele für die Note 2:
- Planung für das Geschäftsjahr vorhanden
- In der Vergangenheit wurden die Ziele weitgehend erreicht

Dazu Beispiele für die Note 5:
- Planungsunterlagen sind unvollständig und es besteht lediglich ein unsystematischer Planungsprozess

Dazu Beispiele für die Note 6:
- Es liegt keine Planung vor.

Mögliche Anlagen zu diesem Rating:

► Warnsignale (vgl. Kapitel 4.2.2.3)

► Überschreibungen (vgl. Kapitel 4.2.5)

BEISPIEL 2 ► **Mittelstands-Rating der Genossenschaftsbanken** (Unternehmen mit einem Umsatz zwischen € 500.000 und € 6 Mio.) – die Einteilung in Themengruppen stammt vom Autor. Für dieses Rating gilt - wie oben als Möglichkeit angesprochen – dass längst nicht alle Fragen auch in den Score zum Qualitativen Rating einfließen.

Aktuelle wirtschaftliche Entwicklung:

► Sind bilanzschönende Maßnahmen im letzten vorliegenden Bilanzjahr vermerkt worden: Ja/Nein

Kategorien bilanzschönender Maßnahmen:
- Zu frühe Umstellung von degressiver auf lineare Abschreibung
- Auflösung von Rückstellungen zwecks Ertragverbesserung
- Aktivierung von Kosten statt Buchung in der GuV
- Gewinnerhöhende Bewertungsveränderungen im Umlaufvermögen
- Verlängerung der Abschreibungsdauer
- Undurchsichtigkeiten bei der Bilanzanalyse
- Sonstige negativ zu beurteilende bilanzpolitische Maßnahmen

► Kann Kunde wirtschaftliche Entwicklung auch unterjährig zutreffend darstellen
- Ja: Planungsdaten, BWAs/unterjährige Zwischenzahlen und Soll-/Ist-Vergleich
- Ja: Aktuelle, aussagekräftige BWAs/unterjährige Zwischenzahlen
- Ja: BWAs/unterjährige Zwischenzahlen und ergänzende Erläuterungen
- Eingeschränkt: Nicht ausreichend qualifizierte BWAs oder Einzeldarstellungen
- Nein

► BWAs älter 2 Monate: Ja/Nein

► Durchschnittliche Umsatzentwicklung letzte 6 Monate gemäß BWA signifikante Veränderung: Nein/Ja, Verbesserung/Verschlechterung

- Durchschnittliche Aufwandsentwicklung letzte 6 Monate gemäß BWA signifikante Veränderung: Nein/Ja, Verbesserung/Verschlechterung

Markt und Branche:

- 50 % des Umsatzes – Kundenzahl
- Umsatzanteil Hauptkunde
- Zahl der Lieferanten
- Aktive Produktneu-, -weiterentwicklung: Ja/Nein
- Unter den TOP 1-10 des Marktes bezogen auf Umsatz: Ja/Nein

Management:

- Geeignete Nachfolgeregelung: Ja/Nein, unkritisch/kritisch
- Unternehmer/Geschäftsführer schon einmal Insolvenzverfahren oder eidesstattliche Versicherung: Ja/Nein/unbekannt
- In der Geschäftsleitung Person mit betriebswirtschaftlicher Qualifikation (nicht unbedingt Studium): Ja/Nein
- In der Geschäftsleitung Person mit technischer Ausbildung: Ja/Nein
- Seit wann führt Unternehmer/GF das Unternehmen: Datum
- Seit wann arbeitet Unternehmer/GF in der Branche: Datum
- Rechnungszustellung erfolgt bis
  - max. einen Monat nach Leistungserstellung
  - ein bis zwei Monate nach Leistungserstellung
  - frühestens zwei Monate nach Leistungserstellung
- Wie bisher wichtige Unternehmensentscheidungen der Bank erläutert:
  - Konzept mit Planungsrechnung vorgestellt und ausreichend erläutert
  - Konzept ohne Planungsrechnung vorgestellt und ausreichend erläutert
  - Nicht ausreichend erläutert
  - In der Planung Alternativen/Szenarien berücksichtigt: Ja/Nein/Unbekannt
- Beantragte Kredite und Investitionen in der Planung berücksichtigt: Ja/Nein

Informationspolitik:

- Rechtzeitigkeit der Unterlagen nach § 18 KWG
- Einblick in wesentliche nicht-monetäre Entwicklungen (Entlassung/Ernennung GF/leitende Angestellte; sonstige Einschnitte im Personalbereich; Veränderung Gesellschafterstruktur etc.):
  - Kunde setzt Bank zumeist selbständig und zeitnah in Kenntnis
  - Keine derartigen Entwicklungen beim Kunden;
  - Keine Anhaltspunkte zur Beantwortung der Frage
  - Bank wird nur informiert, wenn Bedarf an finanziellen Mitteln entstanden ist; ansonsten werden derartige Unternehmensnachrichten nicht kommuniziert
- Sind Absprachen getroffen bezüglich der Einhaltung des Termins der Einreichung des Jahresabschlusses, Ausgleich Überziehung, Verwendung Kredite, Ausweitung des Obligos bei

anderen Banken, Tilgungsvereinbarungen, Beibringung zugesagter Unterlagen, Sicherheiten, externer Berater, leitender Angestellter etc. und wurden diese eingehalten:
- Keine Absprachen getroffen (beste Alternative)
- Alle getroffenen Absprachen eingehalten
- Mindestens eine Absprache nicht eingehalten

Kontoführung:

Die Fragen zur Kontoführung werden zusammenfassend im Kapitel 4.2.2.3 „Warnsignale" behandelt.

Diese beiden Beispiele für eher kleinere Unternehmen zeigen bereits auf, wie tief die qualitativen Fragen reichen. Bei **größeren Unternehmen** werden die **Fragenkataloge weiter ausdifferenziert und umfangreicher**. So kommen z. B. Fragen dazu wie:

- **Markt und Branche**
  - Auftragsbestand, zukünftige Auslastung, stabile Dauerlieferverträge?
  - Marketingkonzept (Planung, Zielgruppenorientierung, Marktbeobachtung, Kundenbefragungen)
  - Alleinstellungs-/Unterscheidungs-Merkmale?
  - Wie steuern Sie Ihren Vertrieb? (Standort, Vertriebswege, Zielvorgaben)
- **Management**
  - Wie viele Mitarbeiter/innen haben Sie, wie ist die Struktur (Organigramm)?
  - Qualität der Mitarbeiter/innen, vor allem auf der 2. Ebene/2. Kraft?
  - Gibt es ein Fortbildungskonzept/-planung
  - Wie stark beeinflusst der Ausfall eines Leistungsträgers das Unternehmen (Ersatz)?
  - Wie sieht Ihr Führungsverhalten konkret aus (Mitarbeitergespräche, Zielvereinbarungen, Teamgespräche, ...)?
  - Wie sieht Ihr Kalkulationssystem aus (Vor-, projektbegleitende- und Nach-Kalkulation)?
  - Wie erfassen Sie regelmäßig die größten Risiken im Unternehmen und wie steuern Sie diese?
  - Wie konkret und umfassend setzen Sie Ziele und setzen Sie diese in Planzahlen um und für welche Zeiträume:
  - Ertragsplan?
  - Investitionsplan?
  - Liquiditätsplan?
- Wie verfolgen Sie die Zielerreichung regelmäßig
  - mit welchen Instrumenten?
  - mit welchen Konsequenzen?
- Wer übernimmt diese Aufgaben mit welcher Qualifikation (intern/extern)?
- Sind alle Steuerungsaktivitäten mit einander verzahnt und bauen diese auf einer nachvollziehbaren Unternehmensstrategie auf?

Einen Überblick über Rating-Fragen und Fragen zur Stärken-Schwächen-Analyse nach den verschiedenen Unternehmensbereichen i. S. des qualitativen Rating finden Sie im Internet unter www.strategiebaum.de.

FAZIT:

- Verstehen Sie die qualitativen Fragen im Rating als Chance für eine eigene Stärken-Schwächen-Analyse für Ihr Unternehmen.
- Führen Sie eine eigene Stärken-Schwächen-Analyse durch – ggf. in Form eines „Pre-Rating" (vgl. Kapitel 7.14).
- Führen Sie mit Ihren Kreditgebern intensive Rating-Gespräche (vgl. Kapitel 11.3).
- Für Berater: Informieren Sie Ihre Mandanten über die Ratingfragen und bieten Sie die Durchführung einer Stärken-Schwächen-Analyse/eines Pre-Rating an (ggf. mit Kooperationspartnern) – vgl. Kapitel 7.14.

4.2.2.3 Warnsignale aus der Kontoführung

In jedem Rating kommen die Warnsignale vor. Diese orientieren sich an der Führung Ihrer Geschäftsgirokonten. Die „Schnell-Ratings" (vgl. Kapitel 4.2.3 und oben 4.2.1.2 und 4.2.1.3) dagegen nehmen ausschließlich auf die Kontoführung Bezug.

Die **klassischen Warnsignale** sind die folgenden (hier zusammengestellt aus dem Sparkassen-Rating und dem Rating der Volks- und Raiffeisenbanken) – betrachtet werden dabei „maschinell" i. d. R. die letzten zwölf Monate. Im Kopf der Bankmitarbeiter, die letztlich die Entscheidungen treffen, bleiben natürlich oft auch die weiter zurückliegenden Warnsignale präsent:

- Kontoüberziehungen > 30 Tage
- Kontoüberziehungen > 60 Tage
- Gesamtüberziehungstage (z. B. in der Staffelung: 0/1-50/51-150/> 150)
- Habensalden (als positives Merkmal)
- Scheck-Rückgaben
- Lastschriftrückgaben mangels Deckung (mindestens drei)
- nicht ausgeführte Überweisungen
- Verzögerung vertraglich vereinbarter Leistungen (z. B. Darlehensrate wurde nicht pünktlich bezahlt; Achtung: Ein Darlehensrückstand entsteht materiell auch dann, wenn die Darlehensrate zwar in das Geschäftsgirokonto gebucht wird, dort aber eine Überziehung verursacht oder erhöht – denn die Bank wäre berechtigt, diese sofort zurückzubuchen und damit das Darlehenskonto in den Mahnstatus zu bringen).
- Kontopfändungen (über mehr als fünf aufeinanderfolgende Arbeitstage)

- Andere Bank hat Kredite fällig gestellt oder gekündigt
- Anfragen auf Zins-, Tilgungsstundungen
- Wechselproteste (bekannt/unbekannt)
- Betrugsfälle sind bekannt geworden
- Es liegen negative Auskünfte vor – nur für Neukunden
- Dauerhafte Beeinträchtigung der Unternehmensführungskompetenz (nur bei alleinigem Geschäftsführer ohne explizit geregelte Nachfolge) – gedacht ist hier offenbar an langanhaltende Krankheit

Weitere Hinweise zur systematischen Vermeidung von Warnsignalen gibt Kapitel 12.2.

Bitte beachten Sie: Die Regularien zu Basel II als Grundlage des Rating sehen vor, dass eine **Überziehung** (vgl. auch Kapitel 1.4) der Kreditlinie an mehr als 90 aufeinander folgenden Kalendertagen als ein sog. „Kreditausfall-Ereignis" gesehen wird. Konkret: In diesem Fall wird das Rating maschinell in die unterste Kategorie herunter gestuft. Mit der Folge, dass weitere Überziehungen oder Krediterhöhungen erst einmal nicht mehr möglich sind und im Zweifelsfall auch ein Wechsel des Engagements in die sog. Intensivbetreuung erfolgen kann (vgl. Kapitel 2.6). Daher sollten Sie bei der Genehmigung von Überziehungen mit der Bank immer abklären, ob die daraus resultierenden Überziehungstage im Rating mitgezählt werden? Falls dies der Fall ist, sollten Sie darauf hinwirken, dass genau dies nicht geschieht.

FAZIT:

- Führen Sie auch zu diesem Thema mit Ihren Kreditgebern einen aktiven Dialog.
- Die Steuerung und Disposition Ihrer Geschäftsgirokonten genießt oberste Priorität, damit Sie keine Warnsignale senden (vgl. Kapitel 6.1.3 und 12.2).
- Der Vermeidung von Warnsignalen dient eine unternehmerische Finanzierungs- und Liquiditätsvorsorge – damit nicht ungenügende Kreditlinien sozusagen Warnsignale förmlich „erzwingen" (vgl. Kapitel 6).
- Bedenken Sie, dass das Vorliegen von Warnsignalen nicht zu einer graduellen Verschlechterung Ihres Rating führen wird, sondern dass Ihre Ratingnote direkt um ein, zwei oder gar drei Notenstufen herabgesetzt wird.
- Für Berater: Bleiben Sie auch hier am Ball – geben Sie mit der monatlichen BWA ggf. einen Warnhinweis, wenn Sie aus der Buchführung erkennen, dass die Liquidität enger wird. Wirken Sie auf eine klare Finanzierungsstrategie hin.

4.2.2.4 Gegenseitige Bonitätseinflüsse in Unternehmensgruppen

Wenn eine Unternehmensgruppe geratet wird, so richtet sich das Rating danach, wer **Kreditnehmer** ist:

- **Muttergesellschaft** als Kreditnehmer: Rating des Konzernabschlusses,
- **Tochtergesellschaft** als Kreditnehmer: Rating des Einzelabschlusses der Tochtergesellschaft und des Abschlusses der Muttergesellschaft.

Der Konzerneinfluss kann zu einer Herauf- oder Herabstufung des Rating der Tochtergesellschaft führen:

Ist das Rating der Muttergesellschaft besser als das Rating der Tochtergesellschaft, könnte eine Heraufstufung der Tochtergesellschaft erfolgen, wenn z. B.

- eine Bürgschaft oder Mitverpflichtung der Muttergesellschaft vorliegt;
- eine rechtlich bindende Patronatserklärung der Muttergesellschaft vorliegt;
- die Muttergesellschaft in den vergangenen Jahren mehrfach Verluste der Tochter ausgeglichen hat.

Ist das Rating der Muttergesellschaft schlechter als das Rating der Tochtergesellschaft, könnte eine Herabstufung der Tochtergesellschaft erfolgen, wenn z. B.

- hohe Kreditgewährung an andere Konzerngesellschaften ohne erkennbaren operativen Hintergrund vorliegt;
- Sicherheitenstellung für andere Konzerngesellschaften erfolgt;
- unangemessen hohe Gewinnabführungen in der Vergangenheit erfolgt sind oder aktuell erfolgen sollen.

Diese Überlegungen zum Bonitätseinfluss können Sie natürlich auch auf Gruppenkonstellationen übertragen, in denen es keine ausgeprägte Muttergesellschaft gibt, sondern mehrere Unternehmen mit dem gleichen Gesellschafter- und/oder Geschäftsführerkreis parallel bestehen. Achten Sie besonders darauf, dass die gegenseitigen Forderungen und Verbindlichkeiten einerseits möglichst gering sind, andererseits klar vertraglich vereinbart sind.

Berücksichtigen Sie diese Thematik auch, wenn Sie eine „klassische“ **Betriebsaufspaltung** vorgenommen haben: Also eine Besitzgesellschaft und eine operative Betriebsgesellschaft führen – mit welchem Gesellschafterhintergrund auch immer. Wird im Rating nur die operative Betriebsgesellschaft bewertet, kann dies speziell in der Eigenkapital-Bewertung ungünstig sein. Denn oft hat die Betriebsgesellschaft wenig (oder sogar negatives) Eigenkapital (vgl. Kapitel 4.1.2.4), dafür aber verfügt die Besitzgesellschaft über eine gute Eigenkapitalausstattung. Wird also auch die Besitzgesellschaft zusätzlich geratet und der Bonitätseinfluss berücksichtigt, dann steht dahinter die Frage, ob die Besitzgesellschaft und wenn ja in welcher Form für die Betriebsgesellschaft rechtlich bindend einzustehen hat. Oder – dritte Alternative – werden beide Jahresabschlüsse konsolidiert (zusammengefasst dargestellt) und dieser konsolidierte Abschluss bewertet? Worauf noch die Frage folgen kann, ob die Bank selbst eine Konsolidierung vornimmt (nach welchen Regeln und Einschätzungen auch immer), oder ob Sie/Ihr Steuerberater gleich eine konsolidierte Bilanz erstellen?

FAZIT:

- Prüfen Sie in Unternehmensgruppen intensiv die gegenseitigen kapitalmäßigen, geschäftlichen und finanzierungstechnischen Verflechtungen.
- Berücksichtigen Sie bei Ihrer Gruppen-Politik die Auswirkungen solcher Verflechtungen auf die Rating-Situation der einzelnen Unternehmen.
- Klären Sie diese Auswirkungen ggf. in intensiven Gesprächen mit Ihren Kreditgebern.
- Tendenziell: Halten Sie Verflechtungen zwischen Gruppen-Unternehmen so gering wie möglich.
- Klären Sie im Falle der Betriebsaufspaltung die Rating-Vorgehensweise Ihrer Kreditgeber.
- Für Berater: Bedenken Sie mit Ihren Mandanten diese Zusammenhänge bereits bei den Vor-Überlegungen zur Gruppen-Bildungen sowie bei der Reduzierung bestehender Verflechtungen.

4.2.2.5 Verbesserungspotenziale für das Rating

Wie können Sie auf Ihr Rating „Einfluss nehmen“? Diese Frage wird von Unternehmern oft gestellt – und es mag sogar manches Mal der Unterton mitschwingen „wo kann ich mein Unternehmen ein bisschen besser darstellen als es ist?“.

Von Letzterem ist dringend abzuraten. Gehen Sie einfach davon aus, dass Ihre Banker sowohl Ihr Betreuer als auch sein Kollege in der Marktfolge solche „Besserungs-Versuche“ durchschauen – wenn vielleicht auch manchmal mit etwas Zeitverzögerung. Ihr Problem ist dann, dass die Vertrauensbasis beschädigt ist und alle Ihre Informationen zukünftig besonders kritisch betrachtet werden.

Hier ist mit **Einflussnahme** gemeint,

- die Ratingsystematik zu kennen,
- das eigene Unternehmen so zu steuern, dass Sie bessere Ergebnisse und Bilanzstrukturen erreichen – primär für Ihr Unternehmen und dann sekundär (quasi als „Abfallprodukt“) auch für Ihr Rating!

Natürlich stellt sich die Frage, was kann ein Unternehmen konkret tun, um sein Rating zu verbessern. Dazu sind verschiedene Aspekte in den einzelnen Abschnitten und im jeweiligen Fazit deutlich geworden.

Für das **quantitative Rating** sollen an dieser Stelle die Möglichkeiten in einer Übersicht kurz dargestellt werden:

ABB. 8: Ansatzpunkte zur Bilanzoptimierung mit Blick auf das quantitative Rating

Eigenkapital

- Struktur hart/weich
- Aufstockung
  - Aus Gewinnen (Ertragssteuern) „in Kauf nehmen“
  - Private Einlagen
- Reduzierung Minderungs-Position
- Beteiligungs-Mittel
- ...

Bilanzverkürzung

- Verkauf nicht betriebsnotwendiges Anlagevermögen
- Optimierung/Reduzierung Warenlager/Halb- und Fertigfabrikate/RHB-Stoffe
- Abbau Forderungen
- Überprüfung Notwendigkeit Sst. Aktiva/Passiva
- ...

Auslagerung

- Sales and Lease-Back
- Leasing Neu-Investitionen
- Factoring
- ...

Bewertung

- Anlagevermögen
- Umlaufvermögen
- Rückstellungen
- ...

Bedenken Sie dabei, dass einzelne Aktivitäten immer auch **Rückwirkungen** auf andere Parameter haben werden. Ein Verkauf und Zurückmieten einer Immobilie (Sale and Lease-Back) z. B. verschafft zwar zum aktuellen Zeitpunkt Liquidität, reduziert die Bilanzsumme und verbessert damit die Eigenkapitalquote (beides in Abhängigkeit von den aus dem Verkaufserlös evtl. zu bedienenden Darlehens-Verbindlichkeiten) sorgt aber ggf. auch für eine zusätzliche Steuerlast (Buchgewinn) und zukünftig für steigende Leasingaufwendungen. Es werden daher i. d. R. keine „Schnellschüsse“ sein, die zu Rating-Verbesserungen führen, sondern wohlüberlegte Maßnahmen und diese häufig auch in einer Kombination.

Im **qualitativen Rating** ist die gezielte Arbeit im Unternehmen an einzelnen Themenstellungen der Erfolgsfaktor, wissend, dass diese oft erst mit einer Zeitverzögerung zu verbesserten wirtschaftlichen Verhältnissen führen (vgl. Kapitel 4.2.2). Der Einstieg in diese Arbeit an den einzelnen Themen wird erleichtert, wenn Sie dazu eine klare Struktur verwenden. Eine solche Struktur kann jedes Unternehmen individuell für seine Verhältnisse entwickeln. Eine andere Alternative ist das Nutzen vorgegebener Strukturen, wie Sie diese in den „Methoden-Arbeitsblättern" als Angebot finden, die nachstehend zu einzelnen Themen des qualitativen Rating angeboten werden, und die Sie im **Download-Bereich** zu diesem Buch in der NWB Datenbank herunterladen können.

Die **Idee der Methoden-Arbeitsblätter** lautet:

- Nutzen Sie das Angebot einer vorgegebenen Struktur.
- Fangen Sie direkt an.
- Modifizieren Sie die angebotene Struktur evtl. für die Besonderheiten Ihres Unternehmens.
- Lassen Sie ein Arbeitsblatt ggf. von mehreren beteiligten Personen im Unternehmen unabhängig von einander bearbeiten und setzen Sie sich anschließend zum Austausch darüber zusammen.
- Leiten Sie konkrete Schlussfolgerungen/Aktivitäten aus den niedergeschriebenen Analysen ab.
- Setzen Sie diese Aktivitäten konsequent um.

DOWNLOAD:

Folgende Methoden-Arbeitsblätter können Sie herunterladen:

- Arbeitsblatt 3: Hauptkunden
- Arbeitsblatt 4: Einzelkunden-Analyse
- Arbeitsblatt 5: Produkt-/Dienstleistungs-Analyse
- Arbeitsblatt 6: Wettbewerber-Analyse
- Arbeitsblatt 7: Wichtigste Mitarbeiter
- Arbeitsblatt 8: Chef-Themen
- Arbeitsblatt 9: Aktivitätenplan

FAZIT:

- Verschwenden Sie keine Zeit auf das „Schönen" Ihres Unternehmens und Ihrer Zahlen, sondern gehen Sie selbstbewusst notwendige Veränderungen und Verbesserungen im Unternehmen an.
- Arbeiten Sie kontinuierlich an der Verbesserung der Bilanzstrukturen Ihres Unternehmens.
- Setzen Sie Ihre wichtigsten Stellschrauben im qualitativen Bereich auf Ihren Arbeitsplan und nutzen Sie dafür die angebotenen und/oder selbst entwickelte Methoden-Arbeitsblätter.
- Führen Sie die geplanten Aktivitäten konsequent durch.
- Fragen Sie ggf. Ihre Unterstützungspartner (vgl. Kapitel 4.8) nach deren Erfahrungen und nutzen Sie diese.
- Für Berater: Unterstützen Sie mit eigenen Beratungsbausteinen oder als Gesprächspartner bei den hier vorgeschlagenen Arbeitsweisen.

4.2.3 „Schnell-Rating" – nur die Kontoführung zählt

Bereits in den Kapiteln 4.2.1.2 und 4.2.1.3 wurde auf diese relativ neuen Ratingsysteme hingewiesen und deutlich gemacht, dass Sie klären sollten, ob Ihr Unternehmen derzeit evtl. mit einem solchen Schnell-Rating beurteilt wird. Denken Sie dabei an die generelle Obergrenze für den Einsatz dieser Ratingverfahren von € 250.000 Gesamtbewilligung und daran, dass jede Bank für sich entscheidet, ob und bis zu welchen Grenzen sie diese Verfahren nutzt.

Wenn diese Frage mit „ja" beantwortet wird, bedeutet das:

- alles in den Kapiteln 4.2.2.1 zu den Ratingkennzahlen und 4.2.2.2 zu den qualitativen Fragen Gesagte ist derzeit aus Sicht der Bank für Ihr Rating nicht relevant;
- das Rating Ihres Unternehmens fußt derzeit ausschließlich auf einer vollautomatischen, edv-gesteuerten, monatlichen Auswertung Ihrer Kontoführung für Ihr Geschäftsgirokonto bei dieser Bank.

Das bei den Sparkassen als „Kleinst-Kunden-Rating" oder „Kunden-Kompakt-Rating" bezeichnete Verfahren (internes Kürzel: KKR) und das bei den Volks- und Raiffeisenbanken unter „Firmenkunden-Schnell-Rating" (internes Kürzel: FSR) laufende Verfahren setzt also bei den **„Warnsignalen"** an, wie diese bereits im Kapitel 4.2.2.3 auch als Bestandteil eines Voll-Ratings beschrieben wurden.

Neben den dort dargestellten klassischen Warnsignalen umfassen die Schnell-Ratings einige **weitere Indikatoren**, die Sie kennen sollten, z. B.:

- Durchschnittliche Habenumsätze der letzten zwölf Monate;

  dahinter steht die Frage: Wie viel Umsatz lenkt der Kunde über „unser“ Konto (Vergleichsmaßstab ist Ihr Geschäftsumsatz in der GuV plus Mehrwertsteuer);
- durchschnittliche Tage mit Habensaldo in den letzten zwölf Monaten;
- Verhältnis Höchst-/Niedrigst-Salden letzte drei Monate;

  Höchst-Saldo ist die höchste Kreditinanspruchnahme oder der niedrigste Guthabensaldo (bei Kontoführung rein auf Guthabenbasis), Niedrigstsaldo entsprechend die niedrigste Kreditinanspruchnahme oder der höchste Guthabenstand; damit wird gemessen, wie „beweglich“ Ihre Kontoführung war;
- durchschnittlicher Saldo aktueller Monat;
- Monate mit Soll-Saldo-Anstieg;
- Aktuelle Limitänderungen (in % letzte zwölf Monate jeweils in Euro – also in Kreditvolumina) – Veränderungen werden positiv gewertet;
- Gesamtlimitauslastung;

  siehe oben das Stichwort „bewegliche Kontoführung“: Je öfter und dauerhafter Ihr Kontosaldo an der vereinbarten Kreditlinie „entlang schrammt“, desto negativer fällt hier die Beurteilung aus.
- Verbundsaldo – dieses Kriterium findet sich im Firmenkunden-Schnell-Rating der Genossenschaftsbanken; gemeint ist die Anzahl von Geschäften (Kategorien), die Sie als Kredite oder Einlagen bei Ihrer Volks-/Raiffeisenbank und deren Verbundpartner unterhalten. Verbundpartner sind in diesem Fall z. B. die Bausparkasse Schwäbisch-Hall, die R+V Versicherung, Union Investment, VR Leasing, VR Factorem etc.. Statistisch hat sich zuverlässig gezeigt, dass eine hohe Nutzung der Verbundunternehmen das Risiko reduziert. Auch wenn sich dieser Zusammenhang der eigenen Logik nicht unbedingt erschließt, muss man derzeit diesen Indikator schlicht zur Kenntnis nehmen (vgl. dazu auch Kapitel 13.4) – und festhalten, dass dieser regelmäßig eine hohe Gewichtung im Gesamtscore hat.

Das Thema „Gewichtung“ ist in Schnellratings ein ganz besonderes: Die Gewichtung der einzelnen Kennzahlen ist abhängig von der Gesamtsituation und kann sich sogar von Monat zu Monat verschieben, wenn eine bestimmte Kennzahl sich signifikant verändert (was auf Basis von Schwankungen in der Kontoführung schnell einmal passieren kann).

Wichtig für Sie als Kreditnehmer, der ggf. derzeit mit dem Schnell-Rating, aber bei einem neuen Kreditwunsch wiederum mit dem Voll-Rating und ein Jahr später bei unverändert laufendem Kreditengagement wieder mit dem Schnell-Rating beurteilt wird, ist die Frage, ob die Ergebnisse des Schnell- und des Voll-Rating ggf. „auseinander“ laufen – also durchaus unterschiedlich ausfallen.

Es ist in der Kommunikation sowohl mit Sparkassen wie mit Genossenschaftsbanken ein offenes Geheimnis, dass die Ratingnoten in den **Schnell-Ratings** um **eine bis zu vier Notenstufen schlechter** ausfallen als bei einem Voll-Rating, das zum gleichen Zeitpunkt für dieses Unternehmen erstellt wird. Dabei gilt die Tendenz, dass im Voll-Rating sehr (!) gut bewertete Kunden noch einen Tick besser werden, schlecht geratete Kunden sich aber im Schnellrating überproportional verschlechtern.

Diese Verschlechterungstendenz ist für manche Banken auch der Grund, ein Firmenkunden-Schnell-Rating derzeit nicht einzuführen. Aber auch in diesen Banken läuft dies oft „im Hintergrund“, sodass Ihr Betreuer diese Daten zur Verfügung hat. In der zeitlichen Tendenz kann davon ausgegangen werden, dass diese Systeme vermehrt Einzug halten werden, schlicht und ergreifend aus Gründen der Arbeitsersparnis und um den Anforderungen der Bankaufsicht auch in kleinen Kundensegmenten (vgl. Kapitel 2.1) gerecht zu werden, die Kunden einmal im Jahr einem Rating zu unterziehen.

Damit kommt dem Fazit aus diesem Punkt analog zu den Warnsignalen in Kapitel 4.2.2.3 eine ganz besondere Bedeutung zu.

FAZIT:

- Klären Sie immer, mit welchem Verfahren Ihr Unternehmen derzeit beurteilt wird.
- Die Steuerung/Disposition Ihrer Kontoführung (vgl. Kapitel 6.1.3 und 12.2) ist ein entscheidender Aspekt, um gut durch das Schnell-Rating zu kommen.
- Diese Steuerungsaufgabe können Sie zwar im Tagesgeschäft delegieren, nicht aber die grundlegenden Regeln dafür – diese sind Chefaufgabe.
- Die Steuerung wird einfacher, wenn Sie nicht nur über eine Bankverbindung verfügen (vgl. Kapitel 13.3).
- Für Berater: Unterstützen Sie mit Informationen über die Praxis der Banken in Ihrer Region und bei der Einrichtung eines Steuerungssystems für die Liquidität.

4.2.4 Notensysteme der Banken-Rating-Verfahren und ihre Vergleichbarkeit

Das Ergebnis des Ratings ist statistisch ausgedrückt die Wahrscheinlichkeit, mit der Ihr Unternehmen in einem Jahr insolvent sein wird – also z. B. 0,2 %, 0,55 %, 1,1 % oder auch 3,2 %.

Diese mathematisch-statistisch errechneten **Ausfallwahrscheinlichkeiten** übertragen die Kreditinstitute in ihre jeweilige **Notenskala** (man spricht auch von Masterskala). Dafür hat jede Bank oder Bankengruppe eine eigene Notenskala entwickelt.

Um Ihre eigene Ratingnote einschätzen zu können, müssen Sie also **zwei Informationen haben**:

- Die Note auf der Skala Ihrer Bank/en,
- die Bedeutung dieser Note mit Blick auf die Kreditvergabebereitschaft Ihrer Bank/en – vor dem Hintergrund der jeweiligen Kreditrisikostrategie der Banken (vgl. Kapitel 3.1.1).

Um die **Noten** Ihrer verschiedenen Banken **vergleichen** zu können, brauchen Sie darüber hinaus die Ausfallwahrscheinlichkeit hinter der jeweiligen Ratingnote.

Gewissermaßen ein „allgemeiner Maßstab" für den Vergleich von Notensysteme sind die Skalen der internationalen Ratingagenturen. Dazu wird hier die Skala von Standard & Poors (S&P) genutzt, weil diese aus Sicht des Autors verständlicher ist als die des zweiten großen Anbieters Moodys.

Dabei berücksichtigen muss man die „grobe" Unterteilung der Ratingskala von S&P in

- investment grade (Noten AAA – BBB-)
- speculative grade (Noten BB+ - D)

Aus Sicht von S&P bedeutet "investment grade": Hier kann der Kreditgeber noch „ruhig schlafen". Hingegen steht „speculative grade" für die Aufforderung, sich über die deutlich steigenden Risiken der so beurteilten Kreditnehmer Gedanken zu machen.

Die Skala der deutschen **Sparkassen-Organisation** umfasst die Noten 1-18 und ordnet diesen die in den beiden Schaubildern (vgl. Sparkassen Rating- und Risikosysteme GmbH (Hrsg.), Rating im Kundengespräch, 5. Auflage, 2010) dargestellten Ausfallwahrscheinlichkeiten zu – hier im annähernden Vergleich zur S&P-Skala:

ABB. 9: Die Ratingklassen der Sparkassen-Finanzgruppe Teil 1
(Quelle: Sparkassen Rating- und Risikosysteme GmbH (Hrsg.), Rating im Kundengespräch, 5. Auflage, 2010)

	S & P	Sparkasse	Ausfallwahrscheinlichkeit bis
investment grade	AAA–A	1	0,01–0,09 %
	A–	2	0,12 %
	BBB+	3	0,17 %
	BBB/BBB–	4	0,26 %
	BBB–	5	0,39 %

Sparkassen Rating- und Risikosysteme GmbH:
Rating im Kundengespräch – 5. Auflage 03-2010

Die Analogien zur Ratingnotation von S & P beziehen sich auf verfügbare Zahlen aus dem Jahr 2002

ABB. 10: Die Ratingklassen der Sparkassen-Finanzgruppe Teil 2
(Quelle: Sparkassen Rating- und Risikosysteme GmbH (Hrsg.), Rating im Kundengespräch, 5. Auflage, 2010)

	S & P	Sparkasse	Ausfallwahrscheinlichkeit bis
speculative grade	BB+	6	0,59 %
	BB+/BB	7	0,88 %
	BB	8	1,32 %
	BB–	9	1,98 %
	B+	10	2,96 %
	B+/B	11	4,44 %
	B	12	6,67 %
	CCC–C	13–15	10,00 – 20,00 %
	D	16–18	Kreditausfall/Insolvenz/Abwicklung

Sparkassen Rating- und Risikosysteme GmbH:
Rating im Kundengespräch – 5. Auflage 03-2010

Die Analogien zur Ratingnotation von S & P beziehen sich auf verfügbare Zahlen aus dem Jahr 2002

Die **entscheidende Frage** aus Sicht des **Kreditnehmers** lautet: Bis zu welcher Ratingnote wird eine Sparkasse denn noch bereit sein, über weitere Kredite zu verhandeln? Diese Frage lässt sich nicht pauschal beantworten, obwohl alle Sparkassen mit dem gleichen Ratingsystem und daher auch mit dieser Skala arbeiten. Die Antwort ist vielmehr abhängig von der jeweiligen Kreditrisikostrategie (vgl. Kapitel 3.1.1).

Eine Tendenzaussage – sozusagen „im Durchschnitt" – ist jedoch möglich: Danach sollte Ihr Unternehmen auf jeden Fall besser als „10" geratet sein. Aber es wird auch Sparkassen geben, die schon bei einer „9" keine „rechte Freude" an einer Kreditausweitung mehr haben werden.

Umgekehrt heißt das nicht, dass bei „10" oder schlechter womöglich „gar nichts mehr geht". Aber hier werden Sie ohne klares (Sanierungs-) Konzept für die weitere Entwicklung Ihres Unternehmens nicht auskommen.

Damit zeigt sich beruhigender Weise, dass die Kreditvergabebereitschaft nicht bereits am Ende des „investment grade" aufhört, sondern durchaus noch in den „speculative grade" der internationalen Agenturen hinein reicht.

Die **Volks- und Raiffeisenbanken** haben ihr Notensystem anders aufgebaut (der letzte dem Autor verfügbare Stand ist von September 2012 und zeigt unverändert die gleiche Skala wie in der nachfolgenden Abbildung):

ABB. 11: Die Ratingklassen der Volks- und Raiffeisenbanken (Quelle: VR Info Nr. 1/2002 – modifiziert Frühjahr 2003)

Klasse*	Ausfallrate*
0a	0,01 %
0b	0,02 %
0c	0,03 %
0d	0,04 %
0e	0,05 %

Klasse	Ausfallrate
1a	0,07 %
1b	0,10 %
1c	0,15 %
1d	0,23 %
1e	0,35 %

Klasse	Ausfallrate
2a	0,50 %
2b	0,75 %
2c	1,10 %
2d	1,70 %
2e	2,60 %

Klasse	Ausfallrate
3a	4,00 %
3b	6,00 %
3c	9,00 %
3d	13,50 %
3e	20,00 %

Klasse	Ausfallrate	Bezeichnung
4a	100,00 %	mehr als 90 Tage Zahlungsverzug
4b	100,00 %	Einzelwertberichtigung (EWB)
4c	100,00 %	Zinsfreistellung
4d	100,00 %	Insolvenz
4e	100,00 %	Zwangsweise Abwicklung/Ausbuchung

* nur für Öffentliche Kreditnehmer

Die analoge Frage zum Sparkassen-Rating „wo endet die Kreditbereitschaft“ kann jetzt gut über den Vergleich der Ausfallwahrscheinlichkeiten beantwortet werden: Wenn im Sparkassen-Rating die „9“ als tendenziell „letzte vertretbare Note“ bezeichnet wurde mit einer Ausfallwahrscheinlichkeit von knapp 2 %, dann bedeutet das übertragen auf das VR-Rating der Genossenschaftsbanken: Die Note „2e“ sollte möglichst nicht mehr das Ergebnis der Beurteilung Ihres Unternehmens sein. Wobei auch hier, wie bei allen Kreditinstituten gilt: Die jeweilige Grenze legt jedes Institut für sich selbst fest.

Wenn Ihre Kreditgeber aus dem Bereich der Groß- oder Regionalbanken kommen, gilt es, auch deren Skalen zu kennen.

Die **Vergleichbarkeit von Rating-Noten** ist also nicht ganz einfach – aber über die Ausfallwahrscheinlichkeit eigentlich kein Problem.

Wenn Ihr Unternehmen von verschiedenen Instituten beurteilt wird, so werden die Ausfallwahrscheinlichkeiten sicherlich nicht auf die Nachkommastelle identisch sein – dazu sind die Verfahren und die Datenpools dann doch zu unterschiedlich (wenn auch alle von der Bankenaufsicht zertifiziert). Allerdings sollte die **Abweichungen** nicht größer als 0,10 – 0,20 %-Punkte sein. Je größer die Abweichungen, desto intensiver sollten Ihre Rating-Gespräche mit Ihren Kreditgebern sein, um deren unterschiedliche Beurteilungskriterien und unterschiedlichen Bewertungen der von Ihnen gegebenen Informationen auf den Grund zu gehen.

Über die Vergleichbarkeit haben sich auch alle deutschen Kreditinstituts-Verbände Gedanken gemacht, wodurch die Verwirrung komplett wurde. Die deutschen Kreditinstitute und Kredit-Verbände haben sich zusammengeschlossen in der „Initiative Finanzstandort Deutschland – IFD“. Bis zum Frühjahr 2011 war die Seite www.finanzstandort.de verfügbar, auf der die Ratingbroschüre der IFD mit allen Informationen abgerufen werden konnte. Einen Hinweis auf und eine Begründung für das „Verschwinden“ der Seite gab es nicht. In einer Pressemitteilung vom 28. Juni 2011 berichtet der Zentrale Kreditausschuss der deutschen Kreditwirtschaft (ZKA), dass die IFD in ein „Dialogforum Finanzstandort Deutschland“ zusammen mit der Versicherungswirtschaft überführt werden soll. Es folgt der Hinweis: „In der neuen Dialogstruktur werden politische Themen einen breiteren Raum einnehmen.“ Die jährlichen Berichte dieses neuen Dialogforums werden auf der Seite www.die-deutsche-kreditwirtschaft.de veröffentlicht. Der letzte Bericht zum Jahr 2012 gibt zum Thema „Kreditmärkte“ tatsächlich nur Informationen auf einem hoch aggregierten volkswirtschaftlichen Niveau.

Bei den seinerzeitigen Überlegungen der IFD heraus gekommen ist eine **weitere Ratingskala** – nämlich die IFD-Ratingskala, die Ihnen als Unternehmen den Vergleich der Ratingnoten Ihrer Kreditinstitute erleichtern soll. Dabei orientiert sich die IFD an der gut bekannten deutschen Schulnotenskala von „1-6“ und kommt damit im Vergleich zu S&P zu folgendem Ergebnis:

ABB. 12: Die Ratingskala der IFD – Initiative Finanzstandort Deutschland (Quelle: www.finanzstandort.de/fileadmin/IFD_Dateien/IFD_Rating-Skala.pdf)

Rating-Vergleich der IFD*

	S & P	AW S&P	IFD-Note → AW
investment grade	AAA	0,01	
	AA+, AA, AA–	0,02/0,03/0,04	
	A+, A, A–	0,05/0,08/0,11	1 → bis 0,3
	BBB+, BBB, BBB–	0,15/0,20/0,40	2 → 0,3 – 0,7
speculative grade	BB+, BB, BB–	0,65/1,20/1,95	3 → 0,7 – 1,5; 4 → 1,5 – 3,0
	B+	3,20	5 → 3,0 – 8,0
	B	7,00	6 → ab 8,0
	B–	13,00	
	CCC – C		

* Initiative Finanzstandort Deutschland (Finanzwirtschaft, BuFinanzMin, Bundesbank)

Wie sich an den Ausfallwahrscheinlichkeiten hinter den IFD-Ratingnoten ablesen lässt, ist die Note „4" diejenige auf der IFD-Skala, die zu massiven Missverständnissen führen wird. Das deutsche Schulnotensystem beschreibt die Note „4" mit „ausreichend". In der Schule genügt diese Note zwar zur Versetzung, aber in der IFD-Skala deckt die Note „4" eine weite Bandbreite von Ausfallwahrscheinlichkeiten ab, nämlich 1,5-3,0. Diese ragt deutlich in den Bereich hinein, von dem oben festgestellt wurde, dass viele Kreditinstitute bereits sagen werden, dass sie so beurteilten Unternehmen keine weiteren Kredite zur Verfügung stellen möchten (ab ca. einer Ausfallwahrscheinlichkeit von um die 2,0 %).

Es stellt sich ohnehin die Frage, warum die in der IFD vertretene deutsche Kreditwirtschaft meint, sie könne deutschen Unternehmern nicht zutrauen, auch komplexere Ratingskalen mit einander zu vergleichen. Denn nicht ohne Grund verwenden alle Kreditinstitute intern Skalen mit bis zu 20 Notenklassen, weil sie eben genau diese Ausdifferenzierung benötigen, um eine deutliche Risikoaussage treffen zu können. Es läge also doch an der Kreditwirtschaft, die Vergleichbarkeit ihrer Skalen herzustellen – ohne diese auf missverständliche sechs Klassen zu verdichten.

Zumal in der aktuellen Rating-Broschüre der IFD (vgl. „Finanzstandort Deutschland Rating-Broschüre" Initiative Finanzstandort Deutschland, Dezember 2010, www.finanzstandort.de/uploads/tx_omseifd/documents/IFD_Publikation_Rating_Broschuere.pdf) wie in der Erstausgabe von September 2006 keine Beschreibung der sechs Ratingnoten enthalten ist. Diese Beschreibung findet sich nur im Internetauftritt der IFD und wird im nachfolgenden Schaubild wiedergegeben (beides nicht mehr abrufbar s. o.):

ABB. 13: Ratingskala der IFD – Beschreibung der Ratingnoten (Quelle: www.finanzstandort.de, Stand Dezember 2010 – mittlerweile nicht mehr im Netz)

Note → AW	**Beschreibung**
1 → bis 0,3	sehr gute bis gute Bonität
2 → 0,3 – 0,7	gute bis zufriedenstellende B.
3 → 0,7 – 1,5	befriedigende bzw. noch gute B.
4 → 1,5 – 3,0	überdurchschnittliches bis erhöhtes Risiko
5 → 3,0 – 8,0	hohes Risiko
6 → ab 8,0	sehr hohes Risiko

Vor dem Hintergrund der Beschreibung der Note „4" als „überdurchschnittliches bis erhöhtes Risiko" mögen die Banken argumentieren, hier sei das „Problem" doch exakt beim Namen genannt. Dem ist entgegenzuhalten: Diese Definition findet sich leider nicht in der Broschüre und viele werden auch gar nicht nach der exakten Definition fragen, da die 6er-Skala in Deutschland mit einer eindeutigen Stufen-Beschreibung belegt ist.

Das bedeutet, dass im **Rating-Gespräch** (vgl. Kapitel 11.3), wenn die Bank als Note eine Ziffer ohne weitere Zusätze nennt, unbedingt nachzufragen ist, ob es sich hierbei um die individuelle Bank-Skala oder die IFD-Skala handelt. Denn es kann nicht ausgeschlossen werden, dass die IFD-Skala weiterhin in Gebrauch ist.

Ein Beispiel zur Verdeutlichung: Ihr Sparkassen-Betreuer nennt Ihnen Ihre Rating-Note mit „4": Auf der Sparkassen-Skala ist das ein Spitzenwert, auf der IFD-Skala ein gefährlicher Graubereich, der unbedingt weiter zu hinterfragen wäre mit unbedingter Nennung der Ausfallwahrscheinlichkeit.

Einen hilfreichen Hinweis enthält die Rating-Broschüre der IFD – nämlich einen **Vergleich der Ratingskalen der wichtigsten deutschen Kreditinstitute**. Dass hier auch wiederum nur die 6er-IFD-Skala als Vergleich herangezogen wird, mag man insofern verschmerzen, als jetzt jedem Leser deutlich geworden ist, wo und wie er entsprechend genauer nachfragen sollte:

ABB. 14: Ratingskalen im Vergleich (Quelle: Ratingbroschüre der IFD – Initiative Finanzstandort Deutschland Dezember 2010, S. 18-19)

IDF-Ratingstufe	COMMERZBANK	Deutsche Bank	HypoVereinsbank	kfw	RMS	Bandbreite der Ausfallwahrscheinlichkeiten (PD)
I	1,0 – 2,4	iAAA – iBBB	1+ – 2	BK 1 – 2	1 – 5	**bis 0,3 %**
II	2,4 – 3,0	iBBB – iBB+	2 – 3	BK 2 – 3	5 – 7	**0,3 bis 0,7 %**
III	3,0 – 3,4	iBB+ – iBB–	3 – 4	BK 3 – 4	7 – 9	**0,7 bis 1,5 %**
IV	3,4 – 4,0	iBB– – iB+	4 – 5	BK 4 – 6	9 – 11	**1,5 bis 3 %**
V	4,0 – 4,8	iB+ – iB–	5 – 6	BK 6 – 7	11 – 13	**3 bis 8 %**
VI	Ab 4,8	Ab iB–	Ab 6–	BK 7	13 – 15	**Ab 8 %**

IDF-Ratingstufe	Sparkassen Finanzgruppe	Postbank	Volksbanken Raiffeisenbanken	STANDARD &POOR'S	Bandbreite der Ausfallwahrscheinlichkeiten (PD)
I	1 – 4	pAAA – pBBB+	0+ – 1d	AAA – BBB	**bis 0,3 %**
II	4 – 6	pBBB+ – pBBB–	1e – 2a	BBB – BB+	**0,3 bis 0,7 %**
III	6 – 8	pBBB– – pBB	2b – 2c	BB+ – BB	**0,7 bis 1,5 %**
IV	8 – 10	pBB – pB+	2d – 2e	BB – B+	**1,5 bis 3 %**
V	10 – 12	pB+ – pB	3a – 3b	B+ – B–	**3 bis 8 %**
VI	Ab 12	Ab pB –	Ab 3c	Ab B–	**Ab 8 %**

FAZIT:

- Der Vergleich von Ratingnoten unterschiedlicher Banken kann exakt nur über die Ausfallwahrscheinlichkeit vollzogen werden, deshalb sollte diese in jedem Gespräch über das Ratingergebnis mit erfragt werden.
- Die Notenskala der IFD ist nur bedingt aussagekräftig. Hinterfragen Sie daher im Bankgespräch Ratingnoten von 1-6 besonders intensiv.
- Abweichungen der Ausfallwahrscheinlichkeiten verschiedener Banken deutlich hinterfragen.
- Für Berater: Halten Sie für Ihre Mandanten entsprechende Vergleichsinformationen vor und betonen Sie die Bedeutung klarer Informationen seitens der Kreditgeber.

4.2.5 „Überschreibung“ von Rating-Ergebnissen

Es kann immer wieder vorkommen, dass in einem Rating nicht alle bonitätsrelevanten Merkmale des Unternehmens erfasst werden konnten, z. B.

- „Bonitätsrelevanter Aspekt, der im Rating nicht berücksichtigt wird (z. B. weil er nur sehr selten auftritt oder nur sehr schwer messbar ist), der aber die Ausfallwahrscheinlichkeit des Unternehmens maßgeblich beeinflusst“ (vgl. *Kruse/Muth*, Exkurs Override, 2009).
- „Quantifizierbare Informationen, die zwischen Bilanzstichtag und Ratingzeitpunkt aufgetreten sind und somit in der gerateten Bilanz noch nicht enthalten sind.“ (vgl. *Kruse/Muth*, Exkurs Override, 2009)
- Neue Informationen, die mittlerweile bekannt geworden oder vom Kunden mitgeteilt worden sind.

So plausibel einerseits die Einführung einer solchen Überschreibungs-Möglichkeit (in der Fachsprache „Override“ genannt) ist, so gefährlich könnte sie andererseits sein, wenn keine klaren **Regularien** in jeder Bank zugrunde gelegt werden, die genau beschreiben, unter welchen Voraussetzungen eine Überschreibung möglich ist.

Generell gilt in allen Kreditinstituten:

- Die Informationen müssen klar belegt – also „harte Informationen“ (vgl. *Kruse/Muth*, Exkurs Override, 2009) – sein (so werden z. B. neu überarbeitete Planzahlen nicht ausreichen – es sei denn diese beruhen z. B. auf einem nachgewiesenen neuen Großauftrag); bei einer Rating-Abstufung im Wege der Überschreibung („downgrades“) sind allerdings „auch „weiche“ Informationen (z. B. nachweisbare Einschätzungen über Management und Controlling, Faktoren der Risiko-Früherkennung) möglich" (vgl. *Kruse/Muth*, Exkurs Override, 2009).

- Die Informationen müssen für die Bonitätseinschätzung – das Rating – wirklich relevant sein.
- Die Informationen dürfen bisher nicht, auch nicht in Teilaspekten, im Rating bereits berücksichtigt worden sein.

Weiterhin gelten i. d. R. klare **Verfahrensweisen**, wie z. B.

- „Die vorgenommene Anpassung der Ratingnote darf das Limit von 2 Notenstufen auf der Masterskala in die positive Richtung (upgrades) und 4 Notenstufen auf der Masterskala in die negative Richtung (downgrades) nicht überschreiten." (vgl. *Kruse/Muth*, Exkurs Override, 2009).
- Im Sparkassen-Bereich werden z. B. folgende Regularien genannt (vgl. Sparkassen Rating- und Risikosysteme GmbH (Hrsg.), 03 Information für den Rating-Anwender, Stand Februar 2010):
  - Überschreibung des Finanz-Rating (vgl. Abbildung im Kapitel 4.2.2): „Verbessernde und verschlechternde Überschreibungen möglich; verbessernde Überschreibungen nur im Vier-Augen-Prinzip";
  - „Eine Rücknahme von Warnsignalen darf nur im Vier-Augen-Prinzip vorgenommen werden";
  - „Überschreibung des Gesamtrating: Es sind nur verschlechternde Überschreibungen möglich, die nach dem Vorsichtsprinzip vorzunehmen sind".

Die oben bereits angesprochene „Anlage Überschreibungen" im Sparkassen-Rating (vgl. Kapitel 4.2.2.2 zum „Gewerbekunden-Rating der Sparkassen") führt lediglich Gründe für eine Abwertung des Ratingergebnisses auf (und dabei durchaus wie oben im Genossenschaftsbereich beschrieben auch „weiche" Informationen), wie z. B.

- Gefährdende Veränderungen im Unternehmen
  - Kündigung qualifizierter Mitarbeiter
  - Gefährdende Tatbestände aus Begutachtung der Gebäude, Maschinen, Prozesse, Personal
  - Managementfehler
- Kreditgespräch
  - Falschaussagen
  - unplausible Verschiebung von Gesprächsterminen
  - Wechsel von aktiver auf passive Informationspolitik

- Privates Umfeld
  - private Probleme (Scheidung, juristische Konsequenzen)
  - Erbstreitigkeiten
- Markt-/Wettbewerbsumfeld

  (nicht für das Rating für Unternehmen mit mehr als € 20 Mio. Umsatz – da dort im umfangreichen qualitativen Fragenkatalog bereits enthalten)
  - außergewöhnliche Konkurrenzaktivitäten (z. B. neue existenzgefährdende Wettbewerber)
  - besonders negative Konjunkturaussichten in wichtigen Absatzmärkten
  - Abhängigkeit/Konkurs von einzelnen Lieferanten/Kunden
- Nicht eingehaltene Absprachen
  - Abweichen zwischen avisierten und tatsächlichen Geldeingangszeitpunkt
  - Nichteinreichung zugesagter Unterlagen
- Sonstige
  - Änderung der Geschäftstätigkeit
  - Existenzgefährdender Entzug staatlicher Subventionen
  - Neue gesetzliche Grundlagen (z. B. Emissionsrichtlinien)
  - Besondere Umweltrisiken

Eine weitere Frage wirft diese Vorgehensweise natürlich auf: In wie vielen Fällen darf eine Überschreibung erfolgen? Wenn es hier keine Begrenzung gäbe, so könnte durch Überschreibungen jedes Rating-System ad absurdum geführt werden.

Im Sparkassen-Bereich wird folgende Regel formuliert (vgl. Sparkassen Rating- und Risikosysteme GmbH (Hrsg.) 03 Information für den Rating-Anwender, Stand Februar 2010): „Überschreibungen sind nur in Ausnahmefällen und nach dem Vorsichtsprinzip im Ermessen des Experten vorzunehmen und angemessen zu dokumentieren".

Im Genossenschaftsbereich wird festgestellt (vgl. *Kruse/Muth*, Exkurs Override, 2009):

- „Die Gründe für ein Override müssen belegbar und für jedermann nachvollziehbar sein, damit die Objektivität des Ratingergebnisses gewährleistet ist.
- Jedes Institut muss einen Katalog von Gründen erstellen und festschreiben, Grundlage sind Empfehlungen aus dem Fachkonzept des BVR (Bundesverband der Volks- und Raiffeisenbanken) sowie ergänzende Hinweise der Regionalverbände im Rahmen der Umsetzung.
- Die Verwendung von Overrides sollte keinen Regelfall darstellen."

Des Weiteren wird in einem Vortrags-Foliensatz festgehalten (*Kruse/Muth*, Update VR-Rating für die interne Revision – Foliensatz eines Vortrags vom 5. 10. 2009, Genossenschaftsverband e.V., Neu-Isenburg und Hannover), dass bisher eine Überschreibungs-Quote von bis zu 15 % der Ratings festgestellt wurde. Und: Dieser Grenzwert könne für eine Übergangszeit erreicht werden – was andersherum heißt, dass auf Dauer ein solcher Wert nicht toleriert werden dürfte.

! FAZIT:

- Sprechen Sie die grundsätzliche Möglichkeit der Überschreibung eines Rating-Ergebnis ggf. gezielt bei neuen Tatsachen-Informationen an.
- Setzen Sie aber nicht zu viel „Hoffnung" in diese grundsätzliche Möglichkeit, da die Banken diese sehr selektiv nutzen – vor allem bei positiven Überschreibungen.
- Beachten Sie die Kriterien für herabstufende Überschreibungen und vermeiden Sie diese wo möglich oder kommunizieren Sie diese rechtzeitig einschließlich der von Ihnen ergriffenen Gegen-Maßnahmen.
- Entwerten Sie diese Möglichkeit nicht durch zu häufige und nur „schwach" belegte Neu-Informationen.
- Für Berater: Unterstützen Sie Ihre Mandanten durch Ihre Kenntnisse aus allen Ihren Mandaten über die Verfahrensweisen der regionalen Kreditgeber.

4.2.6 „Externes" Rating einer Agentur als Alternative oder Ergänzung?

Gegenstand der bisherigen Betrachtungen war das sog. „interne Rating" der Kreditinstitute, das diese i. R. d. Risikoklassifizierung nach MaRisk (vgl. Kapitel 3.1) durchführen.

Daneben – und schon viel länger – gibt es das sog. „externe Rating" durch die großen **internationalen Ratingagenturen**. Dies wird mittelständische Unternehmen so gut wie nicht interessieren, da es sich auf einzelne Wertpapier-Emissionen eines Unternehmens (Unternehmensanleihen) bezieht.

Mit dem Diskussionsprozess um Basel II haben sich seit dem Jahr 2000 aber eine ganze Reihe **neuer Ratingagenturen** etabliert, die das **Rating „Mittelständischer Unternehmen als Wirtschaftseinheit"** auf ihre Fahnen geschrieben haben – wie z. B. die Creditreform Rating AG oder die URA RATING AGENTUR AG.

Könnte ein solches „externes Rating“ ggf. eine sinnvolle Ergänzung zu dem internen Rating der Banken sein, oder dieses sogar überflüssig machen?

Um die letztere Frage sogleich zu beantworten: Nein! Die MaRisk verpflichten die Kreditinstitute zur eigenen Risikoklassifizierung – d. h. sie werden nicht ein externes Rating übernehmen.

Andererseits ist die Informationsbasis, die das Rating-Gutachten einer Ratingagentur bietet, natürlich auch für Kreditinstitute eine wertvolle Grundlage gerade im Bereich der qualitativen Fragenkataloge.

Ob sich ein externes Rating für ein mittelständisches Unternehmen „lohnt“ lässt sich daher keinesfalls pauschal beurteilen. Der **Nutzen** könnte in folgenden Aspekten liegen:

- Durchgängige Stärken-Schwächen-Analyse in strukturierter Form unter externer kritischer Begleitung sowohl hinsichtlich der Bilanz- und Finanz-Strukturen als auch für alle qualitativen Bereiche,
- Einschätzung, wo das Unternehmen im Rating der Kreditinstitute wohl landen könnte,
- Hinweise auf konkret anzugehende Verbesserungsmöglichkeiten,
- Vorbereitung auf die Aufnahme von Beteiligungskapital (vgl. Kapitel 6.4), weil das externe Rating die Prüfung durch den Eigenkapitalgeber erleichtern kann,
- Vorbereitung für die Aufnahmen von Fremdkapital auf dem Weg der Unternehmensanleihe (vgl. Kapitel 6.4.4).

Zu Beurteilen sind diese Nutzenmomente im Vergleich mit den entstehenden **Kosten**, die grob geschätzt umfassen könnten:

- Kosten der Ratingagentur – je nach Größe des Unternehmens und Umfang der angebotenen Leistung ab € 5.000 aufwärts, aber auch schnell im Bereich von € 10.000 und höher; i. d. R. werden auch preiswertere Teillösungen oder Einzelbausteine wie z. B. ein Nur-Bilanz-Rating angeboten (deren Nutzen im Hinblick auf die eigenen Ziele bewertet werden muss);
- ggf. Kosten eines „Rating-Advisors“, der das Unternehmen bei Vorbereitung, Durchführung und Nutzung der Erkenntnisse begleitet;
- interne Kosten, also die Zeitanteile des Chefs und der jeweils beteiligten Mitarbeiter – i. d. R. umso höher, je mehr Vorbereitungsaufwand für die Informationsaufbereitung für die Ratingagentur geleistet werden muss.

Welche der **zahlreichen Anbieter im Markt** für ein externes Rating im Einzelfall in Frage kämen, kann auch nur im Einzelfall entschieden werden, wenn das Unternehmen seine

Ziele klar definiert und auf dieser Basis entsprechende Angebote vorliegen hat. Ein möglicher Kriterienkatalog für die Auswahl könnte z. B. folgende Elemente enthalten:

- Von BaFin zertifiziert? (ECAI – External Credit Assessment Institution)
- Begleitung während des Prozesses wird wie dargestellt?
- Unterstützung in der Vorbereitungsphase (Pre-Check-Katalog)?
- Benennung der Rating-relevanten Stellschrauben im Unternehmen?
- Diskussion eines Ziel-Rating?
- Referenzen und Zahl der bisher durchgeführten Ratings und deren Struktur (Art der Unternehmen, Größe der Unternehmen) sowie der Rating-Verlauf (hat die einmal erteilte Ratingnote eine richtige Voraussage getroffen; hat sich das geratete Unternehmen so weiterentwickelt, wie es nach der Ratingnote erwartet werden durfte? Die zahlreichen Insolvenzen von Unternehmen in den letzten zwei Jahren, die Mittelstandsanleihen begeben hatten und dafür geratet worden waren, lassen eine kritische Betrachtung der Rating-Qualität angeraten erscheinen.)?
- Aussagen zur weiteren Begleitung nach dem Erst-Rating?

  Achtung: Die Umsetzung der Verbesserung der rating-relevanten Stellschrauben wird eine Ratingagentur nicht begleiten.
- Der Akquisiteur sollte im weiteren Ablauf auch der federführende Analyst sein – denn die „Chemie" muss für eine vertrauensvolle Zusammenarbeit gegeben sein.

Bewusst sein sollte auf jeden Fall, dass die Note eines externen Rating durchaus – und z.T. deutlich – von der Note im Bankenrating abweichen kann. Die direkte Übertragung in Bankgespräche sollte daher vorsichtig erfolgen. Dass ein externes Rating von Kreditinstituten durchaus positiv gesehen wird i.S. der Durchführung einer intensiven Stärken-Schwächen-Analyse dürfte weitgehend gegeben sein.

Wer eine solche Analyse gerne vornehmen, die Kosten aber geringer halten möchte, sollte alternativ die Durchführung eines „Pre-Rating" prüfen (vgl. Kapitel 7.14).

Eine Ergänzung für eine externe Beurteilung kann auch die **Bonitätsanalyse der Deutschen Bundesbank** sein. Hintergrund ist die Refinanzierung von Kreditinstituten: Diese können für Kredite der Bundesbank eigene Kreditforderungen an Unternehmen als Sicherheiten hinterlegen – vorausgesetzt diese sind als „notenbankfähig" deklariert. Diese Einschätzung erfolgt durch die Bonitätsanalyse der Deutschen Bundesbank. Unternehmen können diese Einschätzung auch selber veranlassen, indem sie ihre Jahresabschlüsse bei der Bundesbank einreichen. Eine Kurzbeschreibung des Verfahrens kann im Internet heruntergeladen werden unter http://www.bundesbank.de/Redaktion/DE/Downloads/Aufgaben/Geldpolitik/bonitaetsanalyse_kurzuebersicht.pdf?__blob=publicationFile.

FAZIT:

- Ein externes Rating kann im Einzelfall eine sinnvolle Ergänzung zum Bankenrating darstellen.
- Wenn ein externes Rating durchgeführt wird, ist das ein Chef-Projekt auf Basis klarer Zielsetzungen mit klarem Budget und konsistentem Durchführungsprozess.
- Die Ergebnisse eines externen Ratings können in Bankgesprächen gute Informationen liefern und eine fundierte Argumentationsbasis für die Diskussion des Bankenratings sein – eine Übertragung der Note „1:1“ ist aber nicht möglich.
- Als Alternative kann ggf. ein Pre-Rating geprüft werden.
- Für Berater: Informieren Sie Ihre Mandanten über die Bandbreite der Möglichkeiten und begleiten Sie bei der Umsetzung – ggf. mit Unterstützung von Kooperationspartnern.

4.3 Risikoklassen-System der Jahresabschlussprüfer

DOWNLOAD:

Begleitblätter „Grundlagen Kreditentscheidung – Teil 3: Sonstige Faktoren“

Abschließend muss noch darauf hin gewiesen werden, dass es neben den Ratingnoten-Systemen bankintern eine weitere Risikoeinteilung gibt, die ihren Ursprung in der **Jahresabschlussprüfung** der Banken hat. Dort haben die Wirtschaftsprüfer schon immer eine Risikoeinteilung der Kreditengagements vorgenommen, die sie in ihre Risikostichprobe einbezogen haben (vgl. Kapitel 3.2.9) – und das lange bevor Ratingsysteme ein Thema waren. Diese Risikoklassen werden oft auch von der **Internen Revision** der Kreditinstitute **parallel zum Rating** genutzt.

Diese Risikoklassensysteme kennen i. d. R. eine Viererskala (vgl. Sparkassen Rating- und Risikosysteme GmbH (Hrsg.), 03 Information für den Rating-Anwender, Stand Februar 2010), wie z. B.:

- Risikoklasse 1: Kredite ohne Anmerkungen
  - Gruppe 10: Keine Risikomerkmale
  - Gruppe 20: Risikomerkmale gem. Risikoklasse 2 aber kein Blankoanteil (vgl. Kapitel 8 zum Blankoteil)

- Risikoklasse 2: Anmerkungsbedürftige Kredite

  wirtschaftliche Verhältnisse insgesamt nicht bedenkenfrei, d. h.:

  - Knappe nachhaltige Kapitaldienstfähigkeit (kein oder nur geringer Liquiditätsüberschuss) und knappe positive Vermögenslage (Vermögens-Schuldendeckung), wobei die Zins- und Tilgungsleistungen noch erbracht werden.
  - Nachhaltige Kapitaldienstfähigkeit nicht gegeben, aber gute Vermögenslage auf Basis vorsichtig geschätzter Liquidationswerte.
  - Knappe negative Vermögenslage, aber nachhaltige Kapitaldienstfähigkeit eindeutig gegeben.
  - Andere gravierende Risikomerkmale

  Gruppe 30: Eines dieser Kriterien trifft zu und das Engagement hat einen Blankoanteil

- Risikoklasse 3: Notleidende Kredite – eine Einzelwertberichtigung auf das Risiko der Bank ist gebildet (Die Bank hat auf den Blankoanteil zu Lasten ihrer GuV eine Risikovorsorge getroffen; von „Abschreibungen auf Forderungen" sprechen Banken erst, wenn diese endgültig verloren gegeben werden – siehe Risikoklasse 4)
- Risikoklasse 4: Uneinbringliche Kredite

Bei Krediten ab Klasse 2 geht es um die Fragen der Kapitaldienstfähigkeit (vgl. Kapitel 4.4) und der Eigenkapitalsituation des Unternehmens – Vermögenslage (vgl. Kapitel 4.1.2.4). Diese Kreditengagements sind unter genauer Beobachtung und die Bank wird versuchen, ein Abgleiten in die Risikoklasse 3 zu verhindern, indem sie das Engagement intensiv begleitet; gleichzeitig wird sie aber auch wenig geneigt sein, weitere Kredite zu gewähren, da diese dann ebenfalls bereits bei Vergabe als deutlich risikobehaftet einzustufen wären.

In der Risikoklasse 3 ist in aller Regel eine auch nur kleine Ausweitung/Überziehung nicht mehr möglich, da die Bank diese ebenfalls direkt zusätzlich der Einzelwertberichtigung zuführen müsste.

Die **Praxis** zeigt Folgendes:

- Eine Herabstufung in die Klasse 2 mit ihren verschiedenen Kriterien ist relativ schnell möglich, denn die kaufmännische Vorsicht ist in Banken sehr stark ausgeprägt;
- umgekehrt ist eine Heraufstufung zurück in die Klasse 1 sehr viel schwieriger. Die Bank wird damit argumentieren, dass sie eine eingetretene Verbesserung der wirtschaftlichen Situation des Kreditnehmers erst einmal über einen längeren Zeitraum sehen möchte. In diesem Zusammenhang wird oft der Fachbegriff „Migration" zwischen Risikoklassen genutzt (auch im Bereich des Rating).

Verglichen mit den Ratingskalen in Kapitel 4.2.4 dürfte es deutliche Überlappungen der Risikoklasse 2 mit Ausfallwahrscheinlichkeiten von über 2 % geben – z. T. vermutlich auch schon zumindest knapp unter 2 %.

FAZIT:

- Berücksichtigen Sie auch diese ergänzenden Risikoklassen der Jahresabschlussprüfung und fragen Sie ggf. nach, über welche Art von Risikoklassen gerade gesprochen wird.
- Ergeben sich Hinweise, dass Ihr Unternehmen in diesem Sinne in Risikoklasse 2 eingeordnet ist, klären Sie möglichst, welche Anforderungen aus Sicht der Bank wichtig sind, um zurück in Klasse 1 zu gelangen.
- Für Berater: Bringen Sie auch an dieser Stelle Ihre Kenntnisse über die Gepflogenheiten der regionalen Kreditinstitute bei der Beratung Ihrer Mandanten mit ein.

4.4 Kapitaldienstfähigkeit

Neben einem nach den Maßstäben der jeweiligen Bank angemessenen Rating ist die „nachhaltige Kapitaldienstfähigkeit" (KDF) eine **wesentliche Voraussetzung für eine positive Kreditentscheidung**. Die **Frage der Bank** lautet: Wird der Kreditnehmer dauerhaft in der Lage sein, seinen Kapitaldienst in Form von Zinsen und Tilgungen jederzeit pünktlich zu leisten?

Auch wenn diese Frage auf die Zukunft gerichtet ist, so wird die Analyse der Kapitaldienstfähigkeit im ersten Schritt vergangenheitsorientiert durchgeführt; auf Basis der **vorliegenden Jahresabschluss- oder BWA-Daten**.

Dabei baut jede Kapitaldienstfähigkeitsrechnung auf dem Begriff des **„Cashflow"** auf. Dieser englische Begriff steht für den Liquiditätszufluss, den ein Unternehmen im Laufe eines Jahres nach Abzug aller Kosten erzielt.

Die **einfachste Berechnungsformel** lautet:

	Betriebsergebnis (Ergebnis der gewöhnlichen Geschäftstätigkeit) – oder auch: Jahresüberschuss bereinigt um außerordentliche Erträge (abgezogen) und Aufwendungen (hinzu addiert)
+	Abschreibungen auf das Sachanlagevermögen (da diesen Kosten kein Liquiditätsabfluss gegenüber steht)
=	Cashflow

Eine weitere Variante addiert auch die Zuführung zu Pensionsrückstellungen (bzw. subtrahiert die Auflösung derselben) – da diese dem Unternehmen ebenfalls zur Eigenfinanzierung zur Verfügung stehen.

Neben dieser **„Entstehungsseite"** des Cashflow ist für das Unternehmen, ebenso wie für die Bank entscheidend, wie die **„Verwendungsseite"** gestaltet ist – also, was alles im Laufe eines Jahres aus dem Cashflow finanziert werden muss.

Für **Einzelunternehmen und Personengesellschaften** sieht die Verwendungsseite wie folgt aus:

	Privatentnahmen (Lebensunterhalt, Kranken- und Altersvorsorge – Sonderausgaben, private Rücklagenbildung inkl. private Kredittilgungen und -zinsen)
+	Private Steuern
+	Regelmäßige Ersatzinvestitionen im Unternehmen
+	Eigenanteil an Neu- und Erweiterungsinvestitionen im Unternehmen
+	Kredittilgungen des Unternehmens
=	Verwendung des Cashflow

Für eine Kapitalgesellschaft entfallen die beiden privaten Verwendungen, da diese über die Geschäftsführergehälter abgegolten sind – entsprechend fällt auch die Entstehungsseite (Betriebsergebnis) geringer aus.

Entscheidend für die Liquiditätssituation eines Unternehmens und damit seine Kapitaldienstfähigkeit ist der **Saldo aus Entstehungs- und Verwendungsseite**:

	Cashflow
-	Verwendung
=	**Freie Liquidität**

Dieser Saldo „Freie Liquidität" sollte erstens natürlich ein **positives Vorzeichen** haben und zweitens **möglichst hoch** sein. Damit wäre die Kapitaldienstfähigkeit gegeben.

Sollte im Einzelfall der Saldo nahe Null oder gar negativ sein, stellt sich zwingend die Frage nach den Stellschrauben, um wieder einen deutlich positiven Saldo zu erreichen. Ohne Veränderungen läuft das Unternehmen Gefahr, in absehbarer Zeit wegen (drohender) Zahlungsunfähigkeit Insolvenz anmelden zu müssen.

Die **Stellschrauben** setzen an beiden Seiten der Cashflow-Rechnung an:

- **Verwendungsseite**: Reduzierung von Ausgaben – und zwar vorübergehend. Die dauerhafte Reduzierung der hierunter fallenden Ausgaben kann kaum i. S. des Unternehmers und des Unternehmens sein! Denn einerseits muss der Lebensunterhalt und die private Zukunft abgesichert sein und andererseits die Zukunftsfähigkeit und damit Investitionskraft des Unternehmens.

- **Entstehungsseite**: Erhöhung des Betriebsergebnisses durch
  - Reduzieren der Kostenseite, wo dies sinnvoll möglich ist. Dabei ist zu bedenken, dass nach Durchforsten aller Kosten eine solche Analyse sinnvoll frühestens nach einem Jahr wieder möglich ist.
  - Erarbeiten von ertragbringendem (!) Mehrumsatz im Markt. Entscheidend ist die gezielte Marktbearbeitung in den ertragbringenden Produkt-/Dienstleistungs-Kunden-Kombinationen. Und das kann letztlich jeden Tag geschehen (vgl. dazu auch die qualitativen Ratingfragen in Kapitel 4.2.2.2 und die dort aufgeführten Methoden-Arbeitsblätter)!

Die **KDF-Berechnungen der Kreditinstitute** sehen oft eine nochmalige Unterteilung des Cashflow vor, z. B.

- Cashflow aus operativem Geschäft ,
- Cashflow aus Investitionstätigkeit (Investitionen und Darlehensauszahlungen),
- Cashflow aus Finanzierungstätigkeit (Tilgungen – ggf. auch Zinsaufwand, wenn dieser im operativen Cashflow hinzugerechnet wurde).

Dies sind aber nur mehr Feinheiten und dienen der Transparenz der Darstellung. Entscheidend ist, dass Ihre CF-Rechnung eine deutlich „freie Liquidität" als Ergebnis ausweist, um so eine positive Grundlage für Kreditentscheidungen darzustellen. Noch weiter geht die CF-Variante, die auch die Veränderungen der Positionen Kundenforderungen, Lieferantenverbindlichkeiten, Warenbestände zwischen zwei Bilanzstichtagen mit einbezieht.

Diese an der Vergangenheit orientierte KDF-Berechnung wird von den Kreditinstituten i. S. der Nachhaltigkeit oder Dauerhaftigkeit ergänzt um die Überlegung, ob und inwieweit der Kapitaldienst auch **für die Zukunft** gewährleistet sein wird. Eine solche Berechnung ist Banken nur sinnvoll möglich, wenn der Kreditnehmer entsprechende Planungen für die Zukunft zumindest in Form einer **Ertragsplanung** vorgelegt hat (vgl. Kapitel 7.10). Auf Basis dieser Planung wird sodann eine zukunftsbezogene KDF-Berechnung durchgeführt. Die hieraus sich ergebende Freie Liquidität wird dann einem **„Belastungstest"** unterzogen, in dem z. B. eine Umsatzreduzierung um 10 % durchgespielt wird mit der Frage, ob bei proportional geringerem Materialaufwand aber unverändertem Sach- und Personalaufwand die KDF weiterhin gegeben sein würde. Derartige „worst-case"-Szenarien lassen sich in verschiedenen Varianten rechnen.

DOWNLOAD:

Im Download-Bereich zu diesem Buch finden Sie das Methoden-Arbeitsblatt 10 „Cashflow".

FAZIT:

- Berechnen Sie Ihren eigenen CF auf Basis Ihrer aktuellen Zahlen und auch zukunftsgerichtet. Spielen Sie für beide Varianten selbst verschiedene Szenarien für den „schlechtesten Fall" durch.
- Lassen Sie sich von Ihren Banken deren KDF-Berechnungen erläutern.
- Stellen Sie ggf. anschließend Ihre eigene CF-Berechnung auf das Bankenschema um oder rechnen Sie zukünftig parallel – so sind Sie bestens auf Bankgespräche zur KDF vorbereitet.
- Für Berater: Unterstützen Sie Ihre Mandaten bei der CF-Berechnung – z. B. durch entsprechende Spezial-Auswertungen zur BWA.

4.5 Büroauskünfte der Auskunftei-Unternehmen

Neben den vom Kreditnehmer vorgelegten Unterlagen und Informationen hören Banken sich auch sozusagen „extern" um.

Einen zentralen Stellenwert nehmen dabei die Auskünfte der **gewerblichen Auskunfteien** wie z. B. **Creditreform** und **Bürgel** ein. Dagegen mag man als Unternehmer einwenden: Diese Informationen sind doch oft von geringer Qualität und Aussagekraft, die Banken sind intern doch viel besser informiert.

Der **Hintergrund** ist folgender: Wenn Ihr Unternehmen heute einen neuen größeren Kunden oder Lieferanten akquiriert, wird dieser sich i. d. R. über Ihr Unternehmen informieren – und das tut er über die Büroauskünfte. Und genau dort liegt das Interesse Ihrer Kreditgeber: Was wird über meinen Firmenkunden an dritte potenzielle Geschäftspartner berichtet? Oder anders gefragt: Hat mein Firmenkunde überhaupt die Chance, noch neue Geschäftskontakte aufzubauen?

Außerdem: Die Informationen der Auskunfteien sind **besser als ihr Ruf**. Auch die Auskunfteien führen für ihre Datenbestände und Indikatoren-Systeme regelmäßig sog. „Backtestings" (vgl. Kapitel 4.2.1) durch – und das mit guten Ergebnissen. D. h. der „Bonitätsindex" z. B. von Creditreform ist ein zuverlässiges Instrument für Aussagen über die Bonität eines Unternehmens. Bedenken Sie dabei, dass über das elektronische Handelsregister die Jahresabschlussdaten aller Kapitalgesellschaften automatisch verfügbar sind (vgl. Kapitel 4.1.9).

Dazu kommt: Viele **Finanzdienstleistungsanbieter** wie z. B. Leasing- oder Factoring-Gesellschaften nehmen die Indikatoren-Systeme der Auskunfteien als ersten Filter für die Frage, ob sie überhaupt in einen intensiveren Geschäftskontakt treten wollen. Am Beispiel des Bonitätsindex von Creditreform mit seiner Skala von 100-600 ist bekannt, dass etliche Finanzdienstleister ihre „Geschäftsgrenzen" bei einem Wert von 260 oder auch 285 haben. Unternehmen mit einem schlechteren Indexwert bekommen demzufolge nicht einmal mehr die Chance eines Kreditgespräches.

Und auch bei vielen Großunternehmen, die ein eigenes Kunden- oder Lieferanten-Rating aufgebaut haben, fließt der Bonitätsindex z. B. von Creditreform in die Berechnung des eigenen Score ein.

Die Skala des Creditreform-Bonitätsindex mit den dahinter liegenden Ausfallwahrscheinlichkeiten können Sie der folgenden Abbildung entnehmen:

ABB. 15: Die Skala des Creditreform-Bonitätsindex (Quelle: Newsletter Creditreform Düsseldorf-Neuss – 28. 1. 2011)

Ausfallwahrscheinlichkeit im Detail							
Bonitätsindex[10]	100-149	150-199	200-249	250-299	300-349	350-499	500, 600
1. 1. 2009 bis 31. 12. 2009	0,20 %	0,35 %	0,84 %	1,99 %	6,97 %	15,05 %	Ausfall
Interpretation	100 - 149 Ausgezeichnete Bonität 150 - 199 Sehr gute Bonität 200 - 249 Gute Bonität 250 - 299 Mittlere Bonität				300 - 349 Schwache Bonität 350 - 499 Sehr schwache Bonität 500 Mangelhafte Bonität 600 Ungenügende Bonität/ Zahlungseinstellung		

Folgende **Merkmale** fließen in den Bonitätsindex ein – mit den dahinter stehenden Gewichtungen in Prozent des Gesamtwertes (Summe = 100%):

- Zahlungsweise (25 %),
- Krediturteil (25 %),
- Unternehmensentwicklung (5 %),
- Auftragslage (5 %),
- Rechtsform (4 %),
- Branche (6 %),
- Unternehmensalter (4 %),

- Umsatz (5 %),
- Mitarbeiterzahl (4 %),
- Umsatz/Mitarbeiter (2 %),
- Gezeichnetes Kapital (5 %),
- Bilanzbonität (10 %).

Die Auskunfteien sind nach einem höchst-richterlichen Urteil allerdings nicht verpflichtet, Ihnen die Details der Berechnung Ihres Score-Wertes im jeweiligen Bonitätsindex offenzulegen. Auch hier gilt wie im Banken-Rating (vgl. Kapitel 11.3): Danach fragen, was Sie tun können, um den Index zu verbessern.

Ein neuer Wettbewerber in diesem Markt ist die **Schufa**, die bisher nur als Auskunftei über Privatpersonen aufgetreten ist. Seit 2010 führt die Schufa einen eigenen Zweig mit Auskünften über Unternehmen. Die SCHUFA-Kompaktauskunft (www.schufa-kompaktauskunft.de) entspricht im Auskunftsumfang weitgehend dem der bisherigen Anbieter. Für die handelnden Personen wird bei kleineren Unternehmen zusätzlich angezeigt,

- wenn aus dem Privatdatenbestand Negativmerkmale vorhanden sind,
- wenn weitere Funktionen dieser Person in anderen Unternehmen bekannt sind.

Für die deutlich erweiterte „SCHUFA-Vollauskunft" und „-Vollauskunft plus" arbeitet die Schufa mit der Auskunftei Bürgel zusammen (www.schufa4b.de/de/business/produkteservices_1/b2bprodukte_1/b2b_uebersicht.jsp).

FAZIT:

- Fordern Sie eine kostenlose Eigenauskunft der Wirtschaftsauskunfteien an, um deren Beurteilung Ihres Unternehmens kennenzulernen.
- Pflegen Sie einen kontinuierlichen Kontakt zu den Auskunfteien, damit deren Informationen über Ihr Unternehmen stets aktuell und vollständig sind und so auch angemessen dargestellt und bewertet werden können.
- Nutzen Sie ggf. die Wirtschaftsauskunfteien selbst für Informationen über Ihre Geschäftspartner.
- Für Berater: Fördern Sie die Sensibilität für dieses Thema bei Ihren Mandanten und unterstützen Sie ggf. in den Kontakten zu den Auskunfteien im Rahmen Ihres eigenen regionalen Kontakt-Netzwerkes.

4.6 Bank-zu-Bank-Auskünfte

Ein seit langen Jahren bewährtes Verfahren sind die **Auskünfte**, die sich **Banken gegenseitig** auf Anfrage über Unternehmen erteilen. Diese können zum einen im „Kundeninteresse" erfolgen, aber auch im Eigeninteresse der Bank, um z. B. zu erfahren, wie weitere Bankverbindungen ihres Kunden derzeit seine Liquiditätssituation einschätzen.

Üblich sind Anfragen, wie z. B. ob ein Unternehmen „gut ist für eine Verbindlichkeit von € 80.000 in vier Raten"? Auch üblich sind konkrete Anfragen danach, ob es zu Rückgaben (von Lastschriften und Schecks mangels Deckung) gekommen ist.

Diese Auskünfte **dürfen Kreditinstitute** anderen Kreditinstituten **erteilen**

- über Unternehmen in der Rechtsform der Kapitalgesellschaft: Uneingeschränkt;
- über Unternehmen in der Rechtsform der Einzelunternehmung oder Personengesellschaft nur, wenn diese ausdrücklich generell oder für eine Einzelanfrage diese Auskunft genehmigt haben.

Die Antwort erfolgt i. d. R. auf einem **Vordruck**, der verschiedene Antwortmöglichkeiten umfasst, und auf dem die zutreffende/n Antwort/en angekreuzt werden zu z. B. folgenden Themen (vgl. *Deutscher Sparkassenverlag* (Hrsg.), Formular 191 531.000, Fassung Oktober 2008 „Bank-an-Bank-Auskunft"):

- Allgemeine Angaben: Z. B. Geschäftsgegenstand – verbale Darstellung
- Geschäftsverbindung/Kontoführung: Mit z. B. Ankreuzmöglichkeiten für
  - Bankverbindung seit wann.
  - Weitere Bankverbindungen zu.
  - Kunde tätigt geringere/größere Umsätze.
  - Wir haben einen Blanko-/gedeckten/teilgedeckten Kredit gewährt.
  - Kredit wird voll/nur selten/teilweise in Anspruch genommen.
  - Überziehungen werden vorübergehend/dauerhaft beansprucht.
  - Scheck-/Lastschriftrückgaben sind innerhalb der letzten zwölf Monate vorgekommen.
- Allgemeine Beurteilung: Alternativ können angekreuzt werden z. B.
  - Die Gesamtverhältnisse machen einen geordneten Eindruck.
  - Das Unternehmen hat sich gut entwickelt.
  - Nachteiliges ist nicht bekannt.
  - Eine allgemeine Beurteilung ist nicht möglich.
  - Die finanziellen Verhältnisse erscheinen angespannt.

  - Unseres Wissens ist Grundbesitz vorhanden.
  - Grundbesitz ist belastet.
- Kreditbeurteilung: Alternativ können angekreuzt werden z. B.
  - Der bisherige Umfang der Geschäftsbeziehung lässt eine Stellungnahme zu dem angefragten Betrag nicht zu.
  - Gut für den angefragten Betrag.
  - Gut für den angefragten Betrag bei Rückführung in mehreren Raten.
  - Eingegangene Verpflichtungen sind soweit uns bekannt bisher pünktlich erfüllt worden.
  - Der angefragte Betrag erscheint uns zu hoch.
  - Wir raten zur Vorsicht.

Wenn Sie **selbst** eine Bank-zu-Bank-Auskunft anfordern (dafür werden Ihnen Ihre Banken eine Bearbeitungsgebühr in Rechnung stellen), werden Sie i. d. R. darüber informiert, ob die Antwort negative Elemente enthält – nicht jedoch unbedingt über die einzelnen Details.

FAZIT:

- Sprechen Sie mit Ihren Banken über deren Praxis der Bank-zu-Bank-Auskünfte.
- Erfragen Sie, welche Auskünfte derzeit über Sie erteilt werden.
- Nutzen Sie das Instrument ggf. selbst, um Erkundigungen über Kunden und/oder Lieferanten einzuholen.
- Für Berater: Unterstützen Sie mit Erfahrungen aus Ihren Bankkontakten.

4.7 Sonstige Umfeld-Informationen

Natürlich haben Bankmitarbeiter sehr viele Kontakte in der jeweiligen Region oder auch Branche und erfahren auf diesem Weg auch Vieles. Es ist also nicht unwesentlich, was über Ihr Unternehmen und Sie „gesprochen" wird. Natürlich werden Banker nicht alles was sie hören auch für „bare Münze" nehmen und es verstehen, Informationen angemessen einzuordnen. Dennoch sollte auch dieser Aspekt für Informationen nicht unterschätzt werden.

Die Frage mancher Mittelständler, ob sich die Banken vor Ort unter einander systematisch austauschen, kann an dieser Stelle allerdings verneint werden. Das Bankgeheimnis ist im Kreditwesen unverändert ein wichtiger Wert. Absolute Sicherheit kann dafür allerdings auch niemand garantieren – das allzu Menschliche kann auch hier einmal eine Rolle spielen. Und das Lesen zwischen den Zeilen (vgl. Kapitel 4.6) ebenso.

FAZIT:

- Hören Sie selbst auch darauf, welche Informationen über Ihr Unternehmen und Sie im Umfeld evtl. im Umlauf sind.
- Sprechen Sie ggf. Ihre Banken darauf an, damit ein falscher Eindruck gar nicht erst entstehen kann.
- Achten Sie dabei auch auf alles, was im Internet „geschieht" (vgl. Kapitel 7.13.2).
- Für Berater: Halten auch Sie Ihre Ohren offen und sprechen Sie Ihre Mandanten darauf an, wenn Sie „etwas" über diese hören.

4.8 Begleitung durch Externe: Berater, Verbundgruppen und andere

Sie haben einen intensiven Kontakt z. B. zu Ihrem **Steuerberater**. Sie sind Mitglied in einer **Einkaufsgenossenschaft** oder **Verbundgruppe**. Sie sind Mitglied in der lokalen **Werbegemeinschaft**. Sie arbeiten in einer unternehmerischen **Erfahrungsaustauschgruppe** (branchenbezogen oder regional-branchenübergreifend wie z. B. in www.unternehmeraustausch.de beschrieben) mit. Sie haben einen Unternehmerkollegen als „Kollegen Ihres Vertrauens", mit dem Sie über (fast) alles sprechen können. Fallen Ihnen weitere **Kontakte** ein, deren **Impulse** Sie für Ihre **Unternehmensführung** nutzen?!

Informieren Sie Ihre Kreditgeber auch über solche Aktivitäten und was genau deren Unterstützungsleistungen und -aspekte sind und welchen Nutzen Sie daraus ziehen. Denn es zeigt, dass Sie der kaufmännischen Unternehmensführung Bedeutung beimessen und Zeit und Kraft widmen. Solche Aspekte können auch eine erst einmal nicht so gute Antwort auf die Ratingfrage nach der kaufmännischen Ausbildung/Qualifikation verbessern. Speziell im Bereich der Einkaufsgenossenschaften und Verbundgruppen sollten diese über eine Kurzinformation für Finanzierungspartner verfügen, in denen ihre Unterstützungsleistungen aufgezählt sind. So braucht nicht jedes Mitglied selbst diese Leistungen aufzulisten.

Dazu gehört natürlich auch, wenn Sie für Ihr Unternehmen einen **Beirat** gebildet haben, mit dem Sie sich regelmäßig zu bestimmten Themen austauschen und dem Sie ggf. sogar zu bestimmten Themen ein Mitentscheidungsrecht eingeräumt haben. Idealerweise sind in einem Beirat (Unternehmer-) Persönlichkeiten vertreten, die Wissen und Erfahrungen aus Bereichen einbringen können, die in der Unternehmensleitung nicht ausgeprägt vertreten sind.

Auch die Unterstützung durch einen **Unternehmensberater** gehört in diesen Bereich. Ob es sich dabei um eine punktuelle Unterstützung zu einem ganz speziellen Thema handelt oder um eine dauerhafte Begleitung – Banken werden das i. d. R. positiv werten, da es zeigt, dass Sie als Unternehmer diese Themen erst nehmen.

FAZIT:

- Informieren Sie Ihre Kreditgeber über bestehende Unterstützungskontakte.
- Prüfen Sie, wie Sie Ihre bestehenden Kontakte noch intensiver nutzen können.
- Prüfen Sie, ob Sie mit Blick auf die qualitativen Ratingfragen (vgl. Kapitel 4.2.2.2) ggf. punktuell oder dauerhaft weitere Unterstützungsleistungen heranziehen sollten.
- Für Berater: Machen Sie Ihre Unterstützungsleistungen deutlich – auch solche, die Sie im Rahmen von Kooperationen erbringen.

4.9 Beurteilung der Unternehmer-Persönlichkeit

Die verschiedenen im Kapitel 4 behandelten Aspekte kulminieren in der Frage nach der **kaufmännischen Qualifikation** der handelnden Unternehmer-Persönlichkeit. Wichtig ist dabei, dass es nicht um Ihre Branchenerfahrung oder technische- oder Branchen-Expertise geht, sondern primär darum, wie bewusst und gezielt Sie Ihr Unternehmen als Kaufmann steuern. Dies findet natürlich ebenso seinen Ausdruck in der Art, wie Sie Ihre Kreditwünsche präsentieren (vgl. Kapitel 6), und in den Unterlagen und Informationen, die Sie Ihren Kreditgebern zur Verfügung stellen (vgl. Kapitel 7).

FAZIT:

- Prüfen Sie sich immer wieder selbst, wie gezielt Sie sich der kaufmännischen Themen Ihres Unternehmens annehmen.
- Sprechen Sie ggf. mit externen Partnern (vgl. Kapitel 4.8), um sich Ihre eigene Einschätzung durch deren Fremdbild spiegeln zu lassen.
- Fragen Sie ggf. auch Ihre Kreditgeber nach deren Einschätzung und Verbesserungspotenzialen aus deren Blickwinkel.

- Für Berater: Unterstützen Sie Ihre Mandaten als kritischer Dialogpartner gerade auch zu diesem Thema – so können Sie evtl. fatalen Fehleinschätzungen vorbeugen.

4.10 Sicherheiten

Natürlich spielen auch die Kreditsicherheiten bei der Entscheidung über einen Kreditwunsch eine nicht unerhebliche Rolle. Und auch wenn in manchen Bankgesprächen der Eindruck entstehen mag, dass die Sicherheiten eine dominierende Rolle spielen, stehen diese hier bewusst am Ende des Kapitels 4.

Die Sicherheiten alleine sind nicht mehr entscheidend; spätestens die MaRisk (vgl. 3.1) haben diese Praxis beendet. Auch bei noch so guten Sicherheiten wird eine Bank bei **nicht gegebener KDF** oder einem wirklich **schlechten Rating** einem Kreditwunsch nicht folgen. Auch hier bestätigen die berühmten Ausnahmen die Regel. Aber Unternehmer sollten sich nicht von Ausnahmen in ihren eigenen Handlungsweisen leiten lassen.

Allerdings sieht § 18 KWG den Verzicht auf Offenlegung von Kreditunterlagen vor, wenn dies „im Hinblick auf die gestellten Sicherheiten oder auf die Mitverpflichteten offensichtlich unbegründet wäre" (§ 18 Abs. 1 Satz 2 KWG). Die einschränkenden Überlegungen dazu sind in Kapitel 3.2.6 erörtert.

Berücksichtigen Sie hier jedoch auch den Zusammenhang zwischen Sicherheiten und Zinsen: Je mehr werthaltige Sicherheiten Sie stellen, desto erfolgreicher werden Sie um niedrige Konditionen verhandeln (vgl. Kapitel 6 zu den Preisen der einzelnen Bankgeschäfte und Kapitel 9 zu Kreditkonditionen generell).

Nicht zu vergessen ist bei Gesprächen über Sicherheiten immer deren Bewertung und die dazu meistens deutlich voneinander abweichenden Beurteilungen seitens des Kreditnehmers und des Kreditgebers (vgl. Kapitel 8).

FAZIT:

- Stellen Sie sicher, dass Ihr Rating (vgl. Kapitel 4.2) gut und Ihre KDF (vgl. Kapitel 4.4) gegeben ist.
- Erarbeiten Sie sich einen realistischen Blick auf Ihre Sicherheiten aus dem Unternehmens- und Privat-Vermögen (vgl. Kapitel 8).
- Gehen Sie auf dieser Basis selbstbewusst in Ihre Kreditverhandlungen – auch um die Sicherheiten (vgl. Kapitel 10).
- Für Berater: Unterstützen Sie gerade auch im Thema Sicherheiten, damit Ihre Mandanten mit einer realistischen Einschätzung in Kreditverhandlungen gehen.

5. Ablauf einer Kreditentscheidung – darauf sollten Sie sich einstellen

DOWNLOAD:

Begleitblätter „Kreditentscheidung“

5.1 Kreditwunsch und der Erstkontakt

Sie haben einen Kreditwunsch und wollen mit Ihren Banken darüber sprechen. Unabhängig von der Art Ihres Kreditwunsches (vgl. Kapitel 1) gelten folgende **Grundregeln**:

- Kreditwunsch klar beschreiben und beziffern (vgl. Kapitel 6) und dabei bereits den Bedarf mindestens für die nächsten zwölf Monate abschätzen.
- Sprechen Sie Ihre Banken mit Informationen zum Gegenstand Ihres Kreditwunsches und die Bedarfsgrößenordnung an und stellen Sie die Frage nach den Informationen und Unterlagen, die die Bank für eine Entscheidung benötigt. Idealerweise senden Ihre Banken Ihnen eine Checkliste zu, aus der Sie die Anforderungen bezüglich Inhalt, Umfang und Qualitätserfordernis entnehmen können.

DOWNLOAD:

Ein Beispiel einer solchen Checkliste finden Sie im Downloadbereich unter Arbeitsblatt C „Checkliste Bankunterlagen GenoBanken“

- Fragen Sie Ihre Banken, welchen Zeitraum diese nach Erhalt aller Informationen und Unterlagen für eine Entscheidung benötigen.

Jetzt liegt der Handlungsbedarf bei Ihnen: Erarbeiten und stellen Sie die erforderlichen **Informationen und Unterlagen** (vgl. Kapitel 7) zusammen. Bedenken Sie dabei einen Grundsatz: Erstellen Sie die Unterlagen gem. den Anforderungen Ihrer Banken und schauen Sie dabei, wo Sie bezüglich Inhalt und Form ein bisschen mehr machen können, als Ihre Banken erwarten, ohne dass der Aufwand dafür zu groß wird. Dadurch erreichen Sie eine positive Grundaufnahme Ihrer Informationen (vgl. Kapitel 7.2).

FAZIT:

- Erfragen Sie die Informationsanforderungen Ihrer Kreditgeber.
- Erstellen Sie die entsprechenden Unterlagen mit dem „gewissen Etwas".
- Überlegen Sie immer, an welcher Stelle Sie die erarbeiteten Informationen auch für die Steuerung Ihres Unternehmens nutzen können, damit Sie diese Unterlagen „nicht nur für die Banken" erstellen.
- Für Berater: Unterstützen Sie Ihre Mandanten beim Erstellen aussagefähiger Bankunterlagen.

5.2 Unterlagen für die Kreditgeber und deren Auswertung

Die erarbeiteten Informationen und Unterlagen überreichen oder übersenden Sie erst, wenn Sie diese **vollständig** zusammengestellt haben. Vermeiden Sie eine „Salamitaktik", es sei denn, Sie haben ausdrücklich vereinbart, bestimmte Informationen vorab zu übersenden. Der Vorteil für die Bank ist, dass alle Unterlagen vorliegen und „der Vorgang" nur einmal bearbeitet zu werden braucht. Der Vorteil für Sie ist, dass Ihre Banken Sie als kompetenten Geschäftspartner erleben.

Der Hintergedanke dabei ist, dass Sie Ihren Bankpartnern sowohl im Markt wie in der Marktfolge (vgl. Kapitel 2.4 –2.6) die Arbeit so leicht wie möglich machen. Sie beschleunigen so auch die Entscheidungsprozesse in der Bank.

Ihre Informationen und Unterlagen werden Sie i. d. R. an Ihren **Kundenbetreuer** in der Bank übersenden, der diese – nach mehr oder weniger intensiver Durchsicht – direkt an die Kollegen in der Marktfolge weiterleitet.

In der **Marktfolge** erfolgt die Auswertung Ihrer Informationen und Unterlagen. Ihre Angaben werden auf Plausibilität und Nachvollziehbarkeit im Zeit- und Branchenvergleich (vgl. Kapitel 4.1.5) überprüft und evtl. Fragen zusammengestellt.

Diese **Fragen** wird Ihr Kundenbetreuer im Gespräch oder auch telefonisch oder schriftlich mit der Bitte um Beantwortung an Sie weiterreichen. Diese sollten Sie zügig und umfassend beantworten, um den Entscheidungsprozess in der Bank zu fördern. Die Antworten werden Sie entweder schriftlich einreichen oder Ihr Betreuer hält diese nach einem Gespräch mit Ihnen in einem Aktenvermerk schriftlich fest; beide Unterlagen werden an die Marktfolge weitergeleitet.

Hinweise zum **Umfang** möglicher Fragen finden Sie z. B. in diesem Buch an folgenden Stellen:

- Jahresabschluss: Kapitel 4.1
- Rating: Kapitel 4.2
- Kapitaldienstfähigkeit: Kapitel 4.4
- Betriebswirtschaftliche Auswertung: Kapitel 7.6
- Planungen: Kapitel 7.10

Weitere Hinweise zu Themen, die Banken evtl. erfragen, finden Sie im Stichwortverzeichnis zu diesem Buch.

Sollten Ihnen die Fragen im Gespräch gestellt werden und Sie im Einzelfall nicht sofort die Antwort darauf geben können, vereinbaren Sie mit Ihrem Betreuer einen Termin, bis zu dem Sie die Antwort nachliefern. Achtung: Zu viele nicht beantwortete Fragen könnten Zweifel an Ihrer kaufmännischen Qualifikation aufkommen lassen (vgl. Kapitel 4.9).

Um den in der Bank entstehenden Fragenkatalog so klein wie möglich zu halten oder am besten gar keine weiteren Fragen auftauchen zu lassen, sollten Ihre Unterlagen vollständig, in sich stimmig und detailliert sein (vgl. Kapitel 7).

Wenn alle Fragen beantwortet sind, werden in der Marktfolge das Rating (vgl. Kapitel 4.2) und die Kapitaldienstfähigkeitsberechnung (vgl. Kapitel 4.4) erstellt.

FAZIT:

- Bedenken Sie den Arbeitsprozess in der Bank und erstellen Sie vollständige und aussagefähige Unterlagen wie in Kapitel 5.1 dargestellt.
- Beantworten Sie evtl. Fragen zu Ihren Informationen und Unterlagen zügig und umfassend.
- Für Berater: Unterstützen Sie Ihre Mandanten beim Erstellen der Unterlagen ggf. auch mit kritischen Hinweisen.

5.3 Entscheidung in der Bank

Auf der Basis Ihrer vollständigen Informationen und Unterlagen erarbeitet Ihr Kundenbetreuer sein Votum zur Kreditentscheidung:

Wenn er im **Vier-Augen-Prinzip** also gemeinsam mit seinem Kollegen in der Marktfolge entscheidet, ist es das „1. Votum“ für die Kreditentscheidung. Der Kollege in der Marktfolge gibt nun sein zweites, vom Markt unabhängiges Votum (vgl. Kapitel 3.1.2) ab.

Dabei ist ein Aspekt besonders wichtig: Die Mitarbeiter in der Marktfolge entscheiden allein auf Aktenbasis. Die Kreditakte enthält zwei Arten von **schriftlichen Informationen** über Ihr Unternehmen:

- Die Aktenvermerke des Bankbetreuers aus den Kontakten mit Ihnen, diese sind immer bewusst bzw. unbewusst gefiltert,
- die Unterlagen, die Sie Ihrem Betreuer geben und die im Original in die Kreditakte wandern. Wenn diese ausführlich Ihre Sicht der Dinge darstellen (vgl. Kapitel 7), hat der Marktfolgemitarbeiter bessere Möglichkeiten, Ihr Unternehmen angemessen zu beurteilen.

Stimmen Markt und Marktfolge überein ist die Kreditentscheidung gefallen. Sind **Abweichungen** vorhanden, die sich z. B. beziehen können auf

- die Kreditentscheidung als solche,
- Elemente der Kreditkonditionen,
- Einzelheiten zu den zu verlangenden Sicherheiten,
- Informationsauflagen für Sie als Kunden,
- Klauseln in den Kreditverträgen,
- Befristungen von Teilen oder des ganzen Kredites,

müssen beide darüber Einvernehmen herstellen. Dabei kann es auch vorkommen, dass sich nochmals Nachfragen an Sie als Kunden ergeben.

Wenn **keine Einigung** erreicht werden kann, wird der Kundenbetreuer den Antrag entweder zurückziehen oder die Entscheidung geht in der Kompetenzhierarchie in beiden Abteilungen eine Stufe nach oben, d. h. die jeweiligen Vorgesetzten werden einbezogen.

Der gleiche Schritt in der Kompetenzhierarchie tritt ein, wenn sich beide Kollegen zwar einig sind, die Kreditanfrage aber ihre Kompetenzgrenzen überschreitet (vgl. Kapitel 2.4).

Wenn der Kundenbetreuer **alleine entscheidet** (vgl. Kapitel 3.1.2), stellt sein Votum bereits die Kreditentscheidung dar. Der Kreditvorgang geht dann in die Marktfolge zur weiteren Bearbeitung. Es ist nicht auszuschließen, dass von dort Bedenken geäußert werden. Diese werden die Entscheidung i. d. R. nicht mehr beeinflussen, könnten aber in der weiteren Beobachtung Ihres Kredits durch den Betreuer (vgl. Kapitel 12) zu einer restriktiveren Handhabung z. B. bei Überziehungswünschen führen.

FAZIT:

- Klären Sie, wer über Ihren Kreditwunsch entscheidet.
- Lesen Sie ggf. nochmals Teile des Kapitels 2 zur Vertiefung dieses Themas.

5.4 Die Kommunikation der Kreditentscheidung

Normaler Weise wird Ihr Kundenbetreuer Sie über die Entscheidung auf kurzem Wege informieren. Dabei sind sowohl bei positiver wie bei negativer Nachricht einige Aspekte zu beachten.

Übrigens: Wenn Ihr Kundenbetreuer im Falle von Kreditauflagen oder -ablehnungen damit argumentiert, dass „die Marktfolge“ so entschieden habe, dann ist das schlicht unprofessionelles Kommunikationsverhalten. Die Entscheidung wird in der Bank getroffen – und es ist „eine“ Bank! Diese Entscheidung muss auch dem Kunden gegenüber mit einer Stimme vertreten werden.

5.4.1 Kreditbewilligung

Sie werden sämtliche Verträge zur Kreditbewilligung erhalten – im Gespräch oder per Post – also Kreditvertrag und Sicherheitenverträge (vgl. Kapitel 8). Dies kann je nach Umfang Ihrer Kreditwünsche ein umfangreiches Paket an Formalia sein. Diese „Formalia“ können es aber in sich haben. Deshalb ist die Bitte des Betreuers, diese im Termin zu unterzeichnen, i. d. R. nicht angebracht.

Denn wenn Sie erst einmal unterschrieben haben, werden Sie sich später nicht darauf berufen können, dass Sie keine Zeit hatten, alles sorgfältig zu lesen. Also nehmen Sie sich – wie auch immer – die Zeit dazu, alle **Verträge sorgfältig** zu **lesen**. Achten Sie dabei besonders darauf, ob

- alle vereinbarten Bedingungen so wieder gegeben werden, wie Sie diese verstanden haben;
- sich ggf. Bedingungen finden, die nach Ihrer Meinung nicht vereinbart wurden;
- sich Bedingungen finden, deren Inhalt Sie nicht nachvollziehen können.

In jedem dieser Fälle **klären Sie alle Fragen**, bevor Sie Verträge welcher Art auch immer unterschreiben. Sollten sich deutliche Differenzen ergeben, kann es passieren, dass die Bank ihren Entscheidungsprozess nochmals durchlaufen muss, um die eigene Beschlussgrundlage zu korrigieren (z. B. wenn sich ein klarer Fehler in die Verträge eingeschlichen hat, der sich so auch in den Beschlüssen der Bank nicht findet).

Finden sich in den Verträgen Passagen oder **Auflagen**, die Ihnen der Betreuer auch erläutert und gleichzeitig betont, dass er hiervon nicht abweichen kann, so ist der Ball wieder in Ihrem Feld. Hinterfragen Sie Abweichungen und Auflagen nachdrücklich, damit Sie einerseits die Denkweise der Bank nachvollziehen können, andererseits ggf. Gegen- oder Ergänzungs-Argumente vortragen können. Überlegen sie, welche Bedeutung diese Passagen oder Auflagen für Ihr Unternehmen zukünftig haben könnten, und wägen Sie ab, den Vertrag auch mit diesen zu unterschreiben oder ggf. sich Bedenkzeit auszubitten oder ganz vom Kreditwunsch zurückzutreten. Eine vereinbarte Bedenkzeit kann genutzt werden, um **alternative Angebote** abzuwarten – oder wenn dies noch nicht geschehen sein sollte – einzuholen. Um weitere Angebote einzuholen dürfte die Zeit i. d. R. allerdings bereits sehr knapp sein.

Bedenken Sie, dass sich auch allgemein formulierte Standard-Vertrags-Formulierungen im Einzelfall durchaus verändern lassen – vorausgesetzt Ihre Verhandlungsposition ist dafür stark genug (vgl. dazu auch Kapitel 13 über Ihre „Bankenlandschaft").

! FAZIT:

- Prüfen Sie alle Verträge im Detail.
- Klären Sie alle für Sie offenen Fragen vor Ihrer Unterschrift.
- Verhandeln Sie ggf. erneut.
- Für Berater: Sie haben im Zweifel mehr Erfahrungen mit den rechtlichen Formulierungen in Kredit- und Sicherheiten-Verträgen – bieten Sie daher an, parallel mitzulesen.

5.4.2 Kreditablehnung

Banken geben Kreditablehnungen meistens mit pauschalen Argumenten weiter. Geben Sie sich damit nicht zufrieden, sondern **fragen** Sie nach. Für Sie ist es wichtig, die wirklichen Gründen für eine Ablehnung zu erfahren, weil diese für Sie Hinweise für Ihre weitere Finanzierungsstrategie und Aktivitäten beinhalten werden.

Um nicht zu „investigativ" nach den Gründen der Ablehnung zu fragen, könnten Sie auch fragen, welche Merkmale, Indikatoren oder Handlungen Ihrerseits hätten anders aussehen müssen, damit die Bank zu einer positiven Kreditentscheidung hätte gelangen können – oder in Zukunft gelangen kann (vgl. auch den Einstieg in Kapitel 11 zu den besonderen Gesprächssituationen).

Sollte Ihr Betreuer keine nachvollziehbaren Begründungen geben können oder wollen, ist der Gang zur nächst höheren Kompetenzebene durchaus zu überlegen.

Bedenken Sie immer: Sie haben als Unternehmen und Unternehmer alle Informationen gegeben, die die Bank verlangt hat – also haben Sie jetzt auch Anspruch auf entsprechendes Verhalten seitens der Bank (vgl. dazu auch Kapitel 11.3 zum Ratinggespräch).

! FAZIT:

- Geben Sie sich mit einer pauschalen Kreditablehnung nicht zufrieden.
- Verlangen Sie nachvollziehbare Begründungen.
- Für Berater: Speziell in dieser Situation ist es oft möglich, als Moderator für eine positive Kommunikation zwischen den Beteiligten zu sorgen.

5.5 Kreditauszahlung

Die Auszahlung eines bewilligten Darlehens an Sie bzw. die Einmeldung eines neu vereinbarten Kontokorrentkredit-Limits in die EDV der Bank wird erst dann erfolgen, wenn nicht nur die Entscheidung gefallen ist, sondern wenn

- alle Verträge unterschrieben sind,
- alle Sicherheiten wirksam und rechtsverbindlich bestellt worden sind.

Dies kann je nach Umfang gerade der Sicherheiten (z. B. bei Grundschuldeintragungen) durchaus längere Zeiten in Anspruch nehmen.

! FAZIT:

- Sprechen Sie genau ab, welche Voraussetzungen erfüllt sein müssen für die Auszahlung.
- Vereinbaren Sie ggf. Teilauszahlungen bei bestimmten erreichten Teilschritten.
- Erfüllen Sie die Voraussetzungen auf Ihrer Seite zügig und vollständig.
- Halten Sie nach, dass sich auch die Bank an die ihrerseits zugesagten Teilschritte und Termine hält.

- Für Berater: Unterstützen Sie, indem Sie mit Ihren Mandanten einen klaren Termin- und Aktivitätenplan aufstellen, damit Ihre Mandanten alle erforderlichen Schritte pünktlich gehen – und übernehmen Sie ggf. die Terminkontrolle.

5.6 Einzelwertberichtigung als Kreditentscheidung

In jeder Kreditentscheidung findet über das Rating (vgl. Kapitel 4.2) und die Kapitaldienstfähigkeitsberechnung (vgl. Kapitel 4.4) eine Risikobetrachtung statt, die in die Entscheidung zu einer Einzelwertberichtigung (EWB) münden kann.

Eine Bank wird eine Einzelwertberichtigung dann vornehmen, wenn sie in ihrem Engagement ein so hohes Risiko sieht, dass sie die Rückführung im Rahmen der getroffenen Kreditvereinbarungen für ernsthaft gefährdet hält. Diese Entscheidung enthält immer **subjektive Beurteilungsmomente**. Sie ist damit in der Bank auch oft Gegenstand von Diskussionen. Die Beteiligten sind dann i. d. R. der Kundenbetreuer und die Marktfolge und ggf. als weitere Beteiligte und auch Anstoßgeber für eine solche Entscheidung die interne Revision und/oder die externe Revision, also der Jahresabschlussprüfer (oder auch die Durchführenden einer Prüfung nach § 44 KWG – vgl. Kapitel 3.2.10).

Einen Anhaltspunkt für die EWB-Entscheidung bilden die **Kriterien**, die im Kapitel 4.3 zum Thema „Risikoklassensystem der Jahresabschlussprüfer" aufgeführt wurden – siehe die dortige „Risikoklasse 2 = Anmerkungsbedürftige Kredite":

Wirtschaftliche Verhältnisse insgesamt nicht bedenkenfrei, d. h.:

- Knappe nachhaltige Kapitaldienstfähigkeit (kein oder nur geringer Liquiditätsüberschuss) und knappe positive Vermögenslage (Vermögens-Schuldendeckung), wobei die Zins- und Tilgungsleistungen noch erbracht werden.
- Nachhaltige Kapitaldienstfähigkeit nicht gegeben, aber gute Vermögenslage auf Basis vorsichtig geschätzter Liquidationswerte.
- Knappe negative Vermögenslage, aber nachhaltige Kapitaldienstfähigkeit eindeutig gegeben.
- Andere gravierende Risikomerkmale.

Wenn in einem Engagement die Bank Risiken sieht, die über diese Beschreibungen hinaus gehen, dann ist der Zeitpunkt gekommen, über eine EWB ernsthaft nachzudenken und zu entscheiden.

Die Gründe für eine EWB im Detail seien aus der Arbeitsanweisung einer Sparkasse zitiert:

„Allgemeingültige Aussagen darüber, unter welchen Umständen ein Forderungsverlust als „wahrscheinlich" angesehen werden muss, lassen sich wegen der in jedem Fall anders gelagerten Einzelumstände nicht abschließend treffen. Die nachfolgenden Kriterien sind deshalb als beispielhafte Anhaltspunkte für eine objektive Begründung zu verstehen.

- Ertragssituation
  - Nachhaltige Verlustsituation auf Basis des Jahresergebnisses
  - Ein negativer Trend kann auch aus einem Jahresabschluss in Verbindung mit einer aktuellen BWA abgeleitet werden
  - Bei der Bewertung der Ertragssituation sind Sonderfaktoren, die das Jahresergebnis beeinflusst haben (z. B. außerordentliche Positionen), zu berücksichtigen [vgl. auch KDF-Berechnung im Kapitel 4.4, Anmerkung des Verfassers]
  - Rückläufige Umsatzerlöse
  - Branchenrisiken, Konkurrenzsituation, Qualität des Managements
  - Erhebliche Gehaltsminderungen bzw. Arbeitsplatzverlust
- Vermögenssituation
  - Bilanzielles Fehlkapital: Bei der Bewertung der Vermögenssituation sind ebenfalls unter wirtschaftlicher Sichtweise Sonderfaktoren zu berücksichtigen (z. B. stille Reserven, Gesellschafterdarlehen, Rangrücktritt)
  - deutlich erhöhter Eigenkapitalverzehr
- Kapitaldienstfähigkeit
  - Die Kapitaldienstfähigkeit ist nicht gegeben
  - Bei der Ermittlung der Kapitaldienstfähigkeit sind auch die Kosten für die Lebensführung bzw. Sonderfaktoren (s. Ertragssituation) zu berücksichtigen
- Liquiditätssituation
  - Überziehungen (tägliche Disposition, Dauerüberziehungen, Rückgaben etc.)
  - Zunehmende Auskunftsanfragen
  - Pfändungen
  - Leistungsstörungen
  - Bestehende Rückzahlungsvereinbarung, die nicht zu einer angemessenen Rückführung ausreicht
  - Eröffnung des Insolvenzverfahrens"

Natürlich wird sofort deutlich, dass das Auftreten mehrerer dieser Einzelumstände eine Entscheidung pro EWB forciert.

Fällt die Entscheidung pro EWB aus, wird diese i. d. R. im Rahmen des **Blankoanteils** gebildet (Gesamtobligo - Sicherheiten im Wertansatz der Bank).

Für die **weitere Behandlung eines Engagements** bedeutet das:

- Rating fällt in den „roten Bereich", also z. B. Sparkassen Note 16-18, Genossenschaftsbanken Note 4b (vgl. Kapitel 4.2.4).
- Weitere Kreditgewährungen auch in Form von Überziehungen sind nicht mehr möglich (es sei denn im Rahmen von Sanierungskrediten, die auf Basis eines vorliegenden und überzeugenden Sanierungskonzeptes zur Rettung des Unternehmens heraus gelegt werden – vgl. Kapitel 3.3 zur persönlichen Haftung des Kundenbetreuers i. R. d. Rechtsprechung des Bundesgerichtshofs).
- Die Betreuung des Engagements übernimmt spätestens jetzt ein Krisen- oder Sanierungsexperte aus der Marktfolge (vgl. Kapitel 2.6).

In der Kommunikation folgt daraus eine weitere Intensivierung – auf beiden Seiten! Von Bankseite wird die EWB-Entscheidung sehr oft nicht angesprochen, der Wechsel in die Betreuungszuständigkeit der Marktfolge ist allerdings ein deutliches Signal. Allerdings wird dieser Wechsel oftmals nicht unter der „Marke Krisenberatung" angekündigt. Daher sollten Sie einen Betreuerwechsel immer hinterfragen.

Eine besondere Situation tritt dann ein, wenn die Hausbank ein kritisch gewordenes Engagement an eine Abwicklungsbank verkauft (vgl. Kapitel 14.3). Alle Banken und Bankenverbünde haben solche Institutionen. Bei den Genossenschaftsbanken ist das z. B. die BAG Bankaktiengesellschaft in Hamm. Damit tritt ein weiterer Partner in die Kunde-Bank-Kommunikation ein (*Sonntag/Zeiselmaier*, BankInformation 5/2012).

In einer solchen Krisensituation – die ausdrücklich nicht mehr Gegenstand dieses Buches ist (vgl. Vorwort) – ist meistens eine intensive beratende Begleitung aus betriebswirtschaftlicher Sanierungssicht und rechtlicher Sicht inklusive Insolvenzexpertise ratsam. Positiv kann sich dann auch für Sie als Kunde auswirken, dass der Sanierungsberater Ihrer Bank aus der Begleitung vieler Krisenfälle eine hohe Praxiserfahrung mitbringt und so eine durchaus hilfreiche Expertise beisteuern kann. Das wird allerdings nur funktionieren, wenn alle Beteiligten konstruktiv zusammenarbeiten.

! FAZIT:

- Bei Betreuerwechsel zur Marktfolge stellen Sie die Frage nach einer EWB.
- Klären Sie im Detail welche Konsequenzen das für die weitere Zusammenarbeit hat.

- Holen Sie im Regelfall weitere Unterstützung ins „Unternehmens-Schiff".
- Für Berater: Unterstützen Sie selber oder mit Experten aus Ihrem Netzwerk Ihren Mandanten intensiv, um ihn aus dieser Situation mit vereinten Kräften wieder herauszuführen.

6. Ihr Kreditbedarf: Realistische Einschätzung und Finanzierungsmöglichkeiten

DOWNLOAD:

Begleitblätter „Kreditbedarf“

Vor der Äußerung eines Finanzierungswunsches gegenüber Kreditgebern ist es entscheidend, die eigene Situation und den eigenen Bedarf umfassend zu analysieren sowie die verschiedenen Finanzierungsalternativen abzuwägen. Das bewahrt davor, mit unvollständigen Vorstellungen „anzutreten“ und kurze Zeit später weiteren Kreditbedarf „nachzureichen“ – was bei Kreditgebern immer schlecht ankommt. Denn diese gehen von einer gründlichen Vorbereitung auf Seiten ihrer Kunden aus. Ihre Verhandlungsposition wird auch davon abhängen, wie gründlich Sie diesen Vorbereitungsschritt bearbeitet haben.

6.1 Liquiditäts- und Finanzierungsbedarf – Ihre Ausgangslage

6.1.1 Finanzierungsstruktur in Ihren Bilanzen

Bilanzstrukturen erleichtern einem Unternehmen die Finanzierung des Geschäftes – oder sie behindern diese. Daher kommt es darauf an, die eigenen Bilanzstrukturen im Blick zu haben und immer wieder zu überprüfen – und ggf. anzupassen und zu optimieren.

6.1.1.1 Einhalten der Goldenen Bilanzregel

Die Goldene Bilanzregel – auch **Anlagendeckung** genannt – wurde als Kennzahl in Kapitel 4.1.4 beschrieben:

- Aussage: Ist das Unternehmen solide finanziert?
- Formel: (Eigenkapital + langfristige Darlehen)/Anlagevermögen · 100.
- Ergebnisbewertung: Die Anlagendeckung sollte deutlich über 100 % liegen, d. h. das Anlagevermögen sollte langfristig finanziert sein.
- Ergänzende Interpretation: Der bei einer Anlagendeckung von über 100 % gegebene langfristige Finanzierungs-Überhang dient dazu, einen Teil des „eisernen Waren-

bestandes“ zu finanzieren, also des Mindestwarenbestandes, um die Lieferbereitschaft des Unternehmens zu gewährleisten.

FAZIT:

- Ergibt sich eine Zahl von nur knapp über oder gar unter 100 % stellen Sie Überlegungen an, wie Sie hier wieder auf einen „grünen Zweig“ kommen können.
- Nehmen Sie entsprechende Gestaltungen (z. B. Umschuldung einer Dauer-Inanspruchnahme im Kontokorrent in ein Darlehen, vgl. Kapitel 6.2.2.4) ggf. in Ihre Kreditanfrage mit auf.
- Für Berater: Sprechen Sie Ihre Mandanten aktiv auf eine nicht genügende Anlagendeckung an und entwickeln Sie gemeinsam eine Strategie zur Verbesserung.

6.1.1.2 Ausweis einer ausreichenden Eigenkapitalquote

Die Eigenkapitalquote ist im Rating eine wichtige Kennzahl – und war immer schon ein bedeutsamer Gradmesser unternehmerischer Bonität. Welche Ausprägung der Eigenkapitalquote (Eigenkapital in % der Bilanzsumme) eine Bank als ausreichenden Verlustpuffer ansieht, wird u. a. von Branche und Geschäftsmodell des Unternehmens und dessen Risikoprofil abhängen. In gewisser Weise eingebürgert hat sich die Einschätzung, dass eine Quote von mehr als 20 % als „ordentlich“ bezeichnet werden kann.

Die Details zur Berechnung der Eigenkapitalquote werden in Kapitel 4.1.2.4 aufgezeigt.

FAZIT:

- Prüfen Sie die Höhe der Eigenkapitalquote.
- Sprechen Sie mit Ihren Banken über deren Einschätzung Ihrer Eigenkapitalsituation.
- Überlegen Sie ggf. Maßnahmen zur Erhöhung der Eigenkapitalquote.
- Für Berater: Weisen Sie auf eine ungenügende Eigenkapitalausstattung hin. Geben Sie Hinweise zur Verbesserung – auch wenn diese ggf. Steuerzahlungen nach sich ziehen könnten. Beziehen Sie dabei ggf. das Privatvermögen mit ein.

6.1.1.3 Beachten der gegebenen Fremdfinanzierungsstrukturen

Die vorhandenen Finanzierungsstrukturen auf der Passivseite Ihrer Bilanz (vgl. Kapitel 4.1.2.5 bis 4.1.2.7) beziehen Sie ebenfalls in Ihre Vorbereitungsüberlegungen mit z. B. den folgenden Fragen ein:

- Wie ist die Struktur der **Lieferantenverbindlichkeiten** – gibt es Gestaltungsspielräume im Einzelfall (vgl. Kapitel 6.3.5)?
- Welche Kreditlinien im Bereich der **Bankverbindlichkeiten** – kurzfristig wie langfristig – werden in den kommenden zwölf Monaten **auslaufen** (sowohl Linienbefristungen wie Auslauf von Festzinsvereinbarungen)? Diese sind ggf. bereits in die Neustrukturierung mit einzubinden – um nicht in sechs Monaten bei der Bank oder den Banken „wieder auf der Matte zu stehen".

  Bedenken Sie dabei, dass mit Fristablauf **Darlehensbedingungen** in allen Gestaltungen neu vereinbart werden können.

  Ein besonderes Augenmerk sollte dabei auf Ihren **Kontokorrent-Krediten** (KK-Krediten) liegen. Diese wurden früher oftmals „bis auf weiteres" (b.a.w.) zugesagt; heute gehen Banken mehr und mehr dazu über, nicht nur größere sondern auch kleinere KK-Kredite zu befristen – i. d. R. auf zwölf Monate. Dies bedeutet konkret, dass die KK-Linie, wenn diese nicht rechtzeitig durch einen neuen Kreditvertrag verlängert wird, mit Ablauf des Befristungsdatums entfällt – und bestehende Inanspruchnahmen als Überziehungen behandelt werden (vgl. Kapitel 4.2.2.3 zu den Warnsignalen im Rating).
- Wenn es **Verbindlichkeiten gegenüber verbundenen Unternehmen** gibt, so ist zu klären, wie diese ggf. (unter Einbeziehung evtl. bestehender Forderungen gegenüber verbundenen Unternehmen – denselben oder anderen), eingebunden oder reduziert werden können (vgl. dazu auch Kapitel 4.1.2.4 zur Wirkung dieser Positionen im Zusammenhang mit dem Eigenkapital).

! FAZIT:

- Denken Sie nicht nur an den aktuell bestehenden Kreditwunsch, sondern beziehen Sie jedes Mal die gesamten Finanzierungs-Strukturen mit in die Überlegungen ein.
- Beachten Sie besonders, die in den nächsten zwölf bis 24 Monaten auslaufenden Kreditlinien.
- Für Berater: Unterstützen Sie z. B. mit einem aussagefähigen Bankenspiegel (vgl. Kapitel 7.9).

6.1.1.4 Bewegungsbilanz nutzen

Wenn trotz aller Überlegungen die Finanzierungsstrukturen und deren Veränderungen „nicht so recht deutlich werden", hilft eine Bewegungsbilanz weiter.

Diese vergleicht alle Bilanzpositionen zweier Stichtage. Das können Bilanzstichtage aber auch beliebige Monatswerte innerhalb eines Jahres sein. Ihr Buchhalter oder Steuerberater erstellt diese auf Knopfdruck aus seinem System.

Eine Bewegungsbilanz zeigt Ihnen die **Mittelherkunft** und die **Mittelverwendung** mit folgenden Vergleichs-Rechnungen:

- Mittelherkunft = Summe aus:
  - Verringerung von Positionen auf der Aktivseite Ihrer Bilanz

    (z. B. Forderungen an Kunden => Ihre Kunden haben bezahlt)
  - Erhöhung von Positionen auf der Passivseite Ihrer Bilanz

    (z. B. Lieferantenverbindlichkeiten => Sie haben die Inanspruchnahme Ihrer Lieferanten erhöht)
  - Gewinn
- Mittelverwendung = Summe aus:
  - Erhöhung von Positionen auf der Aktivseite Ihrer Bilanz

    (z. B. Sachanlagen => Sie haben einen Maschinenkauf aktiviert)
  - Verringerung von Positionen auf der Passivseite Ihrer Bilanz

    (z. B. Kurzfristige Bankverbindlichkeiten => Sie haben die Inanspruchnahme im KK-Kredit verringert)
  - Verlust

Damit haben Sie einen schnellen und groben Überblick über die Veränderungen im Betrachtungszeitraum. Bei Bedarf können Sie jetzt tiefer in die Analyse einsteigen und die jeweiligen Veränderungen hinterfragen – was waren die Ursachen, welche Entscheidungen stehen auf meiner Seite dahinter? Oft reicht aber schon dieser schnelle Überblick vollkommen aus, um ungeklärte Situationen ausreichend zu erhellen.

! FAZIT:

- Nutzen Sie die Bewegungsbilanz bei Ihnen unklaren Veränderungen in der Situation Ihrer Unternehmensfinanzierung.

- Für Berater: Ergreifen Sie selber die Initiative und erstellen eine Bewegungsbilanz, wenn Sie den Eindruck haben, dass Ihre Mandanten Finanzierung und Liquidität nicht so recht im Griff haben.

6.1.2 Aktuelle Liquiditätssituation

Neben den Strukturen gilt es, die aktuelle Liquiditätssituation (vgl. unten Kapitel 6.1.3 und 12.2) nicht außen vor zu lassen. Dazu ist zu prüfen, ob in letzter Zeit **Engpässe** an einer oder mehreren Stellen **vorgekommen sind**

- im Bereich der Lieferantenverbindlichkeiten wie z. B. Umstellung von Skonto- auf Netto-Zahlung sowie Mahnstatus;
- im Bereich der Kontokorrentlinien wie z. B. überwiegend ausgeschöpfte Kreditlinien oder gar Überziehungen (vgl. Kapitel 1.4)

oder künftig aufgrund der Vorausschätzungen und Planungen evtl. solche **Engpässe entstehen könnten** (vgl. Kapitel 7.10.4 zur Liquiditätsplanung).

FAZIT:

- Wenn Engpässe bereits bestehen oder absehbar bzw. zu befürchten sind, sollten diese in den Finanzierungsbedarf einbezogen werden.
- Bedenken Sie dabei auch die Wirkung von Engpässen im Rahmen der Warnsignale des Rating (vgl. Kapitel 4.2.2.3)
- Für Berater: Betonen Sie die Bedeutung dieses Themas in Ihren Mandantengesprächen generell – besonders hier kommt es auf die Vorbeugung an!

6.1.3 Die gezielte Disposition Ihrer Geschäftsgirokonten – Ihre Warnlinien

Im Rating wird generell den **Warnsignalen** aus der **Kontoführung** (vgl. Kapitel 4.2.2.3) hohe Bedeutung beigemessen. Eine noch stärkere Gewichtung erhält die Führung Ihrer Geschäftsgirokonten in den Schnell-Ratings (vgl. Kapitel 4.2.3).

Die Vermeidung von Warnsignalen hat daher „Chefaufgaben-Charakter". Dieser Chefaufgabe müssen Sie als Unternehmer nicht unbedingt dadurch gerecht werden, dass Sie selbst täglich Ihre Konten disponieren (wobei sich dies bei deutlichen Engpässen kaum vermeiden lassen wird). Sondern Sie geben Ihren Mitarbeitern, denen Sie dafür die Verantwortung übertragen haben, eine klare Anweisung in Form von **„Warnlinien“** an die Hand.

Der Gedanke dahinter: Sie agieren nicht erst (hektisch), wenn Ihre Kreditinanspruchnahme auf dem Geschäftsgirokonto das vereinbarte Kontokorrentlimit erreicht, sondern bereits deutlich früher – nämlich dann, wenn die von Ihnen definierte Warnlinie überschritten wird. Also z. B. nicht erst bei Erreichen der Kontokorrentlinie von € 100.000, sondern bereits bei einer Kreditinanspruchnahme von € 60.000, weil Sie Ihre Warnlinie so definiert haben. Dies gibt Ihnen jetzt Zeit, in aller Ruhe die aktuelle Liquiditäts- und Finanzierungssituation zu überdenken und mit gezielten Aktivitäten gegenzusteuern.

Zur **Bemessung** des Abstandes zwischen Kreditlinie und Warnlinie können z. B. folgende Indikatoren dienen:

- X % der Höhe des monatlichen Fixkostenblocks,
- X % der Höhe der monatlichen Gesamtkosten,
- X % der Höhe eines durchschnittlichen Monatsumsatzes.

Welcher Indikator der für Ihre Konstellation passende ist, hängt u. a. von den Zahlungsvereinbarungen auf Kunden- und Lieferanten-Seite und deren tatsächlicher Einhaltung ab. Es gibt dafür also keine Musterlösung.

Wenn Sie Ihre Geschäftsgirokonten auf **Guthabenbasis** führen, nutzen Sie natürlich ebenfalls Warnlinien. In diesem Falle definiert die Warnlinie ein Mindestguthaben.

Die Nutzung von Warnlinien und damit das Vermeiden von Warnsignalen funktioniert dann einfacher, wenn Sie **mehrere kreditgebende Bankverbindungen** haben und so die Dispositionen gezielt auf verschiedene Bankkonten steuern können. Dadurch werden Sie zwei wichtige Aspekte eher realisieren können, als wenn alle Geschäftsvorfälle über ein Konto laufen:

- Die „bewegliche“ Kontoführung i. S. der Banken: Der Kontosaldo bewegt sich deutlich unterhalb der vereinbarten Kreditlinie mit immer unterschiedlichen Kontoständen;
- und das sogar mit „wechselnden Salden“: Der Kontosaldo weist nicht nur immer eine Kreditinanspruchnahme aus, sondern wechselt tageweise auch mal in den Guthabenbereich.

Ein weiterer Aspekt, der Warnlinien noch dringender und wichtiger werden lässt, ist die **Handhabung von Rückgaben** „vollautomatisch“. Früher war es üblich, dass Ihr Betreuer bei Überziehungen, die durch aktuelle Verfügungen (Überweisungen, Schecks, Lastschriften) entstehen würden, bankintern angefragt wurde und er konnte entscheiden:

Überziehung zulassen oder Verfügung zurückgehen lassen. Letztere Alternative bedeutet: Überweisungen nicht ausführen (liegen lassen oder zurück senden) und Rückgabe von Schecks oder Lastschriften „mangels Deckung". Zunehmend gehen Banken zu einem Verfahren über, dass z. B. bei den Volks- und Raiffeisenbanken „auto retour" heißt: Jede – auch die kleinste (!) – Verfügung, die zu einer Überziehung führen würde, wird vollautomatisch zurückgegeben, wenn kein Verfügungsrahmen mehr vorhanden ist. Ein Mensch greift in diesen Prozess nicht mehr ein. Dieses Verfahren wird dabei oft auf kleinere Kundensegmente wie Geschäfts- oder Gewerbekunden beschränkt (vgl. Kapitel 2.1). Als Einreicher – also Begünstigter – einer Lastschrift erkennen Sie das daran, dass in der Meldung auf Ihrem Kontoauszug bei Belastung des Betrages kein Vermerk mehr steht „wegen Widerspruch" oder „mangels Deckung/Zahlung".

In diesem Zusammenhang: Lesen Sie „Benachrichtigungen", die im Rahmen der Kontoauszüge mit ausgedruckt werden, genau durch. Die Änderung solcher Verfahrensweisen wird oft auf diesem „kurzen" Wege mitgeteilt.

FAZIT:

- Definieren Sie Warnlinien für Ihre Geschäftsgirokonten.
- Stellen Sie sicher, dass Sie bei Über- oder Unterschreiten sofort informiert werden.
- Machen Sie sich von Zeit zu Zeit wieder bewusst, welche Faktoren die Warnsignale und die Schnell-Ratings abgreifen.
- Klären Sie mit Ihren Banken, wie diese bei doch einmal vorkommenden Überziehungen verfahren (auto retour?).
- Agieren Sie sofort, um das Senden von Warnsignalen an Ihre Banken zu vermeiden.
- Verbessern Sie die Ausgangslage zu diesem Thema, in dem Sie mindestens zwei kreditgebende Bankverbindungen unterhalten.
- Für Berater: Unterstützen Sie Ihre Mandanten bei der Bestimmung der Warnlinien.

6.1.4 Ihre Sicherheiten-Basis

Neue Finanzierungswünsche lösen auch immer Fragen nach den möglichen Sicherheiten aus:

- Welche Sicherheiten sind bereits welchen Banken für welche Kredite gestellt worden?

- Welche weiteren Vermögenswerte im Unternehmen und/oder privat könnten ggf. als Sicherheiten angeboten werden?
- Welche Vermögenswerte will ich als Kreditnehmer ggf. anbieten?
- Wie sind diese Vermögenswerte aus Sicht der Bank zu bewerten?

Welche Rolle Sicherheiten bei Kreditentscheidungen spielen, wurde in Kapitel 4.10 dargestellt. Die Details zu Sicherheiten werden im Kapitel 8 ausführlich behandelt.

FAZIT:

- Stellen Sie in der Vorbereitung Ihre eigenen Überlegungen zur Sicherheitensituation an.
- Bedenken Sie, dass die anderen in Kapitel 4 dargestellten Parameter einer Bankentscheidung vorab positiv erfüllt sein müssen.
- Für Berater: Seien Sie Gesprächs- und Sparrings-Partner bei allen Themen rund um die Sicherheiten.

6.1.5 Finanzierungsbedarf im Gesamtüberblick

Einen Gesamtüberblick über den Finanzierungsbedarf eines Unternehmens vermittelt die nachstehende Abbildung. Darin wird auch darauf hingewiesen, welche dieser Bedarfe i. S. der Liquiditätssteuerung besondere Priorität genießen sollten.

ABB. 16: Der Liquiditätsbedarf eines Unternehmens

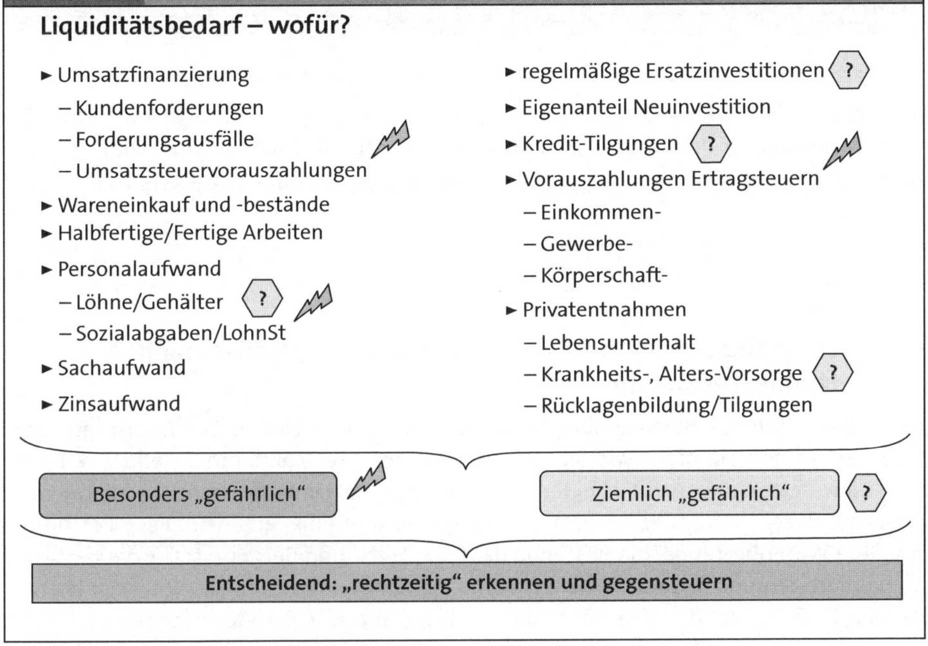

Als „besonders gefährlich“ werden die Bedarfe bezeichnet, deren Empfänger über eine eigene Vollstreckungshoheit verfügen.

Als „ziemlich gefährlich“ werden diejenigen Bedarfe eingeschätzt, bei denen eine Nichtbezahlung zu deutlich negativen Konsequenzen für das Unternehmen kurz- oder mittelfristig führen würde:

- Löhne/Gehälter: Kurzfristig Reduzierung von Leistungsbereitschaft und Motivation, Gefährdung des Image im Markt.
- Regelmäßige Ersatzinvestitionen: Mittelfristig Gefährdung der Leistungsbereitschaft im Markt.
- Kredit-Tilgungen: Reduzierung der Verhandlungsmacht-Position gegenüber den Banken.
- Privatentnahmen Vorsorge: Mittelfristig Gefährdung der eigenen „Versorgungsbasis“ des Unternehmers.

FAZIT:

- Beachten Sie immer den gesamten Finanzierungsbedarf Ihres Unternehmens.
- Sollte es „eng“ werden, zahlen Sie strategisch und gezielt und nicht nach dem Zufallsprinzip oder dem Motto „wer am lautesten schreit, wird zuerst bezahlt“.
- Für Berater: Gehen Sie mit Ihren Mandanten regelmäßig den Finanzierungsbedarf durch.

6.1.6 Finanzierungs-Bedarf reduzieren durch Optimierung des Umlaufvermögens

Bevor Sie mit Ihren Banken über Ihren vollständig ermittelten Finanzierungsbedarf sprechen, prüfen Sie bitte, wie Sie diesen durch interne Maßnahmen reduzieren können. Diese setzen in den entscheidenden Positionen des Umlaufvermögens an. Die neudeutsche Bezeichnung dazu lautet „Working-Capital-Management“. Diese Positionen sind Ihre Warenbestände, die Bestände der Roh-, Hilfs- und Betriebsstoffe, die Bestände an halbfertigen und fertigen Arbeiten sowie die Kundenforderungen. Natürlich besteht dabei z.T. ein Zielkonflikt zwischen Liquiditätszielen und z.B. Lieferbereitschaft. Diesen werden Sie im Einzelfall entscheiden müssen. Beispiele für Maßnahmen zur Reduzierung des Umlaufvermögens finden Sie im Kapitel 6.3.1.

FAZIT:

- Schöpfen Sie die Möglichkeiten zur Reduzierung Ihres Umlaufvermögens aus.
- Achten Sie dabei auf mögliche Konflikte mit anderen unternehmerischen Zielen.
- Für Berater: Unterstützen Sie mit gezielten Hinweisen aus der externen Blickrichtung.

6.2 Finanzierungs-Bedarf Investitionen

6.2.1 Grundlage ist Ihr Investitionsplan

Grundlage für die Ermittlung des Bedarfs an Investitionsfinanzierungen ist nicht die einzelne, gerade aktuell anstehende Investition, sondern Ihr vorausgeschätzter Bedarf für die nächsten 2-3 Jahre. Und wenn sich dies bereits abzeichnen sollte, ggf. auch für eine längere Periode.

Hintergrund dieser Anforderung:

- Auf Basis einer Investitionsplanung kommen Sie mit hoher Wahrscheinlichkeit zu anderen Finanzierungsüberlegungen, als wenn Sie nur über die gerade anstehende einzelne Investition nachdenken, und zwar
  - bezüglich der Finanzierungs-Alternativen (Bankdarlehen, öffentliche Fördermittel, Leasing, Mezzanine, ... – vgl. Kapitel 6.2.2, 6.2.3 und 6.4),
  - mit Blick auf die Sicherheitenstellung (finanzierte Anlagen, Grundschulden, Bürgschaftsbank, ... – vgl. Kapitel 8),
  - hinsichtlich der Frage nach der Kreditbereitschaft Ihrer Banken und damit auch der eventuellen Verteilung des anstehenden Finanzierungsvolumens (vgl. Kapitel 13).
- Ihre Kreditgeber sind nicht begeistert, wenn Sie jedes Vierteljahr mit neuem Finanzierungsbedarf für Investitionen auf diese zukommen.

Das schließt natürlich nicht aus, dass sich auch Konstellationen ergeben können, in denen plötzlich doch ein nicht abgeschätzter Investitionsbedarf auftaucht. Und natürlich wird sich Ihre Investitionsplanung bei der jährlichen Fortschreibung bzw. Überarbeitung auch immer wieder ändern. Ihre Grundlage aber für Finanzierungsüberlegungen und -anfragen ist auf Basis einer Investitionsplanung gesicherter.

In der **Investitionsplanung** unterscheiden Sie bitte:

- Neu- und Erweiterungs-Investitionen – quer über alle Unternehmensbereiche
- Regelmäßige Ersatz-Investitionen – quer über alle Unternehmensbereiche
- Neben- und evtl. Anlaufkosten
  - Gutachterkosten, Gebühren jeglicher Art
  - Umzugs- und Einrichtungs-Nebenkosten
  - Anlaufkosten quer durch alle Kostenarten
  - Verzögerter Umsatzanstieg durch Anlaufphasen
  - Umsatzausfall durch Umzug, Umrüstung, ...

  Denn wenn Sie diese nicht mitfinanzieren, werden Sie über kurz oder lang Engpässe in Ihren Kontokorrentkonten haben – mit der negativen Folge, dass Sie Warnsignale in Ihren Banken auslösen (vgl. Kapitel 4.2.2.3 und 4.2.3).

Vor allem die regelmäßigen Ersatzinvestitionen werden gerne übersehen, weil jede einzelne teilweise recht gering ist. Die Summe aber kann deutliche Ausmaße erreichen. Denken Sie dabei auch an geringwertige Wirtschaftsgüter, Werkzeuge, Software und weitere Bereiche, die in Ihrer Branche jedes Jahr wieder für auflaufende Summen sorgen. Die entsprechenden Konten in Ihrer Buchhaltung der letzten drei Jahre geben Ihnen eine recht klare Vorstellung über die jährlichen Volumina.

Das gleiche gilt für die Neben- und Anlaufkosten, die gerne in optimistischer Denkweise zu gering geschätzt oder gar ganz übersehen werden.

Vergessen Sie nicht, einen bestimmten Prozentsatz der Investitionssummen als Reserve für Unvorhergesehenes mit einzuplanen.

Sollte es im Verlauf einer finanzierten Investition zu einem nicht absehbaren Mehrbedarf kommen, agieren Sie – wie immer – zügig gegenüber Ihren Banken, um nach gemeinsamen Lösungen zu suchen.

FAZIT:

- Erstellen Sie einen Investitionsplan als Grundlage Ihrer Finanzierungs-Überlegungen.
- Schreiben Sie diesen jährlich fort.
- Erwägen Sie auf dieser Basis Art und Formen Ihrer Finanzierungswünsche.
- Für Berater: Unterstützen Sie Ihre Mandanten bei der Erstellung eines vollständigen (!) Investitionsplans durch Ihre kritischen Nachfragen.

6.2.2 Darlehens-Finanzierung inklusive öffentlicher Mittel

6.2.2.1 Gestaltungselemente von Bankdarlehen

Ihre Investitionswünsche werden i. d. R. von Banken nicht zu 100 % finanziert, sondern man erwartet einen gewissen **Eigenkapitalanteil**. Oft liegt diese Erwartung in einer Größenordnung von 20 % (vgl. auch Kapitel 4.4 Verwendungsseite des Cashflow). Können oder wollen Sie diese nicht erbringen, wird die Verhandlung an sich und vermutlich auch bezüglich der Zinskonditionen schwieriger.

Bei vielen kleineren Investitionen über einen längeren Zeitraum erscheint es wenig sinnvoll, für jeden Betrag ein einzelnes Darlehen zu beantragen. Hier kann ein **„Investitions-Auflaufkonto"** im Kontokorrent gute Dienste leisten: Sie besprechen mit Ihren Banken das gesamte Investitions- und Finanzierungsvolumen und den Gesamtzeitraum. Die einzelne Investition bezahlen Sie dann vom Auflaufkonto. Nachdem alle Investitionen abgeschlossen sind, wird der Saldo des Auflaufkontos wie bereits zu Beginn vereinbart in ein Darlehen umgeschuldet. Berücksichtigen Sie dabei aber, dass eine Endfinanzierung über öffentliche Förderkredite (vgl. Kapitel 6.2.2.2) dann i. d. R. nicht mehr möglich sein wird.

Bei der Aufnahme und Verhandlung von Darlehen sind folgende **Gestaltungselemente** zu beachten (zur Einbindung dieser Gestaltungselemente in Darlehensverträge vgl. Kapitel 14.2):

- **Laufzeit:**

  I. S. der Goldenen Bilanzregel/Anlagendeckung (vgl. Kapitel 6.1.1.1) finanzieren Sie Investitionen grundsätzlich langfristig. Maßstab für die Dauer der aufzunehmenden Darlehen ist i. d. R. die steuerliche Abschreibungs-Dauer.

- **Tilgungsmodalitäten:**

  Investitionsdarlehen werden regelmäßig getilgt – die **monatliche Rate** ist für die Liquiditätssteuerung meistens die bessere Alternative als die dann entsprechend höher ausfallenden Viertel- oder gar Halbjahres-Rate.

  Grundsätzlich werden zwei **Tilgungsarten** unterschieden:

  - **Tilgungsdarlehen**: Monatlich konstanter Tilgungsbetrag; die Zinsen werden monatlich oder vierteljährlich zusätzlich belastet und dabei jeweils nur auf den aktuellen Restsaldo gerechnet – haben also kontinuierlich abnehmende Tendenz.
  - **Annuitätendarlehen**: Monatlich über die gesamte Laufzeit konstante Rate beinhaltend Zins und Tilgung. Da auch hier der Zins nur auf den jeweils aktuellen Restsaldo gerechnet wird, nimmt von Rate zu Rate der Tilgungsanteil an der Gesamtzahlung zu, der Zinsanteil ab.

  Im Vergleich der beiden Modalitäten werden Sie bei einem Tilgungsdarlehen etwas weniger Zinsen zahlen als bei einem Annuitätendarlehen. Ein **Tilgungsplan** für die von Ihren Banken angebotenen Darlehen gibt darüber genauen Aufschluss. In jedem Fall ist es sinnvoll, in der Vorbereitung auf ein Bankgespräch die eigenen Vorstellungen bezüglich Zinssatz und Laufzeit selber durchzurechnen. Im Internet gibt es dazu kostenlose Angebote (deren Qualität und Genauigkeit hier nicht beurteilt wird) u. a.:

INTERNET:

- http://www.annuitaetenrechner.org
- http://tilgung.fmh.de/rechner3/FMH2/tilgungsrechner/
- http://www.zinsen-berechnen.de/kreditrechner.php
- http://www.digitalproducts.de/Tilgungsplan.php
- https://www.kfw-formularsammlung.de/TilgungsrechnerINET/xhtml/ratierlich.do

Die **Tilgungsanrechnung** wird heute regelmäßig wie beschrieben nur auf den täglichen Restsaldo gerechnet. Ganz auszuschließen ist nicht, dass im Einzelfall auch noch Regelungen angeboten werden, bei denen die Tilgungen zinsmäßig erst nach einem, drei, sechs oder zwölf Monaten in Anrechnung gebracht werden. Solche Klauseln sollten Sie nicht unterschreiben.

Bei Investitionen mit einer größeren Anlauf- (Bau-)Zeit kann es sinnvoll sein, ein oder zwei **tilgungsfreie Anlaufjahre** zu vereinbaren. In diesen wird dann nur der Zins auf die jeweils aufgelaufene Inanspruchnahme gezahlt. Zu beachten ist dabei aber auch das Thema Bereitstellungsprovision – vgl. Kapitel 9.5.2.

Eine Sonderform ist das sog. **endfällige Darlehen**. Es wird am Ende der vereinbarten Laufzeit in einem Betrag zurückgezahlt. Eine solche Konstruktion ist nur in Sondersituationen sinnvoll, in denen z. B. bereits heute bekannt ist, dass zum Endzeitpunkt aus einem Vorgang X der entsprechende Betrag zur Tilgung dem Unternehmen zufließen wird. Ob es im Einzelfall sinnvoll sein kann, eine solche Gestaltung im Zusammenhang mit einer bestehenden oder neu anzusparenden Kapitallebensversicherung zu nutzen, sollte intensiv sowohl unter steuerlichen wie liquiditätsmäßigen (Gesamt-Liquiditätsbelastung) Gesichtspunkten detailliert geprüft werden (vgl. Kapitel 8.4.7).

Wenn Sie in Betracht ziehen, ggf. während der Darlehenslaufzeit auch einmalig oder vielleicht mehrmalig **Sondertilgungen** über die vereinbarte Regel-Tilgung hinaus leisten zu wollen, dann sollte diese Möglichkeit in den Darlehensvertrag mit aufgenommen werden. Bei einer Zinsfestschreibung (vgl. Kapitel 9.5.2) ist das zwingend erforderlich. In dieser Vereinbarung muss dann auch stehen, dass für die vereinbarten Sondertilgungs-Volumina (oft betragsmäßig oder auf einen Prozentsatz der Darlehenssumme begrenzt im Laufe eines Jahres) keine Vorfälligkeitsentschädigung gerechnet wird. Diese wird i. d. R. fällig, wenn ein Darlehen mit Zinsfestschreibung vorzeitig teilweise oder ganz zurückgezahlt wird; die Berechnung sollten Sie sich in einem solchen Falle immer offen legen lassen.

► **Zinsen:**

Im Kreditvertrag wird erst einmal der sog. Nominalzins ausgewiesen. Das ist der Zinssatz, der auf die jeweilige Restschuld auf Jahresbasis (p. a.) tatsächlich berechnet wird.

Weitere Details zur Zins und Preisgestaltung werden im Kapitel 9 und speziell unter 9.5.2 dargestellt.

Die Bank wird den Zins risikoadäquat bemessen, wie die MaRisk (vgl. Kapitel 3.1.4) es verlangen. Ein Modell einer solchen risikoangemessenen Bepreisung wird im Kapitel 9.3 beschrieben.

- **Auszahlung:**

  Darlehen werden z.T. nicht zu 100 % der vertraglich vereinbarten Darlehenssumme ausgezahlt, sondern z.B. zu 98 %. Der Abzug von 2 % wird als Disagio bezeichnet und ist als Preisbestandteil in den Effektivzinssatz einzurechnen (vgl. Kapitel 9.5.2). Zu beachten ist, dass bei größeren Darlehensbeträgen der Disagio-Betrag zur Finanzierung der Investition fehlt und daher ggf. mit finanziert also auf die Darlehenssumme aufgeschlagen werden muss.

- **Weitere Kostenbestandteile:**

  Hierzu vergleiche Kapitel 9.5.2 und 9.5.4.

! FAZIT:

- Wägen Sie die verschiedenen Gestaltungselemente ab.
- Gehen Sie mit eigenen Vorstellungen in die Kreditgespräche.
- Bedenken Sie, dass sich grundsätzlich alle Parameter verhandeln lassen – in Abhängigkeit von der Stärke Ihrer Verhandlungsposition.
- Für Berater: Zeigen Sie Ihren Mandanten die unterschiedlichen Gestaltungsmöglichkeiten auf und bereiten Sie diese so auf deren Bankgespräche vor.

6.2.2.2 Öffentliche Fördermittel für Investitionsfinanzierungen

Die KfW-Mittelstandsbank als **Förderbank des Bundes** und die **Förderbanken aller Bundesländer** stellen verschiedenste zinsverbilligte Darlehen zur **Investitionsfinanzierung** zur Verfügung. Diese in die Finanzierungsüberlegungen einzubeziehen ist Pflicht. Diese Pflicht sollten eigentlich Ihre Banken übernehmen. Leider funktioniert das nicht in allen Fällen, d.h. Banken weisen z.T. nicht von sich aus auf die öffentlich geförderten Kredite hin. Daher ist es auch Unternehmer-Pflicht, diese Alternativen bereits in die eigenen Finanzierungsüberlegungen mit einzubeziehen.

Umfangreiche **Informationen** finden sich dazu in den jeweiligen **Internetauftritten**:

- KfW-Mittelstandsbank: www.kfw-mittelstandsbank.de
- Länderförderbanken:

DOWNLOAD:

Internetadressen finden Sie im Downloadbereich unter Arbeitsblatt A „Landesförderbanken“

Auf diesen Internetseiten finden Sie alle Förderprogramme mit Bedingungen und aktuellen Konditionen sowie meistens einen „**Fördermittelrechner**“ mit dem Sie für Ihr Investitionsvorhaben die passenden Förderprogramme recherchieren können. Darüber hinaus haben alle Förderbanken auch eine **Fördermittel-Beratung**, bei der Sie telefonisch oder per Mail nachfragen können. Einige Förderbanken wie z. B. die NRW.BANK bieten auch eine persönliche Finanzierungsberatung an. Außerdem führen viele Wirtschaftsförderungen und auch Kammern gemeinsam mit den Förderbanken Beratungstage vor Ort durch, die Sie nutzen können. Fragen Sie bei Ihrer Wirtschaftsförderung, Industrie- und Handelskammer oder Handwerkskammer nach.

Einen kompakten Überblick bietet der Bundesverband Deutscher Banken mit seiner kostenlosen Broschüre „Öffentliche Förderung“ aus dem Frühjahr 2011, die im Internet heruntergeladen werden kann:

http://bankenverband.de/publikationen/unternehmen/@@shopitem/
055a3ce817a1494da39c00b48eef947c

Als oft übersehene Besonderheit ist zu vermerken, dass mit einigen Förderkrediten auch **Betriebsmittel** finanziert werden können (vgl. Kapitel 6.3).

Denken Sie bei Förderkrediten nicht nur an die hier im Mittelpunkt stehende Investitionsfinanzierung, sondern auch an weitere Förderkredite für ganz bestimmte **weitere Verwendungen** wie z. B. Forschung- und Entwicklungs-Aufwendungen (z. B. der ERP-Innovationskredit der KfW-Mittelstandsbank), Energieeffizienz-Maßnahmen etc. Halten Sie sich auch dazu auf dem Laufenden.

Oft wird von Unternehmern mit Blick auf die Förderbanken nach **verlorenen Zuschüssen** gefragt. Dafür sind die Förderbanken die falschen Adressen. In vielen Regionen und für manche Verwendungen gibt es allerdings entsprechende Programme auf Bundes- oder Landesebene. Ansprechpartner hierfür sind die lokalen und regionalen Wirtschaftsförderer und/oder die Kammern und Branchenverbände.

Bei der Beantragung führt dann kein Weg an Ihrer Hausbank vorbei. Für alle Förderbanken gilt das sog. **Hausbankprinzip**. Hintergrund: Das Kreditrisiko auch für den Förderkredit trägt Ihre Hausbank. Die Förderbank stellt lediglich die Gelder bereit. Und genau dort liegt der Grund, warum das für Sie preiswerter werden kann: Die Förderbank als öffentlich-rechtliches Kreditinstitut kann am Markt zu niedrigeren Konditionen Mittel aufnehmen als Ihre Hausbank das i. d. R. kann; und diesen Zinsvorteil gibt sie an Sie als Darlehensnehmer weiter. Im Rahmen von Basel III (vgl. Kapitel 13.2.3.2) kann dieser Aspekt gerade mit Blick auf das Thema Zinsfestschreibung noch wichtiger werden. Da die Landesförderbanken oftmals die Konditionen noch ein wenig weiter heruntersetzen als die KfW-Mittelstandsbank, lohnt es sich, bei beiden zu recherchieren. Beachten Sie bitte auch die De-minimis-Regelung für viele Förderkredite (vgl. Kapitel 9.9).

Der **Ablauf** beinhaltet im Allgemeinen folgende Schritte:

- Sie äußern einen Finanzierungswunsch, in den öffentliche Fördermittel einbezogen werden sollen.
- Ihre Bank bereitet auf dieser Basis eine Kreditentscheidung vor (vgl. Kapitel 5) und trifft diese.
- Nach positiver Kreditentscheidung erarbeitet die Hausbank für Sie als ihren Firmenkunden den Antrag auf Förderkredite.
- Sie unterschreiben den Antrag auf Förderkredite.
- Die Hausbank leitet den Antrag an die Förderbank weiter.
- Die Förderbank entscheidet im Rahmen ihrer Richtlinien und gibt der Hausbank Ihre Zusage.
- Die Hausbank fertigt den Kreditvertrag aus, den Sie wiederum unterschreiben.
- Nach Bestellung der vereinbarten Sicherheiten kann die Darlehensauszahlung erfolgen.

Grundsätzlich gelten für Förderkredite die gleichen **Gestaltungselemente** wie für normale Bankdarlehen. Ein Vorteil ist, dass hier in aller Regel Zinsfestschreibungen über die Gesamtlaufzeit angeboten werden (vgl. Kapitel 9.5.2). Ein Nachteil könnte sein, dass i. d. R. die Tilgungen vierteljährlich erfolgen. Viele Förderprogramme – nicht mehr alle! (siehe z. B. der KfW-Unternehmerkredit seit Mai 2011) – enthalten auch die Möglichkeit, im Rahmen der Zinsbindungsfrist jederzeit Sondertilgungen ohne Berechnung einer Vorfälligkeitsentschädigung leisten zu können (ein Vorteil gegenüber den meisten Hausbank-Angeboten).

Wichtig zu beachten ist, dass für die meisten Förderkredite der **Antrag** gestellt werden muss, **bevor mit dem zu finanzierenden Vorhaben begonnen wird**! Allerdings: Meist wird das in der Hausbank dokumentierte erste Gespräch über das Finanzierungsvorhaben als Antragsdatum akzeptiert – es muss also nicht der fertige und formvollendete Antrag an die Förderbank selbst sein. Im Allgemeinen wird hier mit einer Dreimonatsfrist gearbeitet: Wenn diese verstrichen ist und bereits mehr als 50 % des Vorhabens realisiert (und bezahlt) wurde, ist in den meisten Förderprogrammen Ende der Schicht. Bei den Landesförderbanken mag es das eine oder andere Programm geben, das in dieser Hinsicht etwas flexibler ist. Hier liegt auch die Begrenzung für das oben in Kapitel 6.2.2.1 vorgestellte Investitions-Auflaufkonto.

Damit einhergehend ist klar, dass über Fördermittel i. d. R. **keine Umschuldungen** (vgl. Kapitel 6.2.5) und Nachfinanzierungen möglich sind (Ausnahme ist in dem einen oder anderen Programm der Landesförderbanken möglich). Auch Unternehmen in **Krise und Sanierung** fallen i. d. R. nicht unter die Antragsberechtigten (auch hier mag die eine oder andere Landesförderbank im Einzelfall „pragmatischer" sein als die KfW-Mittelstandsbank).

Die **Zinsen** für Förderkredite werden von allen Förderbanken ermittelt nach dem „risikoangemessenen Preissystem der KfW-Bank", das in Kapitel 9.3 im Detail beschrieben wird. Die Werte für die beiden Parameter werden von Ihrer Hausbank an die Förderbank übermittelt. Daher kann Ihnen Ihre Hausbank auch schon bei Beantragung sagen, in welcher „Preisklasse" Ihr Kredit landen wird und mit welcher Zinssatz-Größenordnung Sie zu rechnen haben. Daher sollten Sie diese Frage auch bereits bei Beantragung stellen! Der Zinssatz selbst wird von den Förderbanken allerdings erst zum Bewilligungsdatum festgelegt. Darin kann je nach Zinsentwicklung eine Chance oder ein Risiko für Sie bestehen im Vergleich zum Antragszeitpunkt. Die von der KfW und den Landesförderbanken in den einzelnen Preisklassen genannten Zinssätze sind eine „Obergrenze" – also der maximale Zinssatz, den die Hausbank mit Ihnen vereinbaren kann. Die Hausbank kann aber darunter bleiben – also auf einen Teil ihrer Marge verzichten. Das soll in Einzelfällen sogar vorkommen – trotz des vielfach gehörten Arguments, mit Förderkrediten sei nicht genug zu verdienen (siehe unten in diesem Abschnitt).

Eine Besonderheit sind die Förderkredite mit teilweiser **Haftungsfreistellung** der Hausbank. Das bedeutet, dass im Gegensatz zum Normalfall (Hausbank trägt 100 % des Kreditausfallrisikos) das Kreditrisiko zwischen Hausbank und Förderbank geteilt wird – i. d. R. im Verhältnis 50:50. Für die Hausbank kann das ein Argument sein, einem Kreditwunsch positiv näher zu treten. Für Sie als Kreditnehmer ändert sich grundsätzlich nichts:

- Der Zinssatz ist der gleiche wie ohne Haftungsfreistellung.
- Zinsertrag erhält Ihre Hausbank natürlich nur auf „Ihren Haftungsanteil".
- Die Sicherheiten werden intern zwischen Hausbank und Förderbank im Verhältnis der Risikoaufteilung ebenfalls aufgeteilt.
- Die Informationsanforderungen der Förderbank für Kredite mit Haftungsfreistellung sind oft höher. Dies kann im Einzelfall zu vermehrten Informations- und Unterlagenanforderungen führen als bei einem Kredit ohne Haftungsfreistellung.

Eine Besonderheit von Förderkrediten sind oft die als Standard in den Bedingungen enthaltenen **tilgungsfreien Anlaufjahre** (i. d. R. bis zu zwei – vgl. Kapitel 6.2.2.1). Sie werden diese Gestaltung aber oft nicht benötigen, da Ihre Investition sofort (ohne Wartezeit) Geldzuflüsse auslöst, die Sie zur Tilgung verwenden können. Lassen sich in einem solchen Fall die tilgungsfreien Anlaufjahre nicht vermeiden, überlegen Sie folgende Gestaltung:

- Sie rechnen die Tilgung gedanklich über die Gesamtlaufzeit ohne tilgungsfreie Anlaufjahre.

  (bei einem Kreditbetrag von € 200.000 und 10 Jahren Laufzeit mit zwei tilgungsfreien Anlaufjahren verteilt sich die Tilgung auf acht Jahre = € 25.000 p. a.; verteilt auf die Gesamtlaufzeit beträgt die jährliche Tilgung € 20.000 p. a.)

- Die so errechneten Tilgungsbeträge in den tilgungsfreien Anlaufjahren ziehen Sie vom Kreditantrag der Fördermittel ab.

  (Im Beispiel wären das die Differenz zwischen den beiden jährlichen Tilgungsbeträgen also € 5.000 für acht Jahre = € 40.000; oder: Die niedrigere jährliche Tilgung von € 20.000 für zwei Jahre = ebenfalls € 40.000)

- Den Abzugsbetrag finanzieren Sie über Ihre Hausbank als separates Darlehen mit einer Laufzeit entsprechend der Zahl der tilgungsfreien Anlaufjahre; für dieses kurzfristige Darlehen werden Sie i. d. R. einen noch günstigeren Zinssatz erhalten als beim langfristigen Förderkredit. Und Ihre Hausbank reduziert ihr Obligo dank sofortiger Tilgung schneller.

  (Im Zahlenbeispiel: Nach zwei Jahren haben Sie den „Extrakredit" über € 40.000 getilgt; der öffentliche Förderkredit über € 160.000 beginnt im dritten Jahr mit der jährlichen Tilgung von € 20.000 und ist damit nach weiteren 8 Jahren wie auch ursprünglich geplant zurückgezahlt).

Bleibt als Frage im Raume, warum **Hausbanken oftmals Förderkredite nicht anbieten**? Dafür werden meistens folgende **Argumente** genannt:

- Der Bearbeitungsaufwand ist höher als bei einem eigenen Darlehen der Hausbank.

  Das mag so sein. Es ist aber eine Servicefrage, wie eine Bank einem Kunden günstige Finanzierungsmittel besorgt – oder ihm diese verweigert.

- Der Ertrag aus Förderkrediten ist für die Hausbank zu gering – im Vergleich zu einem eigenen Darlehen.

  Dieses Argument zählt bereits seit Jahren nicht mehr – seitdem die Förderbanken zur risikoangemessenen Bepreisung der Förderkredite übergegangen sind (vgl. Kapitel 9.3).

  (Ggf. zählt es begrenzt, wenn die Hausbank die Ihnen gegebene langfristige Zinsbindung nicht fristgerecht refinanziert).

- Die Hausbank kann dem Kunden ein ebenso gutes Angebot unterbreiten.

  Dann sollte die Hausbank das tun – und es ist am Kunden, diese Angebote im Detail zu vergleichen und seine Entscheidung zu treffen.

FAZIT:

- Beziehen Sie öffentliche Förderkredite immer in Ihre Finanzierungsüberlegungen mit ein.
- Informieren Sie sich selbst über die Programm-Angebote der Förderbanken und deren z.T. abweichende Detail-Regelungen.
- Nutzen Sie bei der Finanzierungsgestaltung den Wettbewerb unter Ihren Banken.
- Vergleichen Sie evtl. Alternativangebote Ihrer Hausbanken zu Förderkrediten im Detail.
- Nutzen Sie auch Fördermöglichkeiten abseits der klassischen Investitionsfinanzierung.
- Für Berater: Profilieren Sie sich als Fördermittelberater für Ihre Mandanten.

6.2.2.3 Typische Sicherheiten bei Darlehensfinanzierungen

Im Rahmen von Darlehensfinanzierungen verlangen Banken i.d.R. sog. „dingliche Sicherheiten" – dies gilt für Bank- wie für Förder-Kredite:

- Grundschulden auf Immobilien (vgl. Kapitel 8.4.2)
- Sicherungsübereignung von beweglichem Anlage- und Umlaufvermögen (vgl. Kapitel 8.4.3)
- Im Falle der Kapitalgesellschaft i.d.R. ergänzend die Bürgschaft des/der Gesellschafter/Geschäftsführer (vgl. Kapitel 8.4.1).

I.d.R. werden Sicherheiten zuvörderst zu Lasten der finanzierten Wirtschaftsgüter bestellt. Sollte der Sicherheitenwert aus Sicht der Bank nicht ausreichen (vgl. Kapitel 8.3), können aber auch andere als die finanzierten Grundstücke und Gegenstände des Anlage- und Umlaufvermögens herangezogen werden.

Natürlich ist auch die Bereitstellung weiterer Sicherheiten aus dem Unternehmens- oder Privatvermögen denkbar.

FAZIT:

- Bei den Überlegungen zur Finanzierung Ihrer Investitionen bedenken Sie immer direkt die Sicherheitenfrage mit und gehen Sie mit klaren eigenen Vorstellungen ins Bankgespräch (vgl. Kapitel 6.1.4).
- Für Berater: Unterstützen Sie auch in diesem Thema mit klar aufbereiteten Informationen, z. B. einem Sicherheiten-Spiegel (vgl. Kapitel 8.8.1) und einer Vermögens-Verbindlichkeiten-Übersicht (vgl. Kapitel 7.7).

6.2.2.4 Die Umfinanzierung (das Umschuldungsdarlehen)

Bei der Betrachtung der **Finanzierungsstrukturen** in einer Bilanz (vgl. Kapitel 6.1.1) wird oft festgestellt, dass sich im Laufe der Jahre **ungünstige** Strukturen entwickelt haben. Diese kommen meist nicht „über Nacht", sondern bilden sich additiv durch viele Einzelentscheidungen heraus, bei denen im Zweifelsfall die Auswirkungen auf die Bilanzstrukturen nicht (genügend) bedacht wurden.

Klassisches Beispiel ist die **Überforderung der kurzfristigen Liquidität** durch Investitionen, die eben nicht langfristig finanziert wurden. Ein anderer Grund ist oft die Finanzierung von Verlusten oder von gewinnübersteigenden Entnahmen. Die Wirkung ist immer die gleiche: Die Kennzahl Anlagendeckung (vgl. Kapitel 6.1.1.1) signalisiert mit Werten von deutlich unter 100 % signifikanten Handlungsbedarf. Gleichzeitig sendet das Unternehmen ständig Warnsignale (vgl. Kapitel 4.2.2.3) an seine Banken. Dies ist die Situation, in der Unternehmen über eine Neustrukturierung ihrer Finanzierung nachdenken sollten.

Der klassische Ansatz wäre ein Umschuldungsdarlehen: Die Bank bewilligt ein **mittel- oder langfristiges Tilgungsdarlehen**, mit dem die hohe Kontokorrentkredit-Inanspruchnahme und/oder die (überfälligen) Lieferantenverbindlichkeiten (oder Verbindlichkeiten gegenüber Sozialkassen und Finanzamt) zurückgeführt werden. Entscheidend dabei ist die Frage, ob die Bank die KK-Kreditlinie i. H. des neuen Darlehens ganz oder teilweise kürzt. Also ob sie bereit ist, im Rahmen der Umfinanzierung eine Erhöhung ihres Gesamtengagements hinzunehmen. Nur wenn die Bank hierzu bereit ist, kann eine Umfinanzierung ihre positiven Wirkungen in vollem Umfang entfalten.

Es empfiehlt sich in einer solchen Situation, die Umschuldung des KK-Kredits nicht isoliert zu betrachten, sondern die gesamte Finanzierung zu überprüfen und ggf. neu zu gestalten (vgl. auch Kapitel 13). Alternativ oder ergänzend kann in einer solchen Situation auch **Sale and Lease-Back** eine Überlegung wert sein (vgl. Kapitel 6.2.4). Außerdem ist auch nicht empfehlenswert, von einem „Umschuldungsdarlehen" zu sprechen, da dieser Begriff bei Banken nicht besonders gerne gehört wird. Auch hier ist Umfinanzierung vom Begriff und vom Ansatz besser.

Beim klassischen Umschuldungsdarlehen ergeben sich i. d. R. folgende positive Wirkungen – vorausgesetzt die KK-Kredit-Linie wird nicht vollständig i. H. der Umfinanzierung gekürzt:

- Sofortige Entlastung der laufenden Liquidität, da ein großer Teil der KK-Kreditlinie frei wird,
- Ersparnis bei den hohen Kontokorrentzinsen (und ggf. Überziehungszinsen),
- Ersparnis von Mahngebühren, Säumniszuschlägen bei Lieferanten,
- Ertrag durch Wiederaufnahme von Skontozahlungen,
- Wegfall der Warnsignale im Rating und dadurch schrittweise Rating-Verbesserung.

Dagegen stehen natürlich auch Belastungen:

- Zinszahlung für das Umschuldungsdarlehen (Höhe abhängig von Rating/Sicherheiten),
- Tilgung des Umschuldungsdarlehens (Höhe abhängig von vereinbarter Laufzeit).

Aus Unternehmenssicht ist die Frage zu prüfen, ob die geschilderten positiven Liquiditäts-Effekte ausreichen, um Zins und Tilgung für das Umfinanzierungs-Darlehen zu stemmen.

Für die Bank spielt in der **Kreditentscheidung** natürlich das Rating und die Sicherheitensituation eine Rolle. Denn sie sollte ja nach Möglichkeit eine Krediterhöhung vornehmen, in dem die KK-Kreditlinie nicht (in voller Höhe des Umschuldungsdarlehens) gekürzt wird. Positiver Effekt für die Bank allerdings: Das Obligo wird durch die regelmäßigen Tilgungen peu á peu reduziert. Also für die Bank über die Zeitachse eine Risikoentlastung.

Die Laufzeit von Umschuldungsdarlehen wird je nach Ausgangskonstellation und Verkraftbarkeit in der Liquidität des Unternehmens (siehe oben) zwischen vier und maximal acht Jahren liegen.

Zu berücksichtigen ist der Bankengrundsatz, mittel – und langfristige Darlehen i. d. R. nur gegen entsprechende dingliche Besicherung (vgl. Kapitel 6.2.2.3) zur Verfügung zu stellen. Da sich das Gesamtobligo der Bank erst einmal (hoffentlich) erhöht, sollte sich das Unternehmen auf die Sicherheitenthematik vorbereiten. Es kommt wie immer auf die Verhandlungspositionen an.

Aus **Unternehmenssicht** sind folgende Überlegungen wichtig:

- Wie realisiere ich die oben genannten positiven Effekte dauerhaft?
- Wie kann ich in der Verhandlung meine KK-Linie (in voller Höhe) erhalten und meine Sicherheitenposition wahren?
- Wie ist die Liquiditätswirkung dieser Umschuldung zu beurteilen:
  - Zinsersparnis,
  - Ersparnis Mahngebühren/Säumniszuschläge (wenn wesentlicher Betrag),
  - ggf. Skontoerträge

im Vergleich zu den zusätzlichen Tilgungsbeträgen.

Bestehen zur liquiditätsmäßigen Tragfähigkeit einer Umschuldung Zweifel bleibt nur das Erarbeiten einer Liquiditätsplanung, in der verschiedene Umschuldungsvarianten mit ihren Auswirkungen durchgespielt werden können (vgl. Kapitel 7.10.4 zur Liquiditätsplanung).

Zu bedenken sind auch die nicht-finanziellen Vorteile im Rating (siehe oben) aber auch die deutliche Entlastung in den internen Abläufen wie z. B. Mahnwesen auf Lieferantenseite und Kontendisposition – die sich bis zum Chefschreibtisch positiv auswirken können. Auch dieser Gesichtspunkt kann mit Blick auf die qualitativen Fragen im Rating (vgl. Kapitel 4.2.2.2) in die Bankgespräche eingebracht werden.

Zur Vertiefung des Themas siehe *Sander*, NWB Betriebswirtschaftliche Beratung 3/2012.

! FAZIT:

- Wenn die Bilanzstrukturen eine unbefriedigende Finanzierungsstruktur zeigen, sollte direkt gehandelt werden.
- Die Vorteile für das Unternehmen sollten auch Kreditgeber überzeugen können.
- Für Berater: Erarbeiten Sie gemeinsam mit Ihren Mandanten eine Umfinanzierungsstrategie und begleiten Sie diese in der Durchführung.

6.2.2.5 Besondere Darlehenskonstruktionen

Es kommt immer wieder vor, dass eine **Bank** das Investitionsvorhaben ihres Firmenkunden für strategisch sinnvoll und betriebswirtschaftlich erfolgversprechend einschätzt, es gerne finanzieren würde aber doch an gewisse **Grenzen** stößt, die ihre Ursache in der Kreditrisikostrategie der Bank haben (vgl. Kapitel 3.1.1). I. d. R. geht es dann (und/oder) um:

- Die Höhe des durch die Finanzierung weiter wachsenden Gesamtengagements,
- die Höhe des durch die Finanzierung weiter wachsenden Blankoanteils,
- die Höhe des Branchenobligos im Gesamtkreditbestand,
- die Höhe von Engagements einer bestimmten Ratingklasse im Gesamtkreditbestand,
- ...

Solange es nicht um ernst zu nehmende Gründe in der Risikobeurteilung des Engagements selbst geht, die einer Finanzierung im Wege stehen, gibt es für die anderen dargestellten Hinderungsgründe durchaus **Lösungswege**:

Die teilweise Haftungsfreistellung i. R. d. öffentlichen Förderkredite wurde bereits im Kapitel 6.2.2.2 beschrieben.

Darüber hinaus gibt es ebenfalls in den **öffentlichen Förderkreditprogrammen** die Möglichkeit einer **Kombination aus Kredit und Nachrangkapital** (sog. Mezzanine) aufzunehmen. Der Nachranganteil zählt nicht als Kredit, sondern als Eigenkapital und ist auch nicht mit Sicherheiten zu unterlegen (zu den Details vgl. Kapitel 6.4). Die Abwicklung dieser Programme läuft den üblichen im Kapitel 6.2.2.2 beschriebenen Weg. Außerdem gibt es im Markt weitere Anbieter von Mezzanine-Finanzierungen (vgl. Kapitel 6.4). Das einzelne Kreditengagement der Bank sowie ihr Gesamtportfolio wird also entlastet.

Eine dritte Möglichkeit besteht darin, sich den Kredit mit einer anderen Bank zu teilen. Bei den Sparkassen und Volks- und Raiffeisenbanken ist das sogar eine klassische Lösung in Form des sog. **Meta-Kredites** (a meta = zur Hälfte) gemeinsam mit den jeweiligen Zentralbanken. Also bei den Sparkassen die Landesbanken (*Palm*, Sparkassenzeitung, 17. 7. 2013), bei den Genossenschaftsbanken die WGZ Bank AG oder die DZ Bank AG. Das bedeutet, dass Sie zwei Kreditgeber und zwei Ansprechpartner haben. Im Einzelfall wird Ihr Gesprächspartner von der Zentralbank vielleicht weitere Informationen und Unterlagen erbitten und ggf. auch noch tiefergehende Fragen stellen. Sehen Sie das als unternehmerische Herausforderung.

Im Sparkassenbereich kommt es auch vor, dass nicht die „zuständige" Landesbank als Kreditpartner ins Boot geholt wird, sondern eine andere (vielleicht räumlich benachbarte) Sparkasse.

Man spricht auch vom sog. **Konsortialkredit** oder auch syndizierten Kredit, der im Kreditgeschäft mit großen mittelständischen Konzernen und im internationalen Kreditgeschäft überaus üblich ist; es sind dann mehrere Kreditgeber beteiligt. Diese Finanzierungsform findet sich zunehmend auch bei mittelgroßen Unternehmen – wie so häufig pflanzen sich Konstruktionen von „oben nach unten" fort.

Nicht zuletzt besteht die Möglichkeit, das Thema eines zu hohen Blankoanteils wegen des Fehlens eines ausreichenden Volumens an banküblichen Sicherheiten durch die Einbeziehung der **Bürgschaftsbank** des jeweiligen Bundeslandes zu lösen (vgl. Kapitel 8.5).

Weitere Finanzierungsmöglichkeiten werden im Kapitel 6.4 als „Finanzierungs-Alternativen" dargestellt.

FAZIT:

- Nutzen Sie das ganze Spektrum der Kreditmöglichkeiten, auch wenn Ihre eigene Bank/en an interne Grenzen stoßen.
- Sprechen Sie ggf. aktiv dieses Thema an und fragen Sie nach entsprechenden Gestaltungsmöglichkeiten.
- Für Berater: Bringen Sie für die Pläne Ihrer Mandanten weitere Gestaltungsmöglichkeiten ein.

6.2.3 Leasing als Finanzierungsalternative

Leasing hat sich in den letzten 20 Jahren als mittlerweile „klassische" Alternative zum Investitionsdarlehen durchgesetzt.

Dabei gibt es verschiedenen Leasing-Varianten, die hier nur grundsätzlich und nicht in allen Details geschildert werden sollen:

- **Leasing mit Restwert-Vereinbarung**

  Im Rahmen des Leasingvertrages wird ein Restwert für den finanzierten Vermögenswert am Ende der Leasinglaufzeit festgelegt. Die Höhe des Restwertes hat auch Einfluss auf die zu zahlenden Raten: Je höher der Restwert, desto geringer die monatlichen Raten-Belastungen.

  Aber: Am Ende der Laufzeit kaufen Sie entweder das Leasinggut zum vereinbarten Restwert (die niedrigen Leasingraten holen Sie an dieser Stelle also wieder ein) oder die Leasinggesellschaft verkauft das Leasinggut am Markt – und Sie haben eine Ausgleichspflicht. Das bedeutet, dass Sie nachschießen müssen, wenn die Leasinggesellschaft am Markt den errechneten Restwert nicht erreichen kann. Andererseits profitieren Sie auch von einem Überschuss – i. d. R. aber nicht zu 100 % sondern nur anteilig.

- **Leasing ohne Restwert**

  In diesem Falle wird vereinbart, dass Sie das Leasinggut am Ende der Laufzeit „einfach“ zurückgeben. Die Leasinggesellschaft kalkuliert ihre Raten auch hier mit einem Restwert – das Risiko trägt aber alleine die Leasinggesellschaft.

  Der „Haken“ hier: Sie verpflichten sich, das Leasinggut am Ende der Laufzeit in einem gebrauchsüblichen Zustand zurück zu geben. Wie dieser auszusehen hat, darüber kommt es dann oft zu Meinungsverschiedenheiten – und ggf. Nachzahlungen des Leasingnehmers für als nicht mehr gebrauchsüblich eingestufte Abnutzungen.

- **Leasing mit Serviceleistungen**

  Oft werden in beiden vorgenannten Varianten weitere Serviceleistungen wie Versicherungen, Wartungen einbezogen. Das erhöht die Leasingrate, entlastet aber entsprechend durch Wegfall dieser Einzelkosten und in der eigenen Verwaltung.

Welche Vertragsgestaltungen am Markt angeboten werden, ist außerordentlich mannigfaltig. Hier gilt es, verschiedene Vertragsmöglichkeiten und Anbieter zu vergleichen.

In der **Abwägung zwischen Bankfinanzierung und Leasing** geht es um die folgenden Themen:

- **Die mentale Frage**: Eigentümer oder Leasingnehmer

  Wenn es Ihnen wichtig ist, Eigentümer der zu investierenden Anlagegüter zu sein, dann müssen Sie kaufen und über die Bank finanzieren. Wenn nicht, kann Leasing eine Alternative sein. Diese Entscheidungen können Sie unterschiedlich treffen, z. B.

  - Maschinen = Eigentümer
  - PKW = Leasingnehmer

- **Die Finanzkraft-Frage**: Der Kreditspielraum bei Ihren Banken

  Vor dem Hintergrund

  - Ihres Rating (vgl. Kapitel 4.2)
  - Ihrer Kapitaldienstfähigkeit (vgl. Kapitel 4.4)
  - Ihres Sicherheitenpotenzials (vgl. Kapitel 6.1.4)

  steht die Frage im Raum, welchen zusätzlichen Kreditspielraum Sie bei Ihren verschiedenen Banken (vgl. Kapitel 13) nach Ihrer Einschätzung wohl noch haben und für welche Finanzierungen (Investitionen und Betriebsmittel) sie diesen primär nutzen möchten.

Insoweit kann Leasing auch eine Alternative sein, um diesen Kreditspielraum zu schonen.

Das bedeutet natürlich nicht, dass Leasinggesellschaften keine Bonitätsprüfung vornehmen, ihre Finanzierungsentscheidung beruht bei ihnen stärker, als bei Banken, auf dem zu finanzierenden Gegenstand. Leasinggeber sind meist Spezialisten für die Finanzierung bestimmter Vermögenswerte und damit weit aus erfahrener in der Verwertung derselben, als es Banken sind. Das kann dazu führen, dass Unternehmen eine Leasingfinanzierung noch erhalten, wenn die Hausbank aufgrund des Rating schon arge Bedenken äußert, oder nicht mehr finanzieren will.

Die Kreditwürdigkeitsprüfung einer Leasinggesellschaft läuft prinzipiell genauso ab wie bei einer Bank, die Ratingkriterien können dabei z.T. andere sein. Viele Gesellschaften nutzen den Creditreform-Bonitätsindex (vgl. Kapitel 4.5) als ersten Filter und wichtigen Indikator. Tendenziell sollte Ihr Bonitätsindex bei Creditreform unter „300" liegen – je weiter darunter, desto besser.

► **Die Sicherheiten-Frage**: Die Bewertung des zu finanzierenden Gegenstandes

Im vorherigen Abschnitt wurde es bereits angesprochen: Leasinggesellschaften berücksichtigen bei ihren Kreditentscheidungen den zu finanzierenden Vermögensgegenstand stärker als die Hausbanken. Sie haben eine deutlich bessere Kenntnis der entsprechende Märkte und i.d.R. eine viel größere Expertise in der Zwangsverwertung der von ihnen finanzierten Güter. Dies gilt für alle Leasinggesellschaften und nochmals ganz speziell für das Hersteller-Leasing (der Produzent hat eine eigene Leasing-Gesellschaft). Daher ist eine Finanzierung über Leasing oftmals unkomplizierter als über die Hausbank.

Seit 2014 gibt es eine weitere Möglichkeit, das Risiko einer Leasinggesellschaft abzusichern, wenn selbst dieser ihr ungesicherter Kreditteil zu hoch wird: Die Bürgschaftsbanken bieten zur Absicherung des Leasinggebers Bürgschaften analog zu ihren Kreditbürgschaften an. Diese beantragt die Leasinggesellschaft direkt über das Internetportal www.leasing-buergschaft.de, auf dem auch Unternehmen und Berater alle wichtigen Informationen finden.

► **Die Konditionen-Frage**: Der Kostenvergleich

Kommt eine Leasingfinanzierung als Alternative in Betracht, ist auf Basis der verschiedenen Bank- und Leasing-Angebote ein Kostenvergleich anzustellen, in den folgende Faktoren einfließen und für den Sie Software-Module des Leasing-Anbieters, Ihrer Bank oder Ihres Steuerberaters nutzen sollten:

– Zinssatz für Darlehensfinanzierung nebst allen Nebenkosten (vgl. Kapitel 9.5.2) Leasingrate – reiner Finanzierungsanteil

- Auswirkungen des steuerlichen Vergleichs beider Alternativen (Gewerbe-, Körperschaft-, Einkommensteuer)

  Sind darüber hinaus in der Leasingrate erweiterte (Service-) Leistungen enthalten, wären diese eigenständig mit den entsprechenden Ersparnissen (Wegfall eigener Aufwendungen) zu vergleichen.

► **Die Bilanzfrage**: Auswirkungen im Rating

  Der Kauf mit Finanzierung führt zu einer Aktivierung des Vermögenswertes und einer Passivierung des Darlehens, mithin zu einer Bilanzverlängerung und damit bei unveränderter Höhe des Eigenkapitals zu einer Reduzierung der Eigenkapitalquote als wichtige Rating-Kennzahl (vgl. Kapitel 4.2.2.1 und ergänzend 4.1.2.4).

  Leasing hingegen kommt in Ihrer Bilanz nicht vor. Wohl in Ihrer GuV – siehe oben Konditionenvergleich und im Anhang zu Ihrem Jahresabschluss (vgl. Kapitel 4.1.6).

► **Die Liquiditätsfrage**: Auswirkungen in der Kapitaldienstfähigkeit (vgl. Kapitel 4.4)

  Hier ist abzuwägen:

  - Zins und Tilgung einerseits – sowie Abschreibung
  - Leasingrate andererseits

  Hinzu können weitere Faktoren kommen:

  - Anzahlung i. R. d. Leasingfinanzierung und Eigenanteil bei Kreditfinanzierung.
  - Bei Einbeziehung von Serviceleistungen in den Leasingvertrag ist die dadurch höhere Leasingrate mit der Ersparnis der bisher dafür angefallenen Aufwendungen zu vergleichen.
  - Je nach Leasingmodell am Ende der Leasinglaufzeit die evtl. Entscheidung zum Kauf des Leasingobjektes zum vereinbarten Restwert – der dann zu finanzieren ist. Oder die evtl. Entschädigungszahlung für mehr als gebrauchsübliche Wertminderung des Leasinggegenstandes (siehe oben).

► **Die Flexibilitätsfrage**: Auflösung der Vereinbarung

  Sollten Sie im Rahmen der Vertragslaufzeit den Vermögensgegenstand nicht mehr benötigen und veräußern wollen, so zeigt die Erfahrung, dass Sie im Kreditfall i. d. R. einfacher „herauskommen“ als aus einem Leasingvertrag.

Mit wem sollten Sie über Leasing sprechen? Leasinganbieter finden Sie generell unter www.leasing-verband.de. Achten Sie auf Größe und Professionalität, ggf. Regionalität und Spezialisierung mit Blick auf die zu finanzierenden Leasinggüter.

Fragen Sie auch Ihre Hausbanken. Alle Kreditinstitute haben Partner im Leasingbereich, die Sie als Anbieter mit einbeziehen können und sollten. Bei Ihrer Entscheidung berücksichtigen Sie im Hinterkopf, dass Ihre vermittelnde Hausbank von Ihrem Leasingpartner eine Provision erhalten wird, die in der Kundenkalkulation Ihrer Bank zu Ihrem Kreditengagement ein positives Mosaiksteinchen sein kann (vgl. Kapitel 9.1 und Kapitel 13.4).

Wenn Sie als Unternehmer und/oder Berater nicht viel Zeit und Energie in die Recherche für Leasing-Angebote investieren möchten, dann nutzen Sie das Angebot eines Leasing-Maklers. Dieser arbeitet analog zu einem Versicherungsmakler mit verschiedenen Gesellschaften zusammen. Seine Aufgabe ist, ihre Bedarfslage zu klären und dafür das passendste Angebot zu recherchieren und anzubieten. Bezahlt wird seine Dienstleistung i. d. R. über eine Provision der Leasing-Gesellschaft.

FAZIT:

- Beziehen Sie Leasing nüchtern als Finanzierungsalternative in Ihre Überlegungen mit ein.
- Lassen Sie sich mehrere Angebote machen – auch von den Partnern Ihrer Hausbanken.
- Stellen Sie einen detaillierten Vergleich an – nutzen Sie dazu Software Ihrer Finanzierungspartner und/oder Ihres Steuerberaters.
- Nutzen Sie ggf. die Dienstleistung eines Leasing-Maklers.
- Wenn auch Rating-Argumente eine Rolle spielen, klären Sie mit Ihren Banken, ob der Verbesserung der Eigenkapitalquote bei der Leasingvariante ggf. in anderen Aspekten des Rating eine Belastung gegenüber steht und wie vorteilhaft sich Ihre Entscheidung tendenziell im Rating auswirken könnte.
- Entscheiden Sie bewusst unter Abwägung aller Gesichtspunkte und nicht allein wegen eines evtl. nur geringen Kostenvorteils des einen oder anderen Angebots.
- Für Berater: Bieten Sie die Recherche zum passenden Leasingangebot an – ggf. über Kooperationspartner.

6.2.4 Sale and Lease-Back als Besonderheit

Eine besondere Leasing-Situation ist der Verkauf eines vorhandenen Vermögensgegenstandes an eine Leasinggesellschaft und das parallele Zurückmieten eben dieses Vermögensgegenstandes von der Leasinggesellschaft.

Was auf den ersten Blick als widersinnig erscheinen mag, hat oft folgenden realen **Hintergrund**:

Entlastung der Bilanz bei gleichzeitiger Verbesserung der Liquiditätslage:

- Wegfall des Vermögenswertes auf der Aktivseite
- Mit dem Verkaufserlös
  - Tilgung der noch evtl bestehenden Darlehen, mit denen das Vermögensgut finanziert wurde (vgl. Kapitel 6.2.2.1); Achtung: In diesem Falle ist von der finanzierenden Bank die Freigabe der vermutlich bestehenden Sicherungsübereignung erforderlich; selbst wenn das ursprüngliche Darlehen bereits vollständig getilgt ist, kann die Sicherungsübereignung weiterhin rechtlichen Bestand haben (Sicherungsübereignungsvertrag diesbezüglich prüfen).
  - Rückführung von Lieferanten- oder KK-Verbindlichkeiten (wenn dafür Mittel aus Verkaufserlös nach Resttilgung frei).
- Damit Verkürzung der Bilanzsumme und Verbesserung der Eigenkapitalquote
- Erhöhung des Eigenkapitals und damit nochmals Verbesserung der Eigenkapitalquote, wenn
  - Verkaufserlös zu Buchgewinn führt,
  - dieser Buchgewinn nach Abzug der anteilig darauf entfallenden Ertragssteuern nicht entnommen/ausgeschüttet wird sondern dauerhaft im Eigenkapital verbleibt.

Auf der anderen Seite ist zu berücksichtigen:

- Bei einem Buchgewinn ist für die entsprechend steigenden Ertragssteuern Liquiditätsvorsorge zu treffen, damit die daraus resultierenden Steuernachzahlungen und ggf. erhöhten Steuervorauszahlungen im Folgejahr in der Liquidität verkraftet werden können.
- Für die Folgejahre sind die Veränderungen in der GuV zu kalkulieren:
  - Wegfall der Zinsbelastung aus abgelösten Darlehen.
  - Wegfall der Abschreibungen auf das Anlagegut.
  - Hinzutreten der Leasingraten.
  - Steuerliche Auswirkungen.
- Die Veränderungen in der Liquidität sind zu berücksichtigen:
  - Wegfall möglicher Darlehensraten.
  - Monatliche Leasingraten (diese sind bei Sale and Lease-Back im Allgemeinen relativ hoch, da bereits ältere Vermögensgegenstände finanziert werden).

  - Mehr Spielraum in der KK-Kreditlinie durch Rückführung aus Verkaufserlös.
- Die Frage der vertraglichen Regelungen für das Ende der Leasinglaufzeit stellt sich auch hier.

Sale and Lease-Back kann sowohl für Immobilien, wie für Maschinen und Anlagen genutzt werden.

Bei Maschinen und Anlagen könnte noch eine andere Variante zum Tragen kommen:

- Verkauf der bisher genutzten Maschine – mit den gleichen Effekten wie oben – aber am Markt.
- Leasing einer neuen Maschinen auf technisch aktuellem Stand.

In diesem Fall sind die oben dargestellten Abwägungen um die Vorteile (z. B. Kapazitätserweiterung, Produktivitätsvorteile, Wegfall Instandhaltungsaufwand, . . .) aus der neuen Maschine zu ergänzen; außerdem ist mit niedrigeren Leasingraten zu rechnen.

Die Anbieterfrage ist zu beantworten wie oben im Kapitel 6.2.3, allerdings mit dem ergänzenden Hinweis, dass es Anbieter gibt, die sich speziell auf diese Leasingvariante ausgerichtet haben. Besonders zum Tragen kann in diesen Fällen gerade bei kleineren Leasing-Gesellschaften deren Refinanzierungs-Seite kommen: Diese wird meist zu einem großen Teil über Banken dargestellt, die sich die Leasingnehmer und deren Bonität anschauen – und ggf. abwinken. Auch hier kann die Einschaltung eines Leasing-Maklers hilfreich sein.

FAZIT:

- Sale and Lease-Back bedarf besonders gründlicher Vorbereitung unter Abwägung der Vor- und Nachteile unter kurz-, mittel- und langfristiger Perspektive.
- Besonders die Ratingeffekte sollten mit den Banken angesprochen werden.
- Für Berater: Unterstützen Sie auch hier im Rahmen Ihres Netzwerkes und Ihrer Kenntnisse aus der Breite Ihres Mandantenstammes.

6.2.5 Lieferanten als Investitions-Finanzierer

Neben dem Hersteller-Leasing treten immer mehr Unternehmen auch als Darlehens-Finanzierer für die von ihnen vertriebenen Produkte auf. Damit ist nicht nur das klassische Lieferantendarlehen gemeint, dass es in einigen Branchen gibt und bei dem die Tilgung über entsprechende Lieferverträge abgerechnet wird (z. B. Gastronomie für die Gaststätteneinrichtung gekoppelt mit Bierlieferverträgen oder die Autowerkstätten in der Ölversorgung). Es geht in vielen Konstellationen um klassische Investitionsdarlehen. Die Produzenten arbeiten entweder mit Spezialkreditinstituten zusammen oder gründen selber Banken wie der Siemenskonzern oder zuletzt der Maschinenbauer Trumpf. In diesem Zusammenhang sind auch Bankgründungen durch Verbundgruppen/Einkaufsgenossenschaften zu nennen (vgl. Kapitel 13.2.1).

Ein Vorteil von Lieferanten als Investitionsfinanzierer besteht oftmals auch in günstigen Konditionen, vor allem aber in einer Beschränkung auf die Besicherung der Darlehen allein durch die Sicherungsübereignung des finanzierten Vermögensgegenstandes (vgl. Kapitel 8.4.3). Banken hingegen versuchen oftmals, ergänzende Sicherheiten vor allem grundbuchlicher Art zu verhandeln (vgl. Kapitel 6.2.2.3).

Es lohnt sich, diese Möglichkeit mitzuverfolgen (vgl. auch Kapitel 6.3.5 zu Lieferanten und Betriebsmittelfinanzierung).

FAZIT:

- Beziehen Sie solche Finanzierungsalternativen mit in Ihre Überlegungen ein, wenn sich diese für Ihr Unternehmen anbieten.
- Für Berater: Weisen Sie Ihre Mandanten auf solche potenziellen und neuen Finanzierungspartner hin. Nutzen Sie für das Aktuell-Bleiben auch Ihre Netzwerkkontakte.

6.3 Finanzierungs-Bedarf Betriebsmittel

6.3.1 Grundlage ist Ihr Betriebsmittelbedarf

Auf Basis einer gut austarierten Finanzierungsstruktur in Ihrer Bilanz (vgl. Kapitel 6.1.1) stellt sich die Frage, welcher **Bedarf** für die kurzfristige Finanzierung besteht. Die Abbildung 16 im Kapitel 6.1.5 zeigt diesen auf, denn lediglich die Ersatzinvestitionen werden Sie vielleicht aus einer Darlehensfinanzierung bestreiten. Alle anderen in der Abb. 16 aufgezeigten Finanzierungsbedarfe laufen über die Betriebsmittelfinanzierung. Denken Sie dabei nicht nur an die laufenden (monatlichen) Ausgaben, sondern auch an die evtl. steigenden Bestände von

- Forderungen an Kunden,
- Roh-, Hilfs- und Betriebsstoffen,
- Halbfertigen und Fertigen,
- Warenlager,

- sonstigen kurzfristigen Forderungen (z. B. gegen Gesellschafter oder verbundene Unternehmen).

Denken Sie analog zu den Investitionen nicht nur an die heutige Situation, sondern schätzen Sie bereits auf Basis Ihrer Ziele und Ihrer Ertrags- und ggf. Liquiditäts-Planung (vgl. Kapitel 7.10) ab, wie sich diese Positionen in den kommenden Monaten und mindestens im Folgejahr entwickeln werden und damit auch Ihr Finanzierungsbedarf.

Eine weitere Besonderheit sind **saisontypische Umsatzverläufe**, die sich auch in deutlich steigendem und fallendem Spitzenfinanzierungsbedarf in den verschiedenen Monaten widerspiegeln. Ein solcher Spitzenbedarf ist keinesfalls durch Überziehungen der vereinbarten KK-Kreditlinie darzustellen, sondern durch die Vereinbarung einer entsprechend schwankenden Stamm-KK-Linie oder entsprechender zeitlich befristeter Zusatzlinien (vgl. Kapitel 1.4 zum Überziehungsthema). Als Informationsquelle für die Saisonverläufe der Vergangenheit ist die „Jahresübersicht" aus der Betriebswirtschaftlichen Auswertung (BWA) eine sehr gute Möglichkeit (vgl. Kapitel 7.6 zur BWA).

Ihren **Finanzierungsbedarf reduzieren** die folgenden Faktoren:

- Überhang in der langfristigen Finanzierung zur Finanzierung des „eisernen Warenbestandes".

  Siehe Kennzahl „Goldene Bilanzregel/Anlagendeckung" (vgl. Kapitel 6.1.1.1).

- Zahlungsvereinbarungen mit Ihren Kunden.

  In Branchen, in denen das Geschäftsmodell Barzahlung oder Zahlung mit Scheck-Karten zulässt, sollte der Anteil der Kunden mit dieser Zahlungsweise systematisch und mit freundlicher Beharrlichkeit erhöht werden, um den Finanzierungsbedarf zu senken.

- Vereinbarung von Skontozahlungen durch Ihre Kunden. Das kostet zwar Geld, entlastet aber die Liquidität.

- Bei Lieferung gegen Rechnung funktionierende interne Abläufe in Ihrem Unternehmen: Das Schlagwort lautet „Auftrag fertig – Rechnung fertig"; wie können Sie die Zeit zwischen Lieferung und Rechnungsversand verkürzen?

- Einhaltung der Zahlungsvereinbarungen durch Ihre Kunden.

  Wie systematisch und konsequent handhaben Sie das Mahnwesen in Ihrem Unternehmen.

- Optimierung/Reduzierung der gesamten Waren-Seite – mit dem Engpassfaktor Gewährleistung der eigenen Liefersicherheit (Roh-, Hilfs-, Betriebsstoffe, Warenlager, Halbfertige und Fertige).

- Vereinbarung von Anzahlungen mit Kunden, sofern dies möglich ist.

  Speziell hier kann in vielen Branchen noch mehr getan werden – es muss ja nicht gleich mit allen Kunden funktionieren, aber jede Anzahlung erleichtert die Liquidität.

- Zahlung von Lieferantenverbindlichkeiten erst nach Mahnung/en, aber beachten Sie Ihre evtl. Abhängigkeit von „strategischen" Lieferanten und überstrapazieren Sie diese Möglichkeit nicht.

Die hier dargestellten Möglichkeiten werden oft unter dem Begriff der Optimierung des Umlaufvermögens oder neudeutsch „Working-Capital-Management" zusammengefasst.

Ihren **Finanzierungsbedarf erhöhen** die folgenden Faktoren:

- Alles was in der oben genannten Aufzählung nicht vorhanden ist oder nicht (ausreichend) funktioniert.
- Die Zahlungsvereinbarungen mit Ihren Lieferanten und wie Sie diese nutzen.

  Eine Skontozahlung erhöht zwar den Finanzierungsbedarf liefert aber gleichzeitig einen nicht zu unterschätzenden Ertragsvorteil: Bei einem Skontosatz von 2 % bei Zahlung innerhalb von zehn Tagen, verglichen mit einer Nettozahlung nach 30 Tagen müsste der von Ihrer Bank gerechnete Kontokorrentzinssatz bei 36,73 % liegen, damit die Nettozahlung für Sie günstiger wäre als die Skontonutzung!

INTERNET:

Skontorechner im Internet:
www.sparkasse.de/privatkunden/rechner/skontorechner.html.

Den Euro-Vorteil einer Skontozahlung können Sie z. B. ermitteln unter:
www.skontorechner.info.

Ein weiterer Bedarf ergibt sich, wenn Sie bisher nicht mit Skonto bezahlt haben, ab sofort aber bei Ihren Lieferanten Skonto in voller Höhe nutzen möchten. Viele Lieferanten werden von Ihnen vorab die Begleichung der Altverbindlichkeiten verlangen. Dazu haben Sie zwei Handlungsalternativen:

- Sie verhandeln diese Forderung weg – komplett oder als Ratenvereinbarung.
- Je nach Erfolg in der Lieferantenverhandlung sprechen Sie Ihre Banken an und formulieren einen Kreditwunsch für ein kurz- oder mittelfristiges Betriebsmitteldarlehen, aus dem Sie die Altforderungen der Lieferanten begleichen.

Nicht zu unterschätzen ist auch die positive Wirkung von Valuta-Regelungen (also hinausgeschobenen Zahlungsverpflichtungen – üblich z. B. oft bei Saisonwaren, die frühzeitig geliefert werden), zumal wenn am Ende der Valutafrist noch die Skontomöglichkeit besteht.

DOWNLOAD:

Um Ihre Situationsanalyse zu diesen Finanzierungsgrundlagen festzuhalten, nutzen Sie das Methoden-Arbeitsblatt 11 „KK-Bedarf" aus dem Download-Bereich in der NWB-Datenbank zu diesem Buch.

FAZIT:

- Ermitteln Sie Ihren Betriebsmittelfinanzierungsbedarf in der mittelfristigen Perspektive.
- Nutzen Sie alle Möglichkeiten, diesen konsequent und dauerhaft zu senken, bevor Sie Kreditwünsche an Ihre Banken formulieren.
- Rechnen Sie auf jeden Fall die volle Skontonutzung in den Betriebsmittelbedarf mit ein.
- Für Berater: Unterstützen Sie Ihre Mandanten systematisch bei der Reduzierung des Betriebsmittelbedarfs.

6.3.2 Bedarf an Kontokorrentlinien

Auf der Basis Ihrer Analyse aus Kapitel 6.3.1 können Sie jetzt Ihren **Bedarf** an Kontokorrent-Kredit (KK-Kredit) **ermitteln**:

- genau über eine Liquiditätsplanung (vgl. Kapitel 7.10.4),
- mit einer „Faustregel", die sich an den Zahlungszielen für Ihre Kunden orientiert:
  - Bei fast zu 100 % Bar- und Scheckkartenzahlung werden Sie i. d. R. mit einer KK-Linie i. H. eines Monatsumsatzes auskommen.
  - Zahlen nahezu alle Ihre Kunden innerhalb einer Frist von 30 Tagen, so würden i. d. R. zwei Monatsumsätze eine ausreichende Linie darstellen.
  - Je nach dem Hauptanteil der Zahlungsfristen Ihrer Kunden können Sie diese Faustregel weiter variieren.

Die Ergebnisse der Faustregel sollten mit der Realität der letzten Monate und Jahre verglichen werden. Wenn sich dabei deutliche Widersprüche ergeben vor allem in die Richtung, dass der per Faustregel ermittelte Bedarf in der Vergangenheit nicht ausgereicht hat, stellt das

DOWNLOAD:

Methoden-Arbeitsblatt 11 „KK-Bedarf" bietet eine Möglichkeit, die Voraussetzungen zu überprüfen und ggf. weitere Aktivitäten zur internen Verbesserung in Angriff zu nehmen.

Im Zweifelsfall sollte zum Instrument der **Liquiditätsplanung** (vgl. Kapitel 7.10.4) gegriffen werden. In alle Überlegungen ist eine Liquiditätsreserve für Tagesschwankungen mit einzubeziehen.

Bedenken Sie die Bedeutung ausreichender KK-Kreditlinien für Ihre Liquiditätssituation vor allem mit Blick auf die Warnsignale der Banken (vgl. Kapitel 4.2.2.3 und zum Schnellrating 4.2.3) und Ihre „Reservelinien" (vgl. Kapitel 6.1.3) damit Sie solche Warnsignale nicht auslösen. Selbst Banker gestehen in internen Gesprächen zu, dass viele Unternehmen ungenügende KK-Kreditlinien haben. Das Zusammenarbeiten mit mindestens zwei Hausbanken macht oft die Vereinbarung ausreichender KK-Kreditlinien – dann eben verteilt auf diese beiden – einfacher (vgl. Kapitel 13 zu Ihrer Finanziererlandschaft und dort speziell 13.3). In diesem Zusammenhang ist auch der Antrieb vieler Banken zu sehen, nicht immer voll ausgeschöpfte KK-Kreditlinien zu reduzieren, „weil das Unternehmen diese ja offensichtlich nicht benötigt". Lassen Sie sich nicht vorschnell auf solche Hinweise ein, sondern bedenken Sie vorher ausführlich die in diesem Kapitel angesprochenen Hinweise zum Bedarf an KK-Kredit-Linien. Ggf. ist auch die Hinnahme einer Kreditprovision als zusätzliches Konditionselement sinnvoll, um den KK-Kredit-Rahmen zu erhalten (vgl. Kapitel 9.5.1).

Einige **„Sonderfinanzierungsformen"** sollten je nach Konstellation zusätzlich bedacht werden:

- **Saisonkredit-Bedarf** sollte über entsprechend variierende KK-Linien dargestellt werden (vgl. Kapitel 6.3.1).
- Größere Projekte oder Einzelaufträge können über eine separate **Objekt-** oder **Projektfinanzierung** abgewickelt werden:

  Die Bank stellt auf einem separaten Konto die erforderliche Linie für die Projekt-/Auftragslaufzeit bereit. Alle Zahlungen aus diesem Projekt bzw. Auftrag werden ausschließlich über dieses Konto geleitet. Als Sicherheit wird die Bank i. d. R. eine

Stille Abtretung dieser speziellen Kundenforderung erwarten (vgl. Kapitel 8.4.4); im Zweifelsfall kann das mit dem Kunden abgestimmt werden, sodass auch eine offene Abtretung möglich ist.

Berücksichtigen Sie bei der Vereinbarung einer Projekt- oder Auftragsfinanzierung gleich mit, wenn dafür Avalkredite (vgl. Kapitel 6.3.3) benötigt werden.

- Für mehrere kleine Investitionen, die über einen längeren Zeitraum auflaufen, kann ein **Investitionsauflaufkonto** vereinbart werden, wie im Kapitel 6.2.2.1 beschrieben.
- Diese Variante kann auch für die Durchführung einer größeren über einen längeren Zeitraum laufenden Investition als Vorfinanzierungsfunktion genutzt werden.

Zusätzlich sind die **Befristungen** in den KK-Kreditverträgen zu beachten, um rechtzeitig die Verlängerung mit der Bank zu vereinbaren (vgl. Kapitel 6.1.1.3). Rechtzeitig bedeutet, i. d. R. drei Monate vor Ablauf aktiv zu werden i. S. von Kapitel 1.3.

Bei einer **höheren dauerhaften Grundinanspruchnahme der KK-Linien** besteht die Möglichkeit, diese befristet über ein Sonderkonto als sog. Euro- oder **Euribor-Finanzierung** zu gestalten. „Euribor steht für Euro Interbank Offered Rate. Euribor bezeichnet den durchschnittlichen Zinssatz, zu dem viele europäische Banken (die sog. Panel-Banken) einander Anleihen in Euro gewähren. Bei der Festsetzung der Euribor-Werte werden die höchsten und niedrigsten 15 % der gemeldeten Werte nicht berücksichtigt. An jedem Arbeitstag um 11:00 Uhr Central European Time werden die Euribor-Werte festgesetzt und allen teilnehmenden Partnern und der internationalen Presse mitgeteilt." (Quelle: http://de.euribor-rates.eu/was-ist-der-euribor.asp, Stand Juli 2014). Vergleichbar damit ist der Libor (London Interbank Offered Rate). Dabei muss es sich nicht um Zinssätze für getätigte Geschäfte handeln, sondern es können Indikationen für Geschäfte sein (siehe dazu auch die aktuellen Diskussionen um mögliche Manipulationen der Euribor-Sätze durch die Beteiligten).

Euribor-Zinssätze gibt es für verschiedene Laufzeiten. In dem hier angesprochenen Zusammenhang wird meist der Drei-Monats-Euribor verwendet, der z. B. am 18. 7. 2014 bei 0,202 % p. a. lag.

Ein anderer Basis–Zinssatz für derartige Geschäfte kann der EONIA sein (Euro Overnight Index Average), der von der Europäischen Zentralbank (EZB) in einem ähnlichen Verfahren, aber nur auf Basis getätigter Geschäfte, ermittelt und veröffentlicht wird.

Im Internet finden Sie vielfältige Möglichkeiten, um die aktuellen Zinssätze und auch historischen Verläufe zu recherchieren u. a.:

INTERNET:

http://de.euribor-rates.eu/aktuelle-euribor-werte.asp

http://de.euribor-rates.eu/eonia.asp

https://www.db-markets.com/#interest_rates/reference_rates

http://fmh-index.fmh-rechner.de/fmh-index/zinsentwicklung/schnellversion/

Auf diese „Einstandssätze" schlagen die Banken je nach Volumen, Rating und Sicherheiten einen fest definierten Prozentsatz auf, der i. d. R. bei 2 %-Punkten beginnt – und nach oben je nach Bonität i. R. d. risikoangemessenen Bepreisung „offen" ist. Ab einer bestimmten Bonitätseinschätzung allerdings werden Euribor-Auslagerungen überhaupt nicht mehr zur Verfügung gestellt. Damit wird i. d. R. ein Zinssatz erreicht, der (deutlich) unter dem aktuellen Zins für den KK-Kredit liegt. Viele Banken haben für Euribor-Kredite Mindestbeträge festgelegt – diese sind aber in den letzten Jahren immer weiter nach unten gegangen. I. d. R. sollte darüber ab einer Größenordnung von € 100.000 wenigstens gesprochen werden können. Bei höheren Größenordnungen und einer Bonität, die „über jeden Zweifel erhaben" ist, sind auch Aufschläge (z. T. deutlich) unter 2,00 %-Punkten möglich.

Letztlich ist die Möglichkeit zu bedenken, i. R. d. öffentlichen **Förderkredite** (vgl. Kapitel 6.2.2.2) auch Betriebsmittelbedarf zu decken. Dabei wird allerdings i. d. R. nur zukünftiger Bedarf finanziert – nicht die Umschuldung eines bestehenden KK-Kredites (Ausnahmen ggf. bei den Landesförderbanken, wie z. B. der Universalkredit der NRW.BANK).

Die üblichen Sicherheiten für KK-Kredite werden im Kapitel 6.3.6 behandelt, die **Konditionsgestaltungen** von KK-Krediten im Kapitel 9.5.1. Zur Einbindung der dargestellten Gestaltungselemente in Kreditverträge vgl. Kapitel 14.2.

FAZIT:

- Ermitteln Sie Ihren KK-Kredit-Bedarf möglichst umfassend und genau.
- Nehmen Sie ggf. das Methoden-Arbeitsblatt „KK-Kredit" zur Hilfe.
- Beachten Sie dabei mögliche Sonderformen und bringen Sie diese selbst ins Gespräch ein.
- Für Berater: Machen Sie auf das Thema nicht ausreichender KK-Kreditlinien aufmerksam und unterstützen Sie bei der Ermittlung des realistischen Bedarfs.

6.3.3 Bedarf an Avalkreditrahmen

Neben dem KK-Kredit ist der je nach Branche unterschiedlich ausgeprägte Bedarf an Avalkrediten immer mit einzuplanen. Denn Banken sagen oft Linien zu, die **alternativ als KK- oder Aval-Kredit** in Anspruch genommen werden oder rechnen neu angefragte Avalkredite auf bestehende KK-Linien an.

In der „Qualität" ist zu unterscheiden, ob Sie Avale benötigen zur Absicherung von

- Anzahlungen Ihrer Kunden,
- Vertragserfüllungen gegenüber Ihren Kunden,
- Garantie- und Gewährleistungsansprüchen Ihrer Kunden.

Auch hier gilt es, den Bedarf realistisch abzuschätzen. Außerdem sollte belegt werden können, dass bisher aus Avalen keine oder nur geringe **Inanspruchnahmen** bei der angefragten Bank oder bei anderen Avalkreditgebern erfolgt sind. Damit kann die Bank ihr Risiko der Aval-Inanspruchnahme besser abschätzen – zudem wird sich dies im Zweifelsfall auf die Konditionsgestaltung auswirken.

Die **Konditionsgestaltungen** von Aval-Krediten werden im Kapitel 9.5.3 besprochen.

Ein besonderes „Ärgernis" aus Kundensicht ist oft bei **Anzahlungs-Avalen** die Anfrage der Bank, einen Teilbetrag der Anzahlung – z. B. 50 % - auf einem separaten Guthabenkonto als **Sicherheit** zu parken. Zwar wird dieses Konto von der Bank verzinst – aber auch dieser Betrag ist im Auftrags- oder Projekt-Finanzierungs-Plan für bestimmte Ausgaben vorgesehen, also aus Unternehmenssicht nicht verzichtbar. Konsequenz ist, dass eine höhere KK-Inanspruchnahme erforderlich ist – und damit auch höhere Zinsbelastungen verbunden sind. Auch hier gilt natürlich: Alles ist verhandelbar – aber in Abhängigkeit von Ihrer Verhandlungsposition.

Ein positiver Aspekt dieser Kreditart ist, dass die Zahl möglicher Kreditgeber nicht auf die Kreditinstitute begrenzt ist. Als weitere Finanzierer stehen an dieser Stelle viele **Versicherungsunternehmen** zur Verfügung (sog. Kautionsversicherung). Viele Unternehmen können dadurch ihren Avalkreditrahmen deutlich ausweiten und gleichzeitig den KK-Rahmen (Anrechnung von Avalkrediten durch die Banken) schonen.

Die Anbieter können einerseits direkt über die Hausbanken, da diese oft mit Kooperationspartnern zusammen arbeiten, andererseits im Markt erfragt werden.

Weitere Details zum Thema finden Interessierte in *Leibenger*, NWB Betriebswirtschaftliche Beratung 2/2013.

FAZIT:

- Berücksichtigen Sie Ihren Avalkreditbedarf immer parallel zum KK-Kredit-Bedarf.
- Nutzen Sie gezielt die ganze Bandbreite der Anbieterpalette.
- Für Berater: Bauen Sie Kontakte zu Versicherungen als Avalkreditgeber auf, die Sie an Ihre Mandanten weitergeben können.

6.3.4 Factoring als Finanzierungsalternative

Noch nicht ganz so etabliert wie das Leasing als Alternative zu den Banken im Bereich der Investitionsfinanzierung (vgl. Kapitel 6.2.3) aber auf dem Wege dahin ist das Factoring als Alternative bzw. Ergänzung zum KK-Kredit.

Der Vorteil für das Unternehmen: Durch den **schnelleren Geldeingang** werden die Inanspruchnahmen im KK-Konto deutlich reduziert und in der Folge können

- Warnsignale an die Banken durch eine enge Kontoführung vermieden werden (vgl. Kapitel 4.2.2.3 und 4.2.3),
- die Lieferanten wieder oder vermehrt mit Skonto bezahlt werden.

Dies setzt allerdings oft voraus, dass die Banken bei Abschluss eines Factoring-Vertrages nicht versuchen, die KK-Linie zu reduzieren.

Factoring beinhaltet folgendes **Geschäftsmodell**:

- Sie übermitteln dem Factor-Institut Ihre Kundenrechnungen und verkaufen ihm damit Ihre Kundenforderungen – dies geschieht heute überwiegend in voll digitalisierten Prozessen über das Internet.
- Der Factor zahlt Ihnen mit Rechnungsübermittlung sofort 80-100 % der Forderung auf Ihr Geschäftsgirokonto (Finanzierungs-Funktion).
- Die Differenz zu 100 % zahlt er Ihnen aus, wenn Ihr Kunde Ihre Rechnung an den Factor bezahlt hat. Dafür wird ein spezielles neues Konto eröffnet, auf das Ihre Kunden nur noch zahlen dürfen.
- Der Factor übernimmt dabei das Ausfallrisiko Ihrer Kundenforderungen (Delkredere-Funktion). Zahlt Ihr Kunde also dauerhaft nicht, erhalten Sie nach einer definierten Frist dennoch den Differenzbetrag zu 100 % ausbezahlt.

  Sein daraus entstehendes Kreditrisiko sichert der Factor wiederum über Kreditversicherungen ab. Hat Ihr Unternehmen bereits eine Warenkreditversicherung, wird die Factoring-Gesellschaft sinnvollerweise zu dieser den Kontakt suchen und sie ggf. in seine Rücksicherung einbeziehen.

- Im Rahmen des Delkredere übernimmt der Factor auch das komplette Mahnwesen.
- Je nach Vereinbarung und Vertragsmodell übernimmt der Factor auch Ihre komplette Debitorenbuchhaltung (Dienstleistungsfunktion) – z. T. werden Sie auch intensiv zur Gestaltung Ihrer Buchhaltung beraten, damit die täglichen Prozesse zwischen Ihnen und dem Factor problemlos ablaufen.

Die **Voraussetzungen aus Sicht des Factors** sind Folgende:

- Die Bonität Ihres Unternehmens muss angemessen sein

  Diese wird in einem eigenen Risikoklassifizierungsverfahren ermittelt (vgl. Kapitel 3.1.3). Dabei ist der Bonitätsindex von Creditreform (vgl. Kapitel 4.5) oft ein erster Filter und findet auch Eingang in die interne Risikoklassifizierung. Daher sollte Ihr Creditreform Bonitätsindex möglichst deutlich unter „300" liegen. Je weiter darunter, desto besser.

- Die Bonität Ihres Kundenbestandes wird geprüft

  Der Factor wird anhand einer Debitorenliste und der Umsätze mit Ihren Kunden prüfen, in welchem Umfang er welche Kundenforderungen ankaufen kann. Das kann bedeuten, dass er nicht alle oder nicht alle Forderungen im vollen Umfang übernehmen wird. Auch bei neuen Kunden wird er vor einer Ankaufsbestätigung an Sie diese auf ihre Bonität prüfen.

  Dies mag einerseits so klingen, als würde der Factor die ohnehin nur guten Forderungen ankaufen – natürlich will er sein Risiko begrenzen.

  Andererseits können Sie die Einschätzung des Factors i. S. einer Ampelfunktion auch als Indikator für Ihre Zahlungsvereinbarungen mit Ihren Kunden nehmen (bzw. für die Frage, ob Sie mit diesem Kunden überhaupt zusammen arbeiten wollen).

- Die Zahlungsziele Ihrer Kunden sollten i. d. R. nicht über 90 Tagen liegen.
- Ihre Reklamationsquoten sollten gering sein – und damit die Gefahr, dass Forderungen seitens Ihrer Kunden angezweifelt werden.
- Ihre Kunden dürfen in ihren AGB die Forderungsabtretung bzw. das Factoring nicht ausgeschlossen haben (oft kann dieses Hindernis aber auch in individuellen Absprachen mit Ihren Kunden beseitigt werden).
- Der Ablauf Ihres Kundenprozesses wird überprüft.

  Dahinter steht die Frage, auf welcher rechtlich abgesicherten Auftragsbasis Sie arbeiten und wie diese dokumentiert und abgewickelt wird – der Factor möchte nur real existierende und rechtlich einwandfreie Forderungen ankaufen.

- Ihre Kundenforderungen müssen frei von Rechten Dritter sein – konkret: Sie dürfen nicht an die Banken zur Sicherung von Krediten abgetreten worden sein. Wenn dies der Fall sein sollte, muss mit den Banken über eine entsprechende Sicherheitenfreigabe verhandelt werden.

  Dabei sollte i. S. der Liquiditätsvorsorge so verhandelt werden, dass die KK-Linie nicht gekürzt wird (oder nur geringfügig), sodass

  - die Entlastung der Liquidität in der Kreditinanspruchnahme und der geringeren Auslastung der KK-Linien auch spürbar wird,
  - die Skontierungsmöglichkeiten voll umfänglich genutzt werden können.

Offene Fragen zum Factoring auf Unternehmensseite sind häufig die Folgenden:

- Muss ich meinen gesamten Forderungsbestand verkaufen?

  Zu Anfang des Factoring war das so und es ist auch heute noch oft der Normalfall. Es gibt aber mittlerweile genug Anbieter, die auch Teilbestände und Einzelforderungen ankaufen.

- Gibt es Factoring auch für kleinere Unternehmen?

  Diese Frage kann heute uneingeschränkt mit „Ja" beantwortet werden. Im Markt finden Sie Anbieter für Unternehmen jeder Umsatzgröße bis hin zu Existenzgründern.

- Besteht eine Chance auf Factoring, wenn der Umsatz mit weniger oder gar nur einem Kunden getätigt wird?

  Auch hier gibt es mittlerweile Anbieter, die in solche Situationen eintreten und dabei kommt es nochmals mehr auf die Bonität aller beteiligten Unternehmen an, da der Aspekt der Risikostreuung für den Factor entfällt.

- Werden auch Forderungen an Privatkunden angekauft?

  I. d. R. nein – es gibt aber auch Ausnahmen.

- Werden meine Kunden nicht negativ reagieren, wenn sie erfahren, dass sie auf ein Konto des Factors bezahlen müssen – nach dem Motto „der hat das wohl liquiditätsmäßig nötig"?

  Dieses Image haftet dem Factoring unverändert in Teilen der Unternehmerschaft an – ist aber deutlich auf dem Rückzug. Entscheidend ist, was Sie mit dem Factor vereinbaren:

  - Lautet die Kontobezeichnung des neuen Kontos auf Ihren Namen oder auf den Factor?
  - Wie lautet der Text des Briefes, mit dem Sie Ihre Kunden über den neuen Zahlungsweg informieren?

- Wird der Factor im Mahnwesen rigoros vorgehen und meine Kunden womöglich verprellen?

  Wie und auf welchen Wegen gemahnt wird und ob in vorheriger Absprache mit Ihnen lässt sich in vielen Fällen mit dem Factor abstimmen und durchaus individuell regeln. Je kleinteiliger Ihre Forderungen sind und je geringer der Gesamtumsatz, desto stärker arbeiten die Factoring-Gesellschaften mit standardisierten Prozessen, wodurch individuelle Gestaltungen schwieriger werden und manches Mal auch ausgeschlossen sind.

- Sind Auslandsforderungen factoring-fähig?

  Das hängt vom Geschäftsmodell des Factors ab, es gibt Anbieter, die Auslandsforderungen in definierten Ländern ankaufen.

- Werden Forderungen des Baugewerbes angekauft?

  Die meisten Anbieter schließen keine Factoringverträge mit Unternehmen des Baugewerbes, weil deren Forderungen wegen der Verdingungsordnung für Bauleistungen i. d. R. noch nicht vollumfänglich rechtskräftig bestehen. Ausnahmen bestätigen die Regel; allerdings wird dann ein größerer Betrag als Risikopolster für evtl. Reklamationen und Nachforderungen einbehalten.

Die **Preisgestaltungen** von Factoringangeboten sind sehr vielfältig geworden. Folgende Preisbestandteile kommen vor:

- Sollzinssatz auf die Inanspruchnahme der Vorfinanzierung also auf den sofort ausgezahlten Teil der Forderung bis zum Eingang der Kundenzahlung.
- Factoringgebühr für die Übernahme des Ausfallrisikos in Prozent vom angekauften Volumen.
- Limitprüfungsgebühren pro Kunde (ggf. mit einer Anzahl kostenloser Prüfungen pro Jahr).
- Kosten für Porto, Mahnungen, Kontoführung.

Gerade für kleinere Unternehmen gibt es mittlerweile auch Angebote mit einer monatlichen Pauschale zur Abdeckung aller Kostenbestandteile.

Die **Vergleichsrechnung zum KK-Kredit** umfasst sowohl in Euro rechenbare Beträge als auch nicht-rechenbare Komponenten:

- KK-Kredit
  - Sollzinssatz
  - Kosten von Buchhaltung und Mahnwesen bisher
  - Kosten von Forderungsausfällen bisher

- Factoring
  - Angebot der verschiedenen Preisbestandteile wie oben aufgeführt
  - Verringert um die zusätzlich durch das Factoring ermöglichten Skontoerträge
  - Erhöht ggf. um kalkulierte Mahnkosten und Ausfallrisiko für nicht angekaufte Forderungen

Nicht in Euro rechenbar aber doch positiv für die Seite des Factoring kann in Ihren Überlegungen dazu kommen: Ihre mentale Entlastung durch Wegfall von Mahnwesen und Forderungsausfall.

Factoring-Anbieter finden Sie im Internet (siehe Info-Kasten) oder Sie schalten (analog zum Leasing, vgl. Kapitel 6.2.3) einen Factoring-Makler ein. Diese auf Factoring spezialisierten Berater arbeiten meist mit einer Anzahl von Factoring-Gesellschaften zusammen. Sie haben diese Gesellschaften i. d. R. nach bestimmten Kriterien ausgewählt. Die Vergütung der Makler erfolgt über eine Provision der Factoring-Gesellschaft. Für die Erstanalyse in Ihrem Unternehmen wird oftmals ein überschaubares Festhonorar berechnet.

INTERNET:

- über Ihre Hausbanken als deren Kooperationspartner,
- über den „Deutsche Factoring-Verband e.V." – (www.factoring.de) – dem überwiegend größere Anbieter angehören,
- über den „Bundesverband Factoring für den Mittelstand" – (www.bundesverband-factoring.de) – dem als dem jüngeren Verband meist die kleineren Anbieter angehören.

FAZIT:

- Beziehen Sie Factoring als Ergänzung bzw. Alternative zum KK-Kredit in Ihre Überlegungen ein.
- Holen Sie mehrere Angebote ein.
- Führen Sie die Bankverhandlungen so, dass die KK-Limite (möglichst) nicht reduziert werden.
- Für Berater: Halten Sie Kontakt zu Factoringanbietern, sodass Sie Ihren Mandanten sofort zwei bis drei Angebote vermitteln können oder nutzen auch Sie den Kontakt zu einem Factoring-Makler.

6.3.5 Einbindung der Lieferanten als Finanzierer

Dass Lieferanten auch eine Finanzierungsfunktion haben und diese von Seiten der Kunden auch deutlich ausgenutzt – manchmal auch überstrapaziert – wird, ist klar. Die Lieferanten im Gesamtblick auf den Finanzierungsbedarf bewusst mit einzubeziehen, kommt aber manches Mal zu kurz (vgl. auch Kapitel 6.2.5 zu Lieferanten und Investitionsfinanzierung).

Zu denken ist dabei an

- die Gestaltung der ganz „normalen" Zahlungsziele,
- die Vereinbarung spezieller Zahlungsziele für einzelne größere Aufträge oder Abrufaufträge,
- Valutenvereinbarungen für Saisonwaren oder Abrufaufträge,
- Festpreisvereinbarungen über einen bestimmten Zeitraum z. B. bei Abrufaufträgen,
- Stundungs- und Raten-Vereinbarungen für „Altsalden",
- Skontoregelungen im allgemeinen,
- besondere Skontoregelungen bei Zahlung über Lastschrifteinzug (SEPA-Basismandat) oder gar Abbuchungsverfahren (SEPA-Firmenmandat),
- Lieferantendarlehen wie sie in manchen Branchen üblich sind, die über normale Ratenzahlungen wie bei Banken oder über die Verrechnung mit bestimmten Leistungsbezügen zurückgezahlt werden,
- Kommissionsgeschäfte,
- ...

Gerade in Verhandlungen mit Lieferanten sind den Gestaltungsmöglichkeiten kaum Grenzen gesetzt.

Auch hier ist Ihr Verhandlungsspielraum natürlich abhängig von Ihrer Verhandlungsposition als „guter" Kunde.

Oft dienen Lieferanten als „unfreiwillige Retter in der Not" – ihre Rechnungen werden als letzte bezahlt und Mahnungen in den verschiedenen Stufen in Kauf genommen. In einer solchen Situation sollte allerdings **strategisch gesteuert werden**, um die für das Unternehmen wichtigen Lieferanten (kaum oder nicht ersetzbar/große Lieferbereitschaft/. . .) „bei der Stange" zu halten. Außerdem empfiehlt sich hier wie bei den Banken eine frühzeitige Kommunikation über Engpässe, weil dann die Chance besteht, gemeinsam nach Lösungen zu suchen. Generell verhalten sich Lieferanten oft flexibler als Banken, denn sie können das Geschäftsmodell und den Stellenwert ihres Kunden in der Branche besser einschätzen – und wollen natürlich auch weiterhin ihre Absatzbasis sichern.

FAZIT:

- Bauen Sie die Beziehungen zu Ihren Lieferanten in ihrer Vielschichtigkeit in Ihre Finanzierungsüberlegungen ein.
- Loten Sie in Gesprächen Chancen auch für unkonventionelle Lösungen aus.
- Kommunizieren Sie in Liquiditätsengpässen strategisch gezielt und rechtzeitig.
- Für Berater: Geben Sie auch hier rechtzeitig Hinweise aus Ihrer Kenntnis der Kreditorenbuchhaltung und unterstützen Sie bei der Vorgehensweise – bis hin zur Gesprächsteilnahme.

6.3.6 Typische Sicherheiten bei Betriebsmittel-Finanzierungen

Würde man der Argumentation bei der Investitionsfinanzierung folgen (vgl. Kapitel 6.2.2.3), so würden auch bei der Betriebsmittelfinanzierung die finanzierten Vermögenswerte als Sicherheiten herangezogen:

- Abtretung der Kundenforderungen (vgl. Kapitel 8.4.4)
- Sicherungsübereignung des Warenlages sowie der Bestände der halbfertigen und fertigen Arbeiten (vgl. Kapitel 8.4.3)

Diese Sicherheiten werden von Kreditinstituten auch herein genommen, aber nicht immer gerne und oft nicht als einzige Sicherheiten. Der Hintergrund ist die problematische und gering angesetzte Bewertung dieser Sicherheiten (vgl. Kapitel 8.4.3 und 8.4.4). Das kann dazu führen, dass eine Bank diese Sicherheiten zwar herein nimmt, sie aber in ihrem Kreditbeschluss nicht bewertet und damit die Sicherheiten auch nicht zu einer Reduzierung des Blankoanteils beitragen. Daher sollte die Bewertung immer auch Gesprächsgegenstand sein (vgl. Kapitel 8). Zeigt sich Ihre Bank nicht sehr auskunftsfreudig, so können Sie einen „Hilfs-Indikator" nutzen: Um diese beiden Sicherheiten in ihren Kreditbeschlüssen bewerten zu können, muss Ihre Bank diese in regelmäßigen Abständen aktuell bewerten. Dazu benötigt sie von Ihnen entsprechende Unterlagen (Debitorenliste, Lagerbestände); werden diese nicht mindestens halbjährlich bei Ihnen angefordert, können Sie erst einmal davon ausgehen, dass Ihre Bank diese Sicherheiten in ihrem Kreditbeschluss nicht bewertet.

Bankseitig wird daher oft dahin verhandelt, neben der Bürgschaft des/der geschäftsführenden Gesellschafter/s (vgl. Kapitel 8.4.1) weitere vor allem gerne grundbuchliche Sicherheiten auf Firmen- oder Privat-Immobilien zu erhalten (vgl. Kapitel 8.4.2). Dabei werden dann oft Grundschulden akzeptiert, die von den Banken selbst nicht mehr bewertet werden. Allerdings erhalten die so gesicherten Banken damit Einfluss auf evtl. nachfolgende Sicherheitenbestellungen und in letzter Konsequenz auf ein Zwangsversteigerungsverfahren. Sie sollten überlegen, ob Sie dies wollen – wie immer mit Blick auf Ihre Verhandlungsmachtposition. Geben Sie Ihrer Bank allerdings grundbuchliche Sicherheiten für den KK-Kredit, dann wäre es sinnvoll, dahin zu verhandeln, nicht auch noch zusätzliche Kundenforderungen abzutreten und Bestände zu übereignen. Wenn Ihre Bank die Grundschulden teilweise oder in voller Höhe banküblich bewerten kann (vgl. Kapitel 8.4.2), dann sollte sich dies natürlich auch positiv auf den von Ihnen zu zahlenden Sollzinssatz auswirken.

FAZIT:

- Bei den Überlegungen zur Finanzierung Ihres Betriebsmittelbedarfs bedenken Sie immer direkt die Sicherheitenfrage mit und machen Sie Ihren Banken am besten selbst ein Angebot dazu aus Ihrer Sicht.
- Vermeiden Sie möglichst die Hergabe von Sicherheiten, die Banken in der Kreditentscheidung selbst gar nicht in Ansatz bringen/bewerten.
- Für Berater: Sorgen Sie dafür, dass Ihre Mandanten einen kompletten Überblick über ihre Sicherheitensituation haben (Sicherheitenspiegel) und auf dieser Basis gut vorbereitet und mit einer realistischen Einschätzung in die Bankgespräche gehen.

6.4 Alternativen und Ergänzungen zur Kreditfinanzierung

In die Überlegungen zur Gesamtfinanzierung eines Unternehmens gehört ausgehend von den im Kapitel 6.1 dargelegten Überlegungen regelmäßig die Frage, ob der Finanzierungsbedarf auf Dauer ausschließlich über die in den Kapiteln 6.2 und 6.3 beschriebenen „klassischen" Instrumente darstellbar ist – oder dargestellt werden soll? Oder ob mit Blick auf gegebene Finanzierungsstrukturen und geschätzten Finanzierungsbedarf die Einbeziehung weiterer Finanzierungsinstrumente sinnvoll sein könnte. Diese – siehe die nachfolgenden Kapitel – haben jeweils ihre spezifischen Eigenheiten, die gut bedacht sein wollen. Außerdem stehen viele dieser Instrumente erst aber einer gewissen Größenordnung zur Verfügung. Auf die neuen Entwicklungen der Kreditplattformen im Internet wird in Kapitel 13.2.1.3 ausführlich eingegangen.

6.4.1 Mezzanine Finanzierungen – auf das Ende kommt es an

Mit den „Mezzanine-Finanzierungen“ gibt es eine Variante, die ein „Zwischending“ zwischen Fremd- und Eigenkapital ist. Der italienische Begriff „Mezzanine“ bezeichnet ein „Zwischengeschoss“. Mezzanine Finanzierungen bestehen i. d. R. aus einem Fremdkapital-Teil und einem sog. Nachrang-Teil. Ein klassisches Beispiel ist im Förderprogramm der KfW-Mittelstandsbank das „ERP-Innovationsprogramm“ (https://www.kfw.de/inlandsfoerderung/Unternehmen/Unternehmen-erweitern-festigen/Finanzierungsangebote/ERP-Innovationsprogramm-%28180-185-190-195%29/#1), das als „integriertes Finanzierungspaket“ wie folgt dargestellt wird:

- 40 % der Finanzierung sind ein typisches Darlehen,
- 60 % sind ein Nachrangdarlehen – das nicht besichert werden muss und dessen Rückzahlung erst nach sieben Jahren beginnt, bei einer Gesamtlaufzeit über zehn Jahre.

Die KfW beschreibt den Nachrangteil so: „Das durchleitende Kreditinstitut wird von der Haftung für die Nachrangtranche freigestellt. Die Bank (also die KfW) tritt mit ihren Forderungen aus der Nachrangtranche im Rang hinter die Forderungen aller gegenwärtigen und künftigen Fremdkapitalgeber zurück“ (https://www.kfw.de/Download-Center/F%C3%B6rderprogramme-%28Inlandsf%C3%B6rderung%29/PDF-Dokumente/6000001631-M-Innovationsprogramm-180-185-und-190-195.pdf- 21. 07. 2014).Die **Anerkennung** von Nachrangdarlehen als **Eigenkapital** und damit eine entsprechende Verbesserung der Eigenkapitalquote mit positiven Auswirkungen im Rating (vgl. Kapitel 4.2.2.1) können Sie Ihrer Bank aber nicht vorschreiben. Ob eine Nachrangkonstruktion anerkannt wird, liegt im Ermessen der Bank. Allerdings gibt es dafür einen **Kriterienkatalog**, den die deutsche Kreditwirtschaft im Rahmen der „Initiative Finanzstandort Deutschland“ (IFD) als Empfehlung gemeinsam erarbeitet hat (vgl. *IFD*, Juni 2011):

Drei **Mindest-Kriterien** werden als unabdingbar dargelegt, wobei Banken immer noch individuelle Anforderungen stellen können:

- Kapitalüberlassung muss langfristig sein
  - Ursprungslaufzeit fünf bis sieben Jahre
  - Restlaufzeit noch größer als ein Jahr/teilweise zwei Jahre
  - Oft zusätzlich: Restlaufzeit Mezzanine länger als Restlaufzeit der eigenen Kredite
- Ordentliche Kündigungsrechte dürfen nicht vereinbart sein
  - schädlich: Kündigungsrechte wegen Verschlechterung der wirtschaftlichen Verhältnisse oder wegen Zahlungsverzug
  - ggf. unschädlich: a. o. Kündigungsrechte wegen Verletzung von Infopflichten oder Wechsel im Gesellschafterkreis

- Nachrangigkeit muss gegeben sein
  - Zumindest im Fall der Insolvenz
  - Gegenüber allen bevorrechtigten Gläubigern zu jeder Zeit (z.T. auch für Zinsen)
  - Es darf keinerlei Besicherung vereinbart sein

Weitere Bedingungen für eine Anerkennung als Eigenkapital können Kreditinstitute lt. IFD z. B. knüpfen an

- Vergütung für die Kapitalüberlassung: Ausgestaltung, Fälligkeit, Aussetzen bei Verlusten
- Verlustteilnahme

Diese Regularien machen deutlich, dass beim Einsatz von Mezzaninen, der auch mit Blick auf die Eigenkapitalausstattung und das Rating erfolgt, immer vorab eine Abstimmung mit den kreditgebenden Banken erforderlich ist, um sicherzustellen, dass die erwünschten Ratingeffekte auch eintreten werden.

Die **Vergütung** für Mezzanines Kapital liegt nachrang-bedingt naturgemäß höher als der Zinssatz für Fremdkapital. Am Beispiel des ERP-Innovationsprogramm der KfW kann dies verdeutlicht werden (Stand 21. 7. 2014, vgl. www.kfw-formularsammlung.de):

- Die Effektivzinssätze für den Fremdkapitalteil liegen je nach Preisklasse (vgl. Kapitel 9.3) zwischen 1,00 und 5,35 % p. a. für alle Unternehmen im sog. KMU-Fenster (kleine Unternehmen: Jahresumsatz oder Jahresbilanzsumme ≤ 10 Mio. EUR und Anzahl der Mitarbeiter < 50)
- Die Effektivsätze für den Nachrangteil liegen in den sog. vier „Bonitätskategorien" zwischen 1,00 % und 6,50 % p. a. für Unternehmen in den alten Bundesländern im KMU-Fenster.

Ein weiterer deutlicher Unterschied liegt darin, dass die Preisklassen für den Fremdkapitalteil im Internet beschrieben und damit für Unternehmen nachvollziehbar sind. Die Hausbank wiederum legt die beiden Parameter für die Preisklasseneinteilung fest (vgl. Kapitel 9.3). Die Bonitätskategorien hingegen sind einerseits im Internet nicht beschrieben und werden andererseits von der KfW intern erst bei Vorlage des Antrages festgelegt, wobei eine maximale Ein-Jahres-Ausfallwahrscheinlichkeit (vgl. Kapitel 4.2.1.1) von 4,4 % akzeptiert wird (Fremdkapitaltranche bis zu 7,6 %).

Ein besonderes Element der Nachrang- oder Mezzanine-Finanzierung ist die **Tilgungsregelung**. Damit der Eigenkapitaleffekt möglichst lange in der Bilanz wirksam wird, werden Mezzanine am Ende der Laufzeit in einer Summe oder in zwei bis drei Teilbeträgen zurückgezahlt. Diese Zahlungen haben daher entsprechende Größenordnungen – und müssen erbracht werden. Das bedeutet, dass bereits bei Aufnahme einer Mezzanine-Finanzierung Überlegungen angestellt werden müssen, wie am Ende der Laufzeit diese „Ballon-Tilgungen“ erbracht werden können. Hier sind mittel- bis langfristige Planungsüberlegungen mit verschiedenen Szenarien gefragt. Dies nicht im Blick zu haben, wäre unternehmerischer Leichtsinn.

Anbieter von Nachrangfinanzierungen sind neben der KfW auch viele Landesförderbanken (vgl. Kapitel 6.2.2) sowie Beteiligungsgesellschaften verschiedenster Art. Auch hier kann der Kontakt über die Hausbanken oder Wirtschaftsförderungen und Kammern weiterhelfen.

FAZIT:

- Beziehen Sie Nachrang- oder Mezzanine-Finanzierungen ggf. als einen möglichen sinnvollen Bestandteil in Ihr Gesamtfinanzierungskonzept ein.
- Klären Sie die Anerkennung als Eigenkapital vor der Aufnahme einer Mezzanine-Finanzierung mit allen beteiligten Banken ab.
- Prüfen Sie die Verkraftbarkeit der höheren Kosten.
- Wägen Sie bereits zum Startzeitpunkt ab, ob und wie Sie am Ende der Laufzeit die Tilgungslast werden erbringen können.
- Für Berater: Unterstützen Sie gerade bei diesem komplexen Thema mit einer Checkliste und als kritischer Dialogpartner.

6.4.2 Kapitalbeteiligungen – die Bedingungen entscheiden

Auch für die Aufnahme einer Kapitalbeteiligung stehen die Banken i. d. R. mit Kooperationspartnern bereit. Außerdem gibt es bei den jeweiligen Bürgschaftsbanken der Länder (vgl. Kapitel 8.5) i. d. R. auch eigene Kapitalbeteiligungsgesellschaften. Dazu kommen z. T. Gesellschaften als Töchter der Bundesländer und natürlich diverse freie Anbieter (heute oft auch als „Privat Equity Gesellschaften“ bezeichnet) bis hin zu sog. „Familiy Offices“, die das Vermögen von (Unternehmer-) Familien verwalten.

Auf rechtliche Gestaltungsformen und steuerliche Auswirkungen soll hier im Detail nicht eingegangen werden. An dieser Stelle sollen nur die „typischen“ **Unternehmervorbehalte** diskutiert werden:

- **Mitbestimmungsrechte** der Eigenkapitalgeber

  Diese werden höchst unterschiedlich ausgeprägt sein – je nach Umfang, Dauer, Beteiligungsquote und auch Beteiligungsgesellschaft.

Immer vereinbart werden umfangreiche **Informationspflichten** des Unternehmens bezogen auf

- Jahresabschluss: Bis wann, in welchem Umfang mit Erläuterungen, geprüft
- Mindestens vierteljährlicher ausführlicher Bericht über die Geschäftsentwicklung: Dabei wird eine „normale“ BWA nicht ausreichen, der Umfang wird meist detailliert festgelegt und beinhaltet immer den Plan-Ist-Vergleich auf Basis der verabschiedeten Unternehmensplanung
- Aktuelle Information über wesentliche Gegebenheiten, wie z. B. Ausfall Geschäftsführer oder leitende Mitarbeiter; auch hierzu gibt es einen Kriterienkatalog.

Die **Mitbestimmungsrechte** beziehen sich häufig auf

- Feststellung Jahresabschluss
- Strategische Entscheidungen
- Unternehmens-Planung
- Investitionen und Finanzierungen ab einer bestimmten Mindestgröße
- Gesellschafter- und Geschäftsführerwechsel
- ...

Der Umfang dieser Pflichten wird im Beteiligungsvertrag individuell festgelegt.

Damit verbunden sein kann das z. B. vierteljährliche Treffen eines Beirates (vgl. Kapitel 4.8), in dem der Unternehmer, Vertreter der Kapitalbeteiligungsgesellschaft und ggf. weitere einvernehmlich bestimmte unabhängige Persönlichkeiten vertreten sind.

Was unternehmerseitig oft als „Einschränkung“ empfunden wird, kann aber genau so gut als Chance und Bereicherung gesehen werden:

- Der Aufbau eines aussagefähigen Berichtswesens,
- der Austausch auf qualifizierter Ebene zur weiteren Entwicklung des Unternehmens.

► **Ausstieg** des Eigenkapitalgebers nach der von ihm gewollten Investitionsdauer

Meist sind Kapitalbeteiligungsgesellschaften nicht an einer „unendlichen“ Beteiligungsdauer interessiert, sondern wollen nach einer Anzahl von Jahren (je nach Unternehmen kann das bereits bei fünf Jahren beginnen) wieder aussteigen (man spricht auch von „Exit“). Die entscheidende Frage für den Unternehmer, die bereits bei Eingehen einer Beteiligung zu klären ist, lautet: Auf welchem Wege wird der Ausstieg gestaltet:

- Andienen der Anteile an den Unternehmer selbst – entsprechend vertraglich abgesichert (ggf. auch als Vorkaufsrecht). Natürlich mit der Frage analog zu der Tilgungsproblematik der Mezzanine (vgl. Kapitel 6.4.1): Wie wird der Unternehmer die erforderlichen Mittel aufbringen können?
- Verkauf freihändig am Markt an eine andere Beteiligungsgesellschaft oder einen strategischen Investor (ggf. einen Konkurrenten?) – mit welchen Mitentscheidungsrechten des Unternehmers?
- Veräußerung durch einen Börsengang.

► **Vergütung** für den Eigenkapitalgeber

Auch hier sind die Gestaltungsspielräume groß. Dass Eigenkapital teurer ist als Fremdkapital, versteht sich aufgrund der Haftungsfunktion von selbst. In den Gestaltungen lassen sich u. a. folgende Elemente unterscheiden – diese werden z.T. in Kombination vereinbart (wobei hier steuerliche Aspekte außen vor gelassen werden):

- Festvergütungen p. a.
- Erfolgsabhängige Vergütung – mit der Frage nach Maßstab und Höhe
- Abschlussvergütungen beim Ausstieg

Die Verlustbeteiligung ist dabei separat zu klären.

Die laufenden Vergütungen werden dann geringer sein, wenn das vereinbarte Ausstiegsszenario die Chance auf einen „Kursgewinn" beinhaltet.

Ein Sonderfall der Kapitalbeteiligung ist der neue „Mikromezzanine-Fonds Deutschland": Er stellt kleinen Unternehmen (max. € 10 Mio. Umsatz und max. 10 Beschäftigte) in einem standardisierten Verfahren eine Kapitalbeteiligung von bis zu € 50.000 zur Verfügung. Bei einer Laufzeit von 10 Jahren ist diese in den drei letzten Jahren zurückzuzahlen. Finanziert werden Investitionen und Betriebsmittel – nicht die Ablösung von Krediten der Hausbanken. Bei einem Festzinssatz von 8,00 % p. a. wird zusätzlich eine Gewinnbeteiligung von 1,50 % p. a. berechnet. Außerdem gibt es eine Bearbeitungsgebühr von 3,50 %. Voraussetzung ist ein Jahresabschluss oder eine Einnahme-Überschuss-Rechnung nicht älter als 18 Monate, ein positives Eigenkapital, ein positives Jahresergebnis (ggf. auf Basis des Durchschnitts der letzten drei Jahre) sowie ein Creditreform-Bonitätsindex von mindestens 329 (vgl. Kapitel 4.5). Die Abwicklung erfolgt über die Bürgschaftsbanken der Länder. Alle Informationen stehen im Internet unter http://www.mikromezzaninefonds-deutschland.de.

FAZIT:

- Das Eingehen einer Kapitalbeteiligung hat nicht nur eine finanztechnische, sondern auch eine große mentale Dimension.
- Prüfen Sie daher immer intensiv beide Aspekte.
- Holen Sie verschiedene Angebote ein.
- Achten Sie darauf, dass Ihre Gesprächspartner bei den Vertragsverhandlungen später auch Ihre Begleiter in den Informations- und Mitbestimmungsprozessen sind – denn vor allem dann muss die Chemie stimmen.
- Bedenken Sie bereits bei der Verhandlung die Ausstiegsszenarien.
- Für Berater: Unterstützen Sie Ihren Mandanten in allen Themenbereichen (Strategie, Finanzierung, Steuern, Recht) und beziehen Sie ggf. Kooperationspartner mit ein. Und vergessen Sie nicht die „mentale" Begleitung.

6.4.3 Eigenkapital – was Sie selbst einbringen können und wollen

Nicht zu vergessen sind natürlich Sie und Ihre evtl. vorhandenen anderen Gesellschafter selbst als Kapitalgeber und damit als Möglichkeit, den Finanzierungsbedarf gegenüber Kreditgebern zu reduzieren und/oder die Finanzierungsstrukturen zu verbessern.

Dazu zählt an erster Stelle, die Ertragskraft des Unternehmens selbst zu nutzen, um Eigenkapital aus versteuerten Gewinnen zu bilden. Das bedeutet, nicht den vollen **Jahresüberschuss** zu entnehmen (Einzelunternehmen und Personengesellschaft) oder auszuschütten (Kapitalgesellschaft).

Davor kommt bereits die Frage, in welchem Umfang die Gesellschafter bereits innerhalb der **Betriebsausgaben** der Gesellschaft Zahlungen in welchem Umfang erhalten (Geschäftsführergehälter, Tantiemen, Miet- und Pachtzahlungen, Zinszahlungen, . . .) und ob diese angemessen sind (wobei die steuerlichen Dimensionen hier nicht Gegenstand der Betrachtung sind) und mit Blick auf die hier behandelte Fragestellung ggf. reduziert werden könnten, um die Eigenkapitalbildung im Unternehmen zu erleichtern.

Darüber hinaus kann die Frage gestellt werden, ob die Gesellschafter bereit sind, **weiteres Eigenkapital** in das Unternehmen zu investieren also die festen oder variablen Eigenkapitalkonten (vgl. Kapitel 4.1.2.4) zu erhöhen.

Dies kann bei entsprechendem Bedarf dauerhaft geschehen oder – im Bereich der variablen Eigenkapitalpositionen – auch vorübergehend, um z. B. einen akuten Finanzierungsbedarf eines Großauftrages für dessen Laufzeit abzudecken.

Zudem kann die Frage eines **Gesellschafterdarlehens** erörtert werden (vgl. auch hierzu Kapitel 4.1.2.4 mit Blick auf den „Eigenkapitalcharakter“ von Gesellschafterdarlehen aus Sicht der Banken).

Auch die Aufnahme eines neuen einzelnen Gesellschafters mit entsprechender Einlage kann eine Alternative sein. Dabei sind die im Kapitel 6.4.2 diskutierten Überlegungen allerdings auch anzustellen.

Wichtig ist bei diesen Überlegungen, ob Sie und andere als Gesellschafter Beteiligte das können und wollen.

Beim **Können** kann durchaus eine Gestaltung sein, einen privaten Kredit aufzunehmen und diese Mittel als Eigenkapital oder Gesellschafterdarlehen in das Unternehmen einzubringen – z. B. um nicht nur ein Liquiditätsthema zu lösen sondern gleichzeitig auch eine Ratingsituation zu verbessern. Diese Alternative bietet sich vor allem an, wenn die Gesellschaft dem Gesellschafter Mittel zur Verfügung gestellt hat (Verrechnungskonto oder Darlehen), die im Bankenverständnis vom Eigenkapital abgezogen werden und damit Bilanzstrukturen und Ratingergebnis belasten (vgl. Kapitel 4.1.2.4). Die steuerlichen Implikationen solcher Lösungen erörtern Sie bitte vor Ihrer Entscheidung intensiv mit Ihrem Steuerberater.

Beim **Wollen** müssen Sie schon intensiv mit sich selbst ins Gespräch kommen. Oder auch mit Ihrem privaten Umfeld. Es kann Situationen geben, wo Unternehmer bewusst entscheiden (sollten), nicht mehr ins eigene Unternehmen zu investieren (die indianischen Stämme in Nordamerika haben dafür ein schönes Sprichwort: Von toten Pferden sollte man absteigen).

! FAZIT:

- Prüfen Sie auch das Einbringen von eigenem Kapital aus dem Gesellschafterkreis als Finanzierungsalternative.
- Wägen Sie hierbei Können und Wollen gewissenhaft ab.
- Für Berater: Stellen Sie auch hier die kritischen Fragen – sowohl zur Bereitschaft in einer positiven Unternehmenssituation als auch in einer zunehmend kritischen Unternehmensentwicklung.

6.4.4 Policen-Darlehen der Lebensversicherer – die schnelle Alternative

Ein Kreditgeber außerhalb der Bankenwelt, der oftmals nicht im Fokus ist, ist der Lebensversicherer. Wer über eine Kapitallebensversicherung verfügt, kann diese i. H. des Rückkaufwertes bei seiner eigenen Versicherungsgesellschaft beleihen. Ein solches Policendarlehen wird meistens innerhalb von ein bis zwei Wochen abgewickelt und ist relativ zinsgünstig. Für den Versicherer ist das ja auch kein „Problem": Er leiht dem Versicherungsnehmer gewissermaßen dessen eigenes Geld.

Die Aufnahme eines Policendarlehens kann kurzfristig erfolgen oder auch langfristig. Die Tilgungsregelung ist frei vereinbar. Sollte die Lebensversicherung als Kreditsicherheit abgetreten sein, muss der Sicherungsnehmer zustimmen.

Auch im sog. Zweitmarkt gibt es Anbieter von Policendarlehen, d. h. Sie können dort Ihre Lebensversicherung beleihen. Die Konditionen sollen z. T. günstiger sein als von der „eigenen" Lebensversicherung. Anbieter sind z. B. www.policendirekt.de oder www.lv-kredit.de (dem Verfasser liegen mit beiden Anbietern keine eigenen Erfahrungen vor).

Das Policendarlehen kann auch dann eine bedenkenswerte Lösung sein, wenn bereits zur Generierung von Liquidität eine Kündigung einer Lebensversicherung erwogen wird. Denn mit dem Policendarlehen bleibt der Versicherungsschutz erhalten. Allerdings sind auch die Beiträge weiter zu bezahlen.

FAZIT:

- Wenn diese Alternative für Sie in Frage kommt, klären Sie alle Details direkt mit Ihrer Versicherungsgesellschaft; fragen Sie im Vorfeld ggf. Ihren Steuernberater nach seiner Erfahrungen mit anderen Mandanten.
- Für Berater: Bringen Sie diese Finanzierungsidee in Überlegungen Ihrer Mandanten mit ein. Nutzen Sie Ihre Erfahrungen aus anderen Mandaten.

6.4.5 Unternehmens-Anleihen – Alternative auch für den Mittelstand!?

Der Markt für Mittelstands-Anleihen ist in den letzten Jahren vielfach in den Medien gewesen. Nach der Pleite mit dem sog. „Neuen Markt" Anfang der 2000er Jahre, haben in den letzten Jahren viele Börsenplätze wieder Segmente für Mittelstandsanleihen geschaffen. Dabei werden unterschiedliche Kriterien an die Qualität der Unternehmen und an die Anleihe-Prospekte sowie die laufenden Berichtspflichten gelegt. Während in den Anfangszeiten Erfolgsmeldungen über neue Platzierungen die Medien füllten, sind es in den letzten Monaten mehr die Hiobs-Botschaften über Insolvenzen von Unternehmen, die Mittelstandsanleihen begeben haben.

Abgesehen von diesen aktuellen Entwicklungen stellt sich die Frage, für welche mittelständischen Unternehmen das Begeben einer Mittelstandsanleihe in Frage kommen könnte. Das erste Kriterium ist hier das Finanzierungsvolumen: Dieses beginnt ab einem zweistelligen Millionenbetrag. Dabei haben die einzelnen Börsenanbieter durchaus unterschiedliche Untergrenzen. Damit scheidet dieses Instrument für viele kleine und mittlere Unternehmen (KMU) von vorneherein aus. Unternehmen, die Finanzierungsbedarf in dieser Größenordnung haben, sollten sich eine ganze Reihe von Fragen stellen: Kosten, Unabhängigkeit, Transparenzanforderungen, Finanzierungssicherheit, Investorenkreis, Reputation (vgl. *Weik/Schöning*, Finanzierung im Mittelstand 1/2013). Das Positionspapier zur „Kapitalmarktfähigkeit von Unternehmen" des Bundesverband Deutscher Banken vom Dezember 2013 gibt einen guten Überblick über das Thema (http://bankenverband.de/themen/fachinformationen/unternehmensfinanzierung-und-mittelstandspolitik/kapitalmarktzugang/positionspapier-kapitalmarktfaehigkeit-von-unternehmen).

Ein neues Modell könnte aber auch für KMU den Weg an den Kapitalmarkt eröffnen: Das **Sammeln der Kreditwünsche vieler Unternehmen**, deren Bewertung nach einheitlichen Kriterien und dann deren Bündelung zu einer Anleihe, die am Kapitalmarkt platziert wird. Das noch relativ junge Projekt „WIR-Finanzierer" liegt mit einer Mindestaufnahme bei € 500.000 pro Unternehmen in einem auch für KMU durchaus nahen Bereich. Anforderungen an die Qualität der Unternehmen sind relativ hoch: Ein externes Rating (vgl. Kapitel 4.2.6). Wichtig auch: Diese Unternehmensanleihe wird nicht als Ersatz für eine Bankfinanzierung gesehen, sondern als Ergänzung. Auch hier ist von Beginn an die Frage der Tilgung nach fünf Jahren in einem Betrag bzw. einer Anschlussfinanzierung zu beachten. Unter www.wir-finanzierer.de sind alle Details verfügbar.

FAZIT:

- Die Begebung einer eigenen Mittelstandsanleihe dürfte unverändert eher die Ausnahme sein. „Kombinations"-Angebote, die den Bedarf vieler Unternehmen zusammenfassen, könnten sich zu einer Alternative entwickeln, die Sie ggf. in Ihre Überlegungen mit einbeziehen sollten.

- Für Berater: Bleiben Sie bei aktuellen Neuerungen im Finanzierungsbereich auf dem Laufenden, um ausgewählten Mandanten auf solche „Neuheiten" aufmerksam machen zu können. Nutzen Sie dafür Ihr Netzwerk.

6.4.6 Schuldschein-Darlehen – Instrument auch für den Mittelstand!?

Schuldscheine sind mittel- bis langfristige Darlehen, die bei einem größeren Kreis von Investoren und Kreditgebern über eine Bank platziert werden. Dabei sind analog zu den Unternehmensanleihen bisher mindestens zweistellige Millionenbeträge die Untergrenze; dabei wird oft der Betrag von € 20 Mio. genannt. Die Bonitätsanforderungen der Kapitalgeber sind i. d. R. höher als am Anleihemarkt. Schließlich wird das Schuldscheindarlehen wie die Unternehmensanleihe nicht besichert. Für Kreditnehmer wie die Banken ist dabei interessant, dass ein größeres Finanzierungsvolumen und damit -risiko auf eine größere Anzahl von Partnern verteilt wird.

Auch hier gibt es Überlegungen zu „Sammel-Konstruktionen", wie sie die WIR-Finanzierer für den Anleihemarkt anbieten (vgl. Kapitel 6.4.5). Diese könnten auch für Versicherungsunternehmen eine interessante Anlagemöglichkeit darstellen (vgl. *Pape*, Kredit & Rating Praxis 3/2014).

FAZIT:

- Schuldscheindarlehen dürften weiterhin eher die Ausnahme sein. „Kombinations"-Angebote, die den Bedarf vieler Unternehmen zusammenfassen, könnten sich zu einer Alternative entwickeln, die Sie ggf. in Ihre Überlegungen mit einbeziehen sollten.
- Für Berater: Bleiben Sie bei aktuellen Neuerungen im Finanzierungsbereich auf dem Laufenden, um ausgewählten Mandanten auf solche „Neuheiten" aufmerksam machen zu können. Nutzen Sie dafür Ihr Netzwerk.

6.5 Checkliste zum Liquiditätsbedarf

DOWNLOAD:

Zum Abschluss dieses Kapitels zum Thema Kreditbedarf bietet Ihnen der Download-Bereich zu diesem Buch in der NWB-Datenbank als Methoden-Arbeitsblatt 12 eine „Checkliste Liquiditätsvorsorge" an. Mit dieser können Sie in verschiedenen Zeithorizonten die Liquiditätserfordernisse Ihres Unternehmens unter der Nutzung der verschiedenen unternehmensinternen Stellschrauben und Finanzierungs-Gestaltungsmöglichkeiten „durchspielen" und abschließend Ihre Aktivitäten zur weiteren Umsetzung zusammen fassen.

7. Typische Kreditunterlagen – behalten Sie die Deutungshoheit

DOWNLOAD:

Begleitblätter „Kreditunterlagen“

7.1 Die Initiative liegt beim Kreditnehmer – Kommunikationsstrategie und Deutungshoheit

„Gehe nicht zum Fürst, wenn Du nicht gerufen wirst!“ Diese uralte „Untertanen-Weisheit“ sollte aus zwei Gründen heute nicht die Devise von Unternehmern in der Kommunikation mit ihren Kreditgebern sein: Erstens kommt diese Einschätzung wirklich aus alten Zeiten und zweitens ist das Verhältnis Kunde – Bank kein „unten-oben“, sondern sollte eine partnerschaftliche Veranstaltung sein.

Ob Sie die Zusammenarbeit mit Ihren Kreditgebern als partnerschaftlich – also auf Augenhöhe – erleben, das hängt in erster Linie davon ab, wie Sie selbst die Kommunikation gestalten. Wenn Sie die Initiative haben und eben nicht abwarten, bis der Kreditgeber mit Fragen oder Hinweisen auf Sie zukommt, dann ist das schon die erste Voraussetzung für das dauerhafte Herstellen einer Partnerschaft auf Augenhöhe. Es wurde schon an verschiedenen Stellen in diesem Buch darauf aufmerksam gemacht, dass es immer wieder auf Ihre Verhandlungsmacht-Position ankommt. Hierbei unterscheiden sich Bankgespräche überhaupt nicht von Verhandlungen mit anderen Geschäftspartnern.

Definieren Sie also Ihre aktive (!) **Kommunikationsstrategie** – klären Sie jeweils ab (vgl. Kapitel 1) welche Unterlagen Ihre Kreditgeber für Ihre aktuelle Kreditanfrage erwarten und gehen Sie im Rahmen der so getroffenen Vereinbarungen auf Ihre Kreditgeber zu und versorgen Sie diese mit den vereinbarten Informationen. Wenn Sie dabei in den verschiedenen Gesprächskonstellationen (vgl. Kapitel 1) immer noch ein bisschen mehr tun als erwartet, wird das Ihre Position weiter untermauern.

DOWNLOAD:

Eine Übersicht Ihrer Kreditunterlagen mit Handlungsplan können Sie mit dem Methoden-Arbeitsblatt 13 „Kreditunterlagen“ führen.

Bedenken Sie dabei eine alte **Kommunikationsregel**, die zwar aus dem Verkaufstraining stammt, aber auch in allen Bankverhandlungen Gültigkeit hat: „Wer fragt – der führt!" In vielen Bankgesprächen sitzt der Banker auf der Seite des „kritischen Fragers" – und Sie als Unternehmer antworten und müssen die in den Fragen mitschwingenden kritischen Vorbehalte ausräumen. Verhandlungspsychologisch ist das keine glückliche Situation!

In diese Überlegung passt auch die immer wieder geführte Debatte darüber, was im Bank-Kunde-Verhältnis Bringschulden und Holschulden in der Kommunikation sind. Halten Sie sich nicht lange mit derartigen Debatten auf, die leider oft in Schuldzuweisungen enden. Definieren Sie am besten für sich: Meine Kreditgeber mit den erforderlichen Informationen und Unterlagen zu versorgen, sehe ich als meine **Bringschuld** an.

Bedenken Sie auch: Die von Ihnen den Kreditgebern übermittelten Informationen und Unterlagen sind Ihre **Chance**, Ihre Verhandlungssituation dauerhaft und erfolgreich zu verändern. Nämlich dann, wenn Ihre Unterlagen so umfassend sind, dass die meisten Bankfragen vorweggenommen und bereits beantwortet sind. Das setzt natürlich voraus, dass Sie einschätzen können, welche Fragen Banken typischerweise haben werden (vgl. Kapitel 4). Auf diese Weise stellen Sie Ihre Sicht der Dinge dar und haben den ersten Aufschlag bei der Interpretation Ihrer wirtschaftlichen Verhältnisse sowohl vergangenheitsbezogen (Jahresabschlüsse – vgl. Kapitel 4.1 – und BWAs – vgl. Kapitel 7.6) als auch zukunftsbezogen (Planungen – vgl. Kapitel 7.10). Damit ergreifen Sie die Initiative und reduzieren die Zahl der Bankfragen schon einmal deutlich. Gleichzeitig wird der „kritische Unterton" in den verbleibenden Bankfragen geringer ausfallen – weil es nur wenige Fragen sein werden und Sie mit Ihren umfänglichen und detaillierten Aussagen und Erläuterungen ein positives Grundklima geschaffen haben. So untermauert eine aktive Kommunikation Ihre Deutung der wirtschaftlichen Verhältnisse und verbessert Ihr Standing im Rating bei der Frage nach der kaufmännischen Qualifikation (vgl. Kapitel 4.9).

Hierbei sei zum wiederholten Male erwähnt: Es geht nicht darum, Situationen oder Entwicklungen zu beschönigen. Das würden Banker sehr schnell erkennen – und Sie hätten anschließend auf Dauer sehr kritische Frager auf der anderen Seite des Verhandlungstisches sitzen.

Sie sollten durch **realistische Informationen und Unterlagen vermitteln**, dass Ihr Unternehmen in Ihrer Branche bonitätsmäßig zum **„oberen Drittel"** gehört. Denn selbst, wenn eine Branche relativ kritisch gesehen wird – die besten Unternehmen aus derselben werden dann immer noch vielfach als attraktive Kreditnehmer angesehen und umworben.

D. h. auch: Stellen Sie zuerst die **Stärken** Ihres Unternehmens dar. Denn diese sind es, die Ihr Unternehmen für Ihre Kunden attraktiv machen und damit den dauerhaften

Markterfolg absichern. Wie sollte Ihr Unternehmen sonst eine nachhaltige Kapitaldienstfähigkeit (vgl. Kapitel 4.4) sicherstellen?! Vergessen Sie bei der Darstellung aber nicht die **wettbewerbsrelevanten Schwächen** Ihres Unternehmens – und nur um diese geht es. Auf die vielen kleinen Schwächen, die Ihnen auch Ihre Kunden mit Blick auf Ihre Stärken „verzeihen", kommt es nicht an. Wichtig: Zu den wettbewerbsrelevanten Schwächen stellen Sie natürlich auch dar, mit welchen Aktivitäten Sie diese abbauen und wie erfolgreich Sie dabei zwischenzeitlich sind.

Bedenken Sie einen weiteren Aspekt: Viele der Unterlagen – sogar die meisten – erstellen Sie nicht „nur für die Bank". Sondern Sie können diese (teilweise sogar: sollten/müssen diese) für die **Steuerung Ihrer eigenen Aktivitäten im Unternehmen** und auch privat nutzen. Sie schlagen also an vielen Stellen „zwei Fliegen mit einer Klappe". Selbst wenn Kreditgeber Anforderungen haben sollten, die über Ihre bisherigen eigenen Standards hinausgehen: Überlegen Sie in aller Ruhe, ob diese weiteren Details in Ihren Unterlagen nicht auch für Sie selbst Nutzen bringen können.

Wie Sie mit Ihren Informationen und Unterlagen diese Strategie umsetzen können, ist Gegenstand dieses Kapitels.

FAZIT:

- Übernehmen Sie die Initiative in der Kommunikation zu Ihren Kreditgebern.
- Geben Sie ein realistisches Bild von Situation und Entwicklungsperspektiven.
- Stellen Sie die Stärken Ihres Unternehmens in den Vordergrund.
- Berichten Sie, wie Sie im Unternehmen mit den wettbewerbsrelevanten Schwächen umgehen.
- Stellen Sie dar, dass Ihr Unternehmen in seiner Branche bonitätsmäßig zum oberen Drittel gehört.
- Für Berater: Unterstützen Sie Ihre Mandanten in der ganzen Breite dieser Chefaufgabe – mit Methoden, Werkzeugen und persönlicher Begleitung.

7.2 Ihre Kreditunterlagen sind Ihre unternehmerische Visitenkarte

Die eine oder andere Information werden Sie Ihren Kreditgebern natürlich auch mündlich geben. Mit Blick auf die Bedeutung der Marktfolge-Abteilungen von Banken bei der Kreditentscheidung (vgl. Kapitel 5.3) und der Engagementsüberwachung (vgl. Kapitel 12) sollten aber alle wichtigen Informationen von Ihnen schriftlich an die Bank gehen – also in Form von „Unterlagen".

Diese Unterlagen haben – wie im Folgenden dargestellt – ganz verschiedene Inhalte und auch sehr unterschiedlichen Umfang. Ihre jeweilige Bedeutung generell einzuschätzen und sogar gegeneinander abzuwägen, ist allerdings schwierig. Das hängt stark ab von Ihrer wirtschaftlichen Situation einerseits und deren Einschätzung durch die Bank andererseits. Auf Ihre eigene Einschätzungen kommt es dabei weniger an. Die Beurteilungen können ja durchaus mehr oder weniger deutlich von einander abweichen. Deshalb sollten Sie ein möglichst klares Bild haben, wie die Banken Ihre Unternehmenssituation betrachten.

Die Konsequenz kann nur lauten, jede Information und Unterlage mit großer Sorgfalt zusammen zu stellen. Dabei geht es um zwei Dimensionen:

- **inhaltlich oder materiell**: Wie umfangreich und detailliert – also aussagefähig – sind Ihre Informationen (dazu wird in den folgenden Abschnitten jeweils Stellung genommen)!
- **formal**: Wie kommen Ihre Unterlagen optisch „rüber"!

  Es geht hierbei um den berühmten **„ersten Eindruck"**, der oft darüber entscheidet, wie intensiv der kritische Blick auf die materiellen Aspekte gerichtet wird.

  Bedenken Sie dabei, dass ein schlechter optischer Eindruck sich sofort auf den Inhalt überträgt mit der Mutmaßung, dass dieser dann „auch nicht so doll sein wird" – und entsprechend kritischer hinterfragt wird.

  Beachten Sie also folgende Aspekte:

  - Erstellen Sie alle Unterlagen im einheitlichen Erscheinungsbild Ihres Unternehmens, sodass diese sofort zuzuordnen sind – und eine positive (!) Assoziation auslösen.
  - Nutzen Sie immer wieder die gleichen Grundstrukturen und Gliederungen – so erleichtern Sie dem Leser seine Arbeit.
  - Strukturieren und gliedern Sie Ihre Unterlagen überhaupt – damit der Leser sich schnell zurechtfindet.
  - Ob Sie für Teile oder alle Unterlagen Dokumente im „Word-Format", als „PowerPoint-Folien" oder „Excel-Tabellen" erstellen, ist letztlich nicht entscheidend – solange Sie verständlich formulieren und einheitliche Rahmen-Formate i. S. Ihres Erscheinungsbildes nutzen.

Wobei Sie immer auch einen Blick auf die Adressaten richten können: Wie schätzen Sie diese ein? Welche Präsentationsform könnte besser ankommen? Wobei manches Mal auch die Überraschung einiges für sich haben kann.

- Bedenken Sie den alten Grundsatz „in der Kürze liegt die Würze". Oft reichen auch stichwortartige Aufzählungen.
- Versehen Sie alle (!) Unterlagen mit dem Erstellungsdatum – damit man später z. B. die unterschiedlichen Fassungen eines Liquiditätsplans auch unterscheiden kann.
- Achten Sie auf Sorgfalt in Rechtschreibung und Zeichensetzung und drucken Sie Seiten lieber neu aus, als Streichungen oder Korrekturen darin zu haben.
- Vermeiden Sie das Fachchinesisch Ihrer Branche – und wo Sie Fachbegriffe nutzen wollen oder müssen – erläutern Sie diese verständlich für den Laien.
- Wenn Sie mehrere Unterlagen übersenden, ergänzen Sie diese durch ein Deckblatt mit Inhaltsverzeichnis.
- Bei sehr umfangreichen Unterlagen: Binden Sie diese zusammen – aber so, dass sie in der Bank wieder leicht getrennt und in Ordnern abgelegt (vielleicht sind Ihre Unterlagen sogar bereits gelocht!?) bzw. leicht gescannt werden können.
- Aspekte, die Ihnen besonders wichtig sind (Deutungshoheit!) betonen Sie im Anschreiben zu den Unterlagen nochmals besonders.
- Verwenden Sie keine handschriftlichen Unterlagen. Ausnahme: Sie möchten im Anschreiben eine ganz persönliche Botschaft übermitteln.

Neben der Einhaltung der Mindeststandards geht es immer auch darum, dass Ihre Unterlagen – inhaltlich und/oder formal – möglichst einen Tick besser sind, als die Bank erwartet. Lösen Sie so einen positiven Aha-Effekt beim Empfänger aus.

Bedenken Sie auch: Ihr Kreditantrag und damit Ihre Unterlagen sind nicht die einzigen, die auf den Schreibtischen Ihres Bankbetreuers und seiner Kollegen in der Marktfolge landen. Welche zuerst bearbeitet werden, entscheidet sich eben auch an gesamten „Erscheinungsbild" des Unterlagenpaketes.

Und – wie schon verschiedentlich angesprochen – übersenden/überreichen Sie alle von der Bank angeforderten/von Ihnen vorbereiteten Unterlagen „in einem Paket" – und nicht scheibchenweise.

Ein letzter Aspekt: Bleiben Sie auch bei Ihren Unterlagen authentisch. Die Art und Weise der Darstellung sollte auch zu Ihrem Unternehmen und Ihnen passen. Plötzlich in Hochglanz aufzutreten, kann beim Adressaten auch Skepsis auslösen. Denken Sie immer daran: Das einmal genutzte „Format" sollten Sie dauerhaft durchhalten. Auch dieser Aspekt sollte unter Kosten-Nutzen-Gesichtspunkten berücksichtigt werden. „Eintagsfliegen" haben in Bankeraugen leicht den Charakter von „Schönungs-Versuchen".

FAZIT:

- Verwenden Sie Sorgfalt auf die Erstellung Ihrer Unterlagen – inhaltlich und formal.
- Achten Sie dabei auf die berühmten „Kleinigkeiten", die den ersten Eindruck Ihrer Unterlagen stark mitbestimmen.
- Für Berater: Bieten Sie Ihre Dienstleistung als „zweiter Leser" an mit der Frage der Verständlichkeit für Dritte und mit Blick auf Plausibilität und Fehlerfreiheit.

7.3 Ihr Geschäftsmodell – aussagefähig und für Dritte verständlich

Dass Ihr Bankbetreuer und seine Kollegen in der Marktfolge i. d. R. keine Branchenspezialisten sind, war bereits Gegenstand in Kapitel 2.2.

In der Beschreibung des **Geschäftsmodells** Ihres Unternehmens erläutern Sie die folgenden **Themen**:

- Im Unternehmen verantwortlich handelnde Persönlichkeit/en mit wichtigen beruflichen Stationen.
- Wesentliche Entwicklungslinien in Ihrer Branche.
- Trends in der Gesellschaft (Mega-Trends) und in Ihrer Branche, die die Zukunft deutlich beeinflussen werden – und wie Sie diese Trends aufgreifen.
- Besonderheiten Ihres Unternehmens in der Branche – was unterscheidet Ihr Unternehmen vom „Branchen-Durchschnitts-Unternehmen" – und bedenken Sie dabei immer, die heutige Situation und die zukünftigen Entwicklungen und Perspektiven darzustellen:
  - Produkt- und Dienstleistungspalette
  - Spezielles Know-How, sowie Forschung & Entwicklung
  - Kundenstrukturen
  - Grundnutzen und Zusatznutzen, den Sie Ihren Kunden vermitteln
  - Technische Ausrüstung und Standards
  - Mitarbeiter-Stamm und -Qualifikation

– Wettbewerbssituation in den relevanten Marktgebieten

– ...

Dabei können Sie sich an den Ratingfragen (vgl. Kapitel 4.2.2.2) orientieren. Ein wie auch immer gearteter Fragenkatalog und die beste Checkliste können aber nicht abschließend sein! Denken Sie immer wieder darüber nach, was an Ihrem Unternehmen hervorzuheben ist.

Eine besondere Aufgabe ist die Beschreibung des Geschäftsmodells dann, wenn Ihr Unternehmen überhaupt **nicht „branchentypisch"** ist, sondern sozusagen ein Unikat. Dann sollte insbesondere der Kundennutzen im Vordergrund stehen.

Um abschätzen zu können, ob ein Nicht-Insider Ihre Unternehmensbeschreibung versteht und nachvollziehen kann, kann es sinnvoll sein, die schriftliche Zusammenfassung zum Geschäftsmodell erst einmal einer **neutralen Person** zum Lesen zu geben. Deren Fragen können gute Hinweise zu einer Überarbeitung und Präzisierung geben, die dann auch wieder Ihren Kreditgebern das Verständnis deutlich erleichtern können.

! FAZIT:

- Ihre Kreditgeber müssen Ihr Geschäftsmodell und seine Besonderheiten verstehen können – sehen Sie das als Ihre Bringschuld an.
- Beschreiben Sie Ihr Geschäftsmodell vollständig – orientieren Sie sich dabei ggf. auch an den Fragen des qualitativen Rating.
- Schreiben Sie in einer allgemein verständlichen Sprache und nicht in Ihrem „Branchen-Sprech".
- Für Berater: Übernehmen Sie ggf. die Rolle des neutralen Gegen-Lesers.

7.4 Jahresabschluss – frühzeitig und transparent

Dass Ihre Jahresabschlüsse, i. d. R. werden die letzten drei in die Analyse einbezogen, ein sehr wesentlicher Teil der Kreditwürdigkeitsprüfung (Risikoklassifizierung) sind, wurde bereits in Kapitel 4.1 ausführlich erläutert. Die Beurteilung der einzelnen Positionen aus Bilanz, Gewinn- und Verlustrechnung sowie die Bedeutung von Anhang bzw. Erläuterungsbericht und Lagebericht finden Sie dort.

An dieser Stelle geht es um zwei **weitere Aspekte**:

- Wann sollte Ihr Jahresabschluss bei Ihren Kreditgebern vorliegen?

► Wie betonen Sie die Ihnen wichtigen Entwicklungen i. S. von Transparenz und Deutungshoheit?

7.4.1 Der „pünktliche" Jahresabschluss

Für eine **mittelgroße oder gar große Kapitalgesellschaft** stellt sich die Frage nach der Pünktlichkeit nicht. § 264 Abs. 1 Satz 3 HGB fordert glasklar, dass der Jahresabschluss in der ersten drei Monaten des Geschäftsjahres für das vergangene Geschäftsjahr aufzustellen ist.

Für die **kleine Kapitalgesellschaft** formuliert der gleiche § in Satz 4 eine Ausnahme: „Sie dürfen den Jahresabschluss auch später aufstellen, wenn dies einem ordnungsgemäßen Geschäftsgang entspricht, jedoch innerhalb der ersten sechs Monate des Geschäftsjahres."

Die kleine Kapitalgesellschaft zeichnet sich dadurch aus, dass Sie maximal eines der folgenden drei Kriterien überschreitet (§ 267 Abs. 1 HGB – mit einigen weiteren Details):

–	Umsatz	€ 9.680.000
–	Bilanzsumme	€ 4.840.000
–	Mitarbeiterzahl	50

Und wie verhält es sich bei Unternehmen, die nicht in der Rechtsform der Kapitalgesellschaften geführt werden? Hier greift § 243 Abs. 3 HGB, der für **Kaufleute** vorschreibt: „Der Jahresabschluss ist innerhalb der einem ordnungsmäßigen Geschäftsgang entsprechenden Zeit aufzustellen". Eine dieser typisch wundervollen Formulierungen des Gesetzgebers, die allen Seiten ihre Interpretationsspielräume lassen. Die allgemeine Interpretation greift ersatzweise zurück auf die Pflicht zur Erstellung der Einkommensteuererklärung, die gem. Abgabenordnung am **31. Mai des Folgejahres** endet.

Quintessenz: „Eigentlich" müssten alle (!) Unternehmen ihren Jahresabschluss am 30.06. fertig haben (Geschäftsjahr = Kalenderjahr). Dass die Realität im deutschen Mittelstand weit verbreitet eine andere ist, ist kein Geheimnis.

Zurückzuführen ist die **abweichende Realität** darauf, dass es für die Erstellung der Ertragsteuer-Erklärungen eine weitere Frist gibt: Nämlich dann, wenn ein Steuerberater diese Erklärungen für seinen Mandanten erstellt, „darf" dies bis zum 31.12. des Folgejahres dauern. Und in diesem „darf" liegt auch der Haken. Diese Frist ist in keinem Gesetz geregelt, sondern ist eine Absprache zwischen den Oberfinanzdirektionen und der Steuerberaterkammer. Jedes Finanzamt kann den Steuerpflichtigen auffordern, seine Steuererklärung (und damit seinen Jahresabschluss oder auch seine Einnahmen-Überschuss-Rechnung) bis zu einem Datum „x“ (nach dem 31. 5.) abzugeben. Seit dem Sommer 2011 ist dies z. B. in Nordrhein-Westfalen vermehrt zu beobachten.

Als **Gegenargument für eine schnelle Erstellung** des Jahresabschlusses wird häufig ins Feld geführt, dass aufgrund der guten Entwicklung mit Steuernachzahlungen zu rechnen sei – und diese sollten durch eine späte Einreichung beim Finanzamt möglichst weit nach hinten geschoben werden, um die Liquidität zu schonen. Bereits dieses Argument macht deutlich, dass es mit Blick auf die Überlegungen zu Ihren Kreditgebern nicht sticht: Es geht um die Einreichung beim Finanzamt – nicht um die Fertigstellung. Sollte Ihr Steuerberater hier einen engen zeitlichen Zusammenhang sehen, so deklarieren Sie den Jahresabschluss als „vorläufig“ und erläutern Sie Ihren Kreditgebern den Hintergrund. Allerdings darf es dann bis zum „endgültigen“ Jahresabschluss nur noch Veränderungen in Positionen geben, auf die Sie die Kreditgeber bei Übersendung hingewiesen haben.

Was heißt das jetzt für Sie im Zusammenspiel mit Ihren Kreditgebern und Ihren Kreditwünschen? Die Schlussfolgerung lautet: **Der frühzeitige Jahresabschluss sichert die Kreditversorgung!**

Beachten Sie dies insbesondere, wenn Sie im ersten Halbjahr eines Jahres mit Kreditthemen (vgl. Kapitel 1) auf Kreditgeber zugehen. Ideal wäre es, wenn Sie auch dann bereits endgültige Zahlen präsentieren könnten, denn dies erleichtert die Kreditentscheidung. Im zweiten Halbjahr noch mit einem Jahresabschluss anzutreten, dessen Bilanzstichtag bereits 18 Monate zurückliegt, ist dann schon als Fahrlässigkeit einzustufen.

Denken Sie auch an die Wirkung im **Rating** – dort mit Blick auf die Frage nach der Rechtzeitigkeit der Unterlagen nach § 18 KWG (vgl. Kapitel 3.2.6). Zwar gewähren viele Banken hier längere Fristen als die des HGB. Dennoch sollte dieser Aspekt nicht außer Acht gelassen und ggf. hinterfragt werden.

Die **technische Frage**, wie Sie diese Kurzfristigkeit mit Unterstützung Ihrer Buchhaltung und Ihres Steuerberaters realisieren, ist aus Sicht der Kreditgeber zweitrangig. Dazu bedarf es natürlich rechtzeitiger und klarer Absprachen und Einhalten des sich daraus für beide Seiten ergebenden Aktivitätenplans. Checklisten, die Sie dabei unterstützen, finden Sie unter www.jahresabschluss-check.de.

DOWNLOAD:

Nutzen Sie dafür ggf. das Methoden-Arbeitsblatt 09 „Aktivitätenplan“.

Aber warum sollte das mit einem kompetenten Dienstleister an Ihrer Seite nicht funktionieren?!

Übrigens: Auch **für Sie selbst** hat der frühzeitige Jahresabschluss positive Aspekte! Zum einen wissen Sie, wie das Vorjahr endgültig gelaufen ist, zum anderen können Sie es gedanklich (endlich) abhaken und sich mit voller Kraft der Gegenwart und Zukunft widmen.

! FAZIT:

- Ihr Jahresabschluss sollte auch als kleine Kapitalgesellschaft und Einzelunternehmen/Personengesellschaft spätestens sechs Monate nach Geschäftsjahresschluss vorliegen.
- Vereinbaren Sie dafür mit Buchhaltung und Steuerberater einen entsprechenden gemeinsamen Aktivitätenplan.
- Für Steuerberater: Unterstützen Sie Ihre Mandanten eigeninitiativ durch einen entsprechenden Aktivitätenplan bei der Einhaltung der gesetzlichen und wirtschaftlich sinnvollen (!) Fristen.

7.4.2 Transparenz Ihrer Zahlen und Ihre Deutungshoheit

Die Bedeutung der einzelnen Positionen Ihres Jahresabschluss im Rahmen der Bilanzanalyse der Banken wurde im Kapitel 4.1 ausführlich behandelt. Die detaillierten Grundlagen für eine angemessene Bewertung durch die Kreditgeber haben Sie im Anhang bzw. Erläuterungsbericht dargelegt.

Worum es jetzt geht: Überreichen oder Übersenden Sie den Jahresabschluss nicht ohne ein **Begleitschreiben**, in dem Sie aus Ihrer unternehmerischen Sicht folgende Themen – und sei es in Stichworten – betonen:

- Ihnen besonders wichtige Situationen und Entwicklungen
  - Stärken und wie Sie diese zukünftig noch besser nutzen
  - Wettbewerbsrelevante Schwächen und was Sie dagegen tun
- Veränderungen im Geschäftsmodell und deren Auswirkungen
- Positionen, bei denen Ihnen die kritische Sichtweise der Kreditgeber klar ist, und wo Sie Ihre unternehmerisch davon ggf. abweichende Sichtweise darlegen wollen
- Aspekte, die nicht unter die hier genannten Punkte fallen, Ihnen aber besonders bedeutsam erscheinen oder am Herzen liegen.

FAZIT:

- Nutzen Sie die Chance bei der Übersendung des Jahresabschlusses, i. S. Ihrer Deutungshoheit, kommunikative Akzente zu setzen.
- Für Berater: Unterstützen Sie durch den Entwurf eines entsprechenden Schreibens.

7.5 Branchenvergleichszahlen – positiv wenn vorhanden

Banken vergleichen Ihre Zahlen immer mit denen aus Ihrer Branche, soweit diese im Banken-Datenpool vorhanden sind. Auf die Tücken dieser Vergleiche und die Fragen, die Sie zu Vergleichszahlen stellen sollten, wurde bereits im Kapitel 4.1.5 hingewiesen.

Auch für die eigene **Unternehmenssteuerung** ist es gut, wenn Sie selbst mit Vergleichszahlen (neudeutsch: Benchmarks) arbeiten. Bedingung ist immer, dass Sie natürlich auch diese Zahlen mit Blick auf die direkte Übertragbarkeit auf Ihr Unternehmen kritisch prüfen. Damit stärken Sie Ihre Position im **Bankgespräch**, weil Sie auf dieser Basis konstruktiv-kritisch über die Vergleichszahlen der Bank diskutieren können.

Sie schlagen also zwei Fliegen mit einer Klappe, wenn Sie

- an einem Betriebsvergleich z. B. Ihres Branchenverbandes oder Ihrer Innung teilnehmen,
- in einer branchenbezogenen Erfahrungsaustausch-Gruppe intensiven Zahlenvergleich betreiben,
- sich mit einzelnen vergleichbaren Branchenkollegen austauschen.

Wenn Sie selber über derartige Vergleichszahlen nicht verfügen, sprechen Sie Ihren Steuerberater an: Die DATEV verfügt über einen tief gegliederten Branchenvergleich, den Ihr Steuerberater nutzen kann. Dies dürfte in ähnlicher Form auch für andere Anbieter von Buchhaltungs-Software gelten.

Kunden von Volks- und Raiffeisenbanken haben die Möglichkeit, sich die Branchenvergleichszahlen aus dem bundesweiten Datenpool dieser Bankengruppen selber anzusehen. Die Unternehmenssoftware „MinD.business“ der Genossenschaftsbanken bietet das im Rahmen der Analyse der eigenen Zahlen (vgl. auch Kapitel 7.14.2).

Die Genossenschaftsbanken und die Sparkassen bieten darüber hinaus selber sog. „**Branchenberichte**“ an, in denen aktuelle Entwicklungen, Trends und Vergleichszahlen zu vielen Branchen dargestellt werden. Bei den Volks- und Raiffeisenbanken heißen diese „VR info - Branchen-Spezial“; im Jahr 2008 wurde über 100 Branchen berichtet (*DG Verlag*, CD-Rom „Unternehmensfinanzierung nach Maß“, Bestell-Nr. 703038, 2008).

Auch die Sparkassen haben solche „BranchenReports“ im Rahmen ihres 2005 neu aufgelegten Projekts „branchenwissen“ - auch zumindest teilweise öffentlich zugänglich unter www.branchenwissen.de. Auch die Großbanken und andere Institute werden über vergleichbare Informationen verfügen. Fragen Sie Ihre Banken danach! Und sollten Ihre Banken Ihnen diese Informationen noch nicht selber angeboten haben, stellen Sie sich einmal die Frage nach deren Servicequalität.

Speziell im Handwerk sind Branchenvergleiche weit verbreitet. Diese erhalten Sie oft über Ihre Innungen, Kammern oder Branchenverbände. In Nordrhein-Westfalen z. B. ist die LGH Landes-Gewerbeförderungsstelle des nordrhein-westfälischen Handwerks e.V. Träger der Betriebsvergleiche, die es für insgesamt 17 Gewerke gibt (www.lgh.de, Menüpunkt Betriebsvergleiche).

Ein unabhängiger Anbieter von Brancheninformationen in Form von Berichten, Prognosen und Ratings ist Feri EuroRating Services AG (www.frr.feri.de/de/produkte-dienstleistungen/branchen/).

Bedenken Sie auch, dass die Banken Brancheninformationen natürlich auch intern verwenden, um Ihr Unternehmen und seine Perspektiven zu bewerten (vgl. *Jahrstorfer/Pöhlmann*, Betriebswirtschaftliche Blätter 1/2012).

Wenn Sie dann im Bankgespräch erläutern, welche Erkenntnisse Sie z. B. aus einer bestimmten Vergleichszahl gezogen, welche Aktivitäten Sie daraufhin umgesetzt haben und mit welchen positiven Ergebnissen, haben Sie Ihre Verhandlungsposition schon wieder ein Stück verbessert. Denn die Zahlen sind das eine, was Sie unternehmerisch damit tun, ist für die Banker eine ebenso wichtige Information.

FAZIT:

- Nutzen Sie Branchenvergleiche für die Unternehmenssteuerung und in der Bankenkommunikation.
- Recherchieren Sie ggf., welche Vergleichsmöglichkeiten Sie für Ihr Unternehmen erschließen können.
- Für Berater: Unterstützen Sie durch Vergleichszahlen aus Ihrem Datenpool oder von Kooperationspartnern und durch die Benennung von potenziellen Branchenkollegen für den Austausch bilateral oder in einer Erfa-Gruppe.

7.6 Vierteljährliche BWA – zügig, aussagefähig und vollständig

Genügt Ihre Betriebswirtschaftliche Auswertung den Anforderungen Ihrer Unternehmenssteuerung und den Anforderungen des Ratings? Die positive Antwort „Ja" wird an dieser Stelle viel zu oft und zu schnell gegeben.

Die erste Frage dazu lautet „**Wann** liegt die BWA bei Ihnen auf dem Schreibtisch?" Die Antwort „später als am 10. des Folge-Monats" ist aus unternehmerischer Sicht bereits negativ zu bewerten. Sollte Ihre BWA zeigen, dass der Vormonat nicht so gut gelaufen ist wie erwartet, geht es darum, wie viele Tage Sie im Folgemonat zur Verfügung haben, um „Gas zu geben". Kommt die BWA am 10. haben Sie 20 Aktivitäts-Tage vor sich. Kommt die BWA erst am 20. bleiben Ihnen noch ganze 10 Aktivitätstage.

Wie Sie dies mit Buchhaltung bzw. Steuerberater realisieren, ist eine Frage der gemeinsam vereinbarten Arbeitsabläufe. Dass dies gut möglich ist, zeigen sehr viele Unternehmen jeden Monat.

Im Rating lassen Ihnen die Banken i. d. R. deutlich mehr Zeit, bevor es zu Malus-Punkten kommt. Die Bankmitarbeiter selbst bewerten zügige BWAs immer positiv und auch das bleibt in den Hinterköpfen haften (nicht nur die Warnsignale älter als zwölf Monate, die im Rating selbst nicht mehr gezählt werden – vgl. Kapitel 4.2.2.3).

Eine BWA zeigt das **„vorläufige Ergebnis"** eines Monats und des bisherigen Jahresverlaufs (kumuliert), jedoch immer mit dem „Warn"-Hinweis „nach dem derzeitigen Stand der Buchführung".

Wie genau das „vorläufige" Ergebnis den Gewinn im Berichtsmonat wirklich widerspiegelt, hängt davon ab, welche **Korrekturen** Sie ergänzend zu den in der BWA wieder gegebenen Buchhaltungsdaten in die BWA eingepflegt haben. Sie werden vielleicht selber manches Mal erstaunt sein über die Abweichungen zwischen der Dezember-BWA und dem endgültigen Jahresabschluss. Ihre Banken schauen sich diese Abweichungen sehr kritisch an und sehen darin einen Indikator für die Qualität Ihrer Buchhaltung und insgesamt der kaufmännischen Steuerung Ihres Unternehmens (siehe Frage im qualitativen Rating, vgl. Kapitel 4.2.2.2). Punkten Sie mit nur noch marginalen Abweichungen!

DOWNLOAD:

Für die folgenden Hinweise gibt es das Methoden-Arbeitsblatt 14 „BWA-Korrekturen" damit Sie bei Bedarf direkt die Überlegungen für Ihr Unternehmen als Basis für Ihre weiterführenden Gespräche mit der Buchhaltung, dem Controlling und dem Steuerberater notieren können.

Wichtige Korrekturfaktoren,

damit

- Sie eine möglichst genaue Ergebniszahl zur Unternehmenssteuerung vorliegen haben,
- im Rating die Frage nach der „qualifizierten unterjährigen Berichterstattung" positiv beantwortet werden kann,

sind:

- Einbuchung der halbfertigen- und fertigen Arbeiten.
- Korrektur des Wareneinkaufs der BWA um die durch monatliche Inventur – und sei es überschlägig – ermittelten Bestandskorrekturen, sodass in der BWA tatsächlich der (annähernde) Warenverbrauch steht.

  Alternativ: Manuelle Nebenrechnung mit einer realistisch geschätzten, aus den Vorjahren abgeleiteten Rohertragsquote (vgl. Kapitel 4.1.3.1) oder mit zwei alternativen Rohertragsquoten i. S. einer Bandbreite.
- Die monatliche Buchung der anteiligen Abschreibungen auf das Sachanlagevermögen.
- Die monatsgenaue Verbuchung von Sonderbelastungen wie z. B. Forderungsausfälle - buchen Sie diese nicht erst im Zusammenhang mit den Jahresabschluss-Arbeiten. Denn dieses Geld ist endgültig verloren und reduziert damit den Gewinn. Es reißt eine Lücke in Ihr Gewinnziel. Diese Zahl im Bereich des „neutralen Aufwands" in der kumulierten Spalte Ihrer BWA erinnert Sie jeden Monat daran, dass Sie noch zulegen müssen, um diese Lücke wieder zu schließen.
- Die monatsgenaue Verfolgung Ihrer Rückstellungen – sowohl Verbrauch und Auflösung als auch Neubildung.
- Die monatsgenaue Verfolgung Ihrer Abgrenzungsposten.

Wenn Sie für Ihr Unternehmen Ihre **Ziele** in eine **Ertragsplanung auf Monatsbasis** eingearbeitet haben, dann reichen die oben beschriebenen Korrekturen aus, um einen monatlichen Plan-Ist-Vergleich auf tragfähiger Basis durchführen zu können.

Haben Sie Ihre **Ziele** und Ihre **Planung auf Jahresbasis** erstellt und messen nun jeden Monat mit der BWA die anteilige Ziel-Erreichung, dann sind folgende **weitere Korrekturen** erforderlich:

- Personalaufwand: Verteilung (buchhalterischer Fachbegriff: Abgrenzung) von Einmalzahlungen auf alle zwölf Monate (z. B. Urlaubsgelder, erfolgsorientierte Vergütungen als Einmalzahlung – hier auch monatsanteilige Rückstellungsbildung)
- Sachaufwand: Abgrenzung aller Zahlungen, die Aufwendungen nicht nur für einen Monat enthalten (typisches Beispiel sind Versicherungsprämien auf Jahresbasis)

- Zinsaufwand: Abgrenzung vierteljährlicher Zinsbelastungen

Werden Sie an dieser Stelle aber bitte **nicht zu perfektionistisch**! Ob eine Abgrenzung sinnvoll ist, klären Sie im Vergleich mit dem von Ihnen geplanten durchschnittlichen Monatsergebnis: Wenn eine Einmal-Belastung dieses deutlich reduziert, dann grenzen Sie bitte ab. Das gleiche gilt für die angesprochenen Positionen Rückstellungen und Abgrenzungsposten.

Beispiel: Bei einem geplanten durchschnittlichen Monatsergebnis von 6.000 € und einer Einmalzahlung im Sachaufwand von 500 € ist eine Abgrenzung nicht sinnvoll.

Wenn Sie sich nicht sicher sind, ob und wo solche Einmalzahlungen evtl. in Ihrem Unternehmen anfallen, dann lassen Sie sich eine **BWA-Jahresübersicht** der letzten drei Jahre ausdrucken. Dort finden Sie jeweils alle zwölf Monate eines Jahres nebeneinander und erkennen so auf einen Blick mögliche „Ballon-Kosten".

Mit Blick auf Ihr **Geschäftsmodell** kann ggf. eine **weitere Individualisierung** Ihrer BWA sinnvoll sein: Das Zeigen der wichtigsten **Geschäftsparten** nach Umsatz, Wareneinkauf/-einsatz und Rohertrag. Das bedingt, wenn nicht ohnehin schon getan eine weitere Aufgliederung Ihres Kontenplans. Aber sehr oft bringt dieser kleine Mehraufwand eine deutlich verbesserte Aussagekraft, nämlich zu erkennen, aus welchen Quellen der Rohertrag stammt, aus dem alle Kosten des Unternehmens zu decken sind (vergleichen Sie dazu die Überlegungen zur Analyse Ihrer GuV durch Kreditgeber in Kapitel 4.1.3.4). Daraus können dann ggf. Aktivitäten i. S. von Ertragsoptimierung und ertragbringendem Mehrumsatz abgeleitet und umgesetzt werden (vgl. Kapitel 4.4 zur Cashflow-Verbesserung). Diese Auffächerung kann auch auf dem Deckblatt Ihrer BWA dargestellt werden; ggf. mit der Folge, dass Ihr Deckblatt aus zwei Seiten besteht.

Außerdem sollten Sie auch auf ganz **formale Fragen** achten, die sich in der Praxis jedoch oft als wesentlich und vor allem arbeitserleichternd herausstellen:

- **Eröffnung** aller **Bilanzkonten** – auch mit den vorläufigen Salden – am 1. 1. des neuen Geschäftsjahres. Nur so können Sie und Ihre Kreditgeber aus der Summen-Salden-Liste (SuSa) Ihrer BWA eine vorläufige Bilanz ableiten. Oft werden die Konten erst eröffnet, wenn diese bebucht werden, sie fehlen also erst einmal (und ggf. bis Jahresende – oder bis zur Bilanzerstellung des Vorjahres) in der SuSa. Oft werden Anfangssalden (mit Ausnahme der Bankkonten, Debitoren und Kreditoren – deren Anfangssalden immer vorhanden sind) erst nach Erstellung des Jahresabschlusses eingebucht, sodass die in der SuSa gezeigten Salden auf Basis der Buchungen des laufenden Jahres falsch sind. Buchhaltung oder Steuerberater argumentieren an dieser Stelle oft, dass dann diese Eröffnungssalden nach dem Jahresabschluss des Vorjahres ja ggf. noch korrigiert werden müssten. Das kann zwar passieren, aber dann ist das eben so. Jetzt interessiert die Aussagefähigkeit Ihrer Zahlen. Im Übrigen: Wenn Sie wie vorgeschlagen vorgehen, dann sind die Zahlen in Ihrer Dezember-BWA schon sehr nahe am Jahresabschluss, sodass sich die Korrekturen deutlich reduzieren.

- **Bezeichnung** aller **Konten** in Bilanz und GuV so, dass diese selbsterklärend sind – d. h. Sie und Dritte können aus der Kontobezeichnung sofort erkennen, welche wirtschaftlichen Sachverhalte hier buchhalterisch verarbeitet werden. Dies erleichtert allen Beteiligten das Verständnis und die Analyse der Zahlen.

Neben diesen inhaltlichen Verbesserungen Ihrer BWA ist es für Ihre Kreditgeber wesentlich, dass sie eine **vollständige BWA** erhalten. Dazu zählt neben dem Deckblatt (der „eigentlichen" BWA – i. d. R. mit dem Vorjahresvergleich)

- immer die Summen-Salden-Liste;
- idealer Weise der Wertenachweis, in dem 1:1 abzulesen ist, welche Konten der GuV welchen Zeilen im BWA-Deckblatt zugeordnet sind;
- ggf. die Jahresübersicht – speziell wenn ein Unternehmen ausgeprägte Saisonverläufe hat.

Einen guten Überblick über die Wirkungen dieser Korrekturen oder auch Ergänzungen Ihrer BWA zeigt der „BWA-Schieber" der DATEV ("Der einfache Weg zur Qualitäts-BWA", Art-Nr. 10029, 2010).

Auch hier gilt wie immer: Sprechen Sie **Umfang und Turnus** Ihrer „BWA-Lieferungen" mit Ihren **Kreditgebern** ab. Bieten Sie aber ruhig auch „mehr" an, als Sie vielleicht bisher übermittelt haben. Denken Sie dazu an den Hinweis eingangs dieses Kapitels auf „das bisschen Mehr". Auf jeden Fall ist es interessant für Ihren Bankbetreuer zu wissen, dass Sie diese Instrumente kennen und nutzen, auch wenn er selbst diese vielleicht nicht regelmäßig haben möchte.

Übrigens: Der **übliche Turnus** für die Übersendung der BWA ist i. d. R. viertel- oder halbjährlich. Sollte ein Kreditgeber mit der Bitte oder Aufforderung auf Sie zukommen, dass Sie ab sofort bitte monatlich übersenden, dann nehmen Sie das ausdrücklich als „Warnsignal": I. d. R. ist Ihr Unternehmen dann in die intensivere Beobachtung oder die nächste Überwachungsstufe eingeordnet worden – d. h. Ihr Kreditgeber sieht die wirtschaftliche Entwicklung als deutlich risikobehafteter als bisher. Dieses wiederum stellt andere Anforderungen an Ihre Kommunikation. Hinterfragen Sie diesen Eindruck, räumen Sie ihn wenn möglich aus, vor allem aber leiten Sie entsprechende Aktivitäten mit Blick auf die Sicherung Ihrer Finanzierung und/oder mit Blick auf Markt und innerbetriebliche Themen ab.

Was passiert in der Bank mit Ihrer BWA? Es kann nicht ausgeschlossen werden, dass diese – gerade bei guten Kunden und bekannt aussagefähiger BWA – einfach nur abgelegt wird. I. d. R. wird jedoch ein mehr oder weniger ausführlicher Blick darauf geworfen. Dies wird durch Ihren Betreuer und bzw. oder durch dessen Kollegen in der Marktfolge geschehen. Unklarheiten werden festgehalten und mit Ihnen besprochen. Bei sehr deutlichen Veränderungen negativer Art wird überlegt, was das für die weitere Engagementsführung bedeuten könnte.

Banken nutzen auch spezielle **Instrumente zur Analyse der BWA**. Diese reichen von handschriftlichen Auswertungs-Checklisten über Excel-Tabellen bis zu Anwendungen in der Banken-EDV. Letzteres sei am Beispiel der BWA-Analyse aus der Sparkassen-Organisation erläutert (*Deutscher Sparkassenverlag*, Oktober 2010):

Dort werden „nicht qualifizierte“ BWAs (= ohne Abgrenzungen) mit u. a. folgenden Schritten und Ergebnissen analysiert:

- die Daten der SuSa werden automatisch aus einer Excel-Tabelle importiert oder manuell eingegeben,
- die Daten werden auf das Jahresende hochgerechnet,
- diese Daten können manuell durch Korrekturen abgegrenzt werden,
- das System analysiert diese Zahlen auf kritische Kennzahlen und Konstellationen.

Dass bei einer solchen Analyse Zahlen und Hochrechnungswerte herauskommen können, die erheblich von Ihren eigenen Einschätzungen abweichen können, liegt auf der Hand. Dies zeigt nur, welchen Stellenwert aussagefähige Zahlen und deren Kommunikation haben. Und „natürlich“ sollten Sie nach solchen Auswertungen fragen - v. a. wenn Sie im Gespräch den Eindruck haben, dass mit Zahlen und/oder Argumenten und Fragen „hantiert“ wird, die Sie nicht nachvollziehen können.

Für jede **Übersendung** Ihres „BWA-Päckchens“ gilt natürlich das oben für den Jahresabschluss Gesagte (vgl. Kapitel 7.4.2): Behalten Sie die **Deutungshoheit** durch entsprechende Erläuterungen in Ihrem Begleitschreiben. Vor allem müssen Ihre Kreditgeber die von Ihnen vorgenommenen Korrekturen kennen! Nur so kann die Ratingfrage zur BWA angemessen beantwortet werden.

In diesem Abschnitt ist deutlich geworden, dass es nicht um „eine BWA“ geht, sondern um **„Ihre individuelle BWA“**. Neben den geschilderten Maßnahmen zur Verbesserung der Aussagefähigkeit gibt es diverse weitere Auswertungsvarianten der BWA – sowohl bei der DATEV wie bei anderen Softwareanbietern. Sprechen Sie mit Ihrem Buchhalter bzw. Steuerberater darüber, welche weiteren standardmäßigen Auswertungen es gibt (Beispiele sind die bereits genannten wie Jahresübersicht, Bewegungsbilanz (vgl. Kapitel 6.1.1.4), Wertenachweis, Cash-Flow-Analyse) und welche davon für Sie sinnvoll sein könnten. Als Handwerker ist das vielleicht die „Handwerker-BWA“ (es gibt „Spezial-BWAs“ für weitere Branchen) oder für größere Unternehmen der „Controlling-Report“ (dieser bietet i. S. einer „Chefübersicht“ eine Zusammenfassung und weitere Detailauswertungen, z. B. zu den zehn umsatzstärksten Kunden und Lieferanten). Auch grafische

Darstellungen zur transparenteren Analyse sind oft möglich. Lassen Sie sich diese und andere einfach einmal zeigen. Übrigens: Wenn Ihr Buchhalter und/oder Ihr Steuerberater Sie noch nicht von selbst auf diese weiteren Auswertungsmöglichkeiten hingewiesen hat, dürfen Sie auch einmal die Frage nach deren Servicebereitschaft stellen.

! FAZIT:

- Erstellen Sie Ihre BWA spätestens bis zum 10. des Folgemonats.
- Analysieren Sie die Aussagekraft Ihrer BWA selbstkritisch und nehmen Sie erforderliche Korrekturen vor.
- Vereinbaren Sie mit Ihren Kreditgebern Umfang und Turnus der „BWA-Lieferungen“.
- Übersenden Sie Ihre BWA mit Erläuterungen zur Wahrung Ihrer Deutungshoheit.
- Sprechen Sie mit Ihren Kreditgebern über deren Auswertungssystematik und ihre Schlussfolgerungen daraus.
- Nutzen Sie Ihre aussagefähige BWA konsequent als unternehmerisches Steuerungsinstrument.
- Fragen Sie Ihren Buchhalter oder Steuerberater nach ergänzenden Auswertungen, die für Sie vielleicht sinnvoll sein könnten.
- Für Berater: Sorgen Sie für qualifizierte BWAs bei Ihren Mandanten und unterstützen Sie durch Warnhinweise, wenn sich aus Ihrer Sicht Zahlen verschlechtern.

7.7 Vermögens-Verbindlichkeiten-Übersicht – vollständig und eigeninitiativ

Kreditgeber möchten nicht nur die Unternehmenssituation beurteilen können, sondern auch das **private finanzielle Umfeld** der unternehmerisch handelnden Persönlichkeit/en und Bürgen (vgl. Kapitel 8.4.1) realistisch einschätzen können.

Daher fordern Banken immer wieder sog. **„Vermögensaufstellungen“**, welche die folgenden Positionen enthalten sollten:

- alle privaten Vermögenspositionen mit genauer Beschreibung und den nominalen Werten, also z. B.
  - Grundbesitz (mit geschätztem Wert und Angabe der eingetragenen Grundschulden)
  - Bankguthaben

- Vermögenswerte in Depots im Detail
- Lebensversicherungen mit Versicherungssummen und Rückkaufswert bei kapitalbildenden Lebensversicherungen
- ...

► alle privaten Verbindlichkeiten mit aktuellen Salden oder Kreditlinien

Bei **GmbH-Gesellschafter bzw. Geschäftsführern** stößt diese Anfrage oft auf Unverständnis, da der Kreditnehmer die GmbH ist und nicht die Privatperson. Dieses Argument greift jedoch nicht, wenn der Gesellschafter bzw. Geschäftsführer gegenüber der jeweiligen Bank für die Verbindlichkeiten der GmbH eine Bürgschaft (vgl. Kapitel 8.4.1) übernommen hat. In diesem Falle greift § 18 KWG (vgl. Kapitel 3.2.6), denn auch der Bürge muss seine wirtschaftliche Leistungskraft offen legen.

Für diese Aufstellung haben alle Kreditgeber **Formblätter**, die Sie nutzen sollten. Bei mehreren Kreditgebern kann das zu erheblichem Aufwand führen, weil diese Formblätter leider nicht einheitlich sind. In diesem Falle kann es sich empfehlen, ein eigenes Formblatt, z. B. als Excel-Tabelle, zu erarbeiten, dass die Anforderungen der verschiedenen Kreditgeber aufgreift, um mit einer Übersicht alle Kreditgeber einheitlich bedienen zu können. Im Einzelfall sollte der Aufbau ggf. mit besonders ausgeprägten Formblatt-Anforderungen einiger Kreditgeber abgestimmt werden.

Ein Beispiel für eine solches Formblatt eines Kreditgebers finden Sie u. a. bei der Bürgschaftsbank Nordrhein-Westfalen GmbH im Internet: www.bb-nrw.de/cms/export/sites/default/downloads/interaktiv/i-bb-nrw_de-selbstauskunft_20131108.pdf. Wenn Sie (auch als Berater) das Thema vertiefen möchten: *Müller/Sander*, NWB Betriebswirtschaftliche Beratung 9/2013.

Dass Kreditgeber eine **vollständige Übersicht** erwarten, versteht sich von selbst, was Sie mit Ihrer Unterschrift bestätigen. Das Vergessen von Positionen wird Ihrer Bank auffallen, was zu Vertrauensverlust auf Bankseite führen kann. Besonders kritisch wird von Bankenseite eingeschätzt, wenn Sie vergessen haben

► Verbindlichkeiten aufzuführen,

► nicht mehr vorhandene Vermögenswerte aus der Aufstellung zu entfernen,

► zentrale Vermögenspositionen aufzulisten.

Auch hier stellt sich die Frage nach der **Regelmäßigkeit**? Nicht alle Institute verlangen diese Aufstellung jährlich. I. S. des „Unerwarteten“ (vgl. Kapitel 7.1) lautet die klare Empfehlung, die Vermögens-Aufstellung jährlich zu aktualisieren und mit dem Jahresabschluss unaufgefordert an die Kreditgeber zu übersenden.

Sollten sich gravierende Veränderungen zur vormaligen Übersendung ergeben haben, können ein Hinweis und ergänzende Erläuterungen i. S. der **Deutungshoheit** sinnvoll sein.

Eine solche Übersicht können Sie natürlich auch für Ihre ganz private Übersichtlichkeit verwenden und z. B. durch entsprechende Wiedervorlagetermine für Fälligkeiten als **eigenes Steuerungsinstrument nutzen**. Sie sehen, die Anforderungen Ihrer Kreditgeber ergeben in mehreren Fällen auch für Sie selbst Sinn.

FAZIT:

- Aktualisieren Sie Ihre Vermögens-Verbindlichkeiten-Übersicht regelmäßig und übersenden Sie diese jährlich unaufgefordert an Ihre Kreditgeber.
- Nutzen Sie dafür deren Formulare oder erarbeiten Sie eine einheitliche Vorlage für alle Kreditgeber.
- Weisen Sie ggf. auf besondere Veränderungen hin.
- Nutzen Sie dieses Instrument parallel für die Steuerung Ihres Privatvermögens.
- Für Berater: Erarbeiten Sie in Abstimmung mit den Banken in Ihrer Region ein Formblatt, das Sie Ihren Mandanten zur Verfügung stellen. Bieten Sie das Ausfüllen als gesonderte Dienstleistung an.

7.8 Einkommensteuererklärung und -bescheid – jährlich und pünktlich

Aus den gleichen Überlegungen wie oben in Kapitel 7.7 dargestellt fordern Banken regelmäßig den Einkommensteuerbescheid an.

Wenn die einkommensteuerliche Situation zunehmend komplexer wird, z. B. dank mehrerer Einkunftsarten und in diesen wiederum vielfältiger Quellen, wird ggf. auch die Einkommensteuererklärung erbeten.

Stimmen Sie auch hier den Bedarf mit Ihren Kreditgebern ab und denken Sie bei der Übersendung ggf. an ergänzende Erläuterungen.

FAZIT:

- Senden Sie die Einkommensteuerunterlagen wie mit Ihren Kreditgebern vereinbart direkt nach Einreichung beim Finanzamt zu.

- Fügen Sie ggf. Erläuterungen zu wesentlichen Veränderungen bzw. Gegebenheiten ein.
- Für Berater: Weisen Sie Ihre Mandanten auch auf diesen Informations-Aspekt hin und unterstützen Sie ggf. bei den Erläuterungen.

7.9 Bankenspiegel – alle Verbindlichkeiten im Blick

Ihre Kreditgeber interessiert natürlich auch, welche Verbindlichkeiten und Vertragsverhältnisse Sie mit Ihren jeweils **anderen Kreditgebern** unterhalten. Diese werden üblicherweise in einem sog. Bankenspiegel zusammengestellt.

Allerdings gilt auch hier, dass Banken z.T. unterschiedliche Erwartungen an die Ausführlichkeit haben. Erfragen Sie den gewünschten Rahmen und nutzen Sie nach Möglichkeit „ein Format".

Nutzen Sie dabei den **Doppeleffekt**: Ihr Bankenspiegel ermöglicht Ihnen die Steuerung Ihrer Bankgeschäfte durch die entsprechenden Wiedervorlagetermine für Fristabläufe jeder Art, sodass Sie rechtzeitig selbst initiativ werden und die Verlängerungen in der Ihnen sinnvoll erscheinenden Art angehen können. Damit ist der Bankenspiegel in Praxi das Deckblatt auf Ihrem Banken-Ordner, in dem Sie alle Kredit- und Sicherheitenverträge aufbewahren.

Ein **mögliches Raster** für einen Bankenspiegel

- unterscheidet inkl. Zwischensummen
  - Kontokorrent-Linien
  - Aval-Linien
  - Darlehen
  - Guthabenkonten
- errechnet Summen pro Kreditart
- errechnet Summen pro Kreditgeber
- benennt pro Konto
  - Kontonummer
  - Bank
  - Verwendungszweck
  - Limit
  - Inanspruchnahme
  - Befristung

- Zinssatz mit Festschreibungsfrist
- Raten mit Höhe und Turnus
- Sicherheiten

Die Bedeutung dieses Instruments wird auch in den Kapiteln 10.3.1 bei der Vorbereitung konkreter Kreditgespräche und 13.1 im Zusammenhang mit Ihrer Finanziererlandschaft deutlich werden.

FAZIT:

- Erarbeiten Sie einen Bankenspiegel und berücksichtigen Sie dabei den Informationsbedarf Ihrer Kreditgeber.
- Aktualisieren Sie den Bankenspiegel laufend bei jeder Vertragsänderung und jedem neuen Kreditkonto – stellen Sie das organisatorisch sicher.
- Übersenden Sie den Bankenspiegel im jeweils vereinbarten Turnus an Ihre Kreditgeber.
- Für Berater: Bieten Sie Ihren Mandanten ein entsprechendes Auswertungs-Werkzeug an und übernehmen Sie das Ausfüllen auf Basis der Mandanten-Unterlagen als gesonderte Dienstleistung.

7.10 Die Ziele und Planungen Ihres Unternehmens

„Warum soll ich planen – es kommt doch sowieso anders als geplant!" Diesem Argument begegnen Kreditinstitute oft, wenn sie ihre Firmenkunden bitten oder auffordern, „Planzahlen" einzureichen.

Die **Bankensicht** ist relativ einfach: Eine Risikoklassifizierung nach MaRisk (vgl. Kapitel 3.1.3) muss auch die zukünftigen Perspektiven eines Unternehmens einschätzen können. Das gleiche gilt für die Berechnung der nachhaltigen bzw. dauerhaften Kapitaldienstfähigkeit (vgl. Kapitel 4.4). Dies ist aber oft nur auf Basis von Planzahlen des Unternehmens möglich.

Daher verlangen Kreditinstitute immer häufiger Planzahlen von ihren Kunden. Ursächliche **Indikatoren** für diesen zunehmenden Wunsch lassen sich dabei an zwei Dimensionen festmachen:

- Dem **einzelnen Kreditengagement** z. B. wegen
  - zunehmender Unternehmensgröße,

- größer werdendem Kreditvolumen im eigenen Haus oder insgesamt bei allen Kreditgebern,
- sich verschlechternden wirtschaftlichen Verhältnissen lt. Jahresabschluss und/oder BWA (vgl. Kapitel 7.4 und 7.6)
- sich zusätzlich einstellender Warnsignale (vgl. Kapitel 4.2.2.3 und 4.2.3),
- sich verschlechterndem Rating (vgl. Kapitel 4.2),
- nur noch knapper oder nicht mehr gegebener Kapitaldienstfähigkeit (vgl. Kapitel 4.4),
- negativen Informationen aus dem Umfeld (vgl. Kapitel 4.5 – 4.7),

► dem **gesamten Kreditbestand der Bank** – auch genannt Kreditportfolio – weil z. B.
- die Gesamtrisikosituation der Bank sich verschlechtert,
- die Ertragskraft der Bank sich bei unveränderten Risikostrukturen verringert,
- beide genannten Entwicklungen sogar parallel auftreten,
- die Jahresabschlussprüfer entsprechende Hinweise in ihren Prüfungsbericht aufgenommen haben,
- neue handelnde Persönlichkeiten in den Leitungsgremien die Kreditpolitik verändern.

Bei dieser Dimension geht es letztlich immer um die Einschätzung der Risikotragfähigkeit eines Institutes wie sie in Kapitel 13.2.4 besprochen wird und welche sich in der Risikostrategie (vgl. Kapitel 3.1.1) niederschlägt.

Auch bei der Planung gilt es wieder den **„doppelten Blick“** einzunehmen:

Als Unternehmer setzen Sie sich **Ziele** für verschiedene Bereiche Ihres Unternehmens oder erarbeiten Aspekte Ihrer Unternehmensführung. Sie nehmen sich vor, diese Ziele in einem bestimmten Zeitraum zu erreichen. Das können Tage, Monate oder auch mehrere Jahre sein. Und natürlich werden Sie überprüfen, ob Sie Ihre Ziele erreichen. Im positiven Fall können Sie an alle ein Lob aussprechen, die an der Zielerreichung mitgewirkt haben (inklusive sich selbst). Im negativen Fall können Sie gemeinsam überlegen, was an der Zielerreichung wen wie gehindert hat, um beim nächsten Ziel erfolgreicher zu sein.

Um die **Zielerreichung messen** zu können, ist es erforderlich, Ziele so zu formulieren, dass man sie überhaupt messen kann. Denn nur so ist es möglich, im Rahmen eines Plan-Ist-Vergleich (vgl. Kapitel 7.10.6) Abweichungen vom Ziel zu ermitteln (zu errechnen) und ggf. Gegensteuerungsmaßnahmen zu ergreifen.

Auf diese Weise gelangen Sie zum Thema „Planen“. **Planen** heißt nämlich nichts anderes, als Ihre Ziele in Zahlen zu „übersetzen“. Dabei wissen Sie natürlich, dass am Ende

Ihrer Planungsperiode nicht alle diese Zahlen zu 100 % erreicht sein werden. Denn Sie planen immer mit bestimmten Unsicherheiten. Sie haben sich allerdings mit Ihren Planzahlen sozusagen einen „roten Faden“ ausgelegt, an dem Sie Ihr konkretes unternehmerisches Handeln (Umsetzen) orientieren. Dieser „rote Faden“ ist die Basis für Ihren regelmäßigen (monatlich, vierteljährlich) Plan-Ist-Vergleich, woraus sich die Chance ergibt, Ihre Ziele möglichst konsequent zu verfolgen.

Sie planen also nicht „für die Bank“, sondern für Ihre eigenen unternehmerischen Ziele. Dass die Bank diese Planzahlen dann auch erhält, ist sozusagen der Sekundäreffekt oder auch das „Abfallprodukt“.

Je nach unternehmerischer Ausgangslage und Perspektiven kann Ziele setzen und Planen einen sehr unterschiedlichen **Umfang** annehmen. Im nachstehenden Schaubild finden Sie acht unterschiedliche Planungselemente mit einigen wenigen erläuternden Stichworten. Diese Abbildung will Ihnen einen ersten Überblick geben. Die Abbildung besagt nicht, dass jedes Unternehmen jedes Jahr alle acht Planungselemente durchführen sollte oder muss, jedoch kann:

ABB. 17: Elemente eines Planungssystems

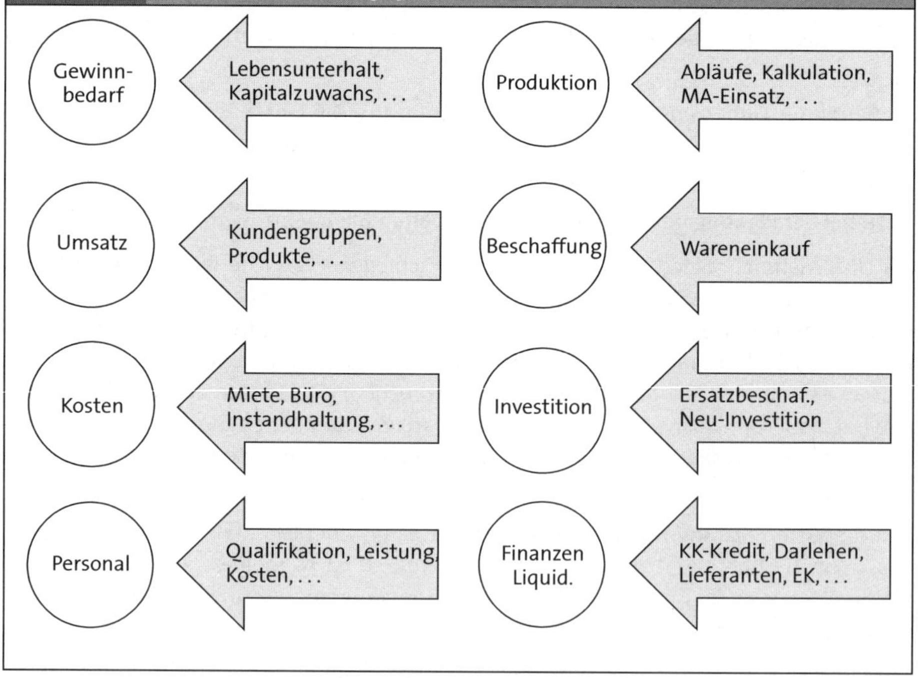

Entscheidend dafür, welche Planungsschritte Sie konkret in welchem Jahr durchführen wollen, sind Ihre eigenen Ziele und Überlegungen und natürlich die Anforderungen Ihrer Kreditgeber.

Wichtig dabei ist, dass Sie **mit Ihren Kreditgebern klären**, welche Arten von Planungen in welcher Komplexität und Qualität diese von Ihnen erwarten. Dabei wird sicherlich in dem einen oder anderen Fall diskutiert werden können, ob diese Anforderungen immer vollumfänglich sinnvoll sind. Sie werden sich mit Sicherheit auf einen bestimmten Rahmen verständigen können.

Alle Ihre Ziele und Planungsüberlegungen beruhen auf bestimmten **Annahmen oder Prämissen** wie z. B. „Wenn sich die Rohstoffpreise um 5 % erhöhen werden (wovon ich ausgehe), werde ich diese Kostenerhöhung nur zur Hälfte in den Marktpreisen meiner Produkte weitergeben können". Die Ihren Planungen zugrunde liegenden Prämissen halten Sie zu jedem Planungsschritt in Stichworten fest. Damit verbinden Sie zwei Ziele:

- Im Laufe der Planperiode bei Ihren Plan-Ist-Vergleichen noch genau zu wissen, wovon Sie bei der Planung ausgegangen sind, sodass Sie nüchtern analysieren können, wo die Ursachen für Abweichungen liegen: Annahmen nicht oder anders eingetroffen/Aktivitäten nicht konsequent durchgezogen/unerwartete externe Ereignisse eingetreten/....
- Ihren Kreditgebern nicht nur „blanke" Zahlen als Planungen vorzulegen, sondern aufzuzeigen, von welchen Annahmen Sie ausgegangen sind. Das ist Voraussetzung dafür, dass Bankmitarbeiter im Rating die Frage nach der „Nachvollziehbarkeit der Planung" positiv beantworten können (vgl. Kapitel 4.2.2.2). Außerdem können Sie dann evtl. Gespräche mit Ihren Banken über Ihre Ziele und Planungen auf einer gesicherten Gesprächsgrundlage führen.

Das klingt jetzt stark nach „Rechenbarkeit". Dabei wissen Sie als Unternehmer, dass längst nicht alles rechenbar ist. Diese Einsicht ist auch Träger vieler Vorbehalte gegenüber Planungen. Das bedeutet natürlich, dass Sie dort, wo Sie sich nicht direkt für eine logisch nachvollziehbare Prämisse entscheiden können, Ihre unternehmerische **Intuition** sprechen lassen! Planung ist kein Selbstzweck, sondern ein unternehmerisches Steuerungsinstrument. Gut werden Ziele und Planungen i. d. R. immer dann, wenn Kopf und Bauch konstruktiv zusammen arbeiten.

Gerade wenn bestimmte Planungsergebnisse Engpässe signalisieren, nutzen Sie die Chance, verschiedene **Szenarien** durchzuspielen. Dazu sollte das von Ihnen genutzte Planungsinstrument (vgl. Kapitel 7.10.7) in der Lage sein. Ein **Beispiel** soll dies verdeutlichen: Sie haben einen aus Ihrer Sicht durchaus realistischen Umsatzzuwachs geplant. Ihre Szenarien könnten jetzt z. B. durchrechnen, was wäre wenn:

- Der Umsatz nochmals um 5 % stärker steigen würde,
- ein Konjunktureinbruch käme (denken Sie an Ende 2008) und der Umsatz nicht steigen, sondern um 10 % zurückgehen (um 30 % einbrechen) würde.

Solche „Planspiele" verdeutlichen sehr schnell, wo mögliche Schwachstellen sind und ermöglichen daher auch, für solche Fälle einen **„Plan B"** auszuarbeiten. Denn Donald Rumsfeld, der ehemalige Verteidigungsminister der USA hat einmal, vielleicht mit Blick auf andere Gegebenheiten, jedoch recht zutreffend gesagt: „Wir kennen allenfalls die bekannten Unbekannten, aber nie die unbekannten Unbekannten." (vgl. Handelsblatt vom 18./19. 3. 2011).

Hüten Sie sich auf jeden Fall aber auch vor **Planungs-Perfektionismus**.. Ihre Planzahlen sollten in der Dimension „TEuro" stehen und nicht in „Euro". Das würde Ihnen und allen Beteiligten nur eine Genauigkeit vorgaukeln, die es nicht gibt, sog. Scheingenauigkeit. Beachten Sie das „Perfektionismus-Verbot" bei allen einzelnen Planungsschritten.

Wenn Ihre Planung „steht" ist das erst einmal nicht mehr als „ein Haufen tote Zahlen". Zum Leben erwecken Sie diese erst durch klare **Maßnahmen und Aktivitäten**, um Ihre in der Planung niedergelegten Ziele in den unterschiedlichen Teilbereichen zu erreichen. Nur wenn Sie Ihre Aktivitäten von vorne herein definieren und dann **i. R. d. Plan-Ist-Vergleiche** (vgl. Kapitel 7.10.6) immer weiter fortschreiben, haben Sie eine Chance, Ihre Ziele auch wirklich zu erreichen.

DOWNLOAD:

Für Ihre Aktivitäten nutzen Sie das Methoden-Arbeitsblatt 09 „Aktivitätenplan".

Der Plan-Ist-Vergleich zeigt auf, dass Ziele setzen und Planen ein **Kreislaufprozess** ist und zwar in zweierlei Hinsicht:

- Während einer Planperiode durch den regelmäßigen Plan-Ist-Vergleich.

  Dabei ist davon abzuraten, die Planzahlen des Jahres nach jedem Plan-Ist-Vergleich anzupassen bzw. abzuändern. Sie werden irgendwann nicht mehr wissen, wo Ihre Planzahlen herkommen. Die bessere Alternative ist die Dokumentation der Abweichungsursachen (vgl. Kapitel 7.10.6).

- Von Planperiode zu Planperiode, da die Erkenntnisse aus dem Planjahr zur Qualitätsverbesserung der Planung im Folgejahr führen werden, sowohl inhaltlich wie instrumentell.

Im weiteren Verlauf werden diese acht Planungsschritte im Detail besprochen, wobei die Gliederung nicht dieser Einteilung folgt, sondern sich an den Begrifflichkeiten der Banken für die einzelnen Planungs-Instrumente orientiert.

FAZIT:

- Sehen Sie die Planung nicht als ein „notwendiges Übel für die Bank“, sondern als Chance, Ihre Ziele zu formulieren und umzusetzen.
- Wägen Sie ab, welche Ziele und Planungsschritte je nach Unternehmenssituation sinnvoll sind.
- Halten Sie alle Planungs-Prämissen stichwortartig fest.
- Hüten Sie sich vor übertriebenem Perfektionismus und vor Scheingenauigkeit.
- Arbeiten Sie mit Szenarien.
- Setzen Sie Ihre Ziele in klare Aktivitätenpläne um.
- Nutzen Sie den Planungs-Kreislauf und werden Sie so immer besser im Planen.
- Sprechen Sie mit Ihren Kreditgebern über deren Anforderungen und versuchen Sie diese, soweit möglich mit Ihren eigenen Planungsschritten in Übereinstimmung zu bringen.
- Informieren Sie Ihre Kreditgeber über Planung und Plan-Ist-Vergleich im vereinbarten Turnus; erläutern Sie dabei vor allem mögliche Abweichungen und Ihre daraus folgenden Aktivitäten.
- Für Berater: Unterstützen Sie Ihre Mandanten bei der Planung instrumentell und inhaltlich – abgestuft in der Komplexität je nach Mandantensituation.

7.10.1 Gewinnbedarfsplanung

Auch wenn dieser Begriff im ersten Moment etwas umständlich wirken mag: Der Gewinn, den Sie mit Ihrem Unternehmen erzielen wollen, ist der zentrale Ankerpunkt aller Zielsetzung und Planung.

Und „Bedarf“ bedeutet Soll-Vorstellung in Abhängigkeit von den Ansprüchen, die Sie für sich privat und für Ihr Unternehmen formulieren.

Die **Elemente** des Gewinnbedarfs zeigt Ihnen die nachfolgende Abbildung:

ABB. 18: Elemente des Gewinnbedarfs

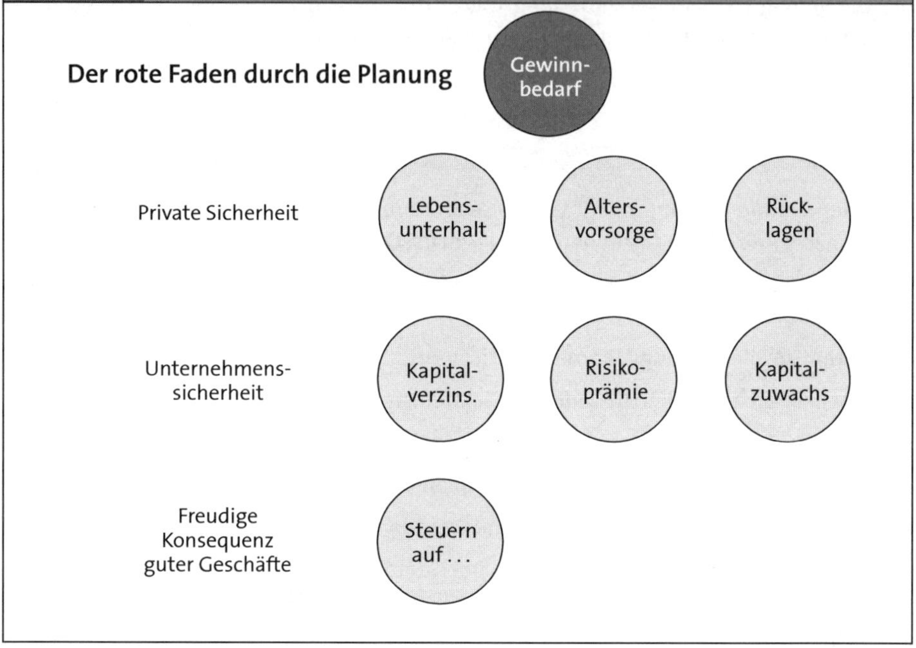

Die Elemente der **„Privaten Sicherheit"** erschließen sich auf den ersten Blick und waren bereits Gegenstand der Betrachtung im Zusammenhang mit der Kapitaldienstfähigkeitsberechnung in Kapitel 4.4. Bei einer Kapitalgesellschaft finden sich diese Elemente im Gehalt des geschäftsführenden Gesellschafters wieder sowie ggf. in den Ausschüttungsansprüchen aller bzw. weiterer Gesellschafter. Damit lösen Sie zwei Probleme, da Sie den errechneten Gewinnbedarf für Ihre eigene Berechnung der Kapitaldienstfähigkeit nutzen können (vgl. Kapitel 4.4).

Die Elemente der **„Unternehmenssicherheit"** beinhalten die Verzinsung für das von Ihnen bereit gestellte Eigenkapital i. H. einer üblichen Marktverzinsung, sowie die darauf zusätzlich zu zahlende Risikoprämie. Denn eine Beteiligung an einem Unternehmen ist nach klassischer betriebswirtschaftlicher Definition risikoreicher als eine Geldanlage bei einer Bank oder der Kauf einer Staatsanleihe. Mit Blick auf die anhaltende Tiefzinsphase sollten Sie hier nicht die aktuelle Verzinsung von Bundesanleihen verwenden, sondern sowohl für Kapitalverzinsung als auch Risikoprämie jeweils einen „anspruchsvollen" Zinssatz wie z. B. 4 oder 5 % p. a. Hinzu kommt ein evtl. gewünschter Eigenkapitalzuwachs, der ja ebenfalls verdient werden muss. Ausgangslage hierfür ist die Betrachtung der Eigenkapitalsituation in Ihrem Unternehmen z. B. in Gestalt der Eigenkapitalquote (vgl. Kapitel 4.1.2.4 im Jahresabschluss und 4.2.2.1 im Rating), die Sie aus bestimmten unternehmerischen Überlegungen erhöhen wollen.

Dass auf den so errechneten Gewinnbedarf noch die **Steuerzahlung** hinzukommt, mag man als Individuum bedauern, als Staatsbürger vielleicht weniger. Entscheidend aus kaufmännischer und oft auch aus Kreditgebersicht ist, dass nur betriebswirtschaftlich sinnvolle Steuerspargestaltungen in Anspruch genommen werden. Die Tendenz vieler Mitbürger, Steuerzahlungen um beinahe jeden Preis zu vermeiden, führt betriebswirtschaftlich und unter mittelfristigen Liquiditätsüberlegungen oft in falsche Richtungen. Daher können Sie sich durchaus freuen, wenn Sie aufgrund eines guten Jahres etwas mehr Steuern zahlen dürfen als im Vorjahr.

Das Errechnen des Gewinnbedarfs ist für viele Unternehmen durchaus Neuland.

DOWNLOAD:

Daher bietet Ihnen das Methoden-Arbeitsblatt 15 „Gewinnbedarf“ dafür eine Struktur an. Für die „Private Sicherheit“ ein ergänzender Tipp: Drucken Sie das Arbeitsblatt zweimal aus und füllen Sie und Ihr/e Partner/in es unabhängig von einander aus. Anschließend setzen Sie sich zusammen, um sich auszutauschen und einen Konsens zu erreichen.

Inwieweit Sie diesen Planungsschritt Ihren **Kreditgebern** im Detail offen legen, entscheiden Sie selbst.

FAZIT:

- Errechnen Sie Ihren Gewinnbedarf.
- Überprüfen Sie Ihre Berechnung jährlich und passen Sie diese an veränderte Bedingungen nach oben oder auch nach unten an.
- Für Berater: Unterstützen Sie Ihre Mandanten mit einem eigenen Werkzeug und auch auf Wunsch beim Ausfüllen – mit besonderem Schwerpunkt auf den beiden Punkten „Unternehmerische Sicherheit“ und „Steuern“.

7.10.2 Investitionsplanung

Der Investitionsplan war bereits in Kapitel 6.2.1 Gegenstand der Betrachtung im Zusammenhang mit Ihrem Finanzierungsbedarf.

Er sollte über einen längeren Zeitraum den abschätzbaren Bedarf an

- Neu- und Erweiterungs-Investitionen – quer durch alle Unternehmensbereiche
- Regelmäßige Ersatz-Investitionen – quer durch alle Unternehmensbereiche
- Neben- und evtl. Anlaufkosten
  - Gutachterkosten, Gebühren jeglicher Art
  - Umzugs- und Einrichtungs-Nebenkosten
  - Anlaufkosten quer durch alle Kostenarten
  - verzögerter Umsatzanstieg durch Anlaufphasen
  - Umsatzausfall durch Umzug, Umrüstung

enthalten.

Die Überlegungen aus Ihrer Investitionsplanung fließen, je nach den Planungsschritten, die Sie wählen, in die Ertrags-, Liquiditäts- und Bilanzplanung ein (vgl. die folgenden Kapitel 7.10.3-7.10.5).

FAZIT:

- Erstellen Sie einen Investitionsplan als Grundlage für Ihre weiteren Planungs-Überlegungen.
- Schreiben Sie diesen jährlich fort.
- Übernehmen Sie die Ergebnisse in die weiteren von Ihnen getätigten Planungs-Schritte.
- Für Berater: Unterstützen Sie z. B. mit einem Formblatt oder Excel-Werkzeug und bei der konkreten Erarbeitung und jährlichen Fortschreibung.

7.10.3 Ertragsplanung

Dies wird i. d. R. der **Kern** Ihrer Ziele und Planungen sein. Häufig ist es auch das, was Ihre Kreditgeber fordern. Heißt die Aufforderung der Kreditgeber „Liquiditätsplanung", so werden Sie ebenfalls nicht um eine Ertragsplanung herum kommen, da diese die Grundlage der Liquiditätsplanung ist.

Ausgangspunkt für Ihre Ertragsplanung sollte Ihr **Gewinnziel** sein, also Ihre Gewinnbedarfsplanung (vgl. Kapitel 7.10.1).

Aus dieser können Sie in einem ersten Schritt errechnen, welchen **Umsatz** Sie benötigen werden, um Ihr Gewinnziel zu erreichen. Gehen Sie den folgenden Rechenweg:

	Gewinnbedarf	
+	Personalaufwand	(Vorjahresaufwand, bereits um die erkennbaren Veränderungen im aktuellen Jahr bereinigt)
+	Sachaufwand	(Vorjahresaufwand, bereits um die erkennbaren Veränderungen im aktuellen Jahr bereinigt)
+	Abschreibungen	(auf Basis der aktuellen Hochrechnung aus dem Anlagenspiegel und bereits ergänzt um Ihre Investitionsentscheidungen für das aktuelle Jahr)
=	Rohertrag	

Der Sprung vom Rohertrag (vgl. Kapitel 4.1.3.3) zum Umsatz führt über die Rohertragsquote (= Rohertrag · 100/Gesamtleistung). An dieser Stelle können Sie mit der Rohertragsquote des Vorjahres rechnen – wenn nach realistischer Einschätzung davon auszugehen ist, dass der Markt auch im Planjahr eine Rohertragsquote in dieser Höhe hergeben wird. Andernfalls korrigieren Sie die Rohertragsquote nach Ihrer gewissenhaften Einschätzung oder rechnen Sie mit zwei verschiedenen Quoten. Sie wissen dann, dass Ihr Gewinnbedarf einen Umsatz bzw. eine Gesamtleistung in dieser Bandbreite erfordern wird.

DOWNLOAD:

Zur Unterstützung für diesen Rechenweg steht das Methoden-Arbeitsblatt 16 „Mindestumsatz“ bereit.

Die errechnete Zahl für Umsatz bzw. Gesamtleistung können Sie jetzt darauf überprüfen, ob Sie diese realistischerweise erreichen können. Rechnen Sie dafür in einem ersten Schritt den erforderlichen Mehrumsatz p. a. auf einen Monats-, Wochen- und ggf. sogar Tage-Wert um. Jetzt können Sie im zweiten Schritt überlegen, welche Mehrgeschäfte Sie konkret auf der Ebene Produkte/Dienstleistungen und der Ebene Kunden/Kundengruppen im Markt absetzen müssten. Sie werden dann entscheiden, ob Sie das Ziel in einer, zwei oder mehreren Planperioden erreichen können. Damit haben Sie übrigens schon das Grundgerüst für eine Marketingplanung oder in kleinerer Dimension für gezielte Marktaktivitäten gelegt.

Mit dieser Basis steigen Sie jetzt in die **weitere Ertragsplanung** ein, wobei Sie sich in der Gliederung Ihrer GuV bzw. BWA von „oben nach unten“ durcharbeiten. Dabei erledigen Sie aus der Abbildung 17 zur Gesamtplanung (vgl. Kapitel 7.10) die Schritte:

- Umsatzplanung
- Kostenplanung
- Personalplanung
- Beschaffungsplanung

In welcher Intensität oder auch Detaillierung Sie dabei vorgehen, entscheiden Sie auf Basis der jeweiligen Unternehmenssituation. Verwenden Sie Ihre meiste Energie auf die Bereiche, bei denen aus Veränderungen oder gezielter Vorgehensweise am meisten Verbesserungspotenzial zu erwarten ist. Aus Ihren Planungsüberlegungen könnte sich dann ggf. nochmals eine **Rückkoppelung** auf die Planung des Mindestumsatzes ergeben, falls sich jetzt über die Detailplanungen deutliche Veränderungen in den Komponenten Personalaufwand, Sachaufwand oder Rohertragsquote ergeben haben sollten.

Eine wesentliche Frage ist, ob Sie Ihre Ziele und damit Ihre Planung für das gesamte Jahr – als Jahresplanung – formulieren oder ob Sie pro Monat planen. Bei der Entscheidung zwischen diesen beiden Alternativen können mehrere Aspekte bedacht werden:

- Je kleiner Ihr Unternehmen, umso eher ist eine Jahresplanung ausreichend.
- Beachten Sie bei einer Jahresplanung die erforderlichen Abgrenzungs-Buchungen in der monatlichen BWA, um einen sinnvollen Plan-Ist-Vergleich gestalten zu können (vgl. Kapitel 7.6).
- Wie nahe wollen Sie mit dem Plan-Ist-Vergleich am Geschäft dran sein? Je wichtiger Ihnen Ihre Planzahlen sind, desto eher lohnt sich eine Planung auf Monatsbasis.
- Wenn Sie eine Liquiditätsplanung erstellen wollen (oder für Ihre Banken müssen) benötigen Sie in jedem Fall eine Ertragsplanung auf Monatsbasis als Grundlage.
- Stimmen Sie ggf. die Anforderungen auch mit Ihren Banken ab.

Dass es anschließend darauf ankommt, die getroffenen Ziele in Aktivitäten umzusetzen, sei nur der Vollständigkeit halber nochmals erwähnt (vgl. Kapitel 7.10).

! FAZIT:

- Steigen Sie mit einer Mindestumsatzberechnung in die Ertragsplanung ein.
- Gehen Sie mit evtl. unterschiedlicher Intensität an die weiteren Komponenten der Ertragsplanung heran.
- Für Berater: Unterstützen Sie in den einzelnen Planungsschritten mit Ihren Erfahrungen aus den Planungsaktivitäten mit Ihren verschiedenen Mandanten.

7.10.4 Liquiditätsplanung

Diese Planungsvariante dürfte die von **Kreditgebern** am häufigsten eingeforderte sein. Aus Sicht des Kreditgebers verständlich, geht es doch darum abzuschätzen, welchen Liquiditätsbedarf das Unternehmen zukünftig haben wird. Die Antwort darauf gibt Ihre Liquiditätsplanung.

Sie dient im besonderen der **eigenen Steuerung** der Unternehmensliquidität und ist oft, gerade bei nicht so großzügiger Finanzausstattung eine wesentliche Voraussetzung dafür, die Geldflüsse so zu steuern, dass keine Warnsignale (vgl. Kapitel 4.2.2.3 und 4.2.3) in die Systeme der Banken „gefunkt" werden.

Grundlage jeder Liquiditätsplanung ist eine Ertragsplanung (siehe vorheriger Abschnitt). Aus dieser wird die Liquiditätsplanung abgeleitet und zwar zu jeder Position unter der Fragestellung: Wann fließen aus dieser GuV-Position Gelder zu oder Gelder ab? Sodann werden die ergänzenden Geldflüsse aus der Bilanz erfasst, die nicht durch die GuV laufen und zum Schluss werden die addierten Geldzu- und -abflüsse mit den Anfangskontoständen fortgeschrieben und mit den vereinbarten Kontokorrent-Kreditlinien in Summe abgeglichen, sodass erkennbar wird, ob diese ausreichend sind oder nicht.

Die nachstehende Abbildung 19 zeigt diese Zusammenhänge auf:

ABB. 19: Schritte einer Liquiditätsplanung

Entscheidender Stellhebel jeder Liquiditätsplanung sind daher die **Annahmen** darüber, wann z. B. die Kunden ihre Rechnungen bezahlen und das Unternehmen seine gesamten Kosten bezahlt. Gewöhnlich wird auf Erfahrungswerte sowie auf Veränderungen durch bewusste unternehmerische Maßnahmen zurückgegriffen, die wie bei allen Planungsschritten nachvollziehbar begründet sein müssen und stichwortartig festgehalten werden.

I. d. R. erwarten Kreditgeber eine **Liquiditätsplanung für ein Jahr auf Monatsbasis**, was eine entsprechende Ertragsplanung voraussetzt, eine Jahresplanung reicht nicht mehr aus. Alle Zahlungseingänge und -ausgänge während eines Monats werden also so dargestellt, als ob diese insgesamt an einem Tag stattfinden würden. Dies ist in der Realität nicht so und das wird auch allen Beteiligten bewusst sein. Daher sollte die lt. Planung verbleibende „freie Kreditlinie" so groß sein, dass sie die normalen Zahlungsschwankungen während eines Monats auffangen kann.

Ergibt sich aus der Liquiditätsplanung, dass mit der bestehenden Kreditlinie die Liquiditätserfordernisse nicht erfüllt werden können, so wird

- das Unternehmen durch weitere Planungsschritte und Finanzierungsgestaltungen versuchen, diese Engpässe auszuräumen,
- die Bank im Zweifelsfall weitergehende Informationen verlangen, oftmals auch eine Liquiditätsplanung auf Wochenbasis; eine Anforderung, die vom Unternehmen wiederum als Anzeichen einer deutlich negativeren Risikoeinstufung verstanden werden sollte.

Je nach Engagementsbeurteilung und Verhandlungspositionen ist dies natürlich auch der Ausgangspunkt, über weitere Kreditlinien auf der Basis des Liquiditätsbedarfs (vgl. Kapitel 6) zu verhandeln.

FAZIT:

- Erarbeiten Sie Ihre Liquiditätsplanung mit dem Ziel der Eigensteuerung.
- Sprechen Sie mit Ihren Kreditgebern ab, welche Anforderungen diese an den Aufbau Ihrer Liquiditätsplanung haben und vereinbaren Sie dazu einen Konsens.
- Erarbeiten Sie mit Ihren Kreditgebern gemeinsam ggf. erforderliche Finanzierungslösungen.
- Für Berater: Unterstützen Sie in den einzelnen Planungsschritten mit Ihren Erfahrungen aus den Planungsaktivitäten mit Ihren verschiedenen Mandanten.

7.10.5 Bilanzplanung

Natürlich haben Ertrags- und Liquiditätsplanungen (vgl. Kapitel 7.10.3. und 7.10.4) Konsequenzen für die Bilanz: Z. B. wird steigender Umsatz zu steigendem Warenlager und zu steigenden Kundenforderungen führen. Letzteres auch in Abhängigkeit davon, welche Zahlungsziele in der Liquiditätsplanung unterstellt werden. Diese wiederum wollen finanziert sein, ggf. über die Zunahme von Lieferantenverbindlichkeiten. Investitionen müssen finanziert werden und vielleicht soll bei einer steigenden Bilanzsumme die Eigenkapitalquote konstant gehalten also Eigenkapital zugeführt werden.

So kann die Frage nach der Bilanzplanung nicht fallen gelassen werden. Dennoch ist es erlaubt, diese auch oft von Kreditgebern eingebrachte Forderung zu hinterfragen. Ohne eine umfangreichere Softwarelösung (vgl. Kapitel 7.10.7) ist eine Bilanzplanung aus der Ertrags- und Liquiditäts-Planung nicht ohne weiteres abzuleiten und nur mit erheblichem Aufwand darstellbar.

So sollten gerade kleinere Unternehmen hierüber mit ihren Kreditgebern sprechen. Diesen wird auch nicht daran gelegen sein, die Managementkapazitäten von inhabergeführten Unternehmen zu überfordern. Möglicherweise können Sie sich darauf verständigen, lediglich einige Eckpunkte aus einer Bilanzplanung zu betrachten, wie z. B. Kundenforderungen, Warenbestände, Lieferantenverbindlichkeiten, Eigenkapital.

FAZIT:

- Bilanzplanung kann, muss aber nicht in jedem Fall sein.
- Prüfen Sie für sich, welche Vorteile Sie selbst für Ihr Unternehmen aus einer Bilanzplanung ziehen könnten.
- Verhandeln Sie ggf. mit Ihren Kreditgebern, um eine von diesen erwartete Bilanzplanung zu vermeiden oder im Umfang zu reduzieren.
- Für Berater: Unterstützen Sie mit einem entsprechenden Werkzeug und beim Erarbeiten selber als gesonderte Dienstleistung. Argumentieren Sie ggf. ebenfalls gegenüber der Bank mit dem Ziel, deren Anforderungen zu reduzieren.

7.10.6 Plan-Ist-Vergleich

Sinn Ihrer Planung ist nicht der Plan als solcher, sondern das Erarbeiten Ihrer Ziele und auf dieser Basis der regelmäßige Plan-Ist-Vergleich – damit Sie wissen, wo Sie jeweils unternehmerisch stehen und ggf. Korrektur-Maßnahmen ergreifen können.

Die entscheidende Frage ist daher, wie Sie im Unternehmen den **Prozess** des regelmäßigen Plan-Ist-Vergleichs gestalten:

- Wer erstellt die Ist-Zahlen und bereitet diese im Vergleich mit den Planzahlen auf;
- bis wann liegt der Plan-Ist-Vergleich regelmäßig vor;
- wer im Unternehmen erhält den Plan-Ist-Vergleich;
- wann und wie sprechen die Beteiligten über den Planungsstand;
- wie werden die Ergebnisse der Analyse festgehalten;
- wie werden aus den Ergebnissen Aktivitäten formuliert und dokumentiert;
- wie werden die an der Umsetzung der Aktivitäten Beteiligten informiert;
- wie wird die Umsetzung der vereinbarten Aktivitäten gesteuert;
- wie wird sichergestellt, dass beim nächsten Treffen zum Planungsstand die Berichte über die Umsetzung der Aktivitäten vorliegen.

Bei kleineren Unternehmen sind die Planungsstandtreffen oft keine Treffen, sondern Sie als Unternehmer sitzen mit sich selbst am Tisch, analysieren und ziehen Konsequenzen. Überlegen Sie durchaus, mit wem Sie sich dazu austauschen könnten. Zwei Augenpaare sehen oftmals mehr als eines und ein anderes Augenpaar blickt auch immer aus einem anderen Blickwinkel auf die Situation, ein wichtiger und wertvoller Aspekt. Das kann der besonders vertraute Mitarbeiter sein, Ihr Steuerberater, Ihr/e Partner/in (auch wenn diese gar nicht im Unternehmen mitarbeiten), usw.

Ihre **Kreditgeber** werden im Zweifelsfall großen Wert darauf legen, dass Sie einen solchen Plan-Ist-Vergleichs-Prozess haben, und natürlich ebenso an dessen Ergebnissen im vereinbarten Turnus interessiert sein (schauen Sie dazu nochmals in die Ratingfragen im Kapitel 4.2.2.2).

FAZIT:

- Richten Sie einen systematischen Plan-Ist-Vergleichs-Ablauf im Unternehmen ein.
- Suchen Sie sich kompetente Gesprächspartner zu diesem Thema.
- Setzen Sie Ihre Analyseergebnisse in klare Aktivitäten um, die Sie ebenso konsequent steuern.
- Informieren Sie Ihre Kreditgeber regelmäßig über die Ergebnisse.
- Für Berater: Bieten Sie sich als Gesprächspartner für den Plan-Ist-Vergleich an und achten Sie besonders auf die Ableitung von Maßnahmen und deren Steuerung.

7.10.7 Instrumente zur Unternehmensplanung

Mit welchen Instrumenten Sie Ihre Ziele festhalten und in Planzahlen übersetzen, das ist eine spannende Frage – und die Antworten zeigen eine große Bandbreite auf.

Für die Ziele als solche reicht oft ein Blatt Papier, mit oder ohne vorgegebene Strukturen.

DOWNLOAD:

Ein Beispiel dafür finden Sie im Methoden-Arbeitsblatt 17 „Ziele".

Für die Übersetzung Ihrer Ziele in Planzahlen bedarf es allerdings einer rechenbaren Lösung. Diese reichen von selbsterstellten Excel-Dateien unterschiedlichster Komplexität bis hin zu fertigen Softwarelösungen, ebenfalls sehr unterschiedlichen Umfangs.

Daher ist es auch nicht möglich, an dieser Stelle eine Empfehlung auszusprechen. Entscheidend ist, welche Anforderungen Sie stellen, welchen Komfort Sie erwarten und welche Komplexität Sie bereit sind zu nutzen. Tun Sie das als Chef selbst oder haben Sie dafür einen Mitarbeiter (im Unternehmen oder als externer Dienstleister) mit mehr oder weniger Spezialkenntnissen in Planung generell und in der Handhabung von Softwarelösungen insbesondere?

Welchen Zeit- und Kostenaufwand sind Sie bereit zu investieren? Wie oft nutzen Sie diese Instrumente – Softwarelösungen? Gerade die größeren Lösungen sind produktiv nur zu handhaben, wenn man mit diesen öfter bzw. ständig arbeitet.

Die zu Beginn in Kapitel 7.10 angesprochene Perfektionismus-Gefahr ist besonders bei „komfortablen" Softwarelösungen oft groß. Viele mehr oder weniger teuer erstandene Softwarepakete werden wenig oder gar nicht eingesetzt.

Und natürlich haben auch Excel-Tabellen ihre immanenten Fehler-Gefahren.

Wichtig: Ihr Planungsinstrument sollte

- den Plan-Ist-Vergleich darstellen können,
- für die nächsten Planperioden fortlaufend genutzt werden können,
- verschiedene Planvarianten mit Blick auf mögliche Szenarien speichern können,
- mit Blick auf Kapitel 7.2 einen optisch ansprechenden Ausdruck ermöglichen.

Weitere Anforderungen werden Sie individuell formulieren.

Ein Hinweis: Sprechen Sie Ihre Banken ruhig darauf an, welche Planungsinstrumente diese empfehlen. Einige Banken bieten solche Instrumente sogar an, wie z. B. die Sparkassen-Organisation mit dem „S-PLANNER" (*Deutscher Sparkassenverlag*, September

2009). Genossenschaftsbanken, die die Software „MinD.banker“ für ihr Firmenkundengeschäft nutzen (www.min-d.de), können in diesem Instrument Planungs-Szenarien für ihre Kunden simulieren. Fragen Sie ebenso Ihren Steuerberater. In der BWA können Sie z. B. auch Ihre Planwerte erfassen und sich Plan-Ist-Vergleiche ausdrucken lassen. Voraussetzung dafür ist allerdings eine Monatsplanung auf Basis jedes einzelnen Kontos der Buchhaltung (siehe oben unter 7.10.3). Hören Sie sich auch bei Unternehmerkollegen um, mit welchen Lösungen diese gute Erfahrungen gemacht haben.

! FAZIT:

- Definieren Sie Ihre Anforderungen an „Ihr“ Planungsinstrument.
- Beziehen Sie die Erfahrungen anderer in Ihre Auswahlüberlegungen mit ein.
- Achten Sie auf ein gutes Verhältnis von Komplexität, Einfachheit, Produktivität und Aussagekraft.
- Bedenken Sie, dass ein Instrument nur sinnvoll ist, wenn Sie es regelmäßig nutzen.
- Für Berater: Unterstützen Sie Ihre Mandanten bei der Auswahl des passenden Instruments auf Basis Ihrer Erfahrungen mit anderen Mandanten.

7.11 Ihre eigene Cashflow-Rechnung zur Kapitaldienstfähigkeit

Die Bedeutung der Berechnung der Kapitaldienstfähigkeit (KDF) auf Seiten der Kreditgeber für die Kreditentscheidung und die Berechnungs-Modalitäten sind in Kapitel 4.4 ausführlich dargestellt – einschließlich der Aufforderung, selbst eine entsprechende Cashflow-Rechnung für eigene Zwecke und für die Vorbereitung auf Kreditgespräche zu erstellen.

Diese Berechnung kann auch Bestandteil Ihrer Kreditunterlagen sein. Banken werden eine solche wohl nur äußerst selten direkt anfordern, schließlich erstellen sie diese selbst im Kreditentscheidungsprozess.

Gerade, wenn Sie sich intensiv mit Ihrer Liquiditätssituation beschäftigt haben und den Cashflow als Steuerungsgröße nutzen, empfiehlt es sich, dies in Ihren Kreditunterlagen deutlich zu machen.

FAZIT:

- Nutzen Sie den Cashflow als Steuerungsgröße für Ihre Liquidität.
- Stellen Sie dies in Ihren Kreditunterlagen entsprechend dar.
- Für Berater: Unterstützen Sie mit entsprechenden Formblättern oder Software-Werkzeugen und bei der Erstellung.

7.12 Sonstige, oft angeforderte Informationen und Unterlagen

Die in den bisherigen Abschnitten im Kapitel 7 dargestellten Unterlagen zählen für die meisten Ihrer Kreditgeber gewissermaßen zum Standard. Je nach Konstellation werden oft weitere Unterlagen angefordert. Einen vollständigen Überblick dazu gibt es nicht. Die folgenden aufgeführten Unterlagen werden jedoch häufiger verlangt:

- Liste der offenen Posten Kundenforderungen (Debitorenliste)
- Liste der offenen Posten Lieferantenverbindlichkeiten (Kreditorenliste)
- Aktuelle Auftragsbestände mit Aussage zum Auslastungszeitraum
- Liste der größten Kunden bzw. Lieferanten
- Wirtschaftlichkeitsberechnungen für Investitionsvorhaben
- Organigramm der Organisations- und Personalstruktur des Unternehmens
- Zwischenabschluss zu einem bestimmten Stichtag
- Unternehmenskonzept/Businessplan als zusammenfassende Darstellung (vgl. Kapitel 7.15).

Ein weiterer Hinweis können die Themen des qualitativen Ratings sein (vgl. Kapitel 4.2.2.2) mit der Frage, wie Sie Ihren Kreditgebern fundierte Informationen geben, damit diese Ihr Unternehmen in den einzelnen Themenbereichen angemessen beurteilen können.

Nicht aufgeführt sind hier die rechtlichen Unterlagen (Handelsregisterauszug, Gesellschaftsvertrag etc.), die schon im Rahmen der Kontoführung zu den Pflichtunterlagen gehören. Veränderungen dazu sollten Sie jeweils aktuell und eigeninitiativ weitergeben. Im Rating wird dazu gefragt, ob der Kreditnehmer eigeninitiativ über sonstige Veränderungen im Unternehmen informiert, also z. B. Veränderungen im Gesellschafterkreis, in der Geschäftsführung, auf der 2. Leitungsebene.

FAZIT:

- Hören Sie aufmerksam auf Hinweise Ihrer Kreditgeber zu weiterem Informationsbedarf.
- Stellen Sie die angefragten Informationen im Rahmen Ihres Unterlagenpaketes zusammen.
- Für Berater: Geben Sie Ihren Mandanten Erfahrungen aus Ihrem Mandantenkreis weiter und unterstützen Sie ggf. beim Erarbeiten.

7.13 Ihre ergänzenden Unterlagen – präsentieren Sie Ihr Unternehmen

7.13.1 Ihre Broschüren, Prospekte etc.

Da es darum geht, die Stärken Ihres Unternehmens zu betonen (vgl. Kapitel 7.1) sollten Sie auch Unterlagen an Ihre Kreditgeber weiterleiten, die Sie für ganz andere Adressaten erstellt haben, wie z. B.

- Kunden
- Lieferanten
- Kooperationspartner
- breite Öffentlichkeit
- im Rahmen eines Wettbewerbs, an dem Sie als Unternehmen teilgenommen haben, wie z. B. dem „Großen Preis des Mittelstandes" der Oskar-Patzelt-Stiftung (www.mittelstandspreis.com) oder Ihres Verbandes etc.

Diese „werbenden" Unterlagen sind auch für Ihre Kreditgeber interessant und vermitteln oft einen guten ergänzenden Eindruck zu den vielen zahlengeprägten Informationen, die in diesem Kapitel behandelt werden. Außerdem stellen solche Unterlagen oft eine bildhafte Ergänzung zur Erläuterung Ihres Geschäftsmodells (vgl. Kapitel 7.3) dar und helfen bei dessen Verständnis. Diese Unterlagen zeigen, auf welchem professionellen Standard Ihr Unternehmen sich in der Kommunikation mit Kunden und der Öffentlichkeit bewegt.

Denken Sie dabei an

- Kunden- bzw. Unternehmensbroschüre
- Prospekte zu einzelnen Produktlinien, Produkten, Dienstleistungen

- Werbeaktionen
- Aktivitäten iRv Sponsoring oder Mäzenatentum vor Ort und in der Region
- ...

Auf kreditbezogene Anlässe sollten Sie bei diesen ergänzenden Unterlagen nicht warten, sondern immer dann, wenn eine wichtige neue Information dieser Art erstellt oder auch neu aufgelegt wurde, mit einem freundlichen und ggf. erläuterndem Anschreiben Ihren Ansprechpartnern bei Ihren Finanzierungspartnern übersenden.

FAZIT:

- Selbst nicht für Kreditgeber erstellte Informationen vervollständigen deren Bild vom Unternehmen.
- Übersenden Sie solche Informationen aktuell Ihren Kreditgebern mit einigen Erläuterungen z. B. zu Zielgruppe und Verwendungszweck.
- Für Berater: Machen Sie immer wieder auf die Bedeutung auch dieser Informationen aufmerksam.

7.13.2 Ihre Aktivitäten in Internet und Social Media

Ein besonderer Stellenwert kommt dabei auch Ihrem Internetauftritt zu. Da dieser für viele potenzielle Geschäftspartner die erste Anlaufstelle für Informationen ist, sollten ihn auch Ihre Banken kennen und positiv einschätzen können.

Zunehmend sind Sie und Ihr Unternehmen in Sozialen Netzwerken im Internet präsent. Sei es nun XING, LinkedIN, Facebook, Youtube oder weitere lokale Portale. Dort sollten Sie professionell auftreten. Viele Banken nutzen diese Wege, um zu sehen, wie professionell sich ihre Kunden dort präsentieren und bewegen. Manchmal können dort Hinweise auftauchen, die das Bild abrunden, positiv aber auch negativ. Dabei ist die laufende Aktualisierung Ihrer Internetseiten ein besonders „interessantes" Thema – natürlich für alle Ihre Internet-Besucher.

Nehmen Sie Unterlagen oder Hinweise auf jedwede Internet-Aktivitäten in ohnehin vorzubereitende Informations- und Unterlagen-Pakete mit auf. Berücksichtigen Sie dazu auch die Hinweise in Kapitel 7.2.

Die übersandten Informationen (vgl. oben Kapitel 7.13.1) sollten beim Thema Internetauftritt keine ausufernden Ausdrucke sein, sondern ein Link ggf. unterlegt mit einer Seite Ausdruck als Beispiel.

FAZIT:

- Gehen Sie eigeninitiativ auch mit Ihren Aktivitäten im Internet auf Ihre Kreditgeber zu.
- Achten Sie darauf, dass auch diese Informationen in sich stimmig sind und zum Gesamtbild passen.
- Tun Sie das nicht nur im Rahmen von finanzierungsbezogenen Anlässen, sondern immer, wenn es etwas „Neues" zu berichten gibt.
- Für Berater: Sensibilisieren Sie für dieses Thema. Schauen Sie selber von Zeit zu Zeit auf die Internetseiten Ihrer Mandanten und geben Sie ggf. Korrektur- oder Aktualisierungs-Hinweise.

7.14 Wie wird Ihr Rating wohl aussehen – machen Sie ein „Pre-Rating"

Die Bedeutung des Ratings der Banken und welche Themen im Rating bewertet werden, ist in Kapitel 4.2 ausführlich dargestellt. Dass Unternehmer darauf bedacht sind, den Banken zuvorzukommen und ein „eigenes" Rating zu erstellen, liegt auf der Hand. Die Möglichkeit eines „externen Ratings" durch eine Rating-Agentur (vgl. Kapitel 4.2.6) ist recht aufwändige Variante.

Eine andere Möglichkeit, die eigene „Rating-Position" einzuschätzen, ist die Durchführung eines sog. „Pre-Rating" – also eines „Vor-Rating" oder eines „Rating-Checks". Das Ziel ist, durch die eigene Beantwortung der Ratingfragen eine eigene **Stärken-Schwächen-Analyse** zu erstellen. Mit dieser Analyse lassen sich folgende Ziele erreichen:

- Hinweise auf Verbesserungspotenziale im Unternehmen,
- eine möglichst deutliche Aussage, wo das eigene Unternehmen auf den Bewertungsskalen der Banken landen könnte.

Die zweite Ziel-Formulierung lautet bewusst nicht „... wie die Ratingnote des eigenen Unternehmens bei den Banken-Ratings ausfallen wird". Denn ein „Pre-Rating" ist eben nur ein „Pre".

Im Vergleich zum „externen Rating" werden die Kosten sehr viel geringer ausfallen. Diese umfassen vor allem den Zeitaufwand aller im Unternehmen Beteiligten, sowie ggf. Softwarekosten und bzw. oder Kosten für die Unterstützung durch einen „Rating-Advisor".

Ein sorgfältig durchgeführtes Pre-Rating kann also durchaus ein Bestandteil Ihrer Kreditunterlagen sein, da es jedoch in keinem Fall zu den von der Bank geforderten Unterlagen gehören wird, können Sie es zunächst auch im Hintergrund halten.

Das Ergebnis eines Pre-Ratings ist auf keinen Fall eine Grundlage, um mit den Kreditgebern über deren Rating-Noten zu diskutieren oder gar zu „streiten". Dagegen kann ein „qualifiziertes" Pre-Rating-Ergebnis natürlich Diskussionsgegenstand sein (vgl. Kapitel 4.2.6 zum externen Rating).

FAZIT:

- Ein Pre-Rating kann eine sinnvolle Investition in Standortbestimmung und Zukunftsorientierung Ihres Unternehmens sein.
- Ein Pre-Rating kann den Kreditgebern zur Verfügung gestellt werden, muss aber nicht.
- Ein Pre-Rating gibt fundierte Hinweise für Gespräche über das Rating.
- Ein Pre-Rating-Ergebnis als „Note" ist nur eine „Indikation" und kein direkter Vergleich zur Rating-Note der Banken.
- Für Berater: Unterstützen Sie Ihre Mandanten bei der Durchführung eines Pre-Rating – übernehmen Sie die Funktion des „Rating-Advisor".

7.14.1 Was ein Pre-Rating vom Rating unterscheidet

Wie Rating in Banken funktioniert ist in Kapitel 4.2 ausführlich beschrieben. Wenn Sie sich wesentliche Faktoren noch einmal kurz vor Augen führen wie

- pro Bank bzw. Bankengruppe ein bundesweiter, sich ständig verändernder Datenpool als Grundlage,
- umfangreiche Kennzahlensysteme,
- ausführliche qualitative Fragenkataloge,
- hochkomplexe Mathematik zur Gewichtung der einzelnen Kennzahlen und Fragen und Prüfung ihrer jeweiligen statistischen Trennschärfe sowie letztlich zur Errechnung der statistischen Ausfallwahrscheinlichkeit,
- Gewichtungsfaktoren als „Schwarzer Kasten" (black box), die nicht nach außen gegeben werden,
- Warnsignale als aus der Kontoführung gespeiste zusätzliche Analyse,

- regelmäßige Überprüfung (Backtesting) der Funktionsfähigkeit und Aussagefähigkeit der Systeme,

wird deutlich, wie komplex ein System sein müsste, mit dem Sie in einer Eigeneinschätzung eine exakte Voraussage auf das Rating ihrer verschiedenen Banken vollziehen könnten.

Und eines darf schließlich auch nicht vergessen werden: Rating ist im qualitativen Fragenkatalog auch immer eine subjektive Beurteilung (vgl. Kapitel 4.2.2.2). Da ist es nahezu zwangsläufig, dass Ihre Selbsteinschätzung im Rating nicht in allen Fragen dieselbe sein wird, wie die Ihrer verschiedenen Banken.

FAZIT:

- Die Unterschiede eines Pre-Rating zum Banken-Rating sind bei der Nutzung dieses Instruments immer zu beachten.
- Der Begriff „Rating" sollte daher nur verwendet werden für ein Banken-Rating oder das Rating einer zertifizierten Agentur (vgl. Kapitel 4.2.6), alles andere sind „Pre-Ratings".
- Für Berater: Machen Sie Ihren Mandanten diese Unterschiede immer wieder deutlich, um überzogene Erwartungen und eine unglückliche Kommunikation im Bankgespräch zu vermeiden.

7.14.2 Pre-Rating auf Papier- oder auf Software-Basis

Die erste Möglichkeit eines Pre-Ratings ist eine eigene schriftliche Stärken-Schwächen-Analyse, die Sie **auf Papier** erstellen und sich dabei einfach an den Kennzahlen und Fragenkatalogen Ihrer Banken orientieren. Diese können Sie erfragen. Je nach Ausführlichkeit der Antworten können Sie nach weiteren Informationsquellen suchen.

INTERNET:

Für qualitative Fragenkataloge finden Sie eine Übersicht z. B. in www.strategiebaum.de

Ein Problem bei der Papierversion ist die **Bewertung**. Natürlich können Sie sich ein eigenes Bewertungssystem hinterlegen z. B. mit einer Viererskala von „sehr gut" bis „unbedingt verbesserungsbedürftig". Als nächstes taucht die Frage der **Gewichtung** auf. Auch dazu können Sie ein eigenes System entwickeln. Allerdings ist ungewiss, inwiefern Sie der Bankensicht näher kommen. In jedem Fall wird Ihnen der Abgleich mit einem Datenbestand fehlen.

Die Papier-Version wird Sie daher nicht sehr nah an das Banken-Rating heranführen. Aber für einen Einstieg in eine Stärken-Schwächen-Analyse ist sie eine gute Möglichkeit.

Es stellt sich für ein umfangreiches Pre-Rating also die Frage nach vorhandenen **Software-Lösungen**. Diese gibt es vielfältig im Internet (unentgeltlich bis kostenpflichtig) und natürlich als zu kaufende Software im Handel. Wer sich intensiv damit beschäftigen will, greift zum Buch von Gleißner/Everling „Rating-Software – Welche Produkte nutzen wem“ aus dem Jahre 2007, das natürlich in vielen Details nicht mehr den neuesten Stand wieder geben kann, denn Ratingverfahren wandeln sich ständig (vgl. Kapitel 4.2.1).

Wie gut eine Software-Lösung sein kann, entscheidet sich vor allem danach, wie nahe sie an die in Kapitel 7.14.1 beschriebenen wesentlichen Faktoren eines Banken-Ratings herankommt. Der Anwender kann das nur auf Basis der angebotenen Lösungen prüfen und diese sind in Umfang und Aussagekraft leider sehr unterschiedlich. Daher ist es wichtig, sich immer des „Pre-Rating-Charakters“ bewusst zu sein. Sie können als Unternehmer mit einer Internet- oder Software-Lösung eben kein Rating erstellen – sondern „nur“ ein Pre-Rating.

Speziell bei manchen Angeboten im Internet ist deutliche Skepsis gegenüber Qualität und Aussagefähigkeit angebracht.

Vor diesem Hintergrund werden hier kurz zwei Software-Lösungen skizziert, die der Autor aus eigener Anschauung kennt.

Die **Software „R-Cockpit™“ von** Scope Rating (früher PSR Rating GmbH - Prof. Schneck Rating) dürfte die in Deutschland am weitesten verbreitete Pre-Rating-Software sein (www.r-cockpit.com).

Ihre wesentlichen Kennzeichen:

- Aufbauend auf branchenbezogener Insolvenzforschung/Datenpool der Deutschen Bundesbank als Vergleichmaßstab/Mathematisch-statistisch angabegemäß den Anforderungen von Basel II entsprechend
- Teilaufgaben:
  - Bilanz-Rating (HGB – zukünftig auch vorgesehen IAS und US GAAP)
  - Qualitatives Rating (Branche/Produkte/Marktstellung, Strategie/Unternehmensführung/Personalpolitik, Interne Wertschöpfung, Planung/Steuerung, Kontodaten/Finanzpolitik) – Ergänzung um eigene Fragen möglich
- Branchenvergleichszahlen aus Bundesbank-Datenpool (deren Branchengliederung)

- Offenlegung der verwendeten Gewichtungen
- Verwendung der S&P-Notation für die ermittelte „Pre-Rating-Note“ auf Basis der eigenen Insolvenzforschung + Bundesbank-Daten (keine Ausfallwahrscheinlichkeiten)
- Erstellung eines Gutachtens in MS Word mit Modifikationsmöglichkeit

Weitere Module wie Unternehmensbewertung und Risk-Maps für die Arbeit mit einem Risikomanagementsystem können zusätzlich erworben werden. Ebenso ein Modul „Rating S“, das angabegemäß das Sparkassen-Rating abbildet, inklusive einer Note auf der Sparkassen-Skala (vgl. Kapitel 4.2.4); auch hierfür ist aus Sicht des Autors die oben grundsätzlich vorgetragene Skepsis (Charakter eines Pre-Rating) angebracht.

Die Kosten für die Grundversion betragen derzeit € 1.300, gleichzeitig ist der Abschluss eines Update-Vertrages obligatorisch.

Ein anders geartetes Angebot machen die **Volks- und Raiffeisenbanken mit ihrer Unternehmenssoftware „MinD.business“** (www.min-d.de). MinD steht für „Managementinstrumente und Dialog“.

Die wesentlichen Merkmale:

- Analyse der Zahlen (mit den Vergleichszahlen aus dem bundesweiten Daten-Pool der Genossenschaftsbanken)
- Umfangreicher Fragenkatalog in verschiedenen Abstufungen (mit Benchmarks aus Befragungen – allerdings aus dem Jahr 2004)
- Keine Rating-Note (aber „Bonitätsanalyse“ mit Ergebnissen aus vier verschiedenen Kennzahlen-Systemen – damit Annäherung für das quantitative Rating)
- Aktivitätenplan führbar
- Generierung verschiedener Berichte möglich für verschiedene Adressaten
- Mandantenfähig (es können also auch verschiedene Unternehmen einer Gruppe bearbeitet werden)

Die meisten Volks- und Raiffeisenbanken verkaufen MinD.business zum Preis von € 175 an ihre Kunden; der Preis für Nichtkunden kann höher liegen. (Falls Ihre Genossenschaftsbank das Produkt nicht kennen sollte – kommt immer wieder vor: Die Bestell-Nummer beim genossenschaftlichen DG Verlag lautet 718850).

FAZIT:

- Ein Pre-Rating in Papierform kann ein Einstieg in eine Stärken-Schwächen-Analyse sein.

- Angebote für Pre-Rating-Lösungen als Software und ganz besonders im Internet sind kritisch auf Qualität und Aussagefähigkeit hin zu hinterfragen.
- Umfassende Software-Lösungen aus seriöser Quelle stehen zur Verfügung (nicht nur die beiden hier in Stichworten vorgestellten – sondern z. B. auch eine Lösung der Datev).
- Auch bei der Nutzung von Software muss deutlich sein, dass es sich um ein „Pre“-Rating handelt.
- Für Berater: Unterstützen Sie Ihre Mandanten mit einem klar strukturierten Angebot für ein Pre-Rating auf Basis einer von Ihnen verwendeten Software-Lösung. Oder arbeiten Sie bei diesem Thema mit einem Kooperationspartner zusammen.

7.14.3 Pre-Rating alleine oder mit Unterstützung

Mit der Chefaufgabe „Pre-Rating“ können Sie sich ins „stille Kämmerlein“ zurückziehen und „Ihre“ Analyse erarbeiten. Bedenken Sie dabei, dass es oft nicht einfach ist, selbstkritisch an die Fragestellungen im Rating heranzugehen. Sie arbeiten seit Jahren in und an Ihrem Unternehmen und es ist durchaus nicht „böse gemeint“ wenn von „Scheuklappen“ oder auch „Tunnelblick“ gesprochen wird, sondern schlicht eine Beschreibung der Realität.

Unterstützung und damit Öffnung der Blickwinkel können Sie auf verschiedene Weisen in Ihre Pre-Rating-Analyse einbeziehen:

- Sie ziehen einzelne Mitarbeiter hinzu, indem Sie
  - einzelne Fragenkomplexe oder alle Fragen an diese weitergeben mit der Bitte um Beantwortung aus deren Sicht,
  - einzelne Fragenkomplexe oder alle Fragen in einem Workshop gemeinsam mit Mitarbeitern diskutieren und zu einem Konsens in der Beurteilung gelangen (hierbei kann ein externer Moderator meistens gute Dienste leisten).
- Sie diskutieren Ihre Einschätzungen mit einem Unternehmerkollegen, mit dem Sie sich offen austauschen können.
- Sie diskutieren die Rating-Fragestellungen in Ihrer Erfahrungsaustausch-Runde, um andere Blickwinkel zu erhalten.
- Sie beauftragen einen Rating-Advisor damit, den Pre-Rating-Prozess für Sie und mit Ihnen gemeinsam zu gestalten:
  - Vorgespräch zu Ihren Zielen und Erwartungen,

- Eingabe der Zahlen in die Software (diese Software wird der Rating-Advisor mitbringen),
- Beantworten der Fragen mit Ihnen (und ggf. weiteren Mitarbeitern) gemeinsam, wobei der Rating-Advisor die Rolle des kritischen (!) Dialogpartners oder auch Sparring-Partners einnimmt,
- parallel zur Fragenbearbeitung, Sammlung evtl. sinnvoller Aktivitäten zu Verbesserungen,
- Erstellen des Pre-Rating-Berichts,
- Schlussgespräch mit Ihnen, Diskussion des Berichts und Priorisierung der wichtigsten Aktivitäten,
- wenn gewünscht und im Rahmen seiner Berater-Schwerpunkte möglich Unterstützung bei der Umsetzung einzelner Aktivitäten oder bei der Verfolgung des Aktivitätenplanes.

Bei der Auswahl sollten Sie auf eine nachgewiesene Qualifizierung zum Rating-Advisor und entsprechende Referenzen Wert legen.

Auch hier gilt: Nur wenn Sie die Aktivitäten als Ergebnis Ihrer Analyse im Anschluss konsequent umsetzen, ist der hierfür zu tätigende Aufwand wirklich sinnvoll.

Für eine externe Unterstützung bei einem Pre-Rating gibt es Zuschüsse aus dem Beratungsförderungsprogramm des Bundes – auch bekannt unter dem Kürzel BAFA-Förderung (die aktuellen Richtlinien gelten bis Ende 2014 – mit einer Verlängerung/Neufassung ist zu rechnen, www.beratungsfoerderung.info; die BAFA ist das Bundesamt für Wirtschaft und Ausfuhrkontrolle und verwaltet dieses Förderprogramm) – und teilweise auch der Länder; Auskünfte zu Einzelheiten erhalten Sie bei Ihrer Wirtschaftsförderung und/oder Kammer bzw. von den angesprochenen Beratern selbst. Beachten Sie die de-minimis-Regelungen einiger Förderprogramme (vgl. Kapitel 9.9).

FAZIT:

- Ein Pre-Rating wird mir punktueller Unterstützung oder Begleitung durch einen Rating-Advisor besonders nutzbringend.
- Die Auswahl des Unterstützungspartners sollte sorgfältig erfolgen.
- Entscheidend ist im Anschluss die Umsetzung der erarbeiteten Aktivitäten.
- Für Berater: Bieten Sie Ihren Mandanten die Dienstleistung als Rating-Advisor in qualifizierter Form an oder arbeiten Sie dazu mit einem Kooperationspartner zusammen.

7.15 Das Unternehmenskonzept – der ganzheitliche Weg

Oft fällt im Zusammenhang mit den Informationen für die Bank auch bereits beim Stichwort Geschäftsmodell (vgl. Kapitel 7.3) der Begriff des Unternehmenskonzeptes (im Existenzgründungsbereich auch unter der Überschrift „Businessplan").

Darunter können Sie letztlich eine Zusammenfassung aller in diesem Kapitel besprochenen Informationselemente verstehen, die kompakt in einer für sinnvoll erachteten Reihenfolge bzw. Gliederung zusammengestellt werden.

Ob sich dieser Zusatzaufwand lohnt, ist im Einzelfall zu prüfen. Viele Unternehmen haben bereits eine solche Zusammenstellung, ohne diese unbedingt auch so zu bezeichnen. Je nach Kreditanlass (vgl. Kapitel 1) mag der Nutzen auch unterschiedlich beurteilt werden: Ihre langjährige Hausbank wird mit punktuell aktualisierten Unterlagen vollkommen zufrieden sein. Eine Bank, die Sie ansprechen, um diese als zweite Hausbankverbindung zu etablieren (vgl. Kapitel 13.3), wird sich über eine Darstellung als „Unternehmenskonzept" freuen – und Sie stellen sich sofort „richtig" vor.

! FAZIT:

- Der „Ausbau" der vorhandenen Unterlagen zu einem Unternehmenskonzept ist kein „Muss".
- In vielen Fällen kann ein Unternehmenskonzept eine gute Investition in die Finanzkommunikation sein.
- Für Berater: Unterstützen Sie Ihre Mandanten beim Erarbeiten eines Unternehmenskonzeptes z. B. durch eine Muster-Gliederung und je nach Bedarf bei den einzelnen Themen/Kapiteln.

8. Sicherheiten – die Sichtweise der Kreditgeber verstehen

DOWNLOAD:

Begleitblätter „Sicherheiten“

8.1 Bedeutung von Sicherheiten in der Kreditentscheidung

Dass Sicherheiten ein mitbestimmender Faktor bei Kreditentscheidungen sind, steht außer Frage. Sie spielen aber nicht die wichtigste Rolle (vgl. Kapitel 4.10). Im Vordergrund stehen vielmehr Risikoklassifizierung (vgl. Kapitel 3.1.1 und 4.2) und Kapitaldienstfähigkeit (vgl. Kapitel 4.4). Dazu passt die uralte Bankerweisheit: „Der beste Kredit ist der Blankokredit“. Also der Kredit, den der Kreditgeber ausschließlich auf die Bonität des Kreditnehmers hin gibt, ohne sich über weitere Absicherungen Gedanken machen zu müssen. Diesen gibt es auch heute noch. Auch wenn auf Seiten der Kreditnehmer oft der gegenteilige Eindruck entsteht.

Dennoch spielen Sicherheiten oft das „Zünglein an der Waage“, wenn die Entscheidungsträger in der Bank eine nicht eindeutige Kreditentscheidung treffen müssen (vgl. Kapitel 1.5).

Die **Bewertung** der Sicherheiten durch die Bank entscheidet über deren sog. **Blankoanteil**, also den Prozentsatz am Kredit, der in der Bewertung der Bank (!) nicht durch Sicherheiten abgedeckt ist und der damit das eigentliche Risikopotenzial der Bank darstellt (vgl. Kapitel 3.1.1 zur Risikostrategie).

Daher sind Sicherheiten auch immer wieder **Gesprächsgegenstand**. Dabei geht es um die Art der verfügbaren Sicherheiten, vor allem aber um deren Bewertung – denn darüber liegen die Meinungen zwischen Kreditnehmer und Kreditgeber oft (meilen-) weit auseinander. Diskussionen werden hier mitunter auch emotional – verständlicherweise, schließlich geht es um Ihr (Privat-) Vermögen.

Vor diesem Hintergrund ist es wichtig, selbst einen realistischen Blick auf die eigenen Vermögenswerte und deren Eignung als Sicherheit zu haben. Was nicht heißt, dass immer der Beurteilung der Bank ohne Gegenargumente gefolgt werden sollte. Gleichwohl liegt die Kreditentscheidung beim Kreditgeber und damit auch die Einschätzung der gestellten Sicherheiten.

Natürlich zeigt sich auch bei diesem Thema, was sich wie ein roter Faden durch dieses Buch zieht: Die Verhandlungen über die Sicherheiten stehen in direkter Abhängigkeit zu den **Verhandlungsmacht-Positionen** beider Seiten.

In den folgenden Abschnitten dieses Kapitels geht es daher um die wirtschaftliche Betrachtung der Sicherheiten – ihre **Einsatzmöglichkeiten** und ihre **Bewertung**.

Es geht dabei nicht um die rechtliche Konstruktion und die Vertragsgestaltungen im Detail. Wenn es dazu Differenzen mit Kreditgebern gibt, sollte auf jeden Fall bankjuristischer Rat hinzugezogen werden.

Bedenken Sie, dass Sicherheiten auch Kostenträger sein können, nämlich dann, wenn Banken im Zusammenhang mit Sicherheiten Bearbeitungsgebühren in Rechnung stellen (wollen) – vgl. Kapitel 9.5.4.

Zur Einbindung der Sicherheiten in Kreditverträge und zu Regelungen in den Allgemeinen Geschäftsbedingungen der Banken vgl. Kapitel 14.

! FAZIT:

- Sicherheiten sind Bestandteil jeder Kreditentscheidung.
- Die Bewertung der Sicherheiten durch die Bank bestimmt deren risikotragenden Blankoanteil.
- Kreditnehmer sollten einen realistischen Blick auf ihre eigene Sicherheitenposition haben (vgl. Kapitel 8.8).
- Bei Detailfragen und bei Gefahr drohender juristischer Auseinandersetzungen lassen Sie sich in jedem Fall von einem fachkundigen Anwalt beraten – also einem Spezialisten in Bank- und Kreditrecht – das gilt für alle Themen im gesamten Kapitel 8.
- Für Berater: Unterstützen Sie den realistischen Blick Ihrer Mandanten auf die Sicherheitenthematik – notfalls auch mit kritischem Nachdruck. Empfehlen Sie im Bedarfsfall fachkundige Juristen aus Ihrem Netzwerk.

8.2 Drei Grundsätze zum Umgang mit Sicherheiten

Im Umgang mit und in der Kommunikation über Sicherheiten gibt es drei Grundsätze:

Grundsatz 1: Über Sicherheiten muss gesprochen werden

Viele Mittelständler zeigen beim Thema Sicherheiten eine gewisse Zurückhaltung – vielleicht weil es an Informationen fehlt oder aus emotionalen Gründen. Diese Zurückhaltung ist aber in keiner Weise angebracht, vielmehr sollten Sie Folgendes beachten:

- Fragen Sie Ihre Bank nach den **Bewertungsmaßstäben** (vgl. Kapitel 8.3 zum Grundsätzlichen) und der konkreten Bewertung jeder Sicherheit (vgl. Kapitel 8.4); lassen Sie sich dazu jährlich eine aktualisierte Aufstellung der von Ihnen zur Verfügung gestellten Sicherheiten geben. Auf diese Weise können Sie die Sichtweise der Bank, ihren Blankoanteil und damit ihre Risikobereitschaft einschätzen. Außerdem erleichtert dies im Einzelfall das konkrete Gespräch über die Bewertung – man bleibt nicht im „Nebulösen" hängen.
- Vereinbaren Sie klar und eindeutig, **welche Sicherheiten für welche Kredite haften**: Dies führt zwar zu vielen Verträgen aber es stiftet „Rechtsfrieden" – weil für alle Beteiligten Klarheit besteht.

  Konkret:

  – In jedem Sicherheitenvertrag ist das Kreditkonto/sind die Kreditkonten mit Ihrer/n Kontonummer/n benannt, für die diese Sicherheit haften soll.

  – Umgekehrt wird in jedem Kreditvertrag jede Sicherheit einzeln aufgeführt.

  Vermeiden Sie sog. **„weite" Zweckerklärungen** für Sicherheiten nach dem Motto „Diese Sicherheit haftet für alle bestehenden und zukünftigen Forderungen der Bank gegen …".

  Die Alternative: Sicherheitenverträge zeitlich befristen und in der Höhe der Haftung begrenzen – in dem Umfang, wie es dem Sicherungsbedürfnis der Bank mit Blick auf das konkrete einzelne Kreditgeschäft entspricht – aber eben auch nicht mehr. Im Kapitel 8.4.1 „Bürgschaften" wird dazu ein Beispiel dargestellt.

  Dies hat die positive Folge, dass die Sicherheit automatisch erlischt, wenn die Befristung abläuft. Zudem führt die Nennung der gesicherten Konten dazu, dass die Sicherheit automatisch erlischt, wenn das/die besicherten Konten auf Null zurückgeführt und im Bestand der Bank gelöscht worden sind.

  Vereinbaren Sie bei der Stellung mehrerer Sicherheiten für einen Kredit ggf. eine Reihenfolge, in der die Bank diese Sicherheiten im Falle des Falles verwerten darf (muss).
- Nehmen Sie **keine Übersicherung** hin (vgl. Kapitel 8.3). Diese Forderung ist allerdings nicht einfach umzusetzen – kommt es doch erneut auf die Bewertung der Bank an. Diese Frage können Sie also nur klären, wenn Sie mit der Bank vorher über die Bewertung gesprochen haben – siehe oben.

  Bedenken Sie auch den **Zusammenhang zwischen Sicherheiten und Zinsen**. Anschaulich dargestellt wird dieser Zusammenhang in Kapitel 9.3. Denken Sie daran aber nicht nur zum Zeitpunkt einer Kreditentscheidung, sondern auch im weiteren Zeitablauf. So können sich einstmals vorhandene Blankoanteile durch Tilgungen so weit verringern, dass für die Bank eine bessere Risikosituation eintritt – die sich in den Zinssätzen natürlich widerspiegeln sollte. Um dies im Blick zu behalten, ist der Bankenspiegel (vgl. Kapitel 7.9) ein gutes Instrument.

Grundsatz 2: Je besser die Zahlen, desto weniger Sicherheiten

Hiermit sind alle Parameter gemeint, die im Kapitel 4 als Grundlage von Kreditentscheidungen dargestellt werden. Entscheidend für den Umfang der zu stellenden Sicherheiten sind die Faktoren Rating (vgl. Kapitel 4.2) und Kapitaldienstfähigkeit (vgl. Kapitel 4.4) sowie die abschließende Würdigung der Beurteilung der im Unternehmen verantwortlich handelnden Persönlichkeit/en (vgl. Kapitel 4.9). Letztlich sind Sie damit wieder beim Thema Ihrer Verhandlungsmacht-Position.

Grundsatz 3: Sicherheiten können zu- und abnehmen

Einmal geschlossene Sicherheitenverträge müssen nicht für die Ewigkeit gemacht sein. Wenn Ihre wirtschaftliche Situation sich verschlechtert, wird die Bank im Zweifel auf Sie zukommen und u. a. zusätzliche Sicherheiten verlangen, wofür sie auf Basis der von Ihnen akzeptierten Allgemeinen Geschäftsbedingungen (AGB) einen Rechtsanspruch hat (vgl. Kapitel 14.1).

Oder anders herum: Wenn Ihre wirtschaftliche Situation sich verbessert, suchen Sie das Gespräch über die Freigabe von Sicherheiten. Das wird für Sie natürlich einfacher, wenn Sie bei Formulierung der Verträge auf die in Grundsatz 1 angeführten Elemente Höhenbegrenzung und Befristung sowie klarer Bezug zu einzelnen Konten geachtet haben.

Ihre Sicherheitensituation verändert sich im Zeitablauf auch automatisch dadurch, dass Sie Ihre Kredite zurückführen. Indem Sie Darlehen regelmäßig tilgen und KK-Rahmen nicht mehr benötigen und daher reduzieren. Damit nimmt bei unveränderten Sicherheiten automatisch der Blankoanteil Ihrer Banken ab. Daher ist es wichtig, in bestimmten Zeitabständen die eigene Finanziererlandschaft (vgl. Kapitel 13) zu überprüfen und ggf. über die Sicherheiten und/oder die Konditionen zu sprechen.

! FAZIT:

- Behandeln Sie Ihre Kredit- und Sicherheitenverträge als Chefaufgabe.
- Vereinbaren Sie klare Verträge, die den Sicherheitsbedürfnissen Ihrer Kreditgeber gerecht werden – aber auch nicht mehr.
- Überprüfen Sie mindestens alle zwei Jahre Ihre gesamten Bankgeschäfte auf Potenziale für evtl. Neu-Vereinbarungen.
- Berücksichtigen Sie bei Gesprächen über Sicherheiten ihre Verhandlungsposition mit realistischem Blick.

- Für Berater: Unterstützen Sie Ihre Mandanten bei Sicherheiten-Beurteilung und -Gesprächen – quer durch alle folgenden Details. Nutzen Sie dafür Ihre Erfahrungen aus anderen Mandaten und Ihre Bankkontakte.

8.3 Bewertung von Sicherheiten: Beleihungswert und -grenze

Jede Bank hat eigene **Beleihungs-Richtlinien**, in denen die Vorgehensweise bei der Sicherheitenbewertung im Detail geregelt ist. Diese weichen in verschiedenen Einzelheiten von einander ab, dennoch haben sich im Laufe der Zeit bestimmte „Grundregeln" heraus gebildet. Diese werden in den folgenden Abschnitten wiedergegeben. Abweichungen von den hier wiedergegebenen Grundregeln in Gesprächen mit einzelnen Kreditgebern werden vorkommen.

Dass es immer wieder zu Diskussionen um die Bewertung von Sicherheiten kommt, liegt an den **zwei unterschiedlichen Sichtweisen** auf den Betrachtungsgegenstand:

- Sie als **Unternehmer** gehen von dem Wert aus, den eine Maschine, eine Forderung, ein Grundstück etc. aktuell für Ihr Unternehmen hat – also im Zweifelsfall vom Marktwert/Buchwert/Verkehrswert. Bei Ihrer Einschätzung ist natürlich auch Subjektivität im Spiel.
- Der Blickwinkel Ihrer **Bank** aber ist ein ganz anderer: Sie überlegt, welchen Wert Ihr Vermögensgegenstand wohl haben wird, wenn Sie diesen zukünftig „im Fall des Falles" in einer Zwangsverwertung veräußern muss.

Dass diese beiden Werte deutlich auseinander liegen werden, leuchtet auf den ersten Blick ein. Über die Dimensionen mag man dann immer noch diskutieren. Dabei gilt es, die beiden zentralen Bewertungsbegriffe der Banksprache zu kennen:

Beleihungswert

Jedem Vermögensgegenstand, den die Bank als Sicherheit akzeptiert, ordnet sie einen „Beleihungswert" zu. Für Sie als Unternehmer ist das auf den ersten Blick unverständlich, Sie gehen vom Nominalwert aus.

BEISPIEL: Ihre Kundenforderungen haben Sie an Ihre Bank still abgetreten (vgl. Kapitel 8.4.4), der Gesamtbestand beträgt aktuell € 153.800; darin enthalten ist u. a. eine Forderung gegen Ihren Kunden „A" mit € 10.530. Sie gehen „natürlich" von einem Wert Ihrer Forderungen i. H. von € 153.800 aus.

Kreditgeber haben jedoch aus (leidvollen) Erfahrungen mit der Verwertung von Sicherheiten gelernt, dass sie im Durchschnitt deutlich weniger realisieren als die Nominalwerte. Diese Erfahrungen schlagen sich in den Richtlinien zur Ermittlung des Beleihungswertes nieder. Im obigen Beispiel mag sich ergeben, dass die Forderung gegen „A" bereits seit 103 Tagen in Ihren Büchern steht – obwohl die Zahlungsvereinbarung lautete „30 Tage netto". Eine solche Forderung wird die Bank gar nicht mehr bewerten. Wenn dies die einzige deutlich überfällige Forderung im Gesamtbestand ist, lautet der Beleihungswert der Bank also € 143.270 (153.800 - 10.530).

Beleihungsgrenze

Die Bank setzt aber diesen Beleihungswert i. d. R. nicht zu 100 % an, sondern macht weitere Sicherheitsabschläge, die sich aus ihren Verwertungserfahrungen ergeben. Mag das auch als willkürlich erscheinen – leider stehen dahinter Vergangenheitserfahrungen. Im Beispiel Kundenforderungen wird die Beleihungsgrenze zwischen 20 und 50 % des Beleihungswertes liegen. Die Bandbreite resultiert z. B. aus Faktoren wie Branchen Ihrer Kunden, der Stückelung ihrer Forderungen (viele kleine/wenige große) etc.

BEISPIEL FORTSETZUNG: ▸ Bei einer Beleihungsgrenze von 50 % ergäbe sich also ein Sicherheitenwert von € 71.635 (50 % von 143.270). Unterstellt die Forderungsabtretung unterlegt als einzige Sicherheit Ihren Kontokorrentkredit mit einer KK-Linie von € 175.000, so errechnet sich der Blankoanteil des KK-Kredites mit € 103.365 (175.000 - 71.635) – wohin gegen eine Betrachtung zu Nominalwerten einen nicht gesicherten Kreditteil von lediglich € 21.200 ergeben hätte (175.000 - 153.800).

Banken müssen im Rahmen ihrer Risikoeinschätzung (vgl. Kapitel 3.1 zu den MaRisk) die **Bewertung der Sicherheiten regelmäßig aktualisieren**. Dazu werden in die Sicherheitenverträge z. T. **Berichtspflichten** für den Kunden aufgenommen und auch **Sicherheitenprüfungen** – auch vor Ort – geregelt. Damit verbunden sind meist Gebührenregelungen (vgl. Kapitel 9.5.4). Wichtig ist es, die Berichtspflichten einzuhalten und die Prüfungen vor Ort zu begleiten. Sicherheitenprüfungen sollen zwei wesentliche Fragen klären:

- Sind alle vereinbarten Sicherheiten (noch) vorhanden?
- Haben die vorhandenen Sicherheiten (noch) den Wert, den wir ihnen aktuell in unserer Einschätzung beimessen?

In diesem Zusammenhang wird von Unternehmerseite immer wieder einmal argumentiert, es läge eine **Übersicherung** der Bank vor: Der Wert der der Bank zur Verfügung gestellten Sicherheiten liege deutlich höher als die Summe der von ihr bereitgestellten Kreditlinien. Bei der Beurteilung, ob eine Übersicherung vorliegt, ist zu berücksichtigen, dass dafür die Werteinschätzung der Bank entscheidend ist (also Beleihungswert und Beleihungsgrenze). Für den Fall einer tatsächlich vorliegenden Übersicherung regeln die AGB der Banken die Herausgabe. Die entsprechende Passage lautet z. B. in den AGB der Sparkassen: „Die Sparkasse ist auf Verlangen zur Freigabe von Sicherheiten nach ihrer Wahl verpflichtet, soweit der realisierbare Wert aller Sicherheiten den Gesamtbetrag aller Forderungen der Sparkasse nicht nur vorübergehend um mehr als 10 v. H. übersteigt. Diese Deckungsgrenze erhöht sich um den jeweils aktuellen Umsatzsteuersatz, soweit die Sparkasse im Verwertungsfall mit der Abführung der Umsatzsteuer aus Verwertungserlösen belastet ist. Die Sparkasse wird bei der Auswahl der freizugebenden Sicherheiten auf die berechtigten Belange des Kunden Rücksicht nehmen." (§ 22 Abs. 2 der AGB der Sparkasse Neuss, Fassung März 2014). D. h. im Zweifelsfall tritt nach diesen AGB eine Übersicherung erst bei einer dauerhaften Wertüberschreitung von ca. 30 % ein.

Interessanterweise enthalten die AGB der Volksbanken keine prozentual bezifferte Wertüberschreitungs-Grenze, sondern sprechen nur ganz allgemein davon, dass der Wert der Sicherheiten die Summe der Kredite übersteigt (§ 16 Abs. 2 der AGB der Volksbank Düsseldorf Neuss eG, Fassung Juni 2014).

FAZIT:

- Berücksichtigen Sie bei der Sicherheitenbewertung immer beide Blickwinkel – Kunde und Bank.
- Hinterfragen Sie die Bewertungsweise der Bank mit Beleihungswert und Beleihungsgrenze im Detail.
- Erarbeiten Sie eine realistische Einschätzung der Sicherheitenbewertung, um Ihre eigene Verhandlungsposition einschätzen zu können.
- Beachten Sie die Vereinbarungen zu Berichtspflichten und Sicherheitenprüfungen.
- Achten Sie auf das Thema Übersicherung in realistischer Einschätzung und bringen Sie das Thema ggf. auf den Verhandlungstisch.
- Für Berater: Unterstützen Sie Ihre Mandanten bei einer realistischen Einschätzung der Sicherheitensituation durch Ihren breiten Erfahrungsschatz mit den Bewertungs-Usancen der Kreditinstitute in Ihrer Region.

8.4 Als Sicherheiten geeignete Vermögenswerte und ihre Bewertung

Im Folgenden werden die üblichen Sicherheiten mit Blick auf die bankübliche Vorgehensweise geschildert. Eine Darstellung der juristischen Details ist nicht Gegenstand der Betrachtung.

8.4.1 Bürgschaften

Für die Geschäftsführer/Gesellschafter einer GmbH, einer GmbH & Co. KG oder auch einer kleinen AG ist dies immer die erste Sicherheit, die bankenseitig erwartet wird. Aufgrund der Haftungsbeschränkungen in der juristischen Konstruktion dieser Gesellschaften soll auf diese Weise dokumentiert werden, dass die handelnde Persönlichkeit voll hinter „ihrem" Unternehmen steht. Dies insbesondere weil die Bankkredite sehr häufig das haftende Eigenkapital dieser Unternehmen deutlich übersteigen – letztlich die Kreditgeber also die höheren Risiken tragen. Eine solche Bürgschaft wird selbst dann verlangt, wenn der Bürge über kein nennenswertes Vermögen verfügt – es geht dann eher um eine moralische Absicherung. Diese Bürgschaft kann nur vermeiden, wer sein Unternehmen so gut mit Eigenkapital (vgl. Kapitel 4.1.2.4) ausstattet und es so gut führt, dass das Unternehmen wirklich selbst für alle Verbindlichkeiten „gut" ist.

Dabei wird immer die **„selbstschuldnerische" Bürgschaft** verlangt. Der Bürge verzichtet der Bank gegenüber auf alle Einreden, die das Bürgerliche Gesetzbuch (BGB) dem Bürgen „eigentlich" zugesteht. Konsequenz: Der Bürge muss sofort und „ohne Widerrede" zahlen, wenn ihn die Bank aus der Bürgschaft in Anspruch nimmt. Sollte eine solche Inanspruchnahme aus Sicht des Bürgen unberechtigt sein, muss er dennoch unverzüglich (= ohne schuldhaftes Verzögern) zahlen. Ihm bleibt nur der Klageweg, um sein Geld zurück zu erhalten.

Der Vollständigkeit halber sei erwähnt, dass es auch die sog. „Ausfallbürgschaft" gibt. In diesem Fall darf die Bank erst dann gegen den Bürgen vorgehen, wenn sie alle anderen Sicherheiten verwertet und anschließend noch Restforderungen gegen den Schuldner hat. Diese Art von Bürgschaften akzeptieren Banken aber in aller Regel nicht. Stellenweise empfehlen Berater, diese Form der Bürgschaft in die Verhandlungen über eine Gesellschafter-Bürgschaft einzubringen (*Herke*, NWB Betriebswirtschaftliche Beratung 3/2014). Nach meinen Erfahrungen ist davon dringend abzuraten. Die internen Richtlinien der Banken verlangen regelmäßig die selbstschuldnerische Bürgschaft. Ihre Verhandlungsmacht sollten Sie bei lohnenderen oder auch aussichtsreicheren Themen einsetzen (vgl. Kapitel 10.3.3).

Oft wird auch die **Bürgschaft der Ehe- oder Lebenspartner** verlangt – speziell bei kleineren Unternehmen. Aber die Hereinnahme von **Bürgschaften bei kaum oder nicht vorhandenem Vermögen** hat in den letzten Jahren immer wieder die Gerichte beschäftigt. Dabei ging es vorrangig um die Partner von Gesellschaftern/Geschäftsführern und Inhabern von Einzelunternehmen. Speziell bei Ehe- oder Lebenspartnern oder sonstigen Dritten haben die Gerichte die sog. „unbegrenzten" Bürgschaften (also ohne einen Bürgschaftsbetrag) als sittenwidrig eingeschätzt und verboten und eine Orientierung des vereinbarten Bürgschaftsbetrages an der wirtschaftlichen Leistungsfähigkeit des Bürgen verlangt. Dieser Gedanke kann auch in Gesprächen über die Ausgestaltung der

Bürgschaft der Gesellschafter selbst eingebracht werden. Denn Banken verlangen oft unbegrenzte Bürgschaften mit weiten Sicherungszweckerklärungen (siehe Kapitel 8.2 Grundsatz 1). Weitere Hinweise zur möglichen Sittenwidrigkeit finden sich bei *Herke*, NWB Betriebswirtschaftliche Beratung 3/2014.

Denken Sie daran, in Verhandlungen Ihre selbstschuldnerische Bürgschaft auf den Kredit- und Sicherungszweck abzustellen – also sowohl der Höhe nach zu begrenzen als auch zeitlich zu befristen (vgl. oben Kapitel 8.2) und so eine **„passgenaue" Sicherheitenkonstruktion** zu finden.

BEISPIEL ▸ Ein Kfz-Händler kann günstig fünf gängige Fahrzeuge als „EG-Neuwagen" einkaufen; die normale KK-Linie reicht dafür nicht aus; er spricht eine befristete Erhöhung ab: € 80.000 für fünf Monate. Die Bank verlangt dafür eine Bürgschaft. Diese gibt der Kfz-Händler als selbstschuldnerische Bürgschaft mit folgenden Merkmalen:

- Für die Inanspruchnahmen auf Kontokorrentkonto Nr. 1275968019,
- die über die Stammlinie von € 150.000 hinausgehen,
- bis zu einem Höchstbetrag von € 80.000,
- befristet bis zum ... (Ablauf von fünf Monaten).

Das Sicherungsbedürfnis der Bank ist erfüllt. Gleichzeitig haftet der Kunde klar eingegrenzt auf das aktuelle Geschäft und die Bürgschaft erlischt automatisch mit Fristablauf. Sollte bis dahin die Stammlinie doch noch nicht wieder ausreichen, müsste eine weitere Bürgschaft mit einem niedrigeren Betrag und neuer Frist gegeben werden.

Die **Bewertung** der Bürgschaft nimmt die Bank anhand Ihrer **Vermögens-Verbindlichkeiten-Übersicht** vor (vgl. Kapitel 7.7). Allerdings wird die Bank nicht den von Ihnen ausgewiesenen positiven Saldo Ihrer Vermögenspositionen über Ihre Verbindlichkeiten ansetzen, sondern vorab alle Vermögenspositionen (Details siehe die nachfolgenden Abschnitte) wiederum mit Beleihungswert und Beleihungsgrenze (vgl. oben Kapitel 8.3) korrigieren. Wenn diese Summe dann immer noch die Verbindlichkeiten übersteigt (die zu 100 % angesetzt werden), dann ergibt sich ein **freies Vermögen**, das zur Bewertung Ihrer Bürgschaft im Kreditbeschluss der Bank führen kann.

"Freies Vermögen" ergibt sich jedoch nur dann, wenn dies zusätzlich noch **frei von Rechten Dritter** ist. Das bedeutet: Wenn Sie für Ihr Unternehmen nicht nur bei Bank A gebürgt haben, sondern auch bei Bank B, ziehen beide Banken jeweils die Kredithöhe der anderen Bank vom freien Vermögen ab. So passiert es oft, dass die Bank trotz deutlichen freien Vermögens einen Blankoanteil ausweisen muss.

BEISPIEL ▸ Bank X steht Ihrer GmbH mit einem Kreditvolumen von € 200.000 zur Verfügung, Bank Y mit € 100.000. Beide Banken haben als Sicherheit ausschließlich Ihre Bürgschaft als geschäftsführender Gesellschafter. Ihre Vermögensübersicht weist nach Bewertung bei beiden Banken einheitlich € 100.000 freies Vermögen aus.

Bank X:

- Ihre Sichtweise: Kredit € 200.000 - Sicherheit € 100.000 = Blanko € 100.000
- Bank-Sichtweise: Kredit € 200.000 - Sicherheit € 0 = Blanko € 200.000

  Denn: Bank X zieht vom freien Vermögen i. H.v. € 100.000 die gegenüber Bank Y verbürgten Kredite i. H. von € 100.000 ab – denn, wenn Bank Y Sie zuerst aus der Bürgschaft in Anspruch nehmen würde, wäre Ihre Bürgschaft für Bank Xwertlos.

Bank Y:

- Ihre Sichtweise: Kredit € 100.000 - Sicherheit € 100.000 = Blanko € 0
- Bank-Sichtweise: Kredit € 100.000 - Sicherheit € 0 = Blanko € 100.000

  Denn: Analog zu Bank X stellt Bank Y fest: Würde Bank X Ihre Bürgschaft zuerst beanspruchen, dann würde Bank Y leer ausgehen – daher muss sie Ihre Kredite bei Bank X vom freien Vermögen abziehen.

Aus Sicht der Banken eine durchaus rationale – und wohl auch von „außen" nachvollziehbare Betrachtungsweise.

Bei **Bürgschaften von Unternehmen** – z. B. in Gruppen-Situationen – ist die Bewertung ungleich komplizierter, weil diese auf die dauerhafte Ertragskraft des bürgenden Unternehmens abgestellt werden muss. Daher werden derartige Bürgschaften oft zwar herein genommen, aber im Kreditbeschluss selbst nicht bewertet. Was auf den ersten Blick widersinnig erscheinen mag, erklärt sich meist aus den zwischen Gruppenunternehmen bestehenden wirtschaftlichen Abhängigkeiten (z. B. ein Unternehmen in einer Dreiergruppe übernimmt für alle drei Unternehmen die Stabsfunktionen oder es bestehen gegenseitige deutliche Lieferabhängigkeiten). Auch wenn sich dies oft nicht umgehen lässt, sollten zumindest die Überlegungen der Bank dazu erfragt werden und nachvollziehbar sein. Vergleichen Sie dazu auch die Thematik der „verbundenen Unternehmen" in den Kapiteln 4.1.2.3 und 4.1.2.4 im Rahmen der Betrachtung Ihres Jahresabschlusses und deren Bedeutung im Rating im Kapitel 4.2.2.4.

FAZIT:

- Bürgschaften sind ein zentrales Sicherungsinstrument aus Sicht der Banken.
- Bürgschaften dienen häufig mehr der moralisch-personalen als der materiellen Unterlegung eines Kreditengagements.
- Die Bewertung von Bürgschaften orientiert sich am vorhandenen „freien" Vermögen der Bürgen.
- Die ständige Aktualisierung der eigenen Vermögens-Verbindlichkeiten-Übersicht ist gute Grundlage für Gespräche über die Bürgschaft als Sicherheit.
- Beachten Sie die Begrenzung von Bürgschaftsforderungen durch den Aspekt der Sittenwidrigkeit.

► Für Berater: Unterstützen Sie bereits im Vorfeld von Kreditgesprächen durch gezielte Vorbereitung auch des Bürgschafts-Themas.

8.4.2 Grundschulden

Nach der Bürgschaft dürfte die Grundschuld auf eine gewerbliche oder private Immobilie als sog. „dingliche" Sicherheit die gängigste und auch die beliebteste Sicherheit aus Bankensicht sein.

Dies gilt ganz besonders für langfristige Investitionsdarlehen – und ist dort in vielen Banken sozusagen Bedingung. Aber auch für Kontokorrent-Linien wird die Grundschuld häufig in Anspruch genommen.

Die Verbindung zwischen Grundschuld und Kreditvertrag wird über eine separate Sicherheitenzweckerklärung hergestellt. Auf deren Formulierung ist i. S. der Begrenzung der Haftung genau zu achten. In der Sicherheitenzweckerklärung unterwirft sich der Schuldner i. d. R. der sofortigen Zwangsvollstreckung in das belastete Grundvermögen, wenn die Bank ihre Ansprüche geltend macht. Eine oftmals in den Formularen enthaltene, darüber hinausgehende Vollstreckungsunterwerfung in das sonstige private Vermögen sollte nach Möglichkeit vermieden werden.

Nicht vergessen werden darf bei dieser Substanz-Sicherheit, dass auch ihr Wert nicht nur vom einzelnen **Objekt**, sondern von **Marktentwicklungen** abhängen kann – die Immobilienblasen der letzten Jahre haben das eindringlich vor Augen geführt. Solche Entwicklungen kann es aber auch regional geben, wenn sich Entwicklungsschwerpunkte und -räume verschieben. Daher kann der Wert einer Grundschuld in der Bewertung der Bank im Laufe der Jahre abnehmen – und auch wieder zunehmen.

Natürlich stellt sich auch hier die Frage nach Beleihungswerten und Beleihungsgrenzen. Denn während der Nominalwert, zu dem die Grundschuld in Abt. III des Grundbuchs eingetragen wird, oft der bewilligten Kreditsumme entspricht, sieht deren **Bewertung** ganz anders aus.

Zusätzlich ist dabei zu berücksichtigen, dass i. d. R. neben dem Nominalbetrag auch ein Verzinsungsanspruch mit eingetragen wird, der bei 12–20 % p. a. liegen kann. Oft wird zusätzlich noch eine „einmalige Nebenleistung" von z. B. 5 % miteingetragen. Im Falle der Zwangsversteigerung addieren sich die Ansprüche der Bank aus diesen Zinsen erheblich (seit dem Zeitpunkt der Beschlagnahme und für zwei Jahre davor).

Bei privaten, eigengenutzten Wohnimmobilien erfolgt die Orientierung am **Sachwert** der Immobilie, i. d. R. auf Basis des Kaufpreises bei einem Immobilienkauf, oder auf aktuellen Verkaufspreisen vergleichbarer Objekte bei einer Bestandsimmobilie.

Bei der **Sachwertberechnung** wird vom Sachwert ein Sicherheitsabschlag abgezogen, der die generellen Unwägbarkeiten des Immobilienmarktes widerspiegeln soll, und der bei **marktgängigen Objekten**, die im Fall des Falles zügig und freihändig zu veräußern sein sollten, bei 10-20 % des Kaufpreises liegen dürfte. Damit ergibt sich der Beleihungswert, von dem in zwei Stufen bis zu maximal 80 % beliehen bzw. angesetzt werden.

ABB. 20: Bewertungsbeispiel eigengenutzte Wohnimmobilie	
Kaufpreis	€ 265.000
Sicherheitenabschlag 15 % gerundet	€ 40.000
Beleihungswert	€ 225.000
Beleihungsgrenze für den sog. Realkredit 60 % - sog. 1. Rang	€ 135.000
Beleihungsgrenze weitere 20 % - sog. 2. Rang	€ 45.000
Beleihungsgrenze insgesamt 80 %	€ 180.000

Der Begriff Realkredit bezieht sich dabei auf eine Regelung aus dem Hypothekenbankgesetz. Für Kredite im 2. Rang verlangen Banken oft einen Zinsaufschlag.

Aus der Beleihungsgrenze von 80 % resultiert auch die Sprachregelung bei einem Immobilienkauf, dass man 20 % Eigenkapital mitbringen sollte. Bedenkt man allerdings den Sicherheitenabschlag und die Erwerbsnebenkosten (Grunderwerbsteuer, Notar- und Gerichtsgebühren) so zeigt sich schnell, dass realiter mehr als 20 % Eigenkapital vorhanden sein sollten (wobei oftmals – in Abhängig von der dauerhaften Kapitaldienstfähigkeit – vgl. Kapitel 4.4 – auch mehr als 80 % beliehen werden).

Werden **vorhandene private Immobilien für die Besicherung von Unternehmenskrediten** eingesetzt, wird ebenfalls mit einem Sicherheitenabschlag und der Beleihungsgrenze von 80 % bewertet. Dabei werden vorrangig in Abt. III des Grundbuches bestehende Belastungen abgezogen – und zwar mit dem im Grundbuch eingetragenen Nominalwert, es sei denn Sie können die dank Tilgungen geringere Kreditinanspruchnahme (Kreditvaluta) durch entsprechende Unterlagen der kreditgebenden Bank nachweisen. I. d. R. wird sich Ihre Unternehmensbank von dem vorrangigen Institut dann die sog. Rückgewährsansprüche abtreten lassen, sodass bei jeder weiteren Tilgung auf den privaten Kredit Ihrer Unternehmensbank die so „frei werdenden" Grundschuldanteile zuwachsen – sich deren Sicherheitenposition also verbessert – sprich der Blankoanteil verringert. Dies ist einer der wesentlichen Aspekte die es bei der regelmäßigen Überprüfung der Finanziererlandschaft (vgl. Kapitel 8.2) zu berücksichtigen gilt.

Anders sieht die Berechnung aus, wenn die als Sicherheit dienende private Immobilie **kein marktgängiges Objekt** ist – also nicht das normale freistehende Einfamilienhaus, Reihenhaus, Doppelhaushälfte oder normalgroße Eigentumswohnung – sondern ein

Liebhaber- oder Architektenobjekt. Also z. B. die freistehende Villa mit 2000 qm Land und Schwimmbad oder die Maisonette-Eigentumswohnung über 250 qm. Diese Objekte sind i. d. R. im Verwertungsfall nicht einfach – sprich zügig und ohne Preiszugeständnisse – zu verkaufen, da sie nur auf einen begrenzten Interessentenkreis stoßen. Hier wird daher der **Sicherheitsabschlag** deutlich höher angesetzt. Das kann durchaus Größenordnungen von 50 % oder sogar mehr erreichen.

Entscheidend ist dabei die Einschätzung der **Marktsituation heute und (über-)morgen**. Für den Wert eines Objektes ist ein Kriterium entscheidend: Die Lage. Eine Liebhaber-Immobilie im Großraum München wird einen geringeren Sicherheitsabschlag auf sich ziehen als eine solche in dünn besiedelten, touristisch nicht attraktiven Randlagen. Dabei sollten in der heutigen Zeit auch Aspekte der demografischen Entwicklung und der damit einhergehenden Verstädterungstendenzen nicht außer Acht gelassen werden, wenn die Wertentwicklung der eigenen „Vier Wände" betrachtet wird.

Bei **Mehrfamilienhäusern und gewerblichen Objekten** (eigengenutzt oder vermietet) erfolgt die Wertermittlung nicht wie oben dargestellt als Sachwert-Betrachtung, sondern in Form einer **Ertragswertberechnung**. Diese ist ungleich komplexer und eröffnet auch entschieden mehr Bewertungsspielräume. Sie will ermitteln, welcher Wert dieser Immobilie mit Blick auf die zukünftige Entwicklung (Kreditlaufzeit) zugemessen werden kann.

Als Eigentümer gehen Sie i. d. R. erst einmal vom Verkehrswert aus, also dem Wert, der aktuell am Markt zu erzielen wäre. Dabei liegt die Betonung auf „wäre" – denn Ihnen liegt ja in den seltensten Fällen ein Kaufangebot vor. Prof. Fredmund Malik hat den schönen Satz geprägt: „Der Wert eines ökonomischen Gutes ist das, was der nächste Käufer zu bezahlen bereit ist."

Die **Schritte einer Ertragswertberechnung** werden im Folgenden schematisch (!) dargestellt (vgl. *Loy/Pecoroni/Tomani/Walter/Wörz*, 2011, S. 157 ff.):

Grundlage ist ein Mehrfamilienhaus. Lassen Sie sich auf jeden Fall die bankinterne Ermittlung für Ihre Objekte erläutern – auch wenn Sie sicherlich nicht mit allen Aspekten der Bankbewertung übereinstimmen werden. Die hier verwendeten Begriffe beziehen sich auf die genutzte Quelle – Banken mögen z. T. andere Begrifflichkeiten verwenden.

Schritt 1: Festhalten des derzeitigen Verkehrswertes

„Der Verkehrswert wird durch den Preis bestimmt, der in dem Zeitpunkt, auf den sich die Ermittlung bezieht, im gewöhnlichen Geschäftsverkehr nach den rechtlichen Gegebenheiten und tatsächlichen Eigenschaften, der sonstigen Beschaffenheiten und der Lage des Grundstücks oder des sonstigen Gegenstands der Wertermittlung ohne Rücksicht auf ungewöhnliche oder persönliche Verhältnisse zu erzielen wäre." (vgl. www.wertermittlung-net.de) Oder kürzer: „Der Verkehrswert wird (...) durch den Preis bestimmt, der beim Verkauf eines Grundstücks an einem bestimmten Tag erzielt werden kann" (vgl. *Loy/Pecoroni/Tomani/Walter/Wörz*, 2011, S. 181). Diese Definition macht das Wesen des Verkehrswertes und die Bandbreite möglicher Einflüsse und damit auch der Bewertung deutlich.

Schritt 2: Ermittlung des Grundstückswertes

Die Berechnung ist trivial: Grundstücksgröße · ortsüblicher Quadratmeterpreis.

Während die Grundstücksgröße schnell festgestellt ist, kann man über den ortsüblichen Preis – speziell bei gewerblichen Immobilien – lange diskutieren. Das gilt zum einen für die Nachhaltigkeit des Preises (in 5 Jahren?) und zum anderen für die Frage, ob bei größeren Einheiten wirklich alle Flächen einheitlich zu bewerten sind – z. B. bebaute Flächen, Lagerflächen, Reserveflächen etc.

Als Orientierungspunkte werden dazu auch die sog. Bodenrichtwerte der Kommunen herangezogen, die diese aus Verkäufen der letzten Jahre/des letzten Jahres ermitteln (und die man bei diesen erfragen kann).

Bei dieser Bewertung spielt natürlich die Lage des Objektes – und wie diese zukünftig eingeschätzt werden kann – eine deutliche Rolle.

BEISPIEL In der Stadt Kaarst im Rheinland wird seit Jahren ein Umzug des dort ansässigen IKEA-Möbelhauses innerhalb des Stadtgebietes diskutiert: Was bedeutet der Umzug, wenn er stattfinden wird, für die Grundstücke im Einzugsbereich des heutigen IKEA-Standortes (dort hat sich eine umfangreiche „Möbelmeile" angesiedelt) und des künftigen IKEA-Standortes in einem neu zu schaffenden Gewerbegebiet (auch abhängig davon welche Nutzungen die städtische Bebauungsplanung dort vorsehen wird)?

Schritt 3: Ermittlung der ortsüblichen Mieten und Bewirtschaftungskosten

Auch hier ist die Flächenermittlung der einfachere Teil der Berechnung. Die Frage nach der ortsüblichen Vergleichsmiete ist ungleich schwerer zu beantworten. Für **Mehrfamilienhäuser** ist das noch relativ einfach: Die Mietspiegel der Städte geben den Anhaltspunkt, die positiven oder negativen Eigenheiten des individuellen Objektes können dann mit Zu- oder Abschlägen berücksichtigt werden. Das wird verglichen mit den derzeit erzielten Mieten. Auch hier stellt sich natürlich die Frage nach der Dauerhaftigkeit – Lage und individueller Zuschnitt etc. spielen eine Rolle.

Für **gewerblich genutzte Objekte** (von der Autowerkstatt über die Lagerhalle, das Möbelhaus, Hotel, bis zur Maschinenfabrik etc.) ist die nachhaltig erzielbare Miete nur sehr schwer zu errechnen. Entscheidend bei dieser Berechnung ist auch die sog. **Drittverwendbarkeit** der Immobilie. Dahinter steht die Frage, ob dieses Objekt speziell für den derzeitigen Nutzer erstellt wurde und auch nur seinen Bedürfnissen entspricht – und damit für evtl. Nachfolgemieter aus anderen Branchen nicht interessant ist. Oder ob das Objekt so gebaut ist, dass viele Branchen/Verwendungen als Mieter oder Käufer in Frage kämen. Je besser die Drittverwendbarkeit gegeben ist, desto höhere Mietsätze können in Anrechnung gebracht werden. D. h. auch: Besondere architektonische Eigenheiten Ihres Objektes werden Sie im Fall des Falles nicht vergütet bekommen. Ein schönes Beispiel für Drittverwendbarkeitsprobleme sind die „Glaspaläste" vieler Autohäuser. Überspitzt formuliert: Wert = Grundstückswert - Abrisskosten. Tendenziell werden Banken beim Mietansatz i. d. R. sehr vorsichtig zu Werke gehen.

Von diesen Mieterträgen (Rohertrag) werden Abschläge vorgenommen für

- Verwaltungskosten (können nicht auf die Mieter i. R. d. Nebenkostenabrechnung umgelegt werden),
- Instandhaltung (Erfahrungssätze - und auch abhängig vom Erhaltungszustand),
- Mietausfallwagnis in % des Rohertrages.

Der so errechnete Saldo ergibt den „**Reinertrag**".

Schritt 4: Ermittlung der Bodenwertverzinsung

Vom Reinertrag wird die Verzinsung des Bodenwertes abgezogen. Diese ergibt sich aus Bodenwert (Schritt 2) multipliziert mit dem Liegenschaftszins/Zinsfuß. Dieser stellt den Verzinsungsanspruch dar, der dem Objekt auf Dauer unterstellt wird.

Dieser Verzinsungsanspruch wiederum ist abhängig von Art des Objektes und seinen Qualitäten und der Lage und nicht zu vergessen der allgemeinen Marktentwicklung.

BEISPIEL Im Rhein-Kreis Neuss werden im Sommer 2011 folgende Bandbreiten genannt:

- Mehrfamilienhäuser: 4,5 %–6,0 %,
- Gewerbliche Immobilien: 6,0–7,5 %.

Die Bandbreiten ergeben sich in diesem Falle daraus, dass der Kreis einerseits direkt an Düsseldorf grenzt, andererseits durchaus abgelegene ländliche Regionen beinhaltet.

Eine Auskunft über die in der eigenen Region aktuellen Liegenschaftszinssätze erhält man bei den Gutachterausschüssen der Städte und Kreise – ggf. auch im Internet im Rahmen von Grundstücksmarktberichten.

Vom Reinertrag als Ergebnis aus Schritt 3 wird die Bodenwertverzinsung abgezogen, das Ergebnis ist der **„Reinertrag der baulichen Anlage"**.

Schritt 5: Ermittlung der Restnutzungsdauer

Ausgehend von der gewöhnlichen Nutzungsdauer der Immobilie und der bisherigen Lebensdauer wird die Restnutzungsdauer ermittelt, die die Basis für die einzubeziehende Abschreibung darstellt.

Schritt 6: Kapitalisierung

Aus dem Liegenschaftszins wird ein Kapitalisierungsfaktor (100/Liegenschaftszins) errechnet.

Im obigen Beispiel (Schritt 4) im Rhein-Kreis Neuss bedeutet das:

- Mehrfamilienhaus Multiplikator zwischen 22,2 (100/4,5) und 16,7 (100/6,0),
- Gewerbliche Immobilien Multiplikator zwischen 16,7 (100/6,0) und 13,3 (100/7,5).

Der Multiplikator wird um eine Komponente für die Restnutzungsdauer korrigiert.

Der Reinertrag der baulichen Anlage (Schritt 4) wird mit dem korrigierten Faktor multipliziert und ergibt so den **„Ertragswert der baulichen Anlage“** („Gebäudeertragswert“).

Schritt 7: (Vorläufiger) Ertragswert

Die Addition von Schritt 2 Grundstückswert und Schritt 6 Gebäudeertragswert ergibt den „ Ertragswert“. Dieser wird oftmals auch nur als „vorläufiger“ Gebäudeertragswert bezeichnet, weil ggf. weitere Risikofaktoren berücksichtigt, d.h. abgezogen, werden müssen.

Schritt 8: Sonstige wertbeeinflussende Umstände

Der vorläufige Ertragswert kann an dieser Stelle nochmals nach unten korrigiert werden, wenn sich besondere Umstände wie z.B. dringend anstehende Sanierungsarbeiten ergeben. Ggf. wird an dieser Stelle auch ein allgemeiner Risikoabschlag mit individueller Begründung zum Ansatz gebracht.

Der so korrigierte vorläufige Ertragswert wird dann i.d.R. abgerundet und als **„Ertragswert“** festgehalten. Er stellt den **Beleihungswert** des Objektes dar.

Auf diesen Beleihungswert wird dann die **Beleihungsgrenze** für Mietimmobilien und gewerbliche Immobilien angerechnet, die deutlich unter den 80 % für privat genutzte Wohnimmobilien liegt – häufig liegt die Beleihungsgrenze bei 60 %.

Wer sich diesen Wertermittlungsprozess mit seinen Stellschrauben und Unwägbarkeiten anschaut, kann den aktuellen Seufzer eines Bankers verstehen: „Lieber einen ehrlichen Blankokredit als einen unehrlichen gesicherten Kredit“.

Die angesprochenen ganz speziell auf einen Verwendungszweck zugeschnittenen Immobilien werden daher heute oftmals nicht mehr mit einer Ertragswertermittlung bewertet, sondern mit einer **objektbezogenen Cashflow-Betrachtung** (vgl. Kapitel 4.4), ein Beispiel dafür sind Hotelprojekte. Daher gibt es in allen Banken auch spezielle Immobilienkredit-Ratings für derartige Projektfinanzierungen (vgl. *Sparkassen Rating und Risikosysteme GmbH (Hrsg.)*, 2007).

Da die Bewertung gewerblicher Immobilien so vielfältig ist, wird oft das **Gutachten eines vereidigten Sachverständigen** heran gezogen – sei es von Bankseite, sei es von Kundenseite. Allerdings ist keine Bank gezwungen, die Wertansätze eines Sachverständigen zu übernehmen. Die Bank alleine ist für die Bewertung ihres Kreditrisikos verantwortlich – und wird auch bei solchen Gutachten evtl. weitere Risikoabschläge vornehmen.

An dieser Stelle ergänzend zu erwähnen ist die Möglichkeit, die Bestellung einer Grundschuld zu vermeiden, indem Sie als Kunde eine sog. „Negativerklärung" abgeben. Darin versichern Sie der Bank in privatschriftlicher Form, dass Sie diese informieren werden, bevor Sie die bezeichnete Immobilie für eine andere Bank grundbuchlich belasten oder verkaufen. Je nach Ihrer Verhandlungsposition kann dies eine Option für Ihre Gespräche sein.

! FAZIT:

- Denken Sie bereits beim Erwerb bzw. Bau von Objekten (privat und gewerblich) an deren Drittverwendbarkeit.
- Gehen Sie realistisch an die Bewertung Ihrer Immobilien heran.
- Sprechen Sie ausführlich mit Ihren Banken über die Immobilienbewertung. Lassen Sie sich die Bewertungen offen legen.
- Für Berater: Unterstützen Sie mit Ihren regionalen Marktkenntnissen und ggf. Formblättern und Software bei der Eigeneinschätzung ihrer Mandanten. Beziehen Sie ggf. Kooperationspartner mit ein.

8.4.3 Sicherungsübereignung

Die Sicherungsübereignung ist eine Möglichkeit, Ihr mobiles Anlagevermögen und Ihre Warenvorräte als Sicherheit zur Verfügung zu stellen:

ABB. 21: Übersicht zur Sicherungsübereignung

Vermögensgegenstand	Beleihungswert	Beleihungsgrenze
Anlagen, Maschinen	Buchwert	Bis zu 50 %
Kraftfahrzeuge	Buchwert	Bis zu 50 %
Warenlager	Buchwert abzüglich Lieferantenverbindlichkeiten (verlängerter Eigentumsvorbehalt)	Je nach Warengattung 20 – 50 %

Diese Sicherheiten werden von Banken oft hereingenommen und im Kreditbeschluss zwar aufgeführt aber wegen ihrer problematischen Bewertungsseite nicht (!) bewertet. Das bedeutet, der Kunde stellt eine Sicherheit, die seinen Blankoanteil aber nicht reduziert. Auch darüber sollte mit Kreditgebern ggf. gesprochen und verhandelt werden und zwar sowohl bei Vertragsabschluss als auch im weiteren Verlauf, wenn der Eindruck entsteht, dass die Bank die regelmäßig übersandten Berichte (siehe unten) gar nicht zur Kenntnis nimmt bzw. bewertet.

Die Sicherungsübereignungsverträge für ein **Warenlager** sind sog. **Raumsicherungsverträge**, in denen alle in den bezeichneten Räumen (gem. beiliegender Karte) enthaltenen Waren der Sicherungsübereignung unterliegen. In diesen Verträgen ist zu beachten,

- dass alle einbezogenen Vermögenswerte so exakt bezeichnet sind, dass es über ihre Einbeziehung in den Vertrag keine Zweifel geben kann – sog. Bestimmtheitsgrundsatz,
- ob dem Kreditnehmer bestimmte Berichtspflichten zum Sicherheitenbestand zu bestimmten Stichtagen auferlegt werden; falls ja, sollte organisatorisch sichergestellt werden, dass diese unaufgefordert eingehalten werden.

Bei Fahrzeugen und Maschinen wird i. d. R. der einzelne Vermögensgegenstand verhaftet; ist dies bei Maschinen nicht möglich, kann ebenfalls ein Raumsicherungsvertrag zum Einsatz kommen.

Bedenken Sie mit Blick auf den Wertansatz durch die Bank auch Ihre eigene realistische und unternehmerisch-vorsichtige Bewertung Ihrer Bestände (vgl. Kapitel 4.1.2.1 zur Bewertung Ihres Umlaufvermögens). Übrigens: Einen kritischen Gang durch das eigene Lager können Sie mit den gleichen Prüfer-Augen machen wie die Bank bei einer Sicherheitenprüfung: Überall dort, wo die Staubschichten besonders deutlich oder sogar schon dick sind, stellt sich die Frage nach einem wirklich realistischen und verlustfreien Wertansatz (verlustfrei – bei einem Verkauf jetzt und hier).

FAZIT:

- Die Sicherungsübereignung ist ein bei Banken nicht unbedingt beliebtes Sicherungsmittel.
- Besprechen Sie die Bewertung und den Ansatz im Kreditbeschluss der Bank.
- Stellen Sie die Einhaltung von Berichtspflichten organisatorisch sicher.
- Für Berater: Unterstützen Sie bei Vertragsabschluss speziell bei der Frage einer eventuellen Nicht-Bewertung.

8.4.4 Abtretung von Kundenforderungen

Für diese Sicherheit könnte nahezu das Gleiche gesagt werden, wie zur Sicherungsübereignung: Nicht beliebt, trotzdem genommen und oft nicht im Kreditbeschluss mit einem Wertansatz verarbeitet.

Der **Beleihungswert** ergibt sich aus dem Buchwert des Forderungsbestandes abzüglich überfälliger Forderungen (wobei dieses Kriterium von den üblichen Zahlungsvereinbarungen abhängt, die branchentypisch und im Auslandsgeschäft sehr unterschiedlich sein können) und abzüglich Lieferantenverbindlichkeiten (diese werden abgezogen, um dem üblicher Weise vorhandenen verlängerten Eigentumsvorbehalt der Lieferanten Rechnung zu tragen).

Die **Beleihungsgrenze** liegt dann wiederum branchenabhängig (Ihre Branche, Branchen Ihrer Kunden) zwischen 20 und 50 %. Auch dieser niedrige Wertansatz mag irritieren. Banken müssen immer wieder erleben, dass bei Offenlegung einer Zession plötzlich 70 oder gar 90 % aller Forderungen einredebehaftet sind – die Schuldner reklamieren oder machen andere Vorbehalte geltend. Das Procedere ist daher sehr aufwändig und leider nicht immer erfolgreich. An dieser Stelle sei der Hinweis auf Ihre eigene kritische Bewertung Ihrer Forderungsbestände erlaubt (vgl. Kapitel 4.1.2.1 zur Bewertung des Umlaufvermögens). Sind Ihre „alten" Forderungen wirklich noch zu 100 % werthaltig oder wäre nicht doch eine Einzelwertberichtigung oder gar Abschreibung angebracht?

Die Beleihungsgrenze kann erhöht werden für die Forderungsbestände, für die eine **Kreditversicherung** abgeschlossen ist. Die Idee der Kreditversicherung kann mit der Delkrederefunktion des Factoring verglichen werden (vgl. Kapitel 6.3.4). Ob sich allein aus Bankfinanzierungsüberlegungen der Abschluss einer Kreditversicherung empfiehlt, ist fraglich. Aber vielleicht ist dies ohnehin aus unternehmerischer Sicht eine bedenkenswerte Überlegung. Dann sollten beide Aspekte in die weiteren Überlegungen einbezogen werden.

Der zugrundeliegende Abtretungs- (Zessions-)Vertrag wird i. d. R. als **stille Abtretung** abgeschlossen. Das bedeutet, dass die Kunden des Kreditnehmers von dieser Abtretung nichts erfahren. Erst im „Ernstfall" wird die Bank die Abtretung offen legen, womit die Kunden nur noch auf das von der Bank benannte Konto mit schuldbefreiender Wirkung bezahlen können. Darüber hinaus handelt es sich nahezu immer um eine sog. **Globalzession**, d. h. alle bestehenden und künftigen Forderungen sind einbezogen. Auch hier werden i. d. R. Berichtspflichten über den Forderungsbestand enthalten sein. Wenn nicht, ist das ein klarer Hinweis, dass die hereingenommene Sicherheit seitens der Bank nicht bewertet wird und damit nicht zur Reduzierung des Blankoanteils beiträgt. In diesem Falle sollte in die Richtung verhandelt werden, dass die Bank auf die Hereinnahme dieser Sicherheit verzichtet.

Anders verhält es sich z. B. bei einer **Projektfinanzierung** (vgl. Kapitel 6.3.2.), wenn zu deren Finanzierung nur die Forderung gegen einen Projektpartner abgetreten wird, was in Absprache dann auch oftmals als offene Abtretung erfolgt, sodass der Kunde des Kreditnehmers der Abtretung ausdrücklich zustimmt.

Besonders zu achten ist auf eine evtl. früher einmal hingegebene Globalzession bei Abschluss eines Factoringvertrages, weil dafür die Globalzession von der Bank freigegeben werden muss (vgl. Kapitel 6.3.4).

FAZIT:

- Die Forderungsabtretung ist ein bei Banken nicht sonderlich beliebtes Sicherungsmittel.
- Besprechen Sie Bewertung und Ansatz im Kreditbeschluss der Bank.
- Stellen Sie die Einhaltung vereinbarter Berichtspflichten sicher.
- Für Berater: Unterstützen Sie bei Vertragsabschluss speziell bei der Frage einer eventuellen Nicht-Bewertung.

8.4.5 Verpfändung von Guthaben

Die Beliebtheit dieses Sicherungsmittels steht bankenseitig außer Frage. Denn vertragliche Gestaltung (Einzelabtretungsvertrag) und Bewertung sind eindeutig und einfach – und die Verwertung im Falle des Falles problemlos.

Der **Beleihungswert** ist i. d. R. der Buchwert der Forderung bzw. der Geldanlage. Die Beleihungsgrenze liegt hier meist zwischen 90 und 100 %. Dabei ist eine Nachfrage schon erlaubt, wenn im Einzelfall bei einem Guthaben die Beleihungsgrenze unter 100 % liegt.

Liegen die Guthaben bei der kreditgebenden Bank, dann sollte unbedingt eine sog. **Margenregelung** vereinbart werden: Der Zins für den aufzunehmenden Kredit errechnet sich aus dem vergüteten Habenzins für das Guthaben plus einem Aufschlag (Marge) für die Bank: Banker nennen hier oft Aufschläge zwischen 2 bis zu 3 %-Punkten – in Abhängigkeit von der jeweiligen Position des Kreditnehmers. Zu bedenken ist dabei: Letztlich handelt es sich um risikoloses Geschäft, also ist der Zins für die beste Bonität angemessen. Bei großen Beträgen und starker Verhandlungsposition kann auch ein Aufschlag von 1,xx % möglich sein.

FAZIT:

- Guthaben stellen eine hoch bewertete Sicherheit dar.
- Eine Margenregelungen bietet Ihnen die Chance auf einen günstigen Kreditzins.
- Für Berater: Unterstützen Sie mit Blick auf Bewertung und evtl. Margenregelung. Beziehen Sie vergleichbare Erfahrungen mit anderen Mandanten oder den Erfahrungsaustausch mit Ihren Netzwerkpartnern mit ein.

8.4.6 Verpfändung von Wertpapieren

Was auf den ersten Blick genauso problemlos wie die Verpfändung von Guthaben erscheint, erweist sich auf den zweiten Blick als deutlich komplexer – und zwar in Abhängigkeit von der Art/Gattung der verpfändeten Wertpapiere. Die Verpfändung kann ein einzelnes Wertpapier betreffen oder ein komplettes Wertpapierdepot – und trifft damit auf die ggf. sehr große Vielfalt der enthaltenen Titel.

Beleihungswert ist der aktuelle Kurswert, die **Beleihungsgrenze** im Bereich der festverzinslichen Wertpapiere beträgt bis zu 80 % im Bereich der Aktien und bei sonstigen Papieren deutlich darunter bis max. 60 %; bei Investmentfonds richtet sich die Beleihungsgrenze nach der Art der enthaltenen Papiere.

Die große Unsicherheit dieser Sicherheitenart ist der als Kurswert **schwankende Beleihungswert**. Daher passen Banken die Bewertung dieser Sicherheit regelmäßig an. Wenn die Sicherheit nicht bei der kreditgebenden Bank liegt, kann dies wiederum Berichtspflichten im Rahmen des Sicherungsvertrages auslösen. Eine aus Marktentwicklungen folgende erforderliche Anpassung des Sicherheitenwertes nach unten kann je nach Vertrag zur Forderung der Nachbesicherung oder zur Reduzierung der besicherten Kreditlinien führen. Ggf. müssen dann die verpfändeten Wertpapiere verkauft werden – i. d. R. zu schlechten Kursen (siehe Wertverlust durch Marktentwicklungen).

FAZIT:

- Wertpapiere sind eine geeignete Sicherheit – allerdings mit der Gefahr laufender Kurs-Schwankungen.
- Bedenken Sie, dass der Wertansatz entscheidend von der Wertpapiergattung abhängt.

- Prüfen Sie Klauseln in den Sicherheitenverträgen zur Folge von sinkenden Beleihungswerten sorgfältig auf ihre Wirkungen und daraus ggf. resultierende weitere Verpflichtungen.
- Für Berater: Unterstützen Sie Ihre Mandanten mit Blick auf die Fallstricke speziell bei den Verträgen zu dieser Sicherheitenart.

8.4.7 Abtretung von Forderungen aus Lebensversicherungen

Auch diese Sicherung ist auf den ersten Blick relativ einfach. Die Details ergeben sich bei genauerem Hinschauen.

Bei **kapitalbildenden Lebensversicherungen** werden die Auszahlungsansprüche sowohl beim Ablauf der Versicherung wie beim vorzeitigen Todesfall der versicherten Person abgetreten. **Beleihungswert** ist der aufgelaufene Rückkaufswert. Dieser wird i. d. R. bis zu 90 % beliehen (**Beleihungsgrenze**) – zumindest bei Kapitallebensversicherungen, die vor dem 31. 12. 2005 abgeschlossen wurden (Steuerfreiheit aller Erträge bei Versicherungen, die länger laufen als zwölf Jahre). Es ist möglich, dass innerhalb der ersten zwölf Laufzeitjahre höhere Abschläge angesetzt werden, wegen der in dieser Periode bei vorzeitiger Auflösung fälligen Kapitalertragsteuer.

Bei Versicherungen, die ab dem 1. 1. 2006 abgeschlossen wurden, ist wegen der geänderten Zinsbesteuerung mit höheren Abschlägen bei der Beleihungsgrenze zu rechnen.

Die Abschläge sollten Sie also jeweils erfragen und – wegen der **steigenden Rückkaufswerte** – jedes Jahr die entsprechende Bescheinigung der Lebensversicherung einreichen, damit die Bank den Wertansatz der Sicherheit nach oben und den Blankoanteil Ihres Kreditengagements nach unten anpassen kann.

In jedem (!) Einzelfall sind die **steuerlichen Konsequenzen** einer Abtretung einer Kapitallebensversicherung mit dem Steuerberater zu prüfen, da der Gesetzgeber für längere Abtretungsdauern Regelungen geschaffen hat, die die Steuerbegünstigung der Versicherungsbeiträge und/oder die Steuerfreiheit der Auszahlung nach mehr als zwölf Jahren Laufzeit gefährden können.

Gerne werden Kapitallebensversicherungen als Sicherungsmittel genutzt – und bei Darlehen oft auch als **Tilgungsersatz**. Diese Lösung ist liquiditätsmäßig in jedem Fall teurer als eine Tilgungsvariante; ob eine solche Lösung sich durch die mit der Versicherung verbundenen steuerlichen Wirkungen bei der Einkommensteuer wirklich besser darstellt, sollte intensiv durch Modellrechnungen geklärt werden.

Der mit der Lebensversicherung parallel erzielte **Absicherungseffekt für den Todesfall** lässt sich auch mit der Abtretung einer **Risikolebensversicherung** erreichen. Die Kombination Tilgung und Risikolebensversicherung sollte immer als Alternative zur Tilgungsaussetzung mit Kapitallebensversicherung geprüft werden.

Ein Sonderfall der Risikolebensversicherung ist die **„Restschuldversicherung“**: Eine Risikolebensversicherung mit fallender Versicherungssumme. Diese passt sich automatisch an die durch die Tilgungen reduzierte Darlehensrestschuld an. Auch diese Variante sollte bei entsprechenden Sicherungsanfragen von Banken immer mit geprüft werden. Diese Variante dürfte i. d. R. am preiswertesten sein.

Die Frage nach der Absicherung durch eine Risiko- oder auch Kapitallebensversicherung wird oft gestellt, wenn das Schicksal des Unternehmens sehr eng mit „nur“ einer handelnden Person verbunden ist. Diese Frage ist daher auch aus Unternehmersicht mit Blick auf die Erben durchaus überlegenswert.

Häufig werden dann **bereits bestehende Versicherungen** in diese Überlegungen einbezogen. Dabei ist aber zu bedenken, aus welchem Grund bzw. für welchen Verwendungszweck diese Versicherungen früher einmal abgeschlossen worden sind. Denn sollte es zu einem Kreditausfall kommen und diese Versicherung ganz oder teilweise zur Kreditrückführung verwendet werden müssen, ist die ursprünglich mit der Versicherung abgedeckte Verwendung nicht mehr oder nur noch z. T. realisierbar. Also ist es ggf. sinnvoll, nicht die bestehende Lebensversicherung als Sicherungsmittel zu nutzen, sondern eine neue abzuschließen – und dabei vor allem die Risikolebensversicherung in den Fokus zu rücken.

Apropos **Kreditausfall**: In einer solchen Situation wird die Bank i. d. R. die Versicherung kündigen. Oft gibt es bessere **Alternativen**:

- Wenn das Ablaufdatum kurz bevorsteht: Weiterzahlung der Prämien durch die Bank zu Lasten eines auflaufenden Darlehenskontos auf Ihren Namen. Denn gerade in den letzten Laufzeitjahren ist der Wertzuwachs einer Lebensversicherung überproportional. Die Auszahlungssumme wird oft so hoch sein, dass sowohl das ursprünglich gesicherte Darlehen als auch das Auflaufkonto zurückgeführt werden können. Ggf. bleibt sogar noch ein Restbetrag zu Ihrer freien Verfügung übrig (oder zur Rückzahlung weiterer Verbindlichkeiten – vgl. Kapitel 8.2 zur weiten Sicherungszweckerklärungen).
- Statt der Kündigung kann auch der Verkauf am sog. Sekundärmarkt für Kapitallebensversicherungen günstiger sein. Basis dafür ist i. d. R. der Rückkaufswert ggf. plus einem Aufschlag. Angebote dazu machen z. T. die Lebensversicherungsgesellschaften selbst und auch freie Anbieter.
- Auch das Policendarlehen sollte in einem solchen Fall als eine Alternative mitbedacht werden (vgl. Kapitel 6.4.4).

FAZIT:

- Lebensversicherungen sind eine beliebte Sicherheit.
- Prüfen Sie in jedem Fall die steuerliche Behandlung einer Abtretung.
- Erfragen Sie die Beleihungsgrenzen, diese können je nach Versicherungstyp unterschiedlich sein.
- Prüfen Sie immer, ob eine Risikolebensversicherung ausreicht, um den gewünschten Sicherungseffekt preiswerter zu erreichen.
- Bei Eintritt des Sicherungsfalles prüfen Sie Alternativen zur Kündigung.
- Für Berater: Dieses Sicherungsthema bedarf besonders vieler Überlegungen – begleiten Sie Ihre Mandanten mit kritischen Fragen und Überlegungen.

8.4.8 Darlehensbelassungs- und Rangrücktrittserklärung

In Kapitel 4.1.2.4 wurden i. R. d. Betrachtung des Eigenkapitals auch **Darlehen der Gesellschafter** an das Unternehmen behandelt. Die entscheidende Frage lautete: Werden Kreditinstitute solche Darlehen dem **Eigenkapital** zuschlagen, wenn die im **Rating** sehr relevante Kennzahl Eigenkapitalquote errechnet wird?

Diese Zurechnung werden Banken i. d. R. nur vornehmen, wenn der Darlehensgeber eine sog. „Darlehensbelassungs- und Rangrücktrittserklärung" abgegeben hat. Dies ist eine **privatschriftliche Zusicherung des Darlehensgebers** an die kreditgebende Bank,

- das in der Erklärung eindeutig beschriebene Darlehen erst aus dem Unternehmen zurückzuziehen, wenn alle Verbindlichkeiten des Unternehmens gegenüber der Bank vollumfänglich erfüllt worden sind,
- im Falle des Falles mit seiner Forderung aus dem Darlehen hinter alle Forderungen der Bank gegen das Unternehmen zurückzutreten.

Wenn es dem Gläubiger des Gesellschafterdarlehens mit seiner finanziellen Unterstützung für das Unternehmen „ernst" ist (das Darlehen an die Gesellschaft intern sozusagen als „Eigenkapitalersatz" angesehen wird), steht einer solchen Vereinbarung grundsätzlich nichts im Wege. Für ein positives Ratingergebnis kann dies durchaus ein wichtiger Mosaikstein sein.

FAZIT:

- Beziehen Sie im Falle von Gesellschafterdarlehen die Abgabe einer Darlehensbelassungs- und Rangrücktrittserklärung in die Überlegungen ein.
- Dies kann sich speziell unter Ratinggesichtspunkten positiv auswirken.
- Für Berater: Unterstützen Sie bei diesen Überlegungen auch mit Blick auf die gesamte Eigenkapitalstruktur des Unternehmens.

8.5 Bürgschaftsbanken als „Ersatzsicherheit"

Gar nicht so selten ist folgende **Situation**: Der Firmenkunde legt einen sehr durchdachten und nachvollziehbaren Kreditantrag vor; die Bank kommt zu einer positiven Entscheidung auf Basis von Rating, Kapitaldienstfähigkeitsberechnung und Einschätzung der handelnden Person/en; eine positive Kreditentscheidung scheitert aber an dem zu hohen Blankoanteil – oder anders ausgedrückt: Der Kunde kann für das als positiv beurteilte Vorhaben nicht genug ausreichende bankübliche Sicherheiten aus dem Unternehmens- und/oder Privatvermögen stellen.

Dies ist der Zeitpunkt, zu dem Bank und/oder Kunde die Bürgschaftsbank – jedes Bundesland hat eine solche – ins Spiel bringen sollten. Genau für solche Finanzierungssituationen sind diese Institutionen geschaffen.

Hinter den Bürgschaftsbanken stehen i. d. R. Kreditinstitute, die Kammern und größere Wirtschaftsverbände. Aufgabe der Bürgschaftsbanken ist die Absicherung der Banken als Kreditgeber. Die Rücksicherung der Ausfallgefahr der Bürgschaftsbanken selbst wiederum übernehmen die öffentlichen Haushalte, also die Steuerzahler.

Der klassische Weg führt auch hier über die **Hausbank** – also Antrag über die kreditgebende Bankstellen. Eine Ausnahme dafür gibt es in einigen Bundesländern für kleinere Bürgschaftssummen mit der **„Bürgschaft ohne Bank"**: Hier stellt das Unternehmen seinen Antrag direkt bei der Bürgschaftsbank und kann im Falle einer positiven Entscheidung mit der Bürgschaftsurkunde zu einer Bank seiner Wahl gehen und seinen Kredit beantragen.

Verbürgt werden als Ausfallbürgschaft (vgl. Kapitel 8.4.1) sowohl Investitionsdarlehen (i. d. R. mit 80 % der Darlehenssumme) als auch Betriebsmittelfinanzierungen (i. d. R. mit 60 % der Kreditsumme und sich automatisch über die Laufzeit reduzierender Absicherungsquote). Die **Kosten** betragen i. d. R. 1 % p. a. der Bürgschaftssumme zuzüglich einer einmaligen Bearbeitungsgebühr.

Die **Voraussetzungen** für die Bürgschaft einer Bürgschaftsbank sind i. d. R.:

- „überzeugender“ Antrag,
- kein Krisen- oder Sanierungsfall,
- keine Umschuldung oder Nachfinanzierung,
- Kreditnehmer gibt der Bürgschaftsbank alle vorhandenen (!) unternehmerischen und privaten (!) Vermögenswerte als Sicherheit,
- Bei größeren Kreditsummen: Kreditnehmer überzeugt in einer persönlichen Präsentation den Bürgschaftsausschuss von sich und seinem Finanzierungsvorhaben.

Bei Bürgschaftsbewilligung verbleibt für die Hausbank nur noch ein Blankoanteil von 20 % des beantragten Kreditvolumens (40 % bei Betriebsmittelfinanzierungen). Damit ist das im oben geschilderten Fall beschriebene Problem des zu hohen Blankoanteils gelöst. Gleichzeitig bietet diese aus Bankensicht „ideale“ Besicherung die Möglichkeit, den Kreditzins für diese Finanzierung risikoangemessen nach unten anzupassen (vgl. Kapitel 9).

Weitere **Sonderformen von Bürgschaften** neben der „Bürgschaft ohne Bank“ sind:

- **Express-Bürgschaft:** Antragstellung online durch die Hausbank bei Krediten bis € 125.000; verbürgt werden generell 60 % des Kredites zu einer Provision von 1,5 % p. a.
- **Leasing-Bürgschaft:** Absicherung von Leasing-Gesellschaften für Leasing-Geschäfte mit KMU mit einer Verbürgung von 30 % bzw. 60 % (vgl. Kapitel 6.2.3).

Wichtig ist in jedem Fall die Information über die Voraussetzungen und Formalitäten der einzelnen Bürgschafts-Angebote. Dies auch bereits im Vorfeld von Bankgesprächen, wenn Sie eine solche Bürgschaft mit in Erwägung ziehen. Viele Bürgschaftsbanken bieten auch Gesprächsmöglichkeiten selber an – durchaus bereits vor Gesprächen mit der Hausbank. Der Autor hat dazu mit der Bürgschaftsbank Nordrhein-Westfalen GmbH sehr positive Erfahrungen gemacht.

Interessanterweise sind die Hausbanken oft gar nicht so erbaut darüber, wenn ihre Kunden die Bürgschaftsbank ins Spiel bringen. Oft wird der zusätzliche Antragsaufwand gescheut. Oder es spielt die Frage der Sicherheiten-Aufteilung eine Rolle. Das sollte Sie aber nicht abschrecken. Im Gegenteil kann die Einbeziehung der Bürgschaftsbank im Vorfeld dazu führen, dass die Hausbank ein Kreditpaket bewilligt, das sie so bei ersten Gesprächen nicht in Aussicht stellen wollte.

INTERNETLINK

Informationen über die Bürgschaftsbank in Ihrem Bundesland finden Sie beim Verband Deutscher Bürgschaftsbanken e.V. im Internet unter www.vdb-info.de/buergschaftsbanken.

Einen guten Überblick über die Angebote finden Sie z. B. im Internetauftritt der Bürgschaftsbank Nordrhein-Westfalen GmbH: www.bb-nrw.de.

Für Unternehmen in schwierigen Situationen gibt es darüber hinaus das Instrument der **Landesbürgschaften**. Informationen dazu erhalten Sie bei Kammern, Wirtschaftsförderungen und den Länder-Wirtschaftsministerien.

Ergänzend sei erwähnt, dass die Bürgschaftsbanken in allen Bundesländern als sog. Schwestergesellschaften mit mittelständischen Kapitalbeteiligungsgesellschaften verbunden sind, die sie in Personalunion mitführen (vgl. Kapitel 6.4.2). Diese personelle Kombination kann bei entsprechenden Finanzierungskonstruktionen unter Einbeziehung von externen Eigenkapitalgebern sehr günstig sein. Auch das Standard-Eigenkapital-Programm „Mikromezzanine-Fonds Deutschland" (vgl. Kapitel 6.4.2) wird über die Bürgschaftsbanken abgewickelt.

FAZIT:

- Die Bürgschaftsbanken können ein wesentlicher positiver Faktor im Rahmen der Unternehmensfinanzierung sein.
- Prüfen Sie speziell bei aus Sicht der Banken (zu) hohen Blankoanteilen diese Möglichkeit.
- Für Berater: Unterstützen Sie bereits im Vorfeld von Kreditentscheidungen zu diesem Thema. Nutzen Sie Ihre Kontakte zu „Ihrer" Bürgschaftsbank für evtl. Vorgespräche und für realistische Einschätzungen seitens Ihrer Mandanten.

8.6 Eine neue Sicherheitenart: „Covenants"

Der englische **Begriff** „covenant" bezeichnet einen „Vertrag" oder „Bund" und bedeutet als Verb: „geloben, ausbedingen, übereinkommen". In Kreditverträgen verbreiten sich zunehmend Klauseln, die als „Financial Covenants" bezeichnet werden und als Zusicherung des Kreditnehmers verstanden werden können, die in diesen Klauseln genannten **Bedingungen während der Laufzeit des Kreditvertrages einzuhalten**.

Auf den ersten Blick erscheint es als selbstverständlich, Vertragsklauseln einzuhalten; auf den zweiten Blick ist dies jedoch häufig schwieriger. Denn Financial Covenants beinhalten i. d. R. **Bilanz-Relations-Klauseln** in Form bestimmter **Kennzahlen**, die in schwierigem wirtschaftlichen Fahrwasser sehr schnell einmal über- bzw. unterschritten werden können. Und in einem solchen Fall behalten sich die Kreditgeber in diesen Verträgen „schweres Geschütz“ als mögliche vertragliche Konsequenzen vor.

Bei aller **Vielgestaltigkeit** möglicher Covenants können die folgenden **Beispiele** als durchaus **typisch** angesehen werden:

► „Eigenkapitalquote von mindestens X %“

  Die Problematik dieser Kennzahl wird in Kapitel 4.1.2.4 ausführlich dargestellt: Hier interessiert vor allem die Frage, welche Eigenkapitalbestandteile einbezogen werden oder ggf. nicht und was genau hierfür als Bilanzsumme verstanden wird?

► „Cashflow mindestens € X“

  Auch hier ist entscheidend, welche Cashflow-Definition herangezogen wird (vgl. Kapitel 4.4).

► „Kurzfristiger Verschuldungsgrad (Umlaufvermögen/kurzfristige Verbindlichkeiten · 100) mindestens Y %“

  Die klare und eindeutige Beschreibung der beiden Größen, die in diese Kennzahl einfließen, ist unabdingbar.

Auf folgende **Gestaltungselemente** von Covenant-Vereinbarungen ist ausdrücklich zu achten:

► Klare und eindeutige **Definition** der verwendeten **Kennzahlen**

  – Welche Zahlen genau fließen ein – aus welchen Bilanzpositionen (oder ergänzenden Informationen) werden diese ermittelt?

  – Wie genau erfolgt die Berechnung (Formel)?

  Idealer Weise stellt der Kreditgeber dafür eine Excel-Tabelle zur Verfügung, sodass beide Vertragsseiten wirklich von der gleichen Berechnungsweise ausgehen können.

  Es sollten keine Berechnungen über mehrere Seiten akzeptiert werden, die im Unternehmen nur mit hohem Aufwand oder gar nicht nachzuvollziehen sind.

► Klare und eindeutige Bestimmung der **Berechnungszeitpunkte**, zu denen die Covenants jeweils berechnet werden mit

  – Stichtag der Berechnung

  – Quelle der Zahlen der Berechnung (Jahresabschluss, BWA welcher Qualität, Zwischenabschluss, vom Steuerberater/WP bestätigt...)

- Zeitpunkt, bis zu dem die Unterlagen zur Berechnung dem Kreditgeber zur Verfügung zu stellen sind.

Ohne derartige klare Beschreibungen werden Sie als Kreditnehmer nicht in der Lage sein, **Ihrerseits die Covenants** zu **verfolgen**. Und genau das müssen Sie tun, um rechtzeitig absehen zu können, ob und wann ggf. die Gefahr entsteht, gegen die Covenants zu verstoßen. Denn dann müssen Sie direkt handeln also mit Ihren Kreditgebern ins Gespräch kommen, was zu tun ist – um ggf. die Konsequenzen eines Verstoßes möglichst gering zu halten.

Und natürlich müssen vereinbarte Covenants in die Unternehmensplanung (vgl. Kapitel 7.10) einbezogen werden, damit nicht Ziele gesetzt werden, die „aus Versehen" zwangsläufig zum Verstoß gegen Covenants führen.

Denn folgende **Handlungsmöglichkeiten** (Sanktionen) behalten sich **Kreditgeber** typischerweise bei einem Verstoß gegen Covenants vor (vgl. *Jöhnk/Jöhnk*, NWB Betriebswirtschaftliche Beratung 6/2011 S. 177-180):

- Bearbeitungsgebühr für ein Aussetzen der Covenants – begleitet von Vereinbarungen über die Aktivitäten des Kreditnehmers, um die Covenants zukünftig wieder einhalten zu können;
- Zinserhöhungen, die bereits im Vertrag benannt sein können; auch wenn dies nicht der Fall ist, wird das in den Gesprächen mit Sicherheit auf den Tisch kommen;
- Nachbesicherung;
- Nachschusspflicht Eigenkapital;
- Kreditkündigung.

Wie schnell es „passieren" kann, Covenants nicht einzuhalten, haben viele Unternehmen in den Jahren 2009 und 2010 erlebt. Und oft bedarf es keiner Umsatzeinbrüche um 30 %, um solche Klauseln in Gefahr zu bringen. Bereits ein leichtes „Worst-Case-Szenario" in einer Unternehmensplanung kann aufzeigen, dass es eng werden wird.

Allerdings haben die Jahre nach 2008 auch gezeigt, dass nicht alle Klauseln von Kreditinstituten immer direkt und unmittelbar so angewendet werden, wie sie vereinbart wurden. Oft hat man neue Zins- und Tilgungsvereinbarungen getroffen, um die Finanzierung weiter führen zu können. Aber im Zweifelsfall haben Sie als Kreditnehmer die Vereinbarung unterschrieben und sich mit den Sanktionen bereits im Vorhinein einverstanden erklärt.

Weitere Arten von Covenants sind:

- Information-Covenants: Sie verpflichten sich, bestimmte Informationspflichten einzuhalten.

- General-Covenants: Sie verpflichten sich
  - Positive Covenants (Affirmative Covenants): Bestimmte Handlungen im Geschäft mit dem Ziel der Bonitäts-Erhaltung oder -verbesserung,
  - Negative Covenants (Restrictive Covenants): Bestimmte Handlungen zu unterlassen.

Weitere Details zu Covenants vgl. *Heitzer/Wittgruber*, Betriebswirtschaftliche Blätter 9/2011 mit einer sehr ausführlichen Darstellung des Einsatzes von Covenants in Sparkassen.

! FAZIT:

- Covenants werden in Kreditverträgen zunehmend genutzt.
- Überprüfen Sie Ihre Kreditverträge immer auf Covenants.
- Sorgen Sie für klare, eindeutige und nachvollziehbare Definitionen der Kennzahlen und ihrer Handhabung.
- Halten Sie die einseitig vom Kreditgeber zu ziehenden Konsequenzen möglichst gering.
- Installieren Sie im Unternehmen eine regelmäßige eigene Überprüfung der Covenants.
- Bauen Sie die Covenants in Ihre Unternehmensplanung mit ein und überprüfen Sie diese in allen Szenarien.
- Für Berater: Unterstützen Sie in allen aufgeführten Themen als kritischer Frager und Begleiter auf Basis eigener Erfahrungen bei anderen Mandanten oder Erfahrungen aus Ihrem Netzwerk.

8.7 „Gleichbehandlung“ der Kreditgeber

Kreditgeber erwarten bezüglich der **Sicherheitenbestellung** eine Gleichbehandlung. Dies ist ein alter kreditpolitischer Grundsatz vieler Banken, der vor allem im Bereich der Kontokorrentkredite (KK-Kredite) konsequent eingefordert wird. Auch im Rahmen der Covenants (vgl. oben Kapitel 8.6) wird dieser Grundsatz gerne mit vereinbart.

Konkret heißt das: Der Kreditnehmer darf einem (neuen) Kreditgeber nur Sicherheiten anbieten, die er auch allen anderen Kreditgebern bereits gegeben hat bzw. die er allen anderen Kreditgebern parallel mit anbietet.

Während sich dies bei Investitionsfinanzierungen als überaus schwierig darstellt, wenn das Darlehen ausschließlich mit dem finanzierten Vermögenswert besichert wird

(Grundschuld – vgl. Kapitel 8.4.2 – oder Sicherungsübereignung – vgl. Kapitel 8.4.3), so ist dies im Bereich der **KK-Kredite** einfacher zu handhaben:

- Alle KK-Kreditgeber haben keine Sicherheiten – stehen im KK also unisono blanko zur Verfügung;
- alle KK-Kreditgeber haben eine Bürgschaft (vgl. Kapitel 8.4.1) der handelnden Person/en unbegrenzt (aus Sicht des Sicherungsgebers besser nicht, sondern i. H. des jeweiligen KK-Kredites);
- alle Kreditgeber teilen sich die Forderungsabtretung (vgl. Kapitel 8.4.4) und/oder die Sicherungsübereignung des Warenlagers/der halbfertigen – und fertigen Arbeiten (vgl. Kapitel 8.4.3) im Rahmen einer sog. Pool-Vereinbarung (ggf. zusätzlich mit Bürgschaft/en unterlegt). Hierbei wird i. d. R. ein Kreditgeber zum Führer des **Sicherheitenpools** bestimmt, der die Regularien der Sicherungsverträge im Blick behält und die Rechte daraus treuhänderisch für die anderen Kreditgeber mit verwaltet – wobei bestimmte Entscheidungen der Pool nur gemeinsam treffen kann.

Problematisch wird die Gleichbehandlung, wenn neue Kreditgeber dazu kommen, und alte Bankverbindungen noch weitere Sicherheiten für ihren KK-Kredit halten, z. B. die Mithaftung einer Grundschuld über eine weite Sicherungszweckerklärung (vgl. Kapitel 8.2). Hier wird es darauf ankommen, dass dieser Kreditgeber (meist die Hausbank aus den Anfangsjahren des Unternehmens) diese alte Sicherheit freigibt.

Neben der Gleichbehandlung, die durch Vertragsgestaltungen fest vereinbart ist, trifft dieses Thema aber **jegliche Kreditverhandlung** in dem Sinne, möglichst nicht einer Bank eine sehr deutliche Bevorzugung bei den Sicherheiten einzuräumen. Sollte sich die wirtschaftliche Lage verschlechtern, werden die (deutlich) schlechter besicherten Banken ggf. schneller den Rückzug antreten. Die Stellung von Sicherheiten sollte daher nie auf nur eine aktuelle Kreditanfrage hin entschieden werden, sondern im Gesamtzusammenhang der eigenen Finanziererlandschaft (vgl. Kapitel 13) gesehen und beurteilt werden.

FAZIT:

- Gleichbehandlung ist Vertragsgegenstand vor allem vieler KK-Kreditverträge.
- Setzen Sie Gleichbehandlung als Thema auf die Tagesordnung Ihrer strategischen Finanzierungsplanung.
- Für Berater: Achten Sie als Begleiter auf dieses Thema und unterstützen Sie zusätzlich mit einem klar gegliederten Sicherheiten-Spiegel für den jederzeitigen Gesamt-Überblick.

8.8 Ihre Sicherheiten – Vermögenswerte gezielt und aktiv einsetzen

Die **Sicherheitenpolitik** des Unternehmens und des Unternehmers (denn i. d. R. geht es um betriebliche und private Sicherheiten) wird bestimmt von

- den überhaupt vorhandenen Sicherheiten-Potenzialen,
- deren Bewertung durch die Banken, wie in den obigen Abschnitten dargelegt,
- den bereits mit Kreditgebern vertraglich vereinbarten Sicherheiten-Hergaben,
- der Verteilung der vertraglich vereinbarten Sicherheiten auf verschiedene Kreditgeber,
- den noch vorhandenen „freien" Sicherheiten,
- der Einschätzung der Unternehmenssituation und -entwicklung durch den Unternehmer,
- der Einschätzung der Unternehmenssituation und -entwicklung durch die Kreditgeber (vor allem Rating – vgl. Kapitel 4.2 – und Kapitaldienstfähigkeit – vgl. Kapitel 4.4),
- dem Willen und der Entscheidung des Unternehmers, welche vorhandenen freien Sicherheiten er noch zur Verfügung stellen will.

Speziell der letzte Punkt mag Widerspruch hervorrufen: Der Unternehmer wird die Sicherheitenstellung nicht als „seine Entscheidung" empfinden.

Es gibt Konstellationen, in der sich Unternehmer in einer solchen Zwickmühle sehen. Aber es gibt immer eine andere Entscheidung, nämlich die, keine weiteren Sicherheiten zu geben – mit der Konsequenz, dann ggf. auch keine weiteren Kredite mehr zu bekommen. Nur, diese Entscheidungsalternative nicht zu sehen und nicht zu prüfen, wäre falsch.

Wenn hier von Politik die Rede ist, so ist damit sehr deutlich gemeint, dass Sicherheiten-Entscheidungen keine Einzelfall-Entscheidungen sein, sondern immer in einen Gesamtblick und in eine Strategie eingebunden sein sollten.

! FAZIT:

- Machen Sie Sicherheitenpolitik zu Ihrer Chefaufgabe.
- Folgen Sie in Ihrer Sicherheitenpolitik dem Grundsatz: Keine isolierten Einzelfallentscheidungen zu treffen, sondern die vielen gegenseitigen Abhängigkeiten von Sicherheiten-Entscheidungen immer zu berücksichtigen.

- Für Berater: Unterstützen Sie diesen Ansatz als kritischer Wegbegleiter und Sparrings-Partner.

8.8.1 Ihr „Sicherheitenspiegel“ als Entscheidungsgrundlage

Parallel zum „Bankenspiegel“ (vgl. Kapitel 7.9 und Kapitel 13.1) empfiehlt es sich, einen Sicherheitenspiegel zu erarbeiten, der

- alle denkbaren Sicherheiten-Potenziale aufführt,
- darin die bereits „vergebenen“ Sicherheiten kennzeichnet mit Informationen zu
  - Kreditgeber und für welche Konten bei diesem haftend (vgl. 8.2 – Grundsatz 2),
  - evtl. vorhandenen Befristungen (im Sicherheitenvertrag oder durch endgültige Rückführung des besicherten Kontos – speziell bei Darlehen).
- die noch freien Sicherheitenpotenziale einordnet in eine wie auch immer geartete Prioritätenliste für Ihre weiteren Entscheidungen, diese Kreditgebern zur Verfügung zu stellen – oder eben nicht.

Dieser Sicherheitenspiegel sollte bei Veränderungen jeweils aktualisiert werden. Außerdem ist er regelmäßig einmal im Jahr – am besten parallel zum Bankenspiegel – grundsätzlich zu überprüfen und zu überdenken. Was Sie vor zwei Jahren zur Finanzierungs- und Sicherheitensituation überlegt haben, muss heute nicht mehr Ihre Sichtweise widerspiegeln.

DOWNLOAD:

Ein einfaches Methoden-Arbeitsblatt 18 „Sicherheiten-Potenziale“ finden Sie im Download-Bereich.

FAZIT:

- Der Sicherheitenspiegel gehört zu den unverzichtbaren Instrumenten Ihrer finanziellen Unternehmensführung.
- Machen Sie die regelmäßige Aktualisierung des Sicherheitenspiegels zum Pflichtprogramm.
- Für Berater: Stellen Sie Ihren Mandanten ein Formblatt oder Software-Instrument zur Verfügung und unterstützen Sie ggf. bei der Erst-Erarbeitung und der laufenden Aktualisierung.

8.8.2 Welche Vermögenswerte wollen Sie einsetzen?

Auf Basis Ihres Sicherheitenspiegels können Sie – regelmäßig – die Entscheidung treffen, welche Sicherheiten Sie wie einsetzen wollen.

Bedenken Sie dazu die zu Beginn dieses Kapitels 8.8 benannten Faktoren.

Vier **Grundgedanken** sind dafür besonders wichtig:

- Wie glauben Sie (oder wissen Sie aus Ihren Gesprächen), dass Ihre Kreditgeber Ihr Unternehmen und Sie einschätzen, und welche Sicherungsanforderungen werden diese daraus vermutlich ableiten?
- Wie ist Ihre eigene selbstkritische Einschätzung von Unternehmenssituation und -perspektiven?
- Wie sieht Ihre Finanziererlandschaft (vgl. Kapitel 13) derzeit aus, welche Gestaltungschancen sehen Sie innerhalb der bestehenden Verbindungen und bezüglich weiterer neuer Verbindungen?
- Welche Lebensplanung haben Sie für sich selbst und Ihr privates Umfeld im Blick und welche Vermögenswerte wollen Sie dafür auf jeden Fall von Sicherheiten-Belastungen frei halten?

Während die drei ersten Gedanken Ihre Verhandlungsposition in Sicherheiten-Gesprächen bestimmen, zeigt Ihnen der vierte Gedanke Grenzen auf, die Sie bewusst setzen wollen.

Diesen vierten Gedanken in Kredit- und Sicherheitenverhandlungen mit einzubringen ist grundsätzlich sinnvoll – und natürlich auch wiederum eine Frage der Verhandlungsposition. Auch Kreditgeber können für Überlegungen in diese Richtung Verständnis aufbringen, wenn die sonstigen Rahmenbedingungen einer Kreditentscheidung sich grundsätzlich positiv darstellen.

Dass solche bewusst entschiedenen Grenzen ggf. schmerzhafte Entscheidungen erzwingen können (vgl. am Ende von Kapitel 8.7), kann eine bittere Konsequenz des Unternehmerseins darstellen. Aber auch die Entscheidung, über die Verweigerung weiterer Sicherheiten die Existenz des Unternehmens zu gefährden, kann eine ganz bewusste und rationale Entscheidung sein, „für die der Zeitpunkt gekommen ist".

FAZIT:

- Der abwägende Blick auf die eigene Sicherheitenbasis ist Chefaufgabe.
- Beziehen Sie Ihre private Lebensplanung ein.
- Bringen Sie ggf. auch solche Aspekte in Kreditverhandlungen ein.

- Für Berater: Unterstützen Sie auch in dieser oft emotional schwierigen „Gemengelage" als kritisch hinterfragender Wegbegleiter.

9. Kreditkonditionen erfolgreich verhandeln

DOWNLOAD:

Begleitblätter „Kreditkonditionen“

9.1 Wie Banken kalkulieren

Wer aus der Außensicht auf die Ertragsrechnung von Banken schaut, vergleicht natürlich den Kontokorrentzinssatz, den er selbst gerade zahlt, mit dem Habenzinssatz, der ihm zur selben Zeit für Spareinlagen vergütet wird, und denkt: „welch hohe Differenz, Banken müssen gut verdienen“. Natürlich errechnet sich der Zinsüberschuss in der Gewinn- und Verlustrechnung der Bank als Differenz aller Zinseinnahmen und Zinsaufwendungen.

Bei der kalkulatorischen Betrachtung der eigenen Bankgeschäfte weiß der Bankkunde aber natürlich nicht, welche Einlagengeschäfte der Bank gerade für sein aktuelles Kreditgeschäft genutzt werden.

Daher ist es für das Führen von Konditionsgesprächen wichtig zu wissen, wie Kreditinstitute kalkulatorisch vorgehen. Dabei sind zwei Blickwinkel wichtig:

- das einzelne Geschäft, dass Sie gerade aktuell abschliessen oder vielleicht auch verlängern wollen,
- die Gesamtheit aller Geschäfte, die Sie als Kunde mit Ihrer jeweiligen Bank unterhalten und tätigen.

9.1.1 Kalkulation von Einzelgeschäften

Zinsgeschäfte, sowohl im Kredit- wie im Einlagenbereich kalkulieren Banken nicht, in dem sie Geschäfte auf der Aktivseite der Bankbilanz (Forderungen gegen Kunden und Geldanlagen am Kapitalmarkt) bestimmten Geschäften auf der Passivseite der Bankbilanz (Einlagen von Kunden und Geldaufnahmen am Kapitalmarkt) gegenüberstellen und aus den unterschiedlichen Zinssätzen ihre „Marge“ ermitteln (sozusagen indem sie bestimmte Bilanz-Schichten auf beiden Seiten mit einander vergleichen).

Banken rechnen mit der sog. **„Marktzinsmethode"**, die auf dem Prinzip der „Opportunitätskosten" basiert – also der Fragestellung, was könnte ich für einen solchen Kredit an meinen Kunden alternativ erlösen oder was müsste ich für eine solche Einlage meines Kunden alternativ bezahlen. Die angesprochene **Alternative** ist der **Geld- und Kapitalmarkt unter Banken**.

BEISPIEL: Sie beantragen ein Investitionsdarlehen für eine Maschine mit einer Laufzeit von acht Jahren und einer Zinsbindung von acht Jahren. Die Bank vergleicht den Zinssatz, den Sie dafür mit Ihnen verhandelt mit demjenigen Zinssatz, den Sie für eine vergleichbare „Geldanlage" am Bankenmarkt erzielen würde. Die positive Differenz ist der sog. **„Konditionsbeitrag"** aus dem Kundengeschäft. Wie die Bank dieses Geschäft jetzt refinanziert – also aus welchem Einlagen-Mix oder mit welcher Geldaufnahme am Kapitalmarkt – spielt dabei für Ihren Kundenbetreuer keine Rolle. Das regelt das Bilanzstrukturmanagement (engl.: Treasury) der Bank für alle Kundengeschäfte der Bank und erzielt damit über alle Bankgeschäfte zusätzlich den sog. **„Strukturbeitrag"**.

Auf der Einlagenseite wird genauso gerechnet: Um wie viel günstiger erhält die Bank das Geld, wenn sie es von einem Kunden als „Einlage" entgegennimmt, als wenn sie es sich am Bankenmarkt leihen würde? Diese für die Bank positive Differenz ist der Konditionsbeitrag des Einlagengeschäftes mit Ihnen. Wobei in bestimmten Zinssituationen gerade dieser Konditionsbeitrag schon mal negativ sein kann, weil eine Bank Ihre Einlage z. B. halten will, der Bankenmarkt allerdings preiswerter wäre. Die Summe aller Konditionsbeiträge und des Strukturbeitrags ergibt dann den Zinsüberschuss in der Bank-GuV. Um diese Aufteilung exemplarisch darzustellen: Eine Gesamtauswertung der Genossenschaftsbanken für das Jahr 2011 ergab, dass sich die Zinsspanne von insgesamt 2,55 % (Zinsüberschuss in Prozent der durchschnittlichen Bilanzsumme) wie folgt aufteilte: 0,99 % Konditionsbeitrag des Kundenkreditgeschäftes, 0,96 % Konditionsbeitrag des Kundeneinlagengeschäftes und 0,61 % Strukturbeitrag (vgl. *Bausch/Behrends*, BankInformation 11/2012, S. 38)

Die weiteren Preisbestandteile neben dieser reinen „Marktzinsseite" werden im Kapitel 9.2 am Beispiel des Kreditgeschäfts exemplarisch dargestellt.

Banken arbeiten in der Kundenkalkulation mit einer Deckungsbeitragsrechnung, die Sie sich schematisch wie in Abb. 22 in Kapitel 9.2 dargestellt vorstellen können. Um Ihnen eine ungefähre Vorstellung über die Höhe der Deckungsbeiträge pro Kunde zu geben, sei eine Untersuchung aus dem Sparkassenbereich für das Jahr 2011 zitiert: Danach haben die Sparkassen über alle Kunden einen Ertrag von durchschnittlich € 480 erwirtschaftet. Während dieser durchschnittliche Deckungsbeitrag bei den Privatkunden lediglich € 380 betrug, lag er bei den Unternehmenskunden bei € 3.560. Den Spitzenwert überhaupt erreichte das Kundensegment „Firmenkunden" mit € 17.150 pro Kunde – wobei in dem Beitrag die Kundensegmente (vgl. Kapitel 2.1) nicht exakt beschrieben werden (vgl. *Ringwald*, Betriebswirtschaftliche Blätter 7/2012 S. 383).

In Banken wird heute ergänzend vielfach bereits mit der Abzinsungs-Methode gerechnet: Die Erträge aus einem Geschäft werden über die gesamte Laufzeit des Geschäftes ermittelt und auf den Abschluss-Stichtag abgezinst.

Letztlich werden bei der Preisfindung die von Ihnen gestellten **Sicherheiten** eine Bedeutung haben. Der Zusammenhang zwischen Bonität/Sicherheiten und Zinsen wird im Kapitel 9.3 am Preismodell der KfW-Mittelstandsbank beispielhaft dargestellt.

Bei der Frage nach evtl. **Sonderkonditionen** (also der für den Kunden jeweils positiven Abweichung vom Standardpreis), die in Preisverhandlungen mit Banken sehr häufig eine Rolle spielen, wird dann auch der Umfang aller Bankgeschäfte – vgl. nächster Abschnitt – eine Rolle spielen. Das ist im Bankgeschäft nicht anders als in Ihrem eigenen Geschäft, im Zweifelsfall bedeutet das auch: **Volumen** ist auch eine Preisbestimmungsgröße.

FAZIT:

- Die grundlegende Überlegung der Bankenkalkulation (Alternativpreiskonzept) haben Sie in Ihren Preisgesprächen im Hinterkopf.
- Sie kennen die Kalkulationsbestandteile und setzen diese ggf. argumentativ ein.
- Für Berater: Unterstützen Sie Ihre Mandanten mit Ihren Erfahrungen zum Thema aus Ihren Bankkontakten und suchen Sie ggf. auch gezielt das Gespräch mit „Ihren" Banken zu diesem Thema.

9.1.2 Die „Kundenkalkulation" aller Geschäfte

Die Kalkulationen aller Einzelgeschäfte fließen in der **„Kundenkalkulation"** zusammen. Diese liegt Ihrem Kundenbetreuer vor und ist eine seiner Grundlagen für die Preisverhandlungen.

„Alle Geschäfte" bezieht sich wirklich auf alle Geschäfte. Folgende Grobübersicht soll das verdeutlichen:

- Kreditgeschäfte
- Einlagengeschäfte
- Zahlungsverkehr Inland-/Ausland
- Auslandsgeschäfte/Währungsgeschäfte/Absicherungsgeschäfte

- Wertpapiergeschäfte Handel und Verwahrung
- Vermittlungsgeschäfte, die für die Bank Provisionseinnahmen generieren, wie z. B. (diese Palette ist meist umfangreicher als man denkt)
  - Versicherungen
  - Bausparverträge
  - Investmentfonds
  - Immobilien-Maklerei
  - Factoring
  - Leasing
  - ...

Dabei wird auf Unternehmerseite der Aspekt der **Vermittlungsgeschäfte** und der Provisionen, die Banken dafür von Ihren Verbund- und Kooperationspartnern erhalten, oft vernachlässigt. Viele Unternehmer merken das vor allem an den sich häufig wiederholenden Anfragen ihrer Betreuer nach Abschlüssen z. B. von Versicherungsgeschäften. Ob der Bank eine Angebotsmöglichkeit überhaupt gegeben wird (und das natürlich nur im Vergleich mit dritten Anbietern) ist die eine Entscheidung. Und da kann ja durchaus gelassen die Frage gestellt werden „warum eigentlich nicht?" Die zweite Entscheidung ist dann, ob das Angebot des Bankpartners in allen seinen Aspekten überzeugend ist. Mit Blick auf die Gesamtkonstellation (vgl. Kapitel 13 zur Finanziererlandschaft) kann es Situationen geben, in denen Unternehmen das Angebot des Bankpartners akzeptieren, obwohl es teurer ist als ein Vergleichsangebot. Wenn so entschieden wird, sollte das der Bank freundlich kommuniziert werden.

Wichtig zu bedenken ist dabei, dass die Kundenkalkulation die Geschäfte nicht nur Ihres Unternehmens, sondern Ihres **„Unternehmensverbundes"** (vgl. Kapitel 2.1 zur Kundensegmentierung) erfasst, sie enthält also neben Ihren evtl. verschiedenen Unternehmen auch Ihre Privatgeschäfte (ggf. auch die Ihrer weiteren Familienmitglieder – diese Erfassung wird i. d. R. noch deutlich über die juristische der Kreditnehmereinheit – vgl. Kapitel 3.2.7 – hinausgehen).

Für die strategische Verteilung Ihrer Bankgeschäfte auf Ihre verschiedenen Bankpartner (vgl. Kapitel 13 und dort besonders Kapitel 13.4) ist der Aspekt der Kundenkalkulation wichtig: Banken wollen ihrem Risiko entsprechend mit Ihnen Geld verdienen!

! FAZIT:

- Die Gesamtheit Ihrer Geschäfte mit Ihren jeweiligen Banken sind Ihnen in Preisverhandlungen präsent.

- Sie setzen diese entsprechend argumentativ ein (vgl. Kapitel 9.4).
- Für Berater: Betonen Sie gegenüber Ihren Mandanten die Kundenkalkulation der Banken, um eine realistische Einschätzung zu unterstützen.

9.2 „Risikoangemessene" Bepreisung von Krediten nach MaRisk

Die Bankaufsicht verlangt in den MaRisk von den Kreditinstituten, dass diese Ihre Kreditkonditionen risikoangemessen oder auch risikoadjustiert bzw. risikoadäquat gestalten sollen – vgl. Kapitel 3.1.4.

Das Risiko in Form der Ratingnote (vgl. Kapitel 4.2.4) spielt in verschiedenen Kalkulationsbestandteilen eine Rolle. In der folgenden Abbildung werden dieser Zusammenhang und die Einzelgrößen einer Bankkalkulation dargestellt:

ABB. 22: Der Einfluss des Rating auf die Preiskalkulation von Banken

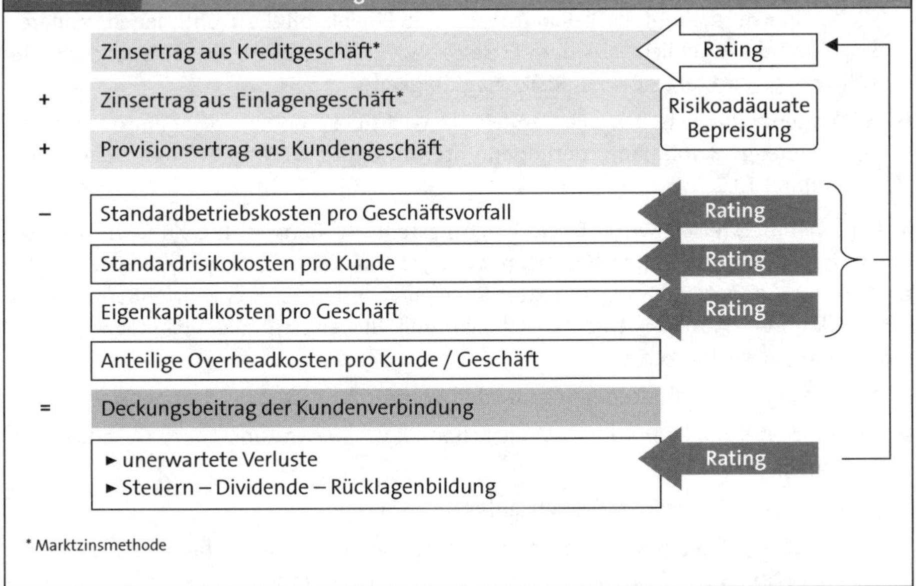

Ergänzend zu den obigen Ausführungen noch folgende **Begriffserläuterungen**:

- **Standardbetriebskosten** und Ratingzusammenhang: Ein Darlehensantrag über 300.000 € in der Ratingklasse 5 der Sparkassenorganisation (also gute Bonität – vgl. Kapitel 4.2.4) ist in der Bearbeitung weniger aufwändig als der gleiche Antrag bei einem Unternehmen in Ratingklasse 10 (zweifelhafte Bonität). Letzterer ist deutlich teurer in der Bearbeitung (Intensität der Bearbeitung, Kompetenzstufen). Die Standardbetriebskosten ermittelt die Bank über alle Geschäftsvorfälle (Überweisung, Bareinzahlung, Wertpapierkauf, Kreditvertrag etc.) und setzt diese in der Kalkulation an.

- **Standardrisikokosten**: Diese ergeben sich auf Basis der Vergangenheitserfahrungen der Bank und sind nach den unterschiedlichen Branchen gegliedert. Alle aktuellen Kredite müssen diese Vergangenheitserfahrungen mit „verdienen".
- **Eigenkapitalkosten**: Sofern die Bank das anstehende Geschäft auf Basis des Rating (vgl. Kapitel 4.2) mit Eigenkapital unterlegen muss (Kredite immer), geht dies entsprechend in die Kalkulation mit ein.
- **Anteilige Overhead-Kosten pro Kunde/Geschäft:** Die Kosten der Bank, die nicht einzelnen Geschäften verursachungsgerecht zugeordnet und somit nicht über die Standardbetriebskosten verrechnet werden können.
- **Unerwartete Verluste**: Es passiert oft, dass die tatsächlichen Verluste über den Vergangenheitserfahrungen (Standardrisikokosten) liegen. Im Rahmen von Basel II sind diese einerseits ebenfalls kalkulatorisch mit Eigenkapital zu unterlegen; andererseits sind diese schlicht aus dem Ertrag zu verkraften, wenn sie schlagend werden sollten (vgl. Kapitel 13.2.4 zur Risikotragfähigkeit).
- **Rücklagenbildung**: Ist für alle Banken ein wichtiges Thema, vor allem um die verschärften Eigenkapitalanforderungen unter Basel III zukünftig erfüllen zu können – vgl. Kapitel 13.2.3.

In Unternehmerkreisen wird oft die Frage gestellt, ob Banken ihre Kunden nicht **bewusst im Rating schlechter bewerten**, weil sie auf diesem Wege höhere Zinssätze rechtfertigen könnten. Auf den ersten Blick eine durchaus nachvollziehbare Vorstellung. Allerdings kommen mit der schlechteren Bewertung folgende negative Konsequenzen auf die Banken zu:

- Höhere Eigenkapitalunterlegung, die den Vorteil zumindest z.T. kompensiert.
- Verschlechterung der durchschnittlichen Ratingbewertung des Gesamtkreditbestandes (Portfolios) und damit
  - kritischere Fragen der eigenen „internen" Revision,
  - kritischere Fragen der „externen" Revision in Gestalt der Jahresabschlussprüfer (vgl. Kapitel 3.2.9) bis hin zu entsprechenden Hinweisen im Bericht an die Bankenaufsicht mit der Folge einer möglichen Sonderprüfung (vgl. Kapitel 3.2.10).

Diese Wirkungskette will verhindern, dass Banken systematisch schlechtere Ratings nutzen, um Zinsen erhöhen zu können. Im Einzelfall wird dieser Eindruck durchaus entstehen können, gerade weil die Beantwortung der qualitativen Fragen im Rating (vgl.

Kapitel 4.2.2.2) natürlich subjektive Ermessensspielräume hat. Deswegen ist die Kommunikation über das Rating so wichtig (vgl. Kapitel 11.3).

FAZIT:

- Der Zusammenhang zwischen Rating und Kreditzinsen ist Ihnen präsent.
- Je nach eigener Ratingsituation setzen Sie diesen – zusammen mit den anderen Argumenten aus diesem Kapitel – argumentativ ein.
- Für Berater: Unterstützen Sie in der Vorbereitung von Bankverhandlungen zu diesen Zusammenhängen, damit Ihre Mandanten mit realistischen Zielen und guten Argumenten in Bankgespräche gehen.

9.3 Preismodell der KfW-Mittelstandsbank als „Muster“

Leider geben Banken i. d. R. ihre eigene Preissystematik nicht weiter. Ein Blick in das Preismodell der KfW-Mittelstandsbank für ihre Förderkredite (zum Verständnis der Förderkredite vergleiche auch Kapitel 6.2.2.2) macht die zugrundeliegende Systematik deutlich (die Länder-Förderbanken nutzen dieses Preissystem ebenfalls) (vgl. Risikogerechtes Zinssystem – Anlage zur Konditionenübersicht für den Endkreditnehmer, Stand 8/2011, www.kfw.de im August 2014):

- Das Kreditrisiko trägt i. d. R. die Hausbank – sie nennt der Förderbank mit dem Antrag auf Basis der im eigenen Rating ermittelten Ausfallwahrscheinlichkeit die **Bonitätsklasse** der KfW:

- Bonitätsklasse 1: Ausfallwahrscheinlichkeit kleiner/gleich 0,10 %
- Bonitätsklasse 2: Ausfallwahrscheinlichkeit größer 0,10 % aber kleiner/gleich 0,40 %
- Bonitätsklasse 3: Ausfallwahrscheinlichkeit größer 0,40 % aber kleiner/gleich 1,20 %
- Bonitätsklasse 4: Ausfallwahrscheinlichkeit größer 1,20 % aber kleiner/gleich 1,80 %
- Bonitätsklasse 5: Ausfallwahrscheinlichkeit größer 1,80 % aber kleiner/gleich 2,80 %
- Bonitätsklasse 6: Ausfallwahrscheinlichkeit größer 2,80 % aber kleiner/gleich 5,50 %

– Bonitätsklasse 7: Ausfallwahrscheinlichkeit größer 5,50 % aber kleiner/gleich 10,00 %

- die Sicherheiten verhandelt und bestellt die Hausbank – sie nennt der Förderbank auf Basis des intern ermittelten Blankoanteils für den beantragten Förderkredit die **Besicherungsklasse** der KfW:
  - Besicherungsklasse 1: Werthaltige Besicherung >/= 70 %
  - Besicherungsklasse 2: Werthaltige Besicherung > 40 % und kleiner 70 %
  - Besicherungsklasse 3: Werthaltige Besicherung </= 40 %

Im Preissystem der KfW werden diese beiden Komponenten jetzt zu neun **Preisklassen** kombiniert – wie es die folgende Abbildung zeigt; diese gibt die risikoangemessenen Zinssätze für den typischen KfW-Unternehmerkredit für kleine und mittlere Unternehmen (KMU) wieder:

ABB. 23: Das Preissystem der KfW-Mittelstandsbank (Quelle: www.kfw-mittelstandsbank.de – 14. 10. 2014)

Bonitätsklasse	1	1	1	2	2	3	4	2	3	5	4	6	5	3	4	5	6	7	6	7
Besicherungsklasse	1	2	3	1	2	1	1	3	2	1	2	1	2	3	3	3	2	1	3	2
Preisklasse	A				B		C	D			E		F	G		H			I	

Effektivzinssätze (Unternehmerkredit, 10 Jahre Laufzeit und Zinsbindung, 2 tilgungsfreie Anlaufjahre, 100 % Auszahlung – KMU-Fenster)

A: 1,46	D: 2,68	G: 4,52
B: 1,86	E: 3,29	H: 5,67
C: 2,17	F: 4,01	I: 8,08

Klassenabstand steigend

Gesamtabstand: 6,62 %-Punkte

Deutlich erkennbar sind die Zinssatzsteigerungen im Preisklassen-System.

Für den **Zinsertrag Ihrer Hausbank** bedeutet das: In der Preisklasse „A" zahlen Sie als Kunde effektiv 1,46 % p. a. – davon erhält die KfW für die Bereitstellung der Liquidität (Refinanzierung) ca. 1,00 %, die das Kreditrisiko tragende Hausbank ca. 0,50 %. Alle Steigerungen in den folgenden Preisklassen erhält zu 100 % die Hausbank für ihr Kreditrisiko. Das Kreditrisiko der Hausbank wird also entsprechend „vergütet". Dabei sind die von der KfW genannten Zinssätze die Obergrenze für die jeweilige Preisklasse. Eine

Hausbank kann also durchaus nach unten abweichen und Ihnen damit „Sonderkonditionen“ einräumen, das geht dann natürlich zu 100 % zu Lasten der Hausbankmarge. Die Preisklasse „I“ dürfte eher theoretischer Natur sein – bei einer Ausfallwahrscheinlichkeit von größer 5,5 % wird wohl kaum eine Bank noch kreditbereit sein. Eine Ausnahme könnte es ggf. im Falle von Sanierungskrediten geben, wenn die Bank auf Basis eines aussichtsreichen Sanierungskonzeptes noch retten möchte, was hoffentlich noch zu retten ist. Interessanterweise übernimmt die KfW keine Haftungsfreistellung in der Preisklasse „I“ und in der letzten Kombination der Preisklasse „H“ (7/1).

Damit wird auch deutlich, dass das von Bankenseite oft vorgebrachte Argument, mit Förderkrediten lasse sich kein Geld verdienen, so nicht zutrifft (vgl. auch Kapitel 6.2.2.2). Zu diesem Ergebnis kommt auch ein Beitrag in der SparkassenZeitung: „Ferner stellen Förderkredite eine sinnvolle Ergänzung im Kreditportfolio dar, insbesondere durch fristenkongruente Refinanzierung, haftungsfreigestelltes Geschäft und ausreichende Margen“ (vgl. *Schumacher/Hamm*, SparkassenZeitung 2. 9. 2011)

Eine solche Systematik nutzen **Ihre Kreditinstitute** auch bei ihren eigenen Kreditgeschäften, sowohl im Darlehens- wie im Kontokorrentbereich. Dies wird ggf. um die im Kapitel 9.2 genannten weiteren Kalkulationsbestandteile ergänzt. Auch wenn Ihre Banken das i. d. R. nicht im Detail offen legen werden, gehen Sie in Ihren Verhandlungen von einer solchen Systematik aus und überlegen Sie im Vorfeld, wie Sie z. B. Ihre Sicherheitenpotentiale einsetzen wollen (vgl. Kapitel 8.8.2).

! FAZIT:

- Vergegenwärtigen Sie sich stets die Preisklassensystematik der KfW-Mittelstandsbank als Beispiel für die Konditionsentscheidungen in Banken.
- Nutzen Sie die Grundgedanken dieser Systematik für Ihre eigene gezielte Vorbereitung auf Kreditverhandlungen.
- Berücksichtigen Sie dabei immer das Gesamtgeschäft mit Ihren verschiedenen Banken (vgl. Kapitel 9.1.2)
- Für Berater: Unterstützen Sie Ihre Mandanten bei diesen Überlegungen mit Ihren Erfahrungen aus der Vielzahl Ihrer Mandanten- und Bank-Kontakten.

9.4 Variablen der Preisgestaltung

Auf die verschiedenen **Parameter der Konditionengestaltung** von Banken wurde bereits in verschiedenen Zusammenhängen hingewiesen. An dieser Stelle erfolgt eine kursorische Zusammenfassung der drei wichtigsten Parameter. Die Konditionendetails zu den einzelnen **Geschäftsarten** finden Sie anschließend im Kapitel 9.5. Bedenken Sie in Preisgesprächen immer, dass verschiedene Preiskomponenten sich zueinander verhalten können, wie kommunizierende Röhren: Wenn Sie als Kunde in der einen Komponente kompromissbereit sind, können Sie bei einer anderen nachdrücklicher Ihre Sichtweise einbringen. Wobei es in letzter Konsequenz wie immer auf Ihre Machtposition in der Verhandlung ankommt.

Ratingnote: Je besser ihre Bonität – ausgedrückt in der Ratingnote (vgl. Kapitel 4.2 und speziell zu den Notensystemen Kapitel 4.2.4) – desto stärker Ihre Verhandlungsposition. Quer durch alle Branchen sind prinzipiell die Kreditnehmer für Banken interessant, die im oberen Drittel der Branchenbonität angesiedelt sind. Wenn Sie das überzeugend für Ihr Unternehmen darstellen können (vgl. Kapitel 4 Grundlagen der Kreditentscheidung und Kapitel 7 Kreditunterlagen), steigen Ihre Verhandlungschancen deutlich.

Gesamtumfang und -ertrag der Geschäftsbeziehung für die einzelne Bank: Dieser in Kapitel 9.1.2 besprochene Aspekt kann nicht deutlich genug betont werden. Der Gesamtertrag der Kundenverbindung ist ein wichtiger Maßstab für die Risikobereitschaft einer Bank, denn aus diesem Ertrag muss sie ein möglicherweise einmal schlagend werdendes Kreditrisiko aus der Kundenverbindung nach Möglichkeit abdecken können.

Der Verteilung der Bankgeschäfte und der für die Banken daraus resultierenden Erträge kommt daher eine strategisch-taktische Beurteilung zu (vgl. auch Kapitel 13.4).

Sicherheitensituation: Dass Sicherheiten in der Kreditentscheidung am Ende des Beurteilungsprozesses eine wichtige Rolle spielen, ist unverändert klar und wurde in Kapitel 8.1 dargelegt. Bei allen Verhandlungen über Sicherheiten ist die unterschiedliche Sichtweise auf den Wert von Vermögenswerten zu berücksichtigen (vgl. Kapitel 8.3). Die Grundsätze zum Umgang mit Sicherheiten (vgl. Kapitel 8.2) stellen eine sinnvolle Grundlage für Sicherheitengespräche dar.

Zur Einbindung der Gestaltungselemente von Bankkonditionen in Kreditverträge und Regelungen in den Allgemeinen Geschäftsbedingungen der Banken vgl. Kapitel 14.

FAZIT:

- Konditionenverhandlungen sind eine Frage der jeweiligen Machtposition.
- Die realistische Einschätzung Ihrer eigenen Position ist die Grundlage für erfolgreiche Preisverhandlungen.
- Analyisieren Sie die verschiedenen Parameter im Vorfeld und bauen Sie die eigene Vorgehensweise darauf auf.
- Für Berater: Seien Sie Ihren Mandanten dabei ein kritisch-konstruktiver Gesprächspartner.

9.5 Typische Preise im Kreditgeschäft

Achtung: Zur Einschätzung der eigenen Konditionensituation werden natürlich gerne Vergleiche mit anderen Unternehmern herangezogen. Der Vergleich Ihrer Bankkonditionen mit denen anderer Unternehmen ist aber leider meist kaum sinnvoll möglich. Die Einzelheiten dazu finden Sie im Kapitel 9.8.

Im Folgenden werden die zu den einzelnen typischen Bankgeschäften gehörenden Preisbestandteile im Detail beschrieben und evtl. Verhandlungsmöglichkeiten aufgezeigt. Die Kenntnis dieser Details stärkt Ihre Verhandlungsposition, da Sie im Gespräch dazu nicht nachzufragen brauchen und Themen aus eigener Initiative ansprechen können.

Bedenken Sie bitte, dass Sie als Unternehmen/Unternehmer handeln. Viele derzeit öffentlich geführte Diskussionen und auch ergangene Gerichtsurteile zu Bankpreisen betreffen aber oft nur Privatkunden (aktuell z. B. die Diskussion um die Sollzinssätze für private Dispositionskredite auf Gehaltskonten).

FAZIT:

- Nutzen Sie in Preisverhandlungen Ihre Verhandlungsposition und Ihre Kenntnisse über die Preisdetails.
- Bereiten Sie sich auf Preisgespräche gut vor, nutzen Sie dazu Ihren Bankenspiegel (vgl. Kapitel 7.9 und 13.1) und Ihren Sicherheitenspiegel (vgl. Kapitel 8.8.1).

- Für Berater: Nutzen Sie Ihren Überblick aus der Vielzahl Ihrer Mandanten- und Bank-Kontakte, um Ihre Kunden quer durch alle Bankpreise zu begleiten. Betonen Sie immer wieder den Vorteil von Banken- und Sicherheiten-Spiegel und unterstützen Sie beim Erarbeiten und laufender Aktualisierung.

9.5.1 Kontokorrentkredit/Geschäftsgirokonto

- **Sollzinssatz p. a.:** Diesen Zinssatz bezahlen Sie auf die jeweilige **Kreditinanspruchnahme**. Die Inanspruchnahme errechnet die Bank auf der Basis der **Wertstellungen** (Valuten) von Zahlungseingängen und Zahlungsausgängen auf Ihrem Konto. Diese werden in den Kontoauszügen ausgewiesen. Da z. B. Eingänge z.T. erst am Folgetag der Buchung wertstellungsmäßig (valutarisch) gutgeschrieben werden, als Buchung aber bereits auf dem Kontoauszug erscheinen, kann es sehr oft vorkommen, dass Ihre täglichen Kontoauszüge nie einen Sollsaldo (also eine Kreditinanspruchnahme) gezeigt haben, Ihnen aber dennoch Sollzinsen berechnet werden.

  Bedenken Sie beim KK-Kredit die Möglichkeit der „Sonderfinanzierungen" wie im Kapitel 6.3.2 geschildert.

  Die Höhe der Sollzinssätze bewegt sich in Abhängigkeit von den besprochenen Einflussgrößen (vgl. Kapitel 9.4) in einer sehr großen Bandbreite. Die Vergleichbarkeit ist gerade hier sehr schwierig (vgl. Kapitel 9.8).

  Der Sollzinssatz für KK-Kredite wird meist als sog. „variabler" Zinssatz vereinbart, d. h. die Bank kann diesen im Rahmen der im Kreditvertrag vereinbarten Regelungen an die Entwicklungen am Markt anpassen. Die AGB verweisen auf den Kreditvertrag und legen nur fest, dass die Bank den Kunden über Änderungen informieren wird (vgl. AGB der Sparkasse Neuss, Nr. 17 Abs. 5, März 2014). Daher sollten Sie gerade diesen Passus in Ihren Kreditverträgen besonders genau lesen und eine klare Regelung vereinbaren. Meist wird heute ein Basis-Zinssatz wie der Euribor oder EONIA (vgl. Kapitel 6.3.2 – dort auch die Internetadressen, um diese Basis-Zinssätze verfolgen zu können) vereinbart und der Soll-Zinssatz in klar definierten Zeitabständen an die Veränderung dieses Basis-Zinssatzes angepasst. Wenn Sie keinen Basis-Zinssatz vereinbaren, sind Veränderungen deutlich stärker in das „Belieben" Ihrer Bank gestellt, was zu nicht besonders schönen Diskussionen führen kann.

- **Überziehungszinssatz p. a.:** Dieser Zinssatz (oft auch Überziehungsprovision genannt) wird zusätzlich zum Sollzinssatz auf Kreditinanspruchnahmen berechnet, die über eine vereinbarte Kreditlinie hinausgehen. Auch hier kann das beim Sollzinssatz geschilderte Wertstellungsthema greifen.

Wenn Sie mit Ihrer Bank eine Überziehung im Vorfeld absprechen (vgl. Kapitel 1.4) dann sollten Sie immer auch besprechen, dass für diese Überziehungen möglichst keine Überziehungszinsen berechnet werden, was Sie freilich nicht immer erreichen werden.

Übrigens: Eine Überziehung liegt auch vor, wenn Sie Ihr Geschäftskonto regelmäßig im Guthaben führen, und dennoch einmal – auch hier ggf. nur valutarisch – ins Soll rutschen und Sie keine Kreditlinie vereinbart haben.

Üblicher Weise bewegt sich der Überziehungszinssatz zwischen 3,0 – 4,5 % p. a.

- **Kreditprovision:** Banken gehen zunehmend dazu über von Ihren Kunden die sog. Kreditprovision zu verlangen, die ebenfalls in Prozent p. a. berechnet wird und zwar auf die nicht ausgenutzte Kreditlinie. Argumentiert wird hier mit der Liquiditätsvorhaltung der Bank, die ja jeden Tag dafür bereit stehen muss, dass Sie Ihre Kontokorrentkreditlinie voll ausschöpfen. Konkret bedeutet das, Sie zahlen neben dem Sollzins für Ihre Kreditinanspruchnahme zusätzlich auf die Differenz „Kreditlinie - Inanspruchnahme“ die Kreditprovision.

  Wenn Ihre Banken diesen Preis einführen wollen, sollten Sie dies nicht so einfach akzeptieren. Zumindest die Diskussion um das „Gesamtpaket“ aus Sollzinssatz und Kreditprovision sollte geführt werden.

  Die Sätze der Kreditprovision bewegen sich üblicher Weise in einer Bandbreite von 3,0 bis 4,5 % p. a.

  Außerdem kommt noch eine Kreditprovision auf die Höhe der vereinbarten KK-Kredit-Linie vor, d. h. es wird sozusagen eine regelmäßige „Bearbeitungsgebühr“ von x,xx % p. a. auf die Kreditlinie bezahlt. Hier liegen die Provisionssätze niedriger – eine solche Regelung sollte aber in jedem Falle möglichst „wegverhandelt“ werden.

- **Zahlungsverkehrspreise:** Die Preise für die Kontoführung variieren sowohl in der Berechnungsgrundlage als auch in der Höhe der Einzelpreise beträchtlich. Vorteilhaft ist für Kunden immer die möglichst umfangreiche Nutzung der elektronischen Kontoführung. Auch die Vereinbarung eines Pauschalpreises pro Monat kann eine im Einzelfall sinnvolle Alternative sein.

  Denken Sie u. a. an die folgenden Geschäftsvorfälle, die Gegenstand von Preisberechnungen sein können:

  - Grundpreis monatlich oder vierteljährlich
  - Buchungspostenpreis für die unterschiedlichsten Zahlungsverkehrs-Arten differenziert (vor allem: beleghaft/elektronisch)
  - Kontoauszüge
  - Nutzung Nachttresor

- Geldwechsel (Rollengeld)
- ...

Die Preisbandbreiten sind beträchtlich. Hier ist ein Vergleich mit anderen Unternehmen einfacher darzustellen als im Zinsgeschäft, da diese Bepreisung nicht von Fragen der Bonität oder Sicherheiten abhängt, sondern nur vom Mengengerüst der jeweils in Anspruch genommenen Dienstleistungen.

Für Ihre **privaten Gehaltsgirokonten** gibt es bei vielen Banken mittlerweile kostenlose Angebote, meist unter der Voraussetzung der ausschließlich elektronischen Kontoführung und oft zusätzlich gekoppelt an Mindestguthaben und/oder Mindestgeldeingang pro Monat.

► **Bearbeitungsgebühren:** Hier sind Banken besonders erfinderisch. Im Bereich der KK-Kredite kommen Bearbeitungsgebühren vor für Krediteinräumungen, Kreditverlängerungen, Limitänderungen. Diese können berechnet werden als Prozent vom Limit oder auch als feste Eurobeträge.

  Hier sollten Sie immer versuchen, derartigen Sonderkosten „einen Riegel vorzuschieben".

► **Abrechnungszeitraum:** Üblich war über lange Jahre die sog. Quartalsabrechnung. Zinsen und Gebühren wurden vierteljährlich belastet. Immer mehr Banken gehen zur monatlichen Rechnungsstellung über z. T. auch gesplittet: Gebühren monatlich, Zinsen vierteljährlich. Für Sie bedeutet das in jedem Fall eine versteckte Kostensteigerung, da die frühere Belastung zu mehr Sollzinsen (bei Kreditinanspruchnahme) bzw. ggf. zu weniger Habenzinsen bei Kontoführung im Guthaben mit Habenzinsvereinbarung (siehe unten) führt.

► **Habenzinsen:** Im Allgemeinen werden Girokonten ohne eine Verzinsung der (evtl. auch nur zeitweilig) unterhaltenen Guthaben geführt. Dies muss aber nicht so sein. Verhandeln Sie bei ständigen, vor allem höheren Guthaben-Beträgen eine entsprechende Habenverzinsung. Habenzinsen werden entweder auf alle Guthabensalden vergütet oder als Variante nur auf Guthabensalden, die ein definiertes Mindestguthaben überschreiten. Manche Banken bieten solche Verzinsungsmöglichkeiten auch nur über ein separates Tagesgeldkonto an, welches dann leider zu ständigen Umbuchungen der Beträge führt. Darüber hinaus besteht immer die Möglichkeit, Guthabenbeträge, die über einen absehbaren Zeitraum (mindestens 30 Tage) nicht benötigt werden, auf separaten Konten als Festgeld anzulegen, i. d. R. zu einem besseren Zins als auf dem laufenden Konto oder einem Tagesgeldkonto.

  Auch wenn dieses Thema aktuell im Sommer 2014 mit Blick auf das Zinstief akademisch erscheinen mag, da es eh keine Habenzinsen mehr gibt und die meisten Banken bestehende Habenzinsvereinbarungen auf 0,00 % heruntergefahren haben:

Behalten Sie es im Blick und sprechen Sie das Thema aktiv an, wenn die Zinsen wieder steigen sollten.

- **Zinskompensation:** Ein besonderes Kapitel sind die sog. Zinskompensationen zwischen verschiedenen Giro-/Tagesgeldkonten, von denen z. B. eines im Soll und eines im Guthaben geführt wird. Solche Konstellationen ergeben sich immer mal wieder bei Projektfinanzierungen oder Situationen, in denen Unternehmen aus internen Gründen verschiedene Konten führen möchten. Zinskompensation bedeutet, dass Sollzinsen nur auf den Gesamtsaldo aus allen einbezogenen Konten gezahlt werden (bzw. Habenzinsen nur auf den Gesamtsaldo vergütet werden, wenn dieser ein Guthabensaldo sein sollte). Dies kann im Zweifelsfall die Zinsbelastung deutlich reduzieren. Eine Bank wird ggf. für jedes in die Zinskompensation einbezogene Konto eine separate Gebühr fordern. Erfahrungsgemäß werden Sie bei diesem Thema besonders hartnäckig sein müssen.

FAZIT:

- Die Preisbestandteile speziell beim Kontokorrentkredit sind sehr vielfältig – versuchen Sie möglichst wenig belastende Preisbestandteile zu vereinbaren.
- Sehen Sie alle Preisbestandteile als Gesamtpaket, so können Sie Verhandlungspositionen besser „verteilen" und für Sie tragfähige Kompromisse erzielen.
- Für Berater: Begleiten Sie Ihre Mandanten auch hier bei Vorbereitung und Führung der Gespräche mit Ihrer breiten Kenntnis und evtl. realistischeren Einschätzung der Verhandlungspotenziale.

9.5.2 Darlehen

- **Zinsen:**
  - Im Kreditvertrag wird erst einmal der sog. **Nominalzins** ausgewiesen. Das ist der Zinssatz, der auf die jeweilige Restschuld auf Jahresbasis (p. a.) tatsächlich berechnet wird.
  - Um Darlehensangebote vergleichen zu können, wird jedoch der **Effektivzinssatz** benötigt, der weitere Preisbestandteile wie z. B. ein Disagio oder Gebühren einbezieht. Dieser ist im gewerblichen Kreditgeschäft (im Gegensatz zu Verbraucherkrediten) nicht gesetzlich vorgeschrieben. Sie sollten jedoch auf dessen Nennung bestehen und sich auch erklären lassen, welche Bestandteile eingerechnet werden.

Die verschiedenen Darlehensangebote können Sie nur auf Basis identisch berechneter Effektivzinssätze wirklich vergleichen.

Leider hat auch der Effektivzinssatz noch Tücken: Sie müssen klären, über welche Laufzeit die Bank den Effektivzinssatz berechnet – also alle (!) Kostenbestandteile verrechnet hat. Dies ist besonders bei Festzinskrediten (siehe folgender Absatz) wichtig, denn die Bank kann die Zinsfestschreibungsfrist– oder ggf. auch die längere Gesamtlaufzeit des Kredites der Berechnung zugrunde legen. Richtig wäre es, die Zinsfestschreibungsfrist als Verrechnungsbasis zu nutzen.

- Für Darlehen bietet sich die Vereinbarung eines festgeschriebenen Zinssatzes (**Festzinssatz**) an – ganz besonders in der derzeitigen Tiefzinsphase (Herbst 2014). Damit haben Sie als Kreditnehmer eine dauerhaft verlässliche Kalkulationsbasis für Ihre Belastung. Eine Zinsfestschreibung kann für die Gesamtlaufzeit oder eine kürzere Frist vereinbart werden. Nicht immer bieten Banken für die Gesamtlaufzeit – z. B. bei Immobilienfinanzierungen über 15 Jahre – eine Zinsfestschreibung an (das ist meistens ein Vorteil der öffentlichen Förderkredite – vgl. Kapitel 6.2.2.2). Zinsfestschreibung heißt: Beide Vertragsseiten sind an diesen Zinssatz für die Dauer der Zinsfestschreibungsfrist gebunden. Als Nachteil könnte sich ergeben, dass i. d. R. bei Zinsfestschreibungen Sondertilgungen nur unter Zahlung einer sog. Vorfälligkeitsentschädigung möglich sind. Lassen Sie sich diese auf jeden Fall erläutern (vgl. dazu auch unten Tilgungsmodalitäten).

  Die Vereinbarung einer Zinsfestschreibung hängt von der aktuellen Zinssituation und deren weiterer Einschätzung für die kommenden Jahre ab. Es kann auch überlegt werden bei größeren Darlehensbeträgen und unklarer Einschätzung der Zinsentwicklung die Darlehenssumme in Darlehen mit Zinsfestschreibung (ggf. auch über verschiedene Fristen) und Darlehen mit variablem Zins aufzuteilen. Kalkulieren Sie Ihre Darlehenspläne einfach mit verschiedenen Festzinsfristen durch; der Zinssatz wird umso höher sein, je länger die gewählte Zinsfestschreibung läuft; aber erst eine Berechnung der wirklich entstehenden Raten gibt ein relastisches Bild der Mehrbelastung – die Sie dann gegen die höhere Sicherheit über die längere Laufzeit/Zinsbindungsfrist abwägen können.

- Bei einer **variablen Zinsvereinbarung** kann die Bank den Zinssatz „jederzeit“ nach oben und nach unten anpassen. In diesem Fall sollte im Darlehensvertrag ein Referenzzins vereinbart werden sowie die Frist, in der regelmäßig angepasst wird (oft vierteljährlich). Ohne eine solche Vereinbarung würde die Anpassung in die alleinige Entscheidungsgewalt der Bank fallen. Die Referenzzinssätze sind auch bei Darlehen meist der Euribor oder der EONIA (vgl. Kapitel 6.3.2 – dort auch die Internetadressen für den Zugriff auf diese Zinssätze). Ein Vorteil des variablen Zinses ist die Möglichkeit, jederzeit ohne zusätzliche Kosten Sondertilgungen leisten zu können.

Bei Abschluss eines Darlehens wird das variable Zinsangebot Ihrer Bank i. d. R. günstiger sein als ein Festzinsangebot. Bedenken Sie die Gesamtlaufzeit – wägen Sie Sicherheit gegen Kostennachteil ab. Letztlich ist es eine Frage Ihrer Einschätzung der Entwicklung der Kapitalmarktzinsen über die Laufzeit des Darlehens/der Zinsfestschreibungsfrist.

Natürlich können Sie ein variables Darlehen auch noch zu einem späteren Zeitpunkt mit seinem dann aktuellen (Rest-) Saldo in ein Darlehen mit Zinsfestschreibung umwandeln.

– Eine weitere Möglichkeit, das Zinsänderungsrisiko bei variabler Verzinsung zu reduzieren ist ein sog. **Zinscap**. Infolgedessen vereinbaren Sie eine Zinsobergrenze, bis zu der die Bank den Zinssatz während der gesamten Kreditlaufzeit maximal erhöhen kann. Eine solche Vereinbarung ist auch auf Teilbeträge und auch während der Laufzeit eines Kredites möglich. Die Bank lässt sich den Verzicht auf evtl. mögliche weitere Zinsanhebungen von Ihnen mit einer Gebühr bei Abschluss der Vereinbarung bezahlen. Diese können Sie sehen wie eine Versicherungsprämie. Die Prämie ist bezahlt, ob das damit abgesicherte Risiko „deutliche Zinserhöhung" jemals eintreten wird, ist ungewiss. Die Höhe der Cap-Prämie berechnet die Bank nach den Parametern Kredithöhe, Laufzeit des Cap, Obergrenze der aktuellen Zinsdifferenz, Zinseinschätzung für die Laufzeit.

  Ob ein Zinscap sinnvoll ist, können Sie nur auf Basis Ihrer eigenen Zinserwartungen mit Modellrechnungen im Rahmen eines Zins- und Tilgungsplanes abschätzen.

– Eine nochmals andere Art der Absicherung vor erwarteten Zinssteigerungen ist das **Forward-Darlehen** für folgende Ausgangslage: Sie wollen in den kommenden zwölf – 36 Monaten ein neues Darlehen aufnehmen oder für ein bestehendes Darlehen wird eine Zinsfestschreibung auslaufen und ein neuer Zinssatz für den Restsaldo ist über die Restlaufzeit zu vereinbaren. Sie erwarten Zinssteigerungen und wollen sich das jetzt bestehende Zinsniveau sichern. Sie schließen mit der Bank eine Forward-Vereinbarung ab und legen bereits jetzt den Zinssatz für die gewünschte Zinsfestschreibungsfrist fest. Die Bank wird auf den aktuellen Zins einen Forward-Aufschlag von üblicherweise 0,01 – 0,05 %-Punkten pro Monat berechnen.

  BEISPIEL Ihre Bank bietet Ihnen aktuell für eine 5-Jahres-Zinsfestschreibung 1,95 % p. a. an (angelehnt an den KfW-Unternehmerkredit im KMU-Fenster, 5 Jahre Laufzeit, 1 Jahr tilgungsfrei, 5 Jahre Zinsfestschreibung, Preisklasse D –25. 7. 2014 – vgl. Kapitel 9.3); die Zinsfestschreibung Ihres Kredites läuft in 18 Monaten aus und Sie möchten jetzt ein Forward-Darlehen abschließen. Ihre Bank rechnet einen Aufschlag von 0,03 %-Punkten p. M. – also für 18 Monate einen Aufschlag von 0,54 %-Punkten. Sie würde Ihnen einen Nominalzinssatz von 2,49 % anbieten (1,95 + 0,54). Auch hier können Sie wie beim Cap die Mehrkosten nur mit dem Vergleich von Zins- und Tilgungsplänen in verschiedenen Zinsszenarien abwägen.

– Schließlich wird Ihre Bank den Zins **risikoadäquat** bemessen, wie die MaRisk (vgl. Kapitel 3.1.4) es verlangen (vgl. Kapitel 9.3 Beispiel Preissystem der KfW). Die Vergleichbarkeit mit Zinssätzen, die andere Unternehmen von ihren Banken genannt bekommen, ist damit sehr schwierig – vgl. Kapitel 9.8.

► **Auszahlung/Disagio:** Oftmals wird ein Darlehen nicht mit der vollen vereinbarten Kreditsumme ausgezahlt (also zu 100 %), sondern mit einem Abschlag, dem sog. Disagio. Für Sie ist das ein Bestandteil der von Ihnen zu zahlenden Zinsen (in Ihrer Bilanz wird das Disagio als „aktive Rechnungsabgrenzung" geführt und jedes Jahr zeitanteilig über die Laufzeit zu Lasten des Zinsaufwands aufgelöst). Das Disagio ist zwingend in den Effektivzinssatz einzurechnen (bei einer Zinsfestschreibung über die Festschreibungsdauer, bei variabler Verzinsung über die Gesamtlaufzeit des Darlehens).

Berücksichtigen Sie, dass Ihnen der Disagio-Betrag in der Verwendung der Darlehenssumme fehlen wird. Daher stellt sich die Frage, ob er bei größeren Beträgen mitfinanziert werden soll, also auf die Darlehenssumme aufgeschlagen wird.

► **Auszahlungsvoraussetzungen**: I. d. R. wird die Bank die Auszahlung des Darlehens erst nach Abschluss von Kreditvertrag und Sicherheitenvertrag/-verträgen sowie der rechtsgültigen Bestellung aller Sicherheiten vornehmen. Das zügige Abarbeiten dieser „Formalien" ist daher wichtig. Speziell bei größeren Vorhaben kann es außerdem vorkommen, dass Banken die Auszahlung des Darlehens in Teilbeträgen oder insgesamt an einen Nachweis der bestimmungsgemäßen Verwendung koppeln. Die Verwendung ist im Darlehensvertrag festgelegt. Für die Auszahlung ist oft der Nachweis entsprechender Rechnungen erforderlich. Es wird ggf. auch festgelegt, dass Auszahlungen vom Darlehenskonto nur direkt an Dritte möglich sind.

► **Bereitstellungsprovision:** Die Auszahlung eines Darlehens erfolgt oft nicht auf einen Schlag, sondern in Teilbeträgen z. B. mit der Abwicklung der finanzierten Investition. In solchen Konstellationen ist die Bereitstellungsprovision ggf. ein weiterer erheblicher Kostenbestandteil. Die Bank berechnet diese ab Vertragsabschluss (siehe oben zu den Auszahlungsvoraussetzungen) auf den noch nicht ausgezahlten Darlehensbetrag. Die Begründung dafür ist, dass die Bank das Geld bereithalten muss. Dabei sind zwei Preiskomponenten zu verhandeln:

– Der Zinssatz für die Bereitstellungsprovision: hier werden oft 3,00 % p. a. angesetzt;

- der Karenzzeitraum: i. d. R wird die Bereitstellungsprovision erst ab einem Zeitablauf von x Monaten nach Bewilligungsdatum berechnet, d. h. innerhalb der Karenzzeit wird noch keine Bereitstellungsprovision fällig.

Es kann daher durchaus sinnvoll sein, sich am Ende der Karenzzeit die Restsumme auszahlen zu lassen und die für die Investition noch nicht benötigten Beträge auf einem Festgeldkonto „zwischen zu parken" oder damit vorübergehend die Inanspruchnahme auf dem Kontokorrentkonto zu reduzieren. Beides ist eine Frage der jeweiligen Zinssätze. Wenn die Darlehensauszahlung an einen Verwendungsnachweis gebunden ist, entfällt diese Möglichkeit allerdings.

- ► **Tilgungsmodalitäten:** Zu welchem Zeitpunkt die Zinsen auf die Restschuld berechnet werden, ist ein weiteres Thema. Ausführliche Hinweise zu den beiden Grundtypen Annuitätendarlehen und Tilgungsdarlehen und zu möglichen Sonderregelungen und zu Berechnungsseiten im Internet finden Sie im Kapitel 6.2.2.1.

  Lassen Sie sich zu jedem Angebot auf jeden Fall einen **Tilgungsplan** ausdrucken, aus dem über die gesamte Laufzeit alle Raten mit Aufteilung nach Zins und Tilgung verzeichnet sind und die Summenbelastungen ersichtlich werden.

  Beachten Sie: Wenn die Zinsfestschreibung kürzer läuft als die Darlehenslaufzeit, wird im Anschluss an das Ende der Zinsfestschreibungsfrist im Tilgungsplan i. d. R. mit dem bisherigen festgeschriebenen Zinssatz weiter gerechnet. Ob Sie diesen für die Verlängerung des Restsaldos erhalten werden, bleibt bis zum Eintritt dieses Falles jedoch vollkommen ungewiss.

- ► **Sondertilgungen:** Im Kreditvertrag wird i. d. R. lediglich die normale Tilgung vereinbart sein. Wenn Sie dann während der Kreditlaufzeit Sondertilgungen leisten, ist das bei einem variabel verzinsten Darlehen kein Problem – bei einem Darlehen mit Zinsfestschreibung aber ausgeschlossen. Daher empfiehlt es sich, Regelungen für Sondertilgungen in den Darlehensvertrag hineinzuverhandeln. Vor allem dann, wenn solche aus Ihren Liquiditätsüberlegungen heraus während der Darlehenslaufzeit durchaus absehbar erscheinen (z. B. durch hohen Liquiditätsüberschuss im Unternehmen oder erwartete oder zumindest mögliche Geldzuflüsse im privaten Bereich, die in das Unternehmen transferiert werden könnten). Diese Regelungen werden die Banken gerne auf bestimmte Werte p. a. begrenzen; dazu werden feste €-Beträge p. a. vereinbart oder ein Betrag i. H. von max. x % der Darlehensanfangssumme oder des aktuellen Darlehenssaldos.

- ► Haben Sie keine Sondertilgungen vereinbart, möchten bei einem Festzinsdarlehen jedoch eine Sondertilgung leisten, wird Ihnen die Bank eine sog. **Vorfälligkeitsentschädigung** in Rechnung stellen. Hintergrund: Die Bank hat sich für die Festzinsfrist Ihres Darlehens selber mit einem festen Zinssatz refinanziert (zumindest wird dies unterstellt); diese Mittel kann sie jetzt ggf. nicht zu einem so hohen Zinssatz wie bei Ihrem Darlehen vereinbart erneut anlegen – also steht ihr ein Schadenersatz für den entgehenden Zinsertrag zu. Die Berechnung der Vorfälligkeitsentschädigung ist immer wieder Gegenstand auch öffentlicher Auseinandersetzungen und der Rechtsprechung des BGH (die oftmals aber nur von Verbrauchern abgeschlossene Kreditverträge behandelt). Auf jeden Fall sollten Sie sich die Berechnung offenlegen lassen und ggf. von einem Gutachter oder spezialisierten Rechtsanwalt gegenrechnen lassen. Einige Eckpunkte sind z. B.: Welche alternativen Anlagezinssätze, die jetzt nur noch zu erzielen wären anstatt des vereinbarten Zinssatzes, werden in Anrechnung gebracht? Wird für jeden Monat der Restlaufzeit separat gerechnet? Werden die Risiko- und Verwaltungskosten der Bank abgezogen und in welcher Höhe? Werden vereinbarte Sondertilgungsregelungen reduzierend mitberücksichtigt? Auch eine Bearbeitungsgebühr für das Berechnen der Vorfälligkeitsentschädigung ist übrigens zulässig.

- Wenn Sie das Thema vertiefen möchten finden Sie im Internet u. a. die folgenden Adressen:

INTERNET:

- http://de.wikipedia.org/wiki/Vorf%C3%A4lligkeitsentsch%C3%A4digung
- http://www.wehrt.de/vorfaelligkeitsentschaedigung/berechnung-neu.aspx

- **Abrechnungszeitraum:** War bis vor wenigen Jahren die vierteljährliche Zinsbelastung üblich, nehmen viele Banken mittlerweile die Zinsbelastung monatlich vor. Das macht das Darlehen für Sie insgesamt teurer und müsste in der Effektivzinsbelastung berücksichtigt werden.
- **Kontoführungsgebühr:** Banken sind vielfach dazu übergegangen, auch für die Buchungen auf Darlehenskonten einen Preis pro Buchungsposten zu erheben. Dies ist 2011 durch ein höchstrichterliches Urteil untersagt worden.
- **Bearbeitungsgebühr:** I. d. R. ein einmaliger Preis für die Bearbeitung von Darlehensantrag, -vertrag und Sicherheiten. Der Phantasie sind keine Grenzen gesetzt (vgl. auch Kapitel 9.5.4). Letztlich sind auch solche Preise immer Verhandlungssache.

FAZIT:

- Hier kann es, ähnlich wie beim KK-Kredit kompliziert werden.
- Sehen Sie alle Preisbestandteile als Gesamtpaket – so können Sie Verhandlungspositionen besser „verteilen“ und für Sie tragfähige Kompromisse erzielen.

- Für Berater: Auch hier sind Ihre Marktkenntnisse sowohl in der Vorbereitung als auch der Verhandlungsführung gefragt.

9.5.3 Avalkredite

Die Kosten von Avalkrediten beruhen lediglich auf zwei Preisen:

- **Avalprovison:** Der Zinssatz p. a., den Sie auf die jeweilige Inanspruchnahme bezahlen. Die Berechnung erfolgt oft vierteljährlich im Voraus. Bei Rückgabe der Avalurkunde wird dann entsprechend rückerstattet.

  Die Sätze bewegen sich üblicherweise in einer Bandbreite von 1,0 – 3,0 % p. a. in Abhängigkeit von Bonität und abgesicherten Risiken. Bei Anzahlungsavalen mit Bar-Unterlegung (vgl. Kapitel 6.3.3) muss sich diese in niedrigen Avalprovisionssätzen niederschlagen.
- **Avalgebühr:** Oft auch als Schreibgebühr bezeichnet, wird pro Avalurkunde, also pro von der Bank oder Versicherung hinaus gelegtes Aval einmalig berechnet.

! FAZIT:

- Eine überschaubare und gut vergleichbare Preisgestaltung.
- Nutzen Sie die ganze Breite des Angebotes, inkl. der Versicherer (vgl. Kapitel 6.3.3).
- Für Berater: Nutzen Sie Ihre Marktübersicht unter Einbeziehung von Kautionsversicherern für Ihre Mandanten.

9.5.4 Sonstige Bearbeitungskosten – z. B. für Sicherheiten

Neben den bei den einzelnen Kreditarten bereits beschriebenen Bearbeitungsgebühren gibt es viele Geschäftsvorfälle in der Kunde-Bank-Beziehung, bei denen Banken einfällt, dass sie dafür doch eigentlich eine Bearbeitungsgebühr in Rechnung stellen könnten. Der Einfallsreichtum der Banken nimmt weiter deutlich zu.

Ein wichtiger Grundsatz i. S. einer fairen Geschäftspartnerschaft sollte auf jeden Fall sein, dass Gebühren und Bearbeitungskosten welcher Art auch immer, vorher (!) von der Bank angesprochen und klar beschrieben (wofür) und beziffert (wie viel) werden, sodass Sie als Kunde die Chance haben, eine Entscheidung zu treffen, ob Sie diese Leistung zu diesem Preis in Anspruch nehmen oder nicht. Dies ist leider in der Beratungspraxis von Banken noch nicht immer der Fall. Im „Nachhinein" berechnete Bearbeitungspreise sollten Sie nicht akzeptieren. Aber: Lesen Sie Ihre Verträge genau – wenn diese Preise dort verzeichnet sind und Sie haben unterschrieben, dann werden Sie zahlen müssen.

Ein geradezu „klassischer" Gebührenbereich ist die **Bestellung, Verwaltung und Freigabe von Sicherheiten** – wobei die Höhe der Gebühren sehr unterschiedlich ausfallen kann:

- **Bestellung**: Für jede einzelne Art von Sicherheiten wird ein Bearbeitungspreis in Rechnung gestellt, sozusagen als „Vertragschreibgebühr" oder „Sicherheitenprüfgebühr".
- **Verwaltung**: Das kann von jährlicher „Grundgebühr" bis zu den Kosten einer Sicherheitenprüfung gehen. Diese sind insbesondere bei Sicherheiten mit variablen Beständen, wie z. B. Abtretung Kundenforderungen (vgl. Kapitel 8.4.4) und Sicherungsübereignung Warenbestände und Halbfertige/Fertige (vgl. Kapitel 8.4.3) üblich. Dies bedeutet, dass Sie die Bestandslisten einreichen und die Bank diese in der Bank oder auch durch Inaugenscheinnahme bei Ihnen im Unternehmen prüft. Einige Banken setzen dafür auch externe Spezialisten ein. Diese Prüfungen sind i. d. R in den Sicherheitenverträgen vereinbart und so sollten es auch die Kosten sein. Das Gleiche kann bei Überprüfungen der Werthaltigkeit von Grundschulden eintreten.

  Die regelmäßige Überprüfung von Covenants (vgl. Kapitel 8.6) würde auch in diese Kategorie fallen.
- **Freigabe**: Wenn die Sicherheit durch entsprechende Vertragsgestaltung nicht automatisch ausläuft, muss Ihnen die Bank diese durch einen entsprechenden Bearbeitungsschritt wieder freigeben. Dies kann ein möglicher Anlass für einen Bearbeitungspreis, insbesondere bei Grundschulden sein (vgl. Kapitel 8.4.2). Da diese ein abstraktes Recht und damit nicht an einen speziellen Kredit gebunden sind, ist für jedwede Veränderung ein Bearbeitungsschritt der Bank erforderlich, unabhängig davon ob diese Veränderung privatschriftlich erfolgt oder im Grundbuch eingetragen wird. Das beginnt bei der Abtretung der Rückgewährsansprüche an den Gläubiger einer nachrangig eingetragenen Grundschuld, über die Abtretung einer Grundschuld oder eines Teilbetrages und eine Vorrangeinräumung für eine andere Grundschuld bis hin zur Löschung.
- **Poolbildung**: Im Bereich der Sicherheiten des Umlaufvermögens kommt es mit Blick auf den Grundsatz der Gleichbehandlung (vgl. Kapitel 8.7) oftmals zu Poolbildungen. Hier ist immer mit Poolgebühren zu rechnen, in jedem Falle für den Poolführer, oftmals für alle Beteiligten und das in z. T. erheblichen Größenordnungen.

Aber auch für andere Geschäftsvorfälle, durchaus auch für spezielle **Beratungen** werden immer öfter Preise ins Gespräch gebracht und versucht, diese für die Bank durchzusetzen. Für den Kunden stellt sich jeweils die Frage nach dem Kosten-Nutzen-Verhältnis und auch die Frage nach der „Abhängigkeit“ von der Bank bzw. dem Grad der eigenen Unabhängigkeit, um solche Anfragen (die man z.T. als Anfragen in Anführungszeichen bezeichnen muss) ggf. ganz oder zumindest teilweise zurückweisen zu können.

Ein Beispiel aus den letzten Jahren ist z. B. das Führen eines ausführlichen Ratingergebnis-Gesprächs mit einer entsprechenden schriftlichen Ausarbeitung über das Bankenrating für den Kunden (vgl. Kapitel 11.3).

Oder auch eine Beratung zur „Bilanzoptimierung unter Einbeziehung öffentlicher Fördermittel“.

In diesem Kostenbereich ist im Rahmen der eigenen Finanziererlandschaft (vgl. Kapitel 13) ein Vergleich immer relativ gut möglich. Außerdem hilft der Kontakt unter Unternehmerkollegen weiter, zumindest mit der Frage, ob dort „solche“ Bearbeitungspreise auch schon einmal aufgetaucht sind. Allerdings ist dabei an die Probleme der Vergleichbarkeit zu denken (vgl. Kapitel 9.8).

FAZIT:

- Sie sollten Sonstige Bearbeitungskosten möglichst verhindern oder zumindest begrenzen.
- Akzeptieren Sie diese nur, wenn sie vorher (!) transparent dargestellt und vereinbart werden.
- Entscheiden Sie abgesehen von einer Abhängigkeitssituation nach Kosten-Nutzen-Überlegungen über Ihre Akzeptanz.
- Für Berater: Unterstützen Sie mit Ihrem breiten Markteinblick sowohl hinsichtlich der Üblichkeit aufgerufener Bearbeitungsentgelte als auch hinsichtlich der jeweils geforderten Höhe.

9.6 Bonitätsabhängige Zinsvereinbarungen – ein Zukunftsthema

Die von der Bankenaufsicht geforderte risikoangemessene Bepreisung (vgl. Kapitel 3.1.4) ist ein zweigeteiltes Thema:

- Einmal zum **Zeitpunkt der Kreditgewährung**, das war bisher der Schwerpunkt der Betrachtungen und

- während der **gesamten Laufzeit eines Kredites** - und daraus ergeben sich andere Blickwinkel.

Bei einem **Kontokorrentkredit** ist dies noch relativ einfach möglich. Dank i. d. R. variabler Verzinsung und der immer stärkeren Befristung auf ein Jahr, kann die Bank hier die Aussage tätigen, dass der KK-Zins wegen des sich verschlechternden Ratings angehoben werden müsse.

Im **Darlehensbereich** sieht dies schon ein wenig anders aus. Bei **variabel verzinsten** Darlehen sehen die Verträge zwar eine regelmäßige Anpassung an den Referenzzins vor (vgl. Kapitel 9.5.2), d. h. aber nur, dass der Darlehenszins wie im Vertrag geregelt an die Veränderung des Referenzzinses angepasst wird. Eine Zinsanpassung wegen einer Rating- oder Bonitätsverschlechterung sehen die Verträge i. d. R. nicht vor.

Bei Darlehen mit **Zinsfestschreibung** entfällt in den heutigen Vertragsmustern eine Veränderung des Zinssatzes während der Festschreibungsdauer komplett.

Daher wird in der Bankenwelt diskutiert, ob und wie solche Anpassungsmöglichkeiten vertraglich gestaltet werden könnten:

- Aufspaltung des Zinssatzes in zwei Teile: Marktzins und Bonitätsprämie;
- Vereinbarung der Änderung des Marktzinses über eine Referenzzins-Regelung;
- Vereinbarung der Änderung der Bonitätsprämie (auch bei Zinsfestschreibungen!) über eine Verknüpfung mit dem jährlichen Voll-Rating (vgl. Kapitel 4.2.2) oder sogar Anpassung an das monatliche Schnellrating (vgl. Kapitel 4.2.3).

Eine interessante Frage, die sich stellt, ist wie eine solche Verknüpfung im Detail aussehen könnte. Denn Ratingeinstufungen verändern sich nicht nur, weil sich die Bonitätsverhältnisses des Unternehmens verschlechtern (oder verbessern), sondern z. B. auch durch das „Backtesting" der Banken (vgl. Kapitel 4.2.1). Daher wird auch die Koppelung an Financial Covenants (vgl. Kapitel 8.6) diskutiert, wie z. B. den Verschuldungsgrad (vgl. *Heitzer/Wittgruber*, Betriebswirtschaftliche Blätter 9/2011 S. 508). Wichtig wird auf jeden Fall sein, dass eine solche Regelung mit dem gleichen Automatismus nach beiden möglichen Richtungen – Verschlechterung und Verbesserung – wirkt.

Natürlich sollten Banken die Aufnahme solcher Regeln in Kreditverträge vorher ausführlich erläutern.

! FAZIT:

- Lesen Sie Ihre Kreditverträge sorgfältig durch, damit Sie von solchen Regelungen nicht erst während der Kreditlaufzeit überrascht werden.

- Für Berater: Ihren Überblick über die Gestaltungen bei allen Mandanten können Sie für Warnhinweise an alle Mandanten beim erstmaligen Auftreten einer solchen Klausel nutzen.

9.7 Ihre Kreditkonditionen im Zeitablauf – selbst aktiv werden

Bei der Vielzahl der Preisbestandteile und den ggf. umfangreichen Finanzierungsbausteinen in Ihrer Bilanz mit verschiedenen Kreditinstituten kann schon mal der Überblick verloren gehen. Das kann immer dann teuer werden, wenn durch das Ablaufen von Fristen „eigentlich" Handlungsbedarf bei Ihnen besteht, Sie dies aber übersehen und damit zeitlich einen Nachteil erfahren. Denn ein Fristablauf ist für Sie immer die Chance, Ihre Gesamtsituation noch einmal in den Blick zu nehmen und die anstehende Einzelfrage nicht isoliert sondern im Gesamtzusammenhang Ihrer derzeitigen Finanzierungen und Ihrer weiteren Finanzierungsplanungen zu betrachten.

Typische Fristabläufe sind:

- Jede Art der Befristung von Kreditverträgen
  - Kontokorrentkredite
  - Avalkreditrahmen
  - Darlehen
  - Sonderkonten wie Projektfinanzierungen
  - ...
- Auslauf von Festzinsvereinbarungen
- Ablauf von vereinbarten Überziehungen
- Vereinbarte Termine jedweder Art mit Ihren Banken (zu denen Sie oder Ihre Bank/en aktiv werden wollten).
- ...

Wichtig für Sie ist, dass Ihr **Wiedervorlagesystem** Sie rechtzeitig informiert, sodass Sie die Chance haben, sich neben Ihrem Tagesgeschäft die Zeit für die anstehende Verlängerungsfrage zu nehmen. Das bedeutet i. d. R. einen zeitlichen Vorlauf von 8-12 Wochen oder sogar länger (Ausnahmen bilden ggf. das Auslaufen von Projektfinanzierungen und Überziehungen mit kürzeren Fristen). Bedenken Sie zu dieser relativ langen Vorlaufzeit: Sie werden Ihre Bank auf die Verlängerung ansprechen, ggf. weitere Wünsche aus Ihrer Gesamtbetrachtung heraus äußern und die für eine Bankentscheidung erforderlichen Informationen und Unterlagen erfragen. Diese müssen Sie dann ggf.

erst erarbeiten und/oder zusammenstellen. Vielleicht sind Sie mit dem ersten Verhandlungsergebnis auch noch nicht zufrieden oder sprechen von Beginn an zwei oder drei Banken parallel an. Das alles will zeitlich bewältigt werden.

Ihre Datenbasis für Ihre Wiedervorlagen ist Ihr ausführlicher Bankenspiegel (vgl. Kapitel 7.9 und 13.1)

! FAZIT:

- Ihr ständig aktualisierter Bankenspiegel ist Grundlage Ihrer Wiedervorlagen für die Verfolgung Ihrer eigenen Banktermine.
- Sie sind der aktive und initiative Teil in der Kunde-Bank-Beziehung, auf diese Weise stärken Sie Ihre Verhandlungsposition.
- Für Berater: Machen Sie Ihre Mandanten immer wieder auf die Bedeutung des eigenen Aktivwerdens aufmerksam und unterstützen Sie in jeglicher Form bei der Realisierung.

9.8 Vergleich von Kreditangeboten – worauf zu achten ist

Der Vergleich von Konditionen ist ein ständiges „Muss" in der Gestaltung der eigenen Finanzierungsbedingungen. Dies gilt sowohl für den Bestand, als auch für neue Anfragen jeder Art. Der „Bankenspiegel" (vgl. Kapitel 7.9 und 13.1) bildet auch hier die Grundlage.

Gerade bei neuen Anfragen sollten immer mindestens zwei Angebote eingeholt werden, auch wenn das den Entscheidungsprozess etwas zeitaufwändiger gestaltet.

Wenn die Geschäftsumfänge in der bestehenden Finanziererlandschaft (vgl. Kapitel 13) ungleich verteilt sind, oder neue Anbieter einbezogen werden, zeigt sich oft, dass die langjährigen Bankverbindungen etwas „müde" geworden sind, was die ständige marktgerechte Anpassung der eigenen Konditionen und ihres Angebotsverhaltens angeht und erst jetzt wieder aufwachen.

Der **aussagefähigste Vergleich** von Kreditkonditionen – ob in bestehenden Kreditverträgen oder bei der Einholung neuer Angebote – ist der zwischen den **eigenen Bankverbindungen**. Denn diese gestalten ihre Verträge oder machen ihre Angebote für das gleiche Unternehmen.

Die Schwierigkeiten Kreditkonditionen **zwischen verschiedenen Unternehmen** zu vergleichen – Vergleiche, die im Mittelstand oft angestellt werden – liegen in den folgenden Fragen für das jeweils konkret verglichene Angebot bzw. das bestehende Kreditverhältnis:

- Höhe des Kreditvolumens,
- Ratingnote (vgl. Kapitel 4.2),
- Branche (siehe Kreditrisikostrategie der Banken – vgl. Kapitel 3.1.1),
- gestellte Sicherheiten und damit Blankoanteil (vgl. Kapitel 8)
- Gesamtumfang aller Geschäfte mit der jeweiligen Bank (vgl. Kapitel 9.1.2),
- Region.

Erst wenn diese Fragen so beantwortet werden können, dass von einer zumindest annähernden Vergleichbarkeit ausgegangen werden kann, ist ein Vergleich überhaupt sinnvoll. Vergleichskonditionen anderer Unternehmen in Bankgespräche einzubringen, für die diese Fragen nicht positiv beantwortet werden konnten, ist nicht sinnvoll. Ihr Gesprächspartner von der Bankenseite wird Sie im Zweifelsfall mit diesen Fragen ins Leere laufen lassen.

Bei den eigenen Bankverbindungen wird es natürlich auch Unterschiede geben, z. B. bei Kreditvolumen, Sicherheiten und Gesamtumfang; evtl. liegen auch die Ratingnoten etwas auseinander. Diese Unterschiede lassen sich aber deutlich besser eingrenzen.

Bei allen Konditionsgesprächen mit der Bank ist es natürlich hilfreich, wenn Sie die aktuelle Zinsentwicklung einschätzen können, oft auch wenn Sie den historischen Zinslauf im Hinterkopf haben. Dazu finden Sie die verschiedensten Informationen im Internet. Eine Seite mit einem vielfältigen Informationsangebot ist z. B.

INTERNET:

- http://www.fmh.de/

FAZIT:

- Konditionenvergleich ist eine ständige Aufgabe.
- Konditionenvergleich funktioniert am aussagefähigsten durch verschiedene Angebote für das eigene Unternehmen.
- Für Berater: Mit Ihrem Marktüberblick geben Sie Ihren Mandanten wertvolle ergänzende Hinweise zum eigenen Konditionenvergleich, bei dem Sie natürlich auch mit den nötigen kritischen Fragen und bei der operativen Umsetzung unterstützen können.

9.9 De minimis – Die Anrechnung öffentlicher Fördermittel

Die Förderung mit den diversen öffentlichen Finanzierungshilfen von Förderkrediten (vgl. Kapitel 6.2.2.2) über Bürgschaften der Bürgschaftsbanken (vgl. Kapitel 8.5), den Mikromezzanine-Fonds Deutschland (vgl. Kapitel 6.4.2) bis zu Beratungsförderungen (vgl. Kapitel 10.5) oder öffentlichen Zuschüssen jedweder Art ist erfreulich – aber auch mit einer zusätzlichen Bürokratiekomponente versehen: Der „De minimis-Regelung". Diese greift immer dann, wenn Förderungen von der Europäischehn Union mitfinanziert werden – und das ist sehr häufig der Fall.

Bei den verschiedenen Förderungsarten wird auf den De minimis-Bezug jeweils hingewiesen. Dabei wird auch immer nach dem schon vorliegenden De mininis-Volumen gefragt. Die Obergrenze liegt für die meisten Branchen bei € 200.000 in drei Steuerjahren (laufendes Jahr der aktuellen Bewilligung und die beiden Vorjahre). Der De minimis-Wert einer Förderung ist jeweils zu berechnen.

Achtung: Förderungen mit De minimis-Anrechnung beinhalten in den Richtlinien oftmals verlängerte Aufbewahrungsfristen, die deutlich über diejenigen im HGB hinausgehen.

Über den jeweils aktuellen Stand der Richtlinien berichtet zum Beispiel im Internet das Bundesamt für Wirtschaft und Ausfuhrkontrolle (BAFA) und die KfW-Mittelstandsbank mit Blick auf die Förderkredite (dort auch ein Rechenmodul für die Ermittlung des De minimis-Umfangs eines Förderkredits):

INTERNET:

- http://www.bafa.de/bafa/de/hilfe/de_minimis/index.html
- https://www.kfw.de/Download-Center/F%C3%B6rderprogramme-%28Inlandsf%C3%B6rderung%29/PDF-Dokumente/6000000065-Allgemeines-Merkblatt-zu-Beihilfen.pdf
- https://www.kfw-formularsammlung.de/Subventionswertrechner//

FAZIT:

- Führen Sie eine eigene De minimis-Übersicht.
- Beachten Sie die oft verlängerten Aufbewahrungsfristen.
- Für Berater: Sensibilisieren Sie Ihre Mandanten für das Thema und unterstützen Sie bei der operativen Umsetzung.

10. Kreditverhandlungen mit Selbstbewusstsein und Gespür führen

DOWNLOAD:

Begleitblätter „Kreditverhandlungen“

Kreditgespräche sind letztlich Verhandlungen, wie Sie diese auch mit Ihren wichtigen Lieferanten und wichtigen Kunden führen. In diesem Falle mit Ihren Banken als Dienstleister und Liquiditäts-Lieferant. Und daher gilt wie für jede Verhandlung: „Vorbereitung ist die halbe Miete“. Zu Ihrer Vorbereitung haben auch die vorherigen Kapitel mit ihren jeweiligen speziellen Themen beigetragen. Jetzt gilt es, diese Vorbereitungen in die Gespräche einzubringen und in den Gesprächen zu nutzen.

Bedenken Sie dabei die unterschiedlichen Erwartungen auf beiden Seiten – wie in der folgenden Abbildung im Überblick dargestellt:

ABB. 24: Banken und Kunden – die gegenseitigen Erwartungen

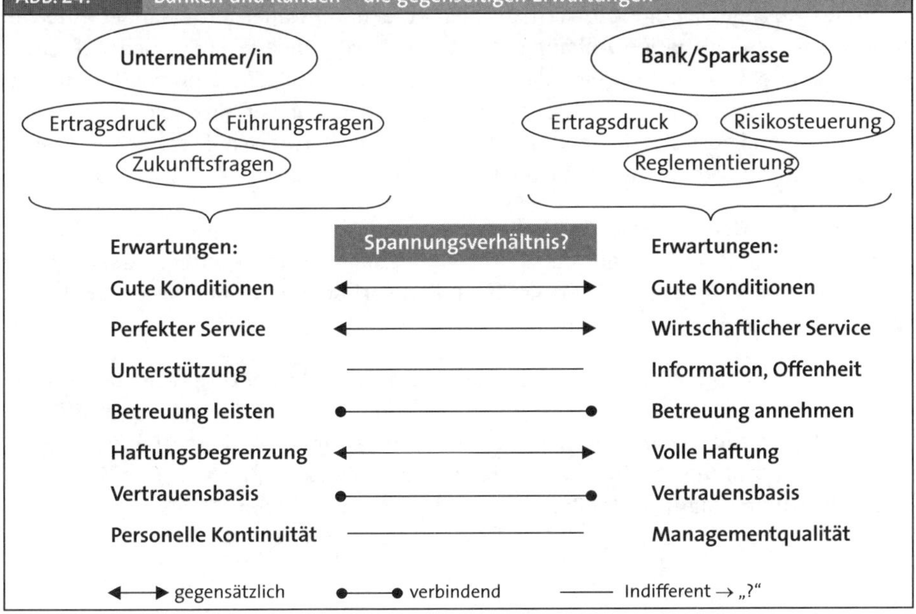

Sie werden sicherlich noch weitere „Erwartungs-Paare" ergänzen können. Entscheidend ist das Bewusstsein über das jeweilige Spannungsverhältnis und sich darauf in der Vorbereitung und im Gespräch selbst einzustellen. Hinzu kommt, das eigene Gespür für die Interessenskonstellationen zu schärfen; denn gerade die Kommunikation von Bankern ist oft nicht direkt, sondern es werden Signale „zwischen den Zeilen" gesendet; diese aufzunehmen fällt leichter, wenn die beiderseitigen Interessen deutlich sind. Deshalb

- die gegensätzlichen Erwartungen klar ansprechen – und sie auch aushalten können;
- die verbindenden Erwartungen gezielt nutzen;
- die indifferenten Erwartungen erkennen und in Richtung „verbindend" ausbauen.

Auf diese Weise gelingt es immer mehr, auch die Geschäftsbeziehung zu den Banken in Richtung einer Geschäftspartnerschaft und kommunikativ zu einer „Zweibahnstraße" zu entwickeln (vgl. auch Kapitel 2.8). Ein Ansatz für eine Überprüfung, ob Sie ggf. mit Ihren Banken noch in einer kommunikativen Einbahnstraße leben (Sie liefern alle Informationen, aber die Bank hält sich bedeckt) bietet das KMU-Banken-Barometer des KMU-Beraterverbandes (www.banken-barometer.kmu-beraterverband.de).

Denn nur gleichgewichtige Geschäftspartner werden auf Dauer mit einander gute Geschäfte machen. Einseitige Abhängigkeiten – real vorhandene oder auch ggf. „nur" emotional erlebte – sind für eine dauerhafte vertrauensvolle Zusammenarbeit immer kontraproduktiv. Es mag sein, dass der übergewichtige Partner eine solche Abhängigkeit auch einmal ausnutzt. In dem Moment, in dem die Partnerschaft stärker ins Gleichgewicht kommt, wird ihn dies aber vermutlich wieder einholen.

Auch wenn es darum geht, die Vorbereitung und Führung von Gesprächen klar zu strukturieren und mit Blick auf die „nüchternen Zahlen" vorzubereiten. Lassen Sie auf keinen Fall Ihre Intuition, Ihr **Bauchgefühl** außen vor! Achten Sie auf diese Signale und wägen Sie immer Kopf und Bauch ab.

Alle folgenden Abschnitte gelten nicht nur für die **persönlichen Gespräche** in der Bank oder bei Ihnen im Unternehmen, sondern auch für **Telefonate** und evtl. **schriftlichen Austausch**. Es lohnt sich immer, vor einem Kontakt Zeit in die Vorbereitung zu investieren und bei spontaner Ansprache seitens der Bank die Fakten im schnellen Zugriff zu haben. Instrument dafür ist Ihr Bankenspiegel (vgl. Kapitel 7.9 und 13.1).

FAZIT:

- Machen Sie sich die gegenseitigen Erwartungen immer bewusst.
- Arbeiten Sie an einem ausgewogenen Kräftegleichgewicht mit Ihren Finanzierungspartnern.
- Haben Sie Ihren Bankenspiegel immer griffbereit, damit Sie auch spontan auf solider Grundlage agieren und reagieren können.
- Für Berater: Machen Sie immer wieder auf die Bedeutung einer guten Vorbereitung aufmerksam und unterstützen Sie bei den einzelnen Themen mit Werkzeugen und den „richtigen" Fragen.

10.1 Die Initiative liegt beim Kreditnehmer

Diese Aufforderung zur Initiative ist einer der roten Fäden durch dieses Buch. Denken Sie z. B. nur an die Wiedervorlagetermine in Ihrem Bankenspiegel (vgl. Kapitel 7.9) z. B. für die Verlängerung von Vereinbarungen zu Kreditlimiten, Sicherheiten, Konditionen.

Auch die **Initiative zur Terminvereinbarung** liegt bei Ihnen. Sie sprechen die Inhalte an, die Ihnen Ihre Wiedervorlagesystematik auf den Tisch bringt. Damit signalisieren Sie Ihren Bankbetreuern: Ich kümmere mich selbst, bin nicht auf die Bank als Termin-Erinnerer angewiesen, bin gut vorbereitet. Für Ihren Bankbetreuer bedeutet das: Er sortiert Sie in seine „Schublade aktiver Kunde" und weiß damit, dass er auf seiner Seite sich kümmern muss. Ihr Vorteil: Sie werden einen zunehmend aktiv und selbst gut vorbereiteten und initiativen Kundenbetreuer haben.

BEISPIEL: Ihr Jahresabschluss ist fertiggestellt. Sie übersenden oder überreichen ihn mit Ihrem Erläuterungsschreiben (vgl. Kapitel 7.4.2) an Ihren Bankbetreuer. Dabei vereinbaren Sie bereits den Termin für das Bilanzgespräch (vgl. auch Kapitel 11.2). Und laden dazu direkt in Ihr Unternehmen ein (vgl. Kapitel 10.2). Dadurch werden Sie ein „zeitnahes" Gespräch bekommen – und können anschließend das vergangene Geschäftsjahr „zu den Akten legen".

Dieses Gespräch zum Jahresabschluss wird auf Bankenseite oft als **„Jahresgespräch"** bezeichnet (vgl. Kapitel 11.1) und sollte aus Unternehmenssicht folgende Themen umfassen:

- Besprechung Jahresabschluss (letzte Fragen der Banken (vgl. Kapitel 11.2)),
- Ratingergebnis (vgl. auch Kapitel 11.3),
- Perspektiven des Unternehmens und Verbesserungspotenziale aus Bankensicht,

- alle in den kommenden zwölf Monaten anstehenden Finanzierungs-Themen – soweit heute absehbar; dabei werden für die aktuell anstehenden Themen Lösungen erarbeitet und dafür die jeweils nächsten erforderlichen Schritte auf beiden Seiten festgelegt; die terminlich noch nicht aktuellen Themen werden einvernehmlich mit Wiedervorlageterminen versehen,
- Die Verkaufswünsche/-ziele Ihres Bankbetreuers (vgl. Kapitel 2.3).

So erhalten Sie einen klaren Fahrplan für Ihre Finanzierungsthemen und die nächsten Arbeitsschritte – die Sie wiederum in Ihre Wiedervorlagesystematik aufnehmen.

Dieses Jahresgespräch wird in vielen Fällen als intensiver Austausch mit Ihrem Bankbetreuer ausreichen. Bedenken Sie auch dessen Arbeitsfelder und die Anzahl der von ihm betreuten Engagements – also seine Kapazitäten (vgl. Kapitel 2.2 und 2.3). Auf dieser Basis können Sie im weiteren Verlauf viele Einzelheiten auch telefonisch, per Mail und auf dem Postwege klären.

Es gibt natürlich Konstellationen, bei denen häufigere Gespräche erforderlich werden können, z. B. bei anstehenden größeren Finanzierungsvorhaben. Und es werden häufigere Gespräche geführt, wenn Sie mit Ihrem Unternehmen als „Krisenengagement" gesehen werden und somit in der Intensivbetreuung gelandet sind (vgl. Kapitel 2.6).

! FAZIT:

- Seien Sie immer der initiative Part und planen Sie die Zeit dafür als Chefaufgaben mit ein.
- Für Berater: Verdeutlichen Sie immer wieder die Wichtigkeit der „eigenen unternehmerischen Initiative" – unterstützen Sie ggf. mit Termin-Erinnerungen.

10.2 Termin aktiv vereinbaren, das Umfeld gestalten

Immer wenn Sie ein Thema mit Ihren Banken besprechen wollen, sind Sie der aktive Part und übernehmen die Terminvereinbarung – wie oben im Kapitel 10.1 bereits dargestellt – und laden Ihren Betreuer zu sich in Ihr Unternehmen ein.

Dabei können Sie auch ein Signal „zwischen den Zeilen" nutzen, nämlich wenn Ihr Bankbetreuer im Einzelfall sagt, er würde sich freuen, wenn Sie zu ihm in die Bank kämen – vielleicht drückt er diesen Wunsch auch ein wenig direkter oder unhöflicher aus. Nehmen Sie solche Einwände immer ernst und hinterfragen Sie diese höflich. Es kann ja sein, dass Ihr Betreuer wegen anderer Kundenprojekte einfach nur zeitlich unter

Druck ist. Es kann aber auch sein, dass Ihr Engagement in der Bank kritischer gesehen wird – und in dieser Situation „lädt" man den Kunden in die Bank ein (oder auch „vor").

Die Idee, den Bankbetreuer **ins Unternehmen einzuladen**, hat mehrere Hintergründe:

- Dem Banker neben all den Unterlagen und Zahlen, die er vorliegen hat, auch wirklich ein Bild vom Unternehmen zu vermitteln. Der Volksmund sagt nicht umsonst: „Ein Bild sagt mehr als tausend Worte".

  Nehmen Sie das ernst und diese Chance wahr:

  - Ein Betriebsrundgang gibt die Chance, die technische Ausstattung, die Abläufe und auch die Stimmung im Unternehmen darzustellen (natürlich nicht geschönt, sondern realistisch).
  - Beim Betriebsrundgang können Sie Themen „am Objekt" erläutern, die sich schriftlich und sei es noch so ausführlich oft nur begrenzt verdeutlichen lassen.
  - Sie als Unternehmer in Ihrem Unternehmensumfeld zu erleben, ergänzt und erweitert meistens das Bild, das Ihr Bankbetreuer von Ihnen hat (denken Sie nur an das Kriterium „Unternehmerpersönlichkeit" im Rating – vgl. Kapitel 4.9).
- Sie können den psychologischen Heimvorteil nutzen, den jeder Verhandlungspartner hat, der in seine Räumlichkeiten einladen kann. Auch wenn man sich diesen Vorteil oft nicht bewusst macht – in Verhandlungssituationen spielen die kleinen unbewussten Elemente oft eine entscheidende Rolle.
- Letztlich rundet sich das Bild Ihres Bankbetreuers über alle Facetten Ihres Unternehmens hin zu einem Ganzen. Das kann sich bis in die Sicherheiten-Betrachtung hinein positiv auswirken (oder auch negativ – das sei hier nicht verschwiegen).

Aus diesen Gründen sollten Sie auch mit Einladungen „nicht geizen". Machen Sie deutlich, dass Sie gerne auch seinem Vorgesetzten und seinem Kollegen in der Marktfolge Ihr Unternehmen zeigen. Ob dieses Angebot angenommen wird, ist schwer zu sagen. Aber es steht als offene Haltung Ihrerseits positiv im Raume.

Natürlich bauen Sie keine „potemkinschen Dörfer" in Ihrem Unternehmen auf. Das würde der geschulte Bankerblick übrigens durchaus erkennen – unterschätzen Sie Ihre Gesprächspartner nicht. Aber Besuch – auch der von guten Kunden und Lieferanten – ist ja oft der Anlass, etwas genauer hinzuschauen und aufzuräumen. Was manchem Betrieb hin und wieder einmal gut tut.

Apropos Umfeld: Dazu gehört auch die Frage, **wie Sie ganz persönlich auftreten**. Damit ist nicht nur Ihre Verhandlungsführung gemeint (siehe folgende Abschnitte), sondern Ihr persönliches Erscheinungsbild, also Kleidung und Stimmung. Bitte sind und bleiben Sie „authentisch". Es muss zu Ihnen passen. Nur weil der Banker in Schlips und Kragen kommt, müssen Sie sich nicht genauso kleiden, wenn das bei Ihnen z. B. eher das Gefühl auslöst, eingesperrt zu sein. Sie brauchen für die Gespräche aber einen freien Kopf. Dennoch sollte Ihr Gast (!) das Gefühl bekommen, dass Sie sich auf ihn auch atmosphärisch vorbereitet haben – also z. B.

- **Kleidung** authentisch aber doch sorgsam ausgewählt (z. B. es muss nicht der ölverschmierte Blaumann sein, um zu zeigen, wie tief Sie im Unternehmen stecken).
- Der **Mitarbeiter am Empfang** (oder wie immer Sie das organisiert haben) weiß um den Besuch, kann den Bankbetreuer mit Namen begrüßen, führt ihn ins Gesprächszimmer oder bittet bei Bedarf noch um ein wenig Geduld.
- Sie empfangen Ihren Gast **pünktlich** und werden während des Gesprächs **nicht gestört** – weder Telefon noch anklopfende Mitarbeiter. Sollte sich das aus bestimmten Gründen nicht vermeiden lassen, avisieren Sie das mit Begründung als Möglichkeit gleich zu Beginn.
- **Besprechungstisch** nicht voller Unterlagen, sondern so, dass alle Gesprächspartner auch für ihre Papiere Platz haben und sich nicht ihrerseits eingeengt fühlen.
- **Getränke** vorbereitet (kalt und warm) – und wenn Sie wissen, dass Ihr Bankpartner z. B. Teetrinker ist dann bieten Sie nicht nur Kaffee, sondern auch „seinen" Tee an (spätestens beim zweiten Besuch wissen Sie das – denn es steht in Ihrer Inventur der Bankverbindungen (vgl. Kapitel 10.3.1)); alkoholische Getränke gehören nicht zum Standard.
- Je nach Dauer **Kekse** (vielleicht nicht nur den Allerwelts-Standard – in Ihrem Markt liefern Sie den ja auch nicht, sondern Ihre Spezialitäten) oder ggf. auch **herzhafte Kleinigkeiten**, zumal wenn die Besprechung über die Mittagszeit läuft (bitte auch hier wieder: Ohne zu übertreiben).

Machen Sie damit Ihre Wertschätzung für Ihren Gesprächspartner deutlich und das in Ihrem Unternehmen auch auf Kleinigkeiten geachtet wird. Umgekehrt wird natürlich auch ein Schuh daraus: Wenn Sie in die Bank eingeladen werden, beobachten Sie durchaus diese Rahmenbedingungen und lesen Sie ggf. „zwischen den Zeilen" – besonders wenn Sie Veränderungen zu „weniger" beobachten.

Ein weiterer wichtiger Punkt bei der Terminvereinbarung ist die unbedingt im Vorfeld zu klärende Frage, wer der oder die Gesprächspartner von Seiten der Bank sein werden – vgl. Kapitel 10.5.

Wie Sie es mit Ihren Bankpartnern mit gegenseitigen **Einladungen zum Essen** halten – auch dafür gibt es keine Musterlösungen. Wenn Sie eine Einladung aussprechen, fragen Sie vielleicht erst einmal nach, ob das i. R. d. Regelungen der Bank (Stichwort: Korruptionsbekämpfung – neudeutsch: Compliance) und wenn ja in welchem Rahmen üblich ist; halten Sie sich an diesen Rahmen, um Ihre Bankpartner nicht in Verlegenheit zu bringen. Im übrigen bewegen Sie sich dabei in dem Rahmen, der bei „Ihnen zuhause“ üblich ist, so bleiben Sie auch hier authentisch.

Auf der Gegenseite: Nehmen Sie Einladungen gerne an. Bewahren Sie dabei Ihre innere Unabhängigkeit. Wenn Sie später einmal Gegeneinladungen aussprechen, bewegen Sie sich in Ihrem Rahmen (auch wenn der Rahmen der Bank „hochpreisiger“ war) – siehe oben.

Ergänzend: Auch bei **Geschenken** Ihrerseits (z. B. Weihnachten) achten Sie auf die Regularien der Bank siehe oben zum Stichwort Compliance. Und behalten Sie auch die „Entwicklungen“ auf der anderen Seite im Auge.

FAZIT:

- Nutzen Sie die Einladung des Bankbetreuers in das Unternehmen zur Förderung des ganzheitlichen Blicks auf Seiten Ihrer Finanzierungspartner.
- Nutzen Sie den psychologischen Heimvorteil der Einladung ins eigene Unternehmen.
- Achten Sie auch auf die Kleinigkeiten für einen positiven Gesprächsrahmen.
- Für Berater: Unterstützen Sie durch kritische Hinweise und Fragen, besonders wenn Sie erleben, dass Ihr Mandant den „Pfad der Authentizität“ verlässt.

10.3 Gute Gesprächsvorbereitung ist die „halbe Miete“

Zur Gesprächsvorbereitung gehören eine Reihe von Aspekten. Entscheidend ist, sich die für die Vorbereitung erforderliche Zeit auch wirklich zu nehmen. Wer in Finanzierungsgespräche gleich welcher Art direkt aus dem Tagesgeschäft hinüber wechselt, wird „zweiter Sieger“ bleiben.

Zur Vorbereitung gehören die in den **folgenden Abschnitten dargestellten Themenbereiche**. Dazu gehört aber auch, vor einem wichtigen Gespräch sich die Zeit zu nehmen, sich zumindest kurz zu sammeln. Dabei die Tagesgeschäftsthemen hinter sich zu lassen und dann voll konzentriert in das Finanzierungsgespräch zu gehen. Ohne die inhaltliche Vorbereitung – siehe die folgenden Abschnitte – wird es allerdings gar nicht gehen.

Ganz wichtig: Ihre Gesprächsvorbereitung erfolgt **schriftlich**! „Meine Themen habe ich im Kopf.“ Das ist eine häufige Aussage von Unternehmern auch vor Bankgesprächen. Nach dem Lesen der folgenden Abschnitte sollte deutlich sein, dass diese Aussage ziemlich schnell an gewisse Grenzen stößt. Deshalb machen Sie sich und nutzen Sie

Notizen: Sowohl in der Vorbereitung wie im Gespräch selbst. Denken Sie dabei an zwei alte Spruchweisheiten und ihren sehr wahren Kern:

- Was Du Schwarz auf Weiß besitzt, kannst Du getrost nach Hause tragen!
- Was Du aufgeschrieben hast, kannst Du nicht mehr vergessen!

  So banal es klingt – es gilt auch die Umkehrung: Was Du vergessen hast, kannst Du nicht mehr aufschreiben.

Entlasten Sie sich – gerade in schwierigen Verhandlungen – durch Ihre Notizen. Diese geben Ihnen das gute Gefühl, dass Sie wichtige Punkte eben nicht vergessen werden – selbst wenn es hektisch wird.

Und nutzen Sie auch eine Erkenntniss der Hirnforschung: Beim **Aufschreiben** durchdenken Sie Ihre Themen nochmals, geben ihnen Struktur und sich selbst ein Mehr an Klarheit. D. h. Aufschreiben ist keine Zeitverschwendung, sondern ein doppelt produktiver Prozess. Übrigens gilt dies noch mehr, wenn Sie Ihre Gedanken handschriftlich zu Papier bringen, als wenn Sie diese in den PC eintippen – auch das hat die Hirnforschung nachgewiesen (das „Schreiben" löst andere, beweglichere, produktivere Prozesse im Gehirn aus als das „auf der Tastatur rumhacken" – Sie brauchen sich eigentlich nur die Bewegungsabläufe beider Alternativen bildhaft vorzustellen, um das nachvollziehen zu können).

FAZIT:

- Die Bedeutung einer systematischen Vorbereitung von Bankgesprächen kann gar nicht hoch genug eingeschätzt werden.
- Bereiten Sie Ihre Gespräche schriftlich vor.
- Nehmen Sie sich Zeit für die mentale Vorbereitung kurz vor dem Gespräch – ein wichtiger ergänzender Baustein Ihrer inhaltlichen Vorbereitung.
- Für Berater: Unterstützen Sie in der Vorbereitung mit Hinweisen zu möglichen Themen und Strukturierung der Themen.

10.3.1 Die Inventur Ihrer Bankbeziehungen

Wenn Sie mit Ihren Bankern kommunizieren – ob persönliches Gespräch, telefonisch, per Mail oder Brief – sollten Sie auf einer **gesicherten „Datenbasis"** agieren. Und diese ohne großen Vorbereitungsaufwand jederzeit präsent haben.

Die Inventur Ihrer Bankbeziehungen besteht aus mehreren **Bausteinen**:

- Ihr **„Bankenspiegel“** ist die Inventur aller Geschäfte mit allen Ihren Finanzierungspartnern in allen wesentlichen Details, die Sie für Verhandlungen immer griffbereit haben müssen (vgl. die Details dazu in Kapitel 7.9).
- Ihr **„Sicherheitenspiegel“** ergänzt die wesentlichen Daten aller zur Verfügung gestellten Sicherheiten (vgl. Kapitel 8.8.1).
- Ihr **„Unterlagenspiegel“** zeigt Ihnen, welche Kreditunterlagen welche Banken derzeit auf welchem Aktualitätsstand haben. Damit können Sie jederzeit erkennen, welche neueren Unterlagen Sie aktuell Ihren Banken übersenden sollten.

BEISPIEL: Sie übersenden eine aktuelle Vermögens-Verbindlichkeiten-Übersicht (vgl. Kapitel 7.7), weil die letzte an Ihre Sparkasse bereits zwei Jahre alt ist; derartiges initiatives Agieren von Kreditnehmern kommt immer gut an – verdeutlicht es doch Ihre Informationsbereitschaft, die im Rating mit bewertet wird.

BEISPIEL: Sie stellen im April fest, dass Ihre Bank zum Vorjahr nur die „ursprüngliche“ Dezember-BWA vorliegen hat – also z. B. die mit dem Vermerk „Lauf 12/12“. Mittlerweile liegt Ihnen aber i. R. d. Arbeiten zum Jahresabschluss bereits „Lauf 16/12“ vor – und da haben sich einige Zahlen deutlich verändert, z. B. durch die Bewertungen i. R. d. Inventur und durch Rückstellungsbildungen. Also ist es an der Zeit, den Banken schon einmal eine Zwischeninformation zur Veränderung des Ergebnisses zu geben – und damit nicht bis zur Erstellung des kompletten Jahresabschlusses zu warten.

- Ihre Vermerke über die **letzten Gespräche** mit (vgl. auch Kapitel 10.6.1 und 10.7)
  - Stichworten zum jeweiligen Informationsstand,
  - Stichworten zu den besprochenen Vereinbarungen und Aktivitäten auf beiden Seiten,
  - Hinweisen zur Bewertung des Gesprächs durch Sie: Inhaltlich, atmosphärisch, emotional.

  Das erleichtert Ihnen das Wiederaufrufen der letzten Kontakte, sodass Sie diese präsent haben.
- Notizen zum **laufenden Geschäftsverkehr**: Ihre Notizen darüber
  - was gut läuft – damit Sie dies auch anerkennend erwähnen können,
  - was aus Ihrer Sicht besser laufen könnte,
  - wo Sie regelrechte Reklamationen haben,
  - welche Erwartungen Sie (zukünftig) an die Zusammenarbeit haben.

  Sie entscheiden dann selbst, ob Sie solche Themen punktuell und aktuell oder gesammelt z. B. im Jahresgespräch ansprechen wollen.

- Die Informationen zu Ihren **Ansprechpartnern**
  - Kontaktdaten,
  - persönliche Daten soweit bekannt (von Familie über Hobbys/Ehrenämter bis Geburtstag),
  - Einschätzung der Persönlichkeiten und ihrer Sichtweisen.

  Das erleichtert Ihnen oftmals den Gesprächseinstieg über „neutrale" oder persönliche Themen (neudeutsch: Smalltalk) aber es verbessert ggf. auch Ihr Gespür für die Botschaften „zwischen den Zeilen".

Während die ersten drei „Spiegel" wie auch immer geführte separate Dateien oder Unterlagen sein werden, können die drei letzten Inventurbestandteile unterschiedlichst geführt werden – von einer einfachen Kontaktdatenbank bis zu einem ausgefeilten CRM-System (Customer-Relationsship-Management) oder auch als Loseblatt-Hängeordner im Schreibtisch.

Entscheidend ist nicht die Form, sondern

- die Übersichtlichkeit,
- die Chance, jederzeit schnell darauf zugreifen zu können
- und vor allem die ständige Aktualisierung – veraltete Informationen schaden nur.

Ein besonderes Augenmerk sollten Sie dabei auf **Ihre Erwartungen** richten: Während Banken die eigenen Erwartungen meist ziemlich deutlich formulieren (z. B. zu den Stichworten Informationen, Unterlagen, Sicherheiten etc.) ist bei Unternehmern hier oft eine gewisse Zurückhaltung zu spüren. Nur: Wie sollen Ihre Finanzierungspartner sich auf Sie und Ihre Vorstellungen einer funktionierenden Zusammenarbeit einstellen können, wenn Sie diese nicht aussprechen!?

DOWNLOAD:

Eine einfache Version ist als Methoden-Arbeitsblatt 19 „Inventur Bank" im Download-Bereich verfügbar (als Version pro Bank).

Wenn aktuell keine Inventur der Bankbeziehungen vorhanden ist, bedeutet der Aufbau dieser Unterlagen erst einmal eine Zeit-Investition. Alle Erfahrungen zeigen aber, dass sich diese in der Zukunft bei Bankkontakten hundertfach auszahlt. Wobei zu bedenken ist, dass Ihr Bankbetreuer alle diese Informationen per Knopfdruck abrufen kann.

FAZIT:

- Die Inventur der Bankverbindungen ist unverzichtbare Voraussetzung für erfolgreiche Bankverhandlungen.
- Investieren Sie die Zeit in den Auf- oder Ausbau – es lohnt sich immer.
- Gewährleisten Sie als wichtigste Voraussetzung für die dauerhafte Nutzung die ständige Aktualisierung.
- Für Berater: Machen Sie Ihren Mandanten die Bedeutung der Vorbereitungs-Investitionen immer wieder bewusst, bieten Sie Unterstützung beim Aufbau der Inventur der Bankbeziehungen an.

10.3.2 Ihre Gesprächsthemen – und die der Kreditgeber

Die möglichen Themen sind so vielfältig und unterschiedlich, wie es auch Finanzierungsgeschäfte, Unternehmenssituationen und Banken sein können.

Die wichtigen und häufigen Themen in der folgenden **Aufstellung** erheben daher keinen Anspruch auf Vollständigkeit:

- Verlängerung bestehender Verhältnisse (Ihre Wiedervorlagetermine) (vgl. Kapitel 1)
  - Kredite,
  - Überziehungen
  - Sicherheiten,
  - Konditionen,
  - sonstige Absprachen
- neue und ergänzende, erhöhende Vereinbarungen/Wünsche mit der selben Unterteilung (vgl. Kapitel 1)
- Jahresabschluss (vgl. Kapitel 11.2),
- BWA-Zahlen im Laufe des Jahres (vgl. Kapital 7.6),
- Plan-Ist-Vergleich (vgl. Kapitel 7.10.6),
- Rating (vgl. Kapitel 11.3),
- Zukunft und Ziele Ihres Unternehmens (vgl. Kapitel 11.4),
- Präsentation Ihres Unternehmens und evtl. Veränderungen (vgl. Kapital 7.3),
- Informationen über die Bank einholen (vgl. Kapitel 2 und 3),

- die eigenen Erwartungen zum Ausdruck bringen,
- Servicestandards einfordern und Reklamationen ansprechen,
- Anerkennung für gute Leistungen aussprechen,
- die nächste Hierarchiestufe kennen lernen (vgl. Kapitel 2.4),
- offene Themen aus den letzten Kontakten (vgl. Kapitel oben 10.3.1) – sowohl offen von Ihrer wie von Bank-Seite.

Konkret: Sammeln Sie im Laufe der Zeit i. R. d. Inventur Ihrer Bankverbindungen (vgl. Kapitel oben 10.3.1) die sich ergebenden Themen und stellen Sie diese für den nächsten Gesprächskontakt zusammen. Dabei haben Sie nicht nur die gerade aktuellen Themen im Blick, sondern die Finanzierungsperspektiven Ihres Unternehmens für die nächsten mindestens zwölf Monate (vgl. Kapitel 6).

Je nach Intensität des anstehenden Kontaktes (Gespräch, Telefon, . . .) entscheiden Sie, ob Sie ein Thema aufnehmen oder bis zum nächsten Gespräch in Ihrer Themenliste lassen. Oder auch, ob Sie ein Thema in der Hinterhand behalten, um es je nach Verlauf einzubringen oder nicht.

Setzen Sie sich gedanklich aber auch auf die **andere Seite des Besprechungstisches**: Indem Sie die Frage beantworten, welche Themen wohl auf der Gesprächsagenda der Bank stehen werden. Dabei berücksichtigen Sie natürlich die noch offenen Themen aus den letzten Kontakten. Auf dieser Basis entscheiden Sie, welche erwarteten Themen der Bank Sie ggf. mit auf Ihre eigene Liste setzen und damit aktiv ansprechen. Es kann auch erwartete Themen der Bank auf Ihrer Liste geben, die Sie gerade nicht ansprechen wollen – und somit abwarten, ob die Bank diese auf „den Tisch“ legen wird. Zumindest sind Sie jetzt auch auf diese Themen vorbereitet.

In einem nächsten Schritt überlegen Sie, welche **Reihenfolge der Themen** aus Ihrer Sicht sinnvoll sein könnte. Dabei können mannigfaltige Überlegungen eine Rolle spielen, die wiederum aus der Gesamtsituation wie aus Ihrer Einschätzung des Bankenblickes resultieren können. Ob es immer gelingt, die eigene Reihenfolge dann im Gespräch auch umzusetzen, kann im Vorhinein nicht gesagt werden. Aber ohne Ihre eigene Vorstellung einer sinnvollen Reihenfolge wird im Zweifel in der dann folgenden konkreten Gesprächssituation die Reihenfolge Ihres Bankbetreuers zum Zuge kommen. Das muss nicht immer in Ihrem Sinne sein.

Diesen Gedanken sollten Sie generell präsent haben: Ihr Gesprächspartner auf Bankenseite wird im Zweifelsfall (leider auch nicht immer) gut vorbereitet sein. Sie werden nur eine gute Verhandlungsposition haben, wenn auch Sie gut vorbereitet sind!

Wenn Sie es für sinnvoll halten, können Sie an dieser Stelle noch einen Schritt weitergehen: Sie **tauschen mit der Bank** im Vorfeld die beiden **Themenlisten aus**, sodass beide Seiten auf alle Themen vorbereitet sind und es möglich wird, im Vorfeld oder spätestens zu Beginn des Gesprächs eine Themenreihenfolge im Konsens abzustimmen. Verstehen Sie diesen Hinweis wie alle anderen auch, nicht als Vorschlag für einen „Königsweg“, sondern als eine Handlungsmöglichkeit, die in der Vorbereitung mit durchdacht werden kann.

Wenn der Themenkatalog steht – abgestimmt oder nicht – ergibt sich auch eine Vorstellung über den voraussichtlich erforderlichen **Zeitrahmen** für das anstehende Gespräch. Es kann sinnvoll sein, auch diesen im Vorfeld mit dem Bankbetreuer abzuklären, damit beide Seiten genügend Zeit einplanen – oder auch deutlich machen, dass diese Zeit zu dem Termin leider nicht zur Verfügung steht. In diesem Fall kann direkt überlegt werden, welche Themen wann und wie auf die Tagesordnung kommen sollen – also wiederum Prioritäten setzen. Wenn eine solche Vorabstimmung anlässlich der Terminvereinbarung nicht vorgenommen wurde, kann diese auch zu Beginn des Gesprächs auf den Tisch kommen; am besten als Frage, sodass der Bankbetreuer in die Vorhand geht und darauf die weiteren Schritte aufgebaut werden können. Das bedeutet natürlich auch, dass Sie eine entsprechende Zeitreserve eingeplant haben, um nicht selbst unter Zeitdruck zu geraten und dadurch die eigene Verhandlungsposition entscheidend zu schwächen.

FAZIT:

- Sammeln Sie Gesprächsthemen in einer Liste i. R. d. Inventur der Bankverbindungen als wichtige Voraussetzung für erfolgreiche Bankgespräche.
- Bereiten Sie jeden Kontakt inhaltlich vor. Insbesondere hinsichtlich Themen und Reihenfolge, damit Sie die eigenen Themen gezielt einbringen können.
- Richten Sie Ihren Blick auch auf die Bankenseite und die von dort wahrscheinlich aufkommenden Themen.
- Für Berater: Unterstützen Sie gerade an dieser Stelle mit Ihrem „externen und unbefangenen“ Blick, der sicherlich oftmals andere Themen im Fokus hat als der Unternehmer-Blick.

10.3.3 Ihre Ziele für die Kreditverhandlung

Ihre Themensammlung ist komplett – siehe oben Kapitel 10.3.2 – und natürlich ist Ihnen dabei schon der eine oder andere Gedanke zu den Zielen durch den Kopf gegangen, die Sie bei den einzelnen Themen erreichen wollen. Jetzt gilt es, Ihre Ziele pro Thema konkret zu fassen und aufzuschreiben (vgl. oben Kapitel 10.3 zur Bedeutung des Schreibens). Parallel sollten Sie mit Blick auf die z.T. unterschiedlichen Erwartungen und Positionen von Kunde und Bank (vgl. oben Abbildung 24 zu Beginn dieses Kapitels 10) Ihre Einschätzung daneben schreiben, wo andere Sichtweisen und Positionen der Bank/en ggf. zum Tragen kommen könnten.

Wenn Themen, Ziele und evtl. Gegenpositionen der Bank aufgelistet sind, geht es im nächsten Schritt um die Abwägung Ihrer **Prioritäten** (und natürlich wiederum die der Bank – so wie Sie diese einschätzen). Denn: Je nach Umfang Ihrer Themenliste und Ihrer Ziele werden Sie jetzt entscheiden, welches Ihre wichtigsten sind und an welchen Stellen Sie ggf. eher kompromissbereit sein wollen als an anderen. So könnte z. B. die Höhe eines Kreditwunsches wichtiger sein (also nicht kompromissfähig) als die letzten 0,25 % beim Zinssatz, eine Bearbeitungsgebühr oder auch der Sicherheitenumfang. Dass hier wiederum Ihre gesamte Verhandlungsposition hinein spielt, versteht sich von selbst. Also klären Sie für sich die Frage, an welchen Stellen Sie besonders viel Verhandlungsmacht auf die Waagschale legen wollen.

Dabei gilt es im Hinterkopf zu behalten: Wenn es in Verhandlungen einen **Sieger** gibt, gibt es immer auch einen Besiegten. Wer sich aber als **Besiegter** fühlt, der wird ggf. an anderen Stellen nicht mehr nur rational agieren (denn es spielen längst nicht nur die harten Fakten eine Rolle, sondern auch viele Emotionen – denken Sie nur an Ihre eigenen Reaktionen in Verhandlungen nicht nur mit Banken). Auch Verhandlungen sind eine Mischung aus Geben und Nehmen.

EIN KLEINES BEISPIEL zur Verdeutlichung: In einer Verhandlung um den Zinssatz für den Kontokorrentkredit holt der Unternehmer eine weitere Senkung um 0,25 %-Punkte heraus – gegen durchaus hinhaltenden „Widerstand" seines Bankbetreuers. Jetzt ist er (endlich) Sieger! Hat es sich wirklich gelohnt? Wenn es um einen KK-Kredit von 100.000 € ging, dann reduziert sich bei einer Zinssatzsenkung um 0,25 % der jährliche Zinsaufwand um 250,00 € – vorausgesetzt er würde den KK-Kredit an 365 Tagen im Jahr in voller Höhe in Anspruch nehmen. Dass dies nicht empfehlenswert ist, wurde beim Thema Warnsignale (vgl. Kapitel 4.2.2.3 und 6.1.3) nachdrücklich gezeigt. Also bleibt die Frage im Raum: War es das wert?

Eine weitere Dimension ist die genaue **Definition jedes einzelnen Ziels**. Dafür gibt es grundsätzlich immer zwei Gestaltungsmöglichkeiten:

- Die Punktlandung: Genau das will ich erreichen – und nichts anderes;
- die Bandbreite: Wenn ich in der Zielerreichung zwischen „d" und „e" liege, bin ich zufrieden.

Neben der reinen Sachabwägung, welches Ziel im Einzelfall taktisch klüger oder auch unabdingbar ist, spielt auch immer die Frage nach Ihrer eigenen Mentalität mit. Auch diese in bestimmten Situation selbstkritisch zu hinterfragen, kann produktiv sein.

Die Unterschiedlichkeit dieser beiden Ziel-Ausgangslagen in ihrer Wirkung auf Ergebnis und Verhandlungsprozess soll das folgende **Beispiel** anschaulich machen:

BEISPIEL Die wirtschaftliche Lage des Kunden hatte sich laut Jahresabschluss 2011 deutlich verschlechtert, die ersten BWAs 2012 zeigten keine Besserung. Damit ergab sich eine Ratingabstufung um eine Stufe (vgl. Kapitel 4.2.4) und die Konsequenz der Bank: Anheben des Kontokorrent-Zinssatzes von 8,50 % p. a. auf 9,50 % p. a. Nicht zur Freude des Kunden, aber die Verhandlungsposition insgesamt war so, dass er diesen Schritt respektieren musste. Allerdings nicht ohne die Frage zu stellen, unter welchen Voraussetzungen diese Zinserhöhung denn wieder zurückgenommen werden würde? Die Antwort: Wenn sich die Zahlen wieder deutlich und nachhaltig verbessert hätten und die alte Ratingnote wieder erreicht würde.

Anfang 2014 war es soweit: Der zügig erstellte Jahresabschluss 2013 zeigte alte Stärke, die Bank signalisierte „Ratingverbesserung eingetreten“. Im jetzt anstehenden Gespräch stand daher das Thema KK-Zinssatz beim Kunden natürlich auf der Agenda. Sein klares Ziel: Die Zinslandschaft hat sich nicht verändert, also geht der KK-Zins wieder auf 8,50 % p. a. zurück.

Im Gespräch war die Tatsache der Zinsreduzierung als solche auch nicht strittig, allerdings zeigte sich beim Umfang, dass der Bankbetreuer auf die ursprünglichen 8,50 % nicht zurück wollte – bei 8,75 % hatte er eine „Sperre“. Die Argumente gingen hin und her über den Verhandlungstisch, der Kunde blieb bei seinem Punkt-Ziel – und schließlich gab der Bankbetreuer nach. Die drei Themen, die nach dem Thema KK-Zinssatz besprochen wurden, „gingen“ dann allerdings an die Bank – der Kunde hatte seine Verhandlungsmacht an diesem Tag am Thema KK-Zins abschließend verbraucht. Wenn bei einem der drei Folgethemen noch ein für den Kunden wichtiges dabei war, wird ihn sein „Sieg“ beim KK-Zins im Nachhinein vielleicht doch mehr oder weniger geschmerzt haben.

Welche Alternativstrategie hätte der Kunde wählen können? Bei gleicher Ausgangslage hätte sein Ziel schon die Rückkehr auf 8,50 % sein können – aber mit dem Vorbehalt „mal sehen“ und die drei anderen Themen in Blick behalten. Und dann hätte der Kunde an einer Stelle des Argumente-Ping-Pong vermutlich gesagt: „Wir kamen von 8,50 % – da sind wir uns einig. Aber ich merke, dass Sie derzeit noch nicht ganz dahin zurück wollen. Also lassen Sie uns für heute die 8,75 % festschreiben und gleichzeitig Folgendes vereinbaren: Wenn sich die Verbesserung über meine BWAs bis einschließlich September dieses Jahres weiter bestätigt, dann sprechen wir nochmals über die 8,50 %.“ Dieser Wiedervorlage hätte sich der Bankbetreuer nicht entziehen können – und das Thema wäre auf der Agenda geblieben. Und in den drei Folgethemen hätte auch der Kunde weiterhin mit Aussicht auf Erfolg für seine Ziele „streiten“ können.

Übertragen Sie dieses Beispiel in andere Verhandlungspositionen und überlegen Sie jeweils im Vorfeld Ihre Vorgehensweise. Nochmals: Es gibt Themen, bei denen es keinen Spielraum gibt. Wenn Ihre Investition aus Ihrer Sicht zwingend ist und Sie dafür eine Finanzierung über 80 % der Investitionssumme erhalten wollen, die Bank Ihnen aber mit Blick auf ihr Gesamtengagement nur 60 % finanzieren will – dann ist das keine Alternative, es sei denn Sie können die fehlenden 20 % „irgendwie“ sinnvoll (!) anders darstellen. Das sind übrigens genau die Verhandlungssituationen, in denen eine ausgewogene Finanziererlandschaft (vgl. Kapitel 13) außerordentlich nützlich ist.

FAZIT:

- Legen Sie Ihre Ziele für die einzelnen Gesprächsthemen fest.
- Berücksichtigen Sie dabei die vermuteten Ziele der Banken mit.
- Entscheiden Sie, welche Ziele wie wichtig sind, und denken Sie über Punktlandung oder Bandbreite nach.
- Für Berater: Auch in diesem Themenfeld ist Ihr externer Blick und sind Ihre kritischen Fragen besonders wichtig. Denken Sie dabei auch an die Mentalitätsfrage bei Ihren einzelnen Mandanten.

10.4 Ihre Kreditunterlagen und deren Präsentation

Die Informationen und Unterlagen für die Banken sind ein entscheidender Teil der Gesprächsvorbereitung. Dabei sind folgende **Aspekte** zu berücksichtigen:

- Die erforderlichen Informationen und Unterlagen werden mit Hinweis auf die anstehenden Themen (vgl. dazu auch Kapitel 6) bei den Banken erfragt (vgl. Kapitel 1.5).
- Die Unterlagen werden mit hoher Aussagefähigkeit und dem „gewissen Extra" erstellt und in einem „Paket" an die Banken übermittelt – i. d. R. so frühzeitig, dass die Unterlagen bis zum Gespräch von den Banken ausgewertet werden konnten. Alle Details dazu finden Sie in Kapitel 7.

Im Gespräch ist es jetzt Ihr Part

- die aus Ihrer Sicht entscheidenden Punkte zu Beginn nochmals zu betonen (nochmals – weil dies in Ihren Unterlagen und Ihrem Begleitschreiben dazu bereits geschehen ist),
- die wenigen verbliebenen Fragen (Ihre ausführlichen Unterlagen haben wenig Raum für ergänzende Fragen der Bank gelassen) ruhig und ausführlich zu beantworten (vgl. auch Kapitel 10.6).

Bedenken Sie bitte – auch wenn Sie nicht alleine ins Bankgespräch gehen (vgl. Kapitel 10.5) – Sie sind der Unternehmer. D. h. es ist Ihre Chefaufgabe, die wesentlichen Grundlagen der Entwicklung Ihres Unternehmens und Ihrer Finanzierungs-Themen und Finanzierungs-Wünsche aufzuzeigen und die Fragen dazu zu beantworten. Nur evtl. Spezialfragen sollten an den mitgenommenen Partner delegiert werden. Dahinter steht wiederum die Ratingfrage nach der Unternehmerqualifikation (vgl. Kapitel 4.9).

Das kann auch bedeuten, dass Sie das Bankgespräch vorher „üben“ – also z. B. mit Ihrem Steuerberater oder Unternehmensberater die wesentlichen Themen Ihrer Jahresabschluss-Zahlen nochmals durchgehen mit Blick auf mögliche Bankfragen (vgl. Kapitel 4.1).

FAZIT:

- Ihre Unterlagen sind ein entscheidender Punkt der Gesprächsvorbereitung.
- Sie können die Erläuterung der Unterlagen und die Beantwortung der Fragen der Bank dazu i. d. R. nicht delegieren.
- Für Berater: Bieten Sie Ihrem Mandanten an, Bankgespräche jedweder Art zu „üben“ – also die wesentlichen (Bank-)Fragen im Vorfeld bereits zu besprechen.

10.5 Allein oder mit Partner?

Diese Frage hat zwei Facetten: Einmal geht es um inhaltlich-taktische Erwägungen. Zum anderen gibt es schlicht eine **mentale Dimension**: Das Gefühl, dem doch oft recht anders denkenden und an Themen anders herangehenden Bankbetreuer nicht alleine gegenüber sitzen zu wollen. Das ist eine vollkommen legitime Sicht, die mit Blick auf die eigene Verhandlungsposition unbedingt beachtet werden sollte.

Die **inhaltlich-taktische Erwägung** kann mehrere Motivationslagen beinhalten, wie z. B.

- Fachthemen z. B. aus dem steuerlichen Bereich soll der Spezialist im Unternehmen (Mitarbeiter oder externer Dienstleister) im Detail erläutern,
- bestimmte sensible Themen wie z. B. Zinsen oder Sicherheiten werden durch Ansprache über einen Dritten etwas neutralisiert – der Unternehmer kommt aus der „Schusslinie“,
- generell hören und sehen zwei Menschen mehr als einer – sodass ein Gespräch auch dadurch konstruktiver verlaufen kann,
- im Austausch der Argumente kann es hilfreich sein, wenn sich die Partner abwechseln und nicht immer nur eine Person im Mittelpunkt einer Diskussion oder Auseinandersetzung steht,
- der Partner übernimmt die Aufgabe des „Protokollanten“, macht also die erforderlichen Notizen (vgl. auch Kapitel 10.6.1),
- ein Partner kann bei Auseinandersetzungen auch einmal die Rolle ändern und eine Moderatorenfunktion übernehmen,
- ...

Eine weitere wichtige taktische Situation ist: Die **Bank kommt selbst zu zweit**! Dann gilt auf jeden Fall die Regel „gegenhalten" – also auch zu zweit ins Gespräch gehen. Das hat zum einen simple psychologische Gründe der Verhandlungstaktik: Eine „Zwei zu Eins-Situation" ist immer schon atmosphärisch ungleichgewichtig zu Lasten des Verhandlungspartners, der alleine auftritt. Das bedeutet, bei der **Terminvereinbarung** routinemäßig die Frage zu stellen „Wer wird von Ihrer Seite am Gespräch teilnehmen?" Die Antwort „Ich wie immer" beantwortet die gestellte Frage abschließend. Sowie die Antwort lautet „Mein Kollege XY wird mit dabei sein" ergeben sich zwingend folgende Nachfragen:

- Der Name sollte eindeutig verstanden worden sein – damit Sie den Kollegen mit Namen begrüßen können,
- die Funktion des Kollegen ist zu hinterfragen – wenn diese nicht gleich mitgenannt wurde und für Sie verständlich und klar einzuordnen ist (vgl. Kapitel 2.5 und 2.6). Die Antwort darauf liefert nämlich weitere Hinweise auf den Charakter des Gesprächs aus Sicht der Bank:
  - Juniorbetreuer: Er soll lernen und dem Betreuer ggf. Arbeit in Vor- und Nachbereitung abnehmen;
  - Spezialist für Versicherungen, ...: Die Bank will ihnen etwas verkaufen – ist das abgesprochen, wollen Sie das, steht das auf Ihrer Agenda, wie viel Zeit nimmt das ggf. von Ihren Themen weg, ...?
  - Mein Chef: Das kann zweierlei bedeuten – Sie sind ein interessanter Kunde, den der Chef kennen lernen will. Oder: Ihr Engagement wird mit „Fragezeichen" gesehen, ist vielleicht nur noch ein Kredit, „den man machen kann" (vgl. Kapitel 1.5) – aber eben nicht mehr machen muss.
  - Kollege aus der Marktfolge: I. d. R. ist das ein klares Signal dafür, dass Ihr Engagement in eine deutlich kritischere Risikosicht abgerutscht ist. Denn der Marktfolgekollege soll Sie eigentlich persönlich nicht kennen – mit der Ausnahme der Kredite in der Intensivbetreuung (vgl. Kapitel 2.6). D. h. für Sie: Dieses Gespräch werden Sie viel intensiver vorbereiten müssen.

    Eine Ausnahme zu diesem Szenario ist denkbar: Bei großen Engagements mit komplexen Bilanzen oder Gruppenstrukturen kommt der Kollege aus der Marktfolge in seiner Funktion als Analyst mitunter mit zum Bilanzgespräch (vgl. Kapitel 11.2).

Auf dieser Informationsbasis können Sie jetzt das Gespräch inhaltlich und mit Blick auf Ihre Begleitung gezielt vorbereiten.

Wie aber reagieren Sie, wenn die **Bank unerwartet zu zweit** kommt?

- Sie haben die Frage vorher nicht gestellt: Auf jeden Fall sollten Sie zu Beginn des Gesprächs diese Situation ansprechen und Ihre Erwartung zum Ausdruck bringen, dass in einer fairen/angenehmen/vertrauensvollen Geschäftspartnerschaft ein solches Verhalten aus Ihrer Sicht nicht vorkommen darf. Der für Sie generell ungünstigen Zwei zu Eins-Situation haben Sie so zumindest erst einmal etwas die Spitze genommen.
- Sie haben die Frage gestellt und die Antwort „ich alleine" erhalten: Das ist ein klarer Vertrauensbruch, den Sie sofort höflich aber bestimmt zum Thema machen müssen. Denn Ihr Bankbetreuer hätte Sie über eine veränderte Situation der Bank informieren müssen. Vielleicht hat man Sie bewusst nicht informiert?!

In beiden Situationen ist dann weiter zu entscheiden, ob Sie das Gespräch überhaupt führen wollen. Manches Mal sind deutliche Reaktionen die richtige Strategie. In einem solchen Falle sollte der nächste Termin mit „Waffengleichheit" direkt vereinbart werden.

Wenn Sie das Gespräch dennoch führen, wäre zu überlegen, das Thema am Ende mit Blick auf die weitere Zusammenarbeit nochmals aufzurufen.

Auf Ihrer Seite steht natürlich die Frage im Raum, wer ein sinnvoller **Begleiter bei Bankverhandlungen** sein könnte. Die Auswahl ist größer, als Sie vermutlich auf den ersten Blick vermuten:

- Geschäftsleitungskollege, wenn Sie zu zweit sind,
- Mitarbeiter z. B. aus Rechnungswesen/Controlling,
- Ehe-Partner z. B. als „Mitarbeiter" oder „Bürge",
- Junior oder Senior,
- Steuerberater,
- Unternehmensberater, der Sie punktuell bei einem der Gesprächsthemen oder dauerhaft als Sparringspartner unterstützt,
- Mitglied aus Ihrem Beirat,
- ...

Wer in welcher Situation der passende Partner ist, kann nur individuell entschieden werden. Wenn Sie mit Begleitung gehen, gebietet es natürlich die Fairness, dies der Bank mit Namen und Funktion und ggf. Hinweis zum Hintergrund im Vorfeld mitzuteilen – so wie Sie dies auch von Ihrer Bank erwarten würden.

Wenn das Bankgespräch zu zweit geführt wird, ist es entscheidend, vorher die **Rollenverteilung** zu besprechen. Denn eines darf Ihnen nicht passieren: Dass Sie und Ihr Begleiter sich im Laufe des Gespräches widersprechen oder gar ins Wort fallen.

Grundlage für die Vorbesprechung über die Rollenverteilung sind der Themenkatalog (vgl. Kapitel 10.3.2) und die Ziele, die Sie im Visier haben (vgl. Kapitel 10.3.3). Auf dieser Grundlage und je nach Einschätzung der Gesamtsituation wie in der Inventur Ihrer Bankverbindungen festgehalten (vgl. Kapitel 10.3.1) kann dann gemeinsam überlegt werden, welche Rollenverteilung sinnvoll sein könnte. Dabei darf der Grundsatz nicht aus den Augen verloren werden, dass der Unternehmer die Grundlinien darzustellen und die wichtigen Fragen zu beantworten hat (vgl. bereits oben in Kapitel 10.4), d. h.

- Sie schildern die Geschäftsentwicklung und die Zukunftsperspektiven auf Basis Ihrer Unterlagen (vgl. Kapitel 7),
  - Sie erläutern die Stärken Ihres Unternehmens und wie Sie diese noch gezielter nutzen werden,
  - Sie weisen auf die wettbewerbsrelevanten Schwächen hin und erläutern, mit welchen Aktivitäten Sie diese reduzieren,
- Sie legen Ihre Kreditwünsche dar, zeigen die wirtschaftlichen Hintergründe und die Wirtschaftlichkeit auf (vgl. Kapitel 6) und belegen die auch zukünftig gegebene Kapitaldienstfähigkeit (vgl. Kapitel 4.4),
- Sie verhandeln über die Kreditbedingungen (vgl. Kapitel 9),
- Sie treffen die Vereinbarungen.

Die **Aufgaben für Ihre Begleitung** wurden zu Beginn dieses Abschnitts bereits geschildert. Wie weit diese gehen sollen, ist im Einzelfall in der Vorbereitung abzuwägen. Wenn Sie einen Teil Ihrer Chefaufgaben z. B. im Bereich Controlling an einen externen Partner dauerhaft ausgelagert haben, kann dieser in diesem Themenbereich natürlich größere Gesprächsanteile haben. Aber es muss deutlich werden, dass Sie der Unternehmer sind und die Grundzüge Ihrer wirtschaftlichen Verhältnisse im Griff haben. Wichtig ist dann auch, dass Sie die Bank über Art, Umfang und Dauerhaftigkeit dieser Zusammenarbeit informieren, damit diese den Part des Externen einschätzen kann.

Wenn Sie sich externe Unterstützung von Ihrem Steuerberater oder einem Unternehmensberater holen, vergessen Sie nicht, die staatliche Beratungsförderung zu nutzen: Für eine externe Unterstützung in Form einer Finanzierungsberatung gibt es Zuschüsse aus dem Beratungsförderungsprogramm des Bundes – auch bekannt unter dem Kürzel BAFA-Förderung (die aktuellen Richtlinien gelten bis Ende 2014, mit einer Verlängerung/Neufassung ist zu rechnen, www.beratungsfoerderung.info; die BAFA ist das Bundesamt für Wirtschaft und Ausfuhrkontrolle und verwaltet dieses Förderprogramm) und teilweise auch der Länder; Auskünfte zu Einzelheiten erhalten Sie bei Ihrer Wirtschaftsförderung und/oder Kammer bzw. von den angesprochenen Beratern selbst. Beachten Sie die De minimis-Regelungen einiger Förderprogramme (vgl. Kapitel 9.9).

FAZIT:

- Klären Sie im Vorfeld ab, wer die Gesprächspartner auf Bankenseite sein werden.
- Überlegen Sie für die eigene Strategie, wer ggf. auf Ihrer Seite Begleiter sein wird.
- Bereiten Sie mit Ihrer Begleitung das Gespräch vor und klären sie vor allem die Rollenverteilung.
- Für Berater: Sprechen Sie Ihre Rolle bei der Begleitung von Bankgesprächen voher klar ab – auch wenn Ihr Mandant das nicht für nötig halten sollte.

10.6 Kreditgespräch als Unternehmer/in „führen“!

Der wesentliche Punkt in dieser Überschrift lautet „führen“, was bedeutet, dass Sie das Gespräch führen – und nicht Ihr Bankbetreuer die Führung übernimmt. Die Grundlage dafür haben Sie mit den in diesem Kapitel bereits aufgezeigten Vorbereitungsschritten gelegt.

Jetzt sitzen Sie im Bankgespräch, die Aufwärmphase geht dem Ende zu, Sie rufen das erste Thema auf. Achten Sie dabei auf die folgenden Momente der Gesprächs- und Verhandlungsführung:

10.6.1 Machen Sie Notizen in Ihrem Themenplan

In der Vorbereitung haben Sie sich Ihren Themenplan erarbeitet. Diesen nehmen Sie als Stichwort-Konzept für Themen, Ziele und ggf. die wichtigsten Argumente natürlich mit ins Gespräch. Zwischen den einzelnen Gesprächsthemen lassen Sie in diesem Konzept Platz für die stichwortartigen Notizen, die Sie – oder Ihre Begleitung (vgl. Kapitel 10.5) – während des Gesprächs machen.

Sehen Sie das auf keinen Fall als Zeichen der Schwäche. Das Gegenteil ist richtig: Sie führen das Gespräch konzentriert und natürlich können und werden Sie nicht alle Details und Punkte gleichzeitig im Kopf behalten. Mit Ihren Notizen geben Sie sich auch selbst Sicherheit in zwei Richtungen:

- Ich kann während des Gesprächs darauf schauen, wenn ich zu dem Thema zurück kehren will,
- am Ende des Gesprächs habe ich eine gute Grundlage für die Absicherung der getroffenen Vereinbarungen – vgl. Kapitel 10.6.6.

Außerdem haben Sie damit schon einen guten Teil Ihrer Gesprächsnachbereitung sozusagen nebenbei mit erledigt – vgl. Kapitel 10.7.

Bedenken Sie auch hier wieder die „Gegenseite“: Ihr Bankbetreuer wird auf jeden Fall einen Aktenvermerk über das Gespräch schreiben (vgl. Kapitel 2.2). Dieser wird die Grundlage der weiteren Entscheidungsschritte in der Bank bilden. Wenn Ihr Bankbetreuer keine Notizen macht, fragen Sie sich doch mal, wie er hinterher seinen Aktenvermerk schreibt – aus dem Gedächtnis!? Lassen Sie sich also auf keinen Fall von einem Bankbetreuer, der keine Notizen macht, irritieren – sondern machen Sie Ihre Notizen gem. Ihrem Gesprächskonzept.

FAZIT:

- Ihr Themenplan gibt Ihnen die Grundstruktur für das Gespräch und ist Basis für Ihre Notizen während des Gesprächs.
- Notizen sind kein Zeichen von Schwäche, sondern Basis für eine konzentrierte Gesprächsführung und Nachbereitung.
- Für Berater: Betonen Sie die Wichtigkeit dieses Themas. Wenn Sie im Bankgespräch begleiten, übernehmen Sie nach Absprache die Protokollanten-Funktion.

10.6.2 Eigene Sichtweise selbstbewusst vertreten und die Zahl der Bank-Fragen reduzieren

Sie kennen aus dem Verkaufstraining die alte und sehr wahre Aussage: „Wer fragt, der führt!“ Und genau so laufen auch heute noch viele Bankgespräche ab: Der Bankbetreuer stellt seine Fragen (ob nun zu Jahresabschluss, BWA oder den Finanzierungswünschen), der Unternehmer antwortet – und fühlt sich bildlich gesprochen immer kleiner werden. **Verhandlungspsychologisch ist dies eine schlechte Position** und zudem eine Position, die dazu führt, dass der Antwortende ziemlich schnell in eine Art Rechtfertigungshaltung kommt, die einen weiteren Schritt auf der psychologischen Abwärtsspirale bedeutet. Wenn dann womöglich mit dem Gefühl, in die Ecke gedrängt zu werden, rechthaberische Gesprächsführungen dazu kommen, fördert auch das nicht die Stärke der eigenen Position.

In solche Situationen werden Sie nicht mehr kommen: Ihre inhaltliche Vorbereitung des Gesprächs

- von der Beschäftigung mit der Situation Ihrer Bankpartner (vgl. Kapitel 2, 3, 4, 5),
- über die Definition Ihrer Kreditwünsche (vgl. Kapitel 6),

- und die Vorbereitung der für die Bank erforderlichen Unterlagen (vgl. Kapitel 7),
- bis hin zur gezielten Vorbereitung dieses Gesprächs (vgl. die vorhergehenden Abschnitte in diesem Kapitel),
- einschließlich der erreichten (zumindest teilweisen) Unabhängigkeit von Ihrer Bank durch den gezielten Aufbau Ihrer Finanzierer-Landschaft (vgl. Kapitel 13)

ist die Grundlage dafür, dass Sie jetzt selbstbewusst und deutlich Ihre Unternehmensentwicklung und Ihre Kreditwünsche darlegen können – und damit für Ihren Bankbetreuer keine oder nur noch einige wenige Fragen übrig bleiben.

D. h. Sie können die gemeinsame Gesprächszeit dafür nutzen, für die von Ihnen ins Auge gefassten Finanzierungsthemen praktikable **Lösungen** zu erarbeiten, die einerseits Ihren Wünschen und andererseits der Geschäftsstrategie Ihrer Bankpartner genügen. Denn genau das soll der Zweck des Bankgesprächs sein: Problemlösungen für den Kunden erarbeiten!

Da Sie mit Ihrer evtl. Begleitung die Rollenverteilung vorher besprochen haben (vgl. Kapitel 10.5), erwächst Ihnen daraus weitere positive Unterstützung.

FAZIT:

- Die Gesprächsführung liegt bei Ihnen als Unternehmer.
- Das Gespräch dient weniger der Beantwortung von Fragen, als vielmehr der Lösung von Kundenthemen oder -problemen.
- Für Berater: Sie haben bei allen Themen im Vorfeld unterstützt, um die Verhandlungsposition Ihres Mandanten wie beschrieben zu stärken.

10.6.3 Hören Sie geduldig zu

Kommunikationsexperten sagen immer wieder, das **Zuhören** sei mit das Schwerste. Wer hat diese Erfahrungen nicht schon einmal gemacht. In Bankgesprächen kommt meistens erschwerend hinzu, dass zwei **unterschiedliche Sichtweisen** zusammen treffen:

- Ihr unternehmerischer, stark branchengeprägter und oft von der Markt- und/oder Technik-Seite dominierter Blick,
- der zahlenorientierte Blick des Bankers, der meist kein Branchenspezialist ist und über die Zahlen Ihrer Bilanz und Gewinn– und Verlustrechnung an die Themen herangeht – also sozusagen vom Ende her.

So konträr das im Einzelfall erscheinen mag, so **produktiv** kann es sein, einen Sachverhalt aus **zwei Blickwinkeln** zu betrachten. Diese Chance haben Sie als Unternehmer in Ihren Gesprächen mit Ihren Bankbetreuern. Nutzen Sie diese!

Dazu gehört natürlich, erst einmal zuzuhören. Vielleicht müssen Sie dann und wann Ihre Ungeduld ein wenig zügeln. Vielleicht können Sie dann und wann auch einmal höflich-verkürzend eingreifen. Vor allem aber können Sie heraushören, wo Ihr Bankbetreuer Sachverhalte noch nicht vollständig oder richtig aufgenommen hat – und jetzt Ihre Chance nutzen, verdeutlichend einzugreifen. Denn nur wenn Ihre Banker Ihr Geschäftsmodell (vgl. Kapitel 7.3) und den Sinn hinter Ihren Finanzierungswünschen wirklich (!) verstanden haben, haben Sie eine reelle Chance auf positive Kreditentscheidungen. Im anderen Fall wird spätestens die Marktfolge (vgl. Kapitel 2.6) die unklaren Fragen nochmals stellen – was eine positive Antwort auf Ihre Kreditanfrage zumindest verzögern und vielleicht auch nicht gerade befördern wird.

Es kann auch schon einmal zu Situationen kommen, in denen von Bankseite Fragen auftauchen, auf die Sie **spontan keine überzeugende Antwort parat** haben. Was jetzt? „Irgendwie" fundiert argumentieren oder offen eingestehen, an dieser Stelle heute keine vollständige Antwort geben zu können? Bedenken Sie die Chance, die in der zweiten Alternative liegt: Sie verhalten sich offen gegenüber Ihrem Gesprächspartner (dass Sie sich in der anderen Alternative nur herausreden, merkt er im Zweifelsfall auch ziemlich schnell) und Sie können anschließend in aller Ruhe überlegen, wie Sie diese Frage beantworten oder an dieses Thema heran gehen wollen. Natürlich vereinbaren Sie mit dem Bankpartner einen Termin, bis zu dem Sie spätestens mit einer Information auf ihn zukommen werden. Und diesen Termin halten Sie natürlich peinlich genau ein. Nur Sie haben jetzt Zeit für gründliche Recherche und überlegte Aussage. Allerdings: Diese Gesprächsvariante steht Ihnen nur sehr begrenzt zur Verfügung. Sie darf keine zentralen Themen Ihres Unternehmens betreffen und nur in Ausnahmefällen genutzt werden. Sonst wird sehr schnell der Eindruck entstehen, dass es mit der unternehmerischen Qualifikation wohl doch nicht so weit her ist.

FAZIT:

- Hören Sie konzentriert und geduldig zu – das ist zwar ein schwieriger aber auch sehr nützlicher Teil der Kommunikation.
- Nutzen Sie die unterschiedlichen Blickwinkel der Gesprächsteilnehmer.
- Für Berater: Betonen Sie die Funktion des Zuhörens und der unterschiedlichen Blickwinkel. Wenn Sie im Gespräch dabei sind, „bremsen" Sie ggf. die Ungeduld Ihrer Mandanten durch einen moderierenden Eingriff in das Gespräch.

10.6.4 Hinterfragen Sie Bankfachsprache

Auch in Ihrer Branche wird es eine Fachsprache geben, deren Begriffe für Ihren Bankpartner oft nicht verständlich sind. Natürlich geht es Ihnen mit den Bankfachbegriffen oftmals genauso. Das gilt nicht nur für Fachbegriffe, sondern auch für branchenbezogene sprachliche Routinen, die nicht sofort verständlich sind oder auch in unterschiedlichen (Branchen-) Zusammenhängen verschiedene Bedeutungen haben können.

Gehen Sie auf keinen Fall mit unklaren Begriffen oder nicht verstandenen Formulierungen aus einem Gespräch. Unterlegen Sie nicht klare Aussagen nicht mit Ihrer eigenen Interpretation nach dem Motto „so wird er das wohl gemeint haben“ – Sie könnten furchtbar daneben liegen.

Die Devise heißt dann: **Höflich und so lange nachfragen**, bis Sie wissen, was wirklich gemeint ist. Es ist die kommunikative Bringschuld desjenigen, der Fachbegriffe verwendet, diese verständlich zu erläutern. Machen Sie notfalls die „Gegenprobe“, indem Sie den Begriff oder Sachverhalt nochmals mit Ihren eigenen Worten wiederholen, um ganz sicher zu gehen, bzw. den Widerspruch Ihres Bankpartners zu erfahren – und dann eine weitere Verständnisschleife zu drehen.

D. h. für Sie natürlich auch, „Fachchinesisch“ Ihrer Branche möglichst zu vermeiden und wo das nicht möglich ist, Fachbegriffe verständlich zu erläutern.

Ein gerade zu „klassisches“ **Beispiel** im Zeitalter des Vier-Augen-Prinzips (vgl. Kapitel 2.4 und 5.3) ist die Aussage des Bankers auf die Vorstellung des Investitionsvorhabens, „dass er sich das sehr gut vorstellen kann“. Das jedoch ist keine Kreditzusage, sondern der Hinweis, dass er das jetzt mal in aller Ruhe im Hause mit der Marktfolge besprechen wird.

! FAZIT:

- Nutzen Sie selbst eine verständliche Sprache möglichst ohne Fachbegriffe.
- Hinterfragen Sie unverständliche Begriffe und Wendungen, bis Sie diese wirklich verstanden haben.
- Für Berater: Weisen Sie bereits bei der Vorbereitung auf nicht allgemeinverständliche Fachbegriffe in den Unterlagen Ihres Mandanten hin. Wenn Sie beim Bankgespräch dabei sind, unterstützen Sie, indem Sie die Rolle des Nachfragers bei „Bankchinesisch“ übernehmen.

10.6.5 Seien Sie offen – verheimlichen Sie nichts

Diese Aufforderung stößt bei Unternehmern immer wieder auf deutlichen mentalen Widerspruch. Was in Teilen durchaus verständlich ist. Die Aussage „Meine Bank muss noch lange nicht alles wissen" oder auch die Frage „Muss meine Bank das wirklich alles wissen?" steht natürlich im Raum. Letztlich entscheiden Sie diese Frage im Grundsatz i. R. d. Überlegungen zu Ihrer Kommunikationsstrategie (vgl. Kapitel 1.5).

Aus der Bankerfahrung heraus stellt sich dieser Punkt jedoch durchaus als kritisch dar. Die Bankerfahrung lautet: Über positive Entwicklungen sprechen Unternehmer (natürlich) gerne. Die Frage nach der vollen Offenheit stellt sich eher dann, **wenn es nicht gut läuft**, oder bei der vollen Transparenz im privaten Bereich.

Der „Standardfall" ist dieses „nicht so gut laufen" und die Denkweise: Das wird sich schon wieder einrenken, man muss doch jetzt nicht „die Pferde scheu machen". Die Erfahrung zeigt, dass sich negative Entwicklungen oft nicht so schnell wieder einrenken, wie der Unternehmer gehofft hat. Und jetzt entsteht die Situation, dass nicht der Unternehmer selbst „die Pferde scheu macht", sondern dies durch dritte Einflüsse geschieht, wie z. B.

- eine sich versteifende Kontoführung (vgl. Kapitel 4.2.2.3 und Kapitel 12.2),
- vermehrte Bank-an-Bank-Auskunftsanfragen (vgl. Kapitel 4.6),
- was die Bank im sonstigen Umfeld erfährt (vgl. Kapitel 4.7 und 12.3),
- oder auch dadurch, dass vereinbarte regelmäßige Unterlagen verspätet oder gar nicht kommen (vgl. Kapitel 12.1).

In diesem Moment geraten Sie als Kunde taktisch ins Hintertreffen. Jetzt kommen vertiefende Informationsanfragen der Bank, z. B. nach BWAs monatlich statt wie bisher vierteljährlich (vgl. Kapitel 12.1) und die Bank erkennt: Diese nicht so gute Entwicklung ist nicht neu, sondern bahnt sich bereits seit Längerem an – unser Kunde hat uns darüber nicht informiert. Genau an dieser Stelle wird jetzt bei der Bank das Wörtchen „bewusst" mit auftauchen – und damit ist die Vertrauensbasis meist deutlich geschwächt. Das bedeutet: Alle Ihre Aussagen, Informationen und Unterlagen werden zukünftig auf die Goldwaage gelegt. Das führt zu langsameren und risikoscheuen Entscheidungsprozessen.

Natürlich sind es immer Ihre Entscheidungen, wie offen Sie gegenüber Ihren Kreditgebern agieren. Nur die Denkweisen und möglichen Konsequenzen auf der „anderen Seite" sollten Sie von vorneherein in Ihre Entscheidungsfindung mit einbeziehen.

Bedenken Sie dabei:

- Bei Bankbetreuern schwingt immer die Frage im Hinterkopf mit, welche Informationen der Kunden evtl. nicht gegeben hat.

- Stellen Sie sich selber die Frage, was für Sie vorteilhafter sein könnte: Ungünstige Informationen geben mit Ihrer Interpretation und Ihren Aktivitäten? Nicht gegebene Informationen, die der Bank aber doch zu Ohren kommen (siehe oben), der Interpretation der Bank zu überlassen?

Man spricht in diesem Zusammenhang auch von Informations-Assymetrie. Es liegt an Ihnen, die in einer solchen Assymetrie möglichen Informationslücken erst gar nicht entstehen zu lassen. Nebenbei: Eine Informations-Assymetrie kann natürlich auch durch „Schweigen" der Bank entstehen z. B. über die Bewertung der Sicherheiten und das Rating (vgl. dazu auch Kapitel 11).

! FAZIT:

- Ihre Offenheit gegenüber Kreditgebern zahlt sich i. d. R. aus.
- Von Ihnen nicht gegebene Informationen gelangen oft schneller aus anderen Quellen zur Bank, als Ihnen bewusst ist.
- Prüfen Sie deshalb die eigene Kommunikationsstrategie immer wieder einmal.
- Für Berater: Sprechen Sie gerade dieses schwierige Thema immer wieder mit Ihrem Blickwinkel an und sensibilisieren Sie Ihre Mandanten dafür.

10.6.6 Sichern Sie am Ende des Gesprächs Ihre Vereinbarungen ab

Das Gespräch geht in die Endphase, alle Themen auf der Agenda sind besprochen. An dieser Stelle werden Sie noch einmal aktiv – wenn es der Bankgesprächspartner nicht macht – und sichern die besprochenen Vereinbarungen ab.

Grundlage dazu sind Ihre Notizen in Ihrem Themenplan (vgl. Kapitel 10.6.1). Diese gehen Sie jetzt durch und sprechen jeden Punkt an, in dem Sie Vereinbarungen getroffen haben – seien es direkte Zusagen Ihres Bankers zu Krediten, Konditionen, Sicherheiten etc. oder auch besprochene Termine, zu denen Sie oder die Bank aktiv werden wollen. Es reichen jeweils Stichworte mit der Einleitung „Nach meinem Verständnis haben wir vereinbart, das…" – und anschließend zählen Sie auf.

Ihr Gesprächspartner von der Bankenseite wird jetzt jeweils ein verbales Häkchen machen, wenn er mit Ihrer Sichtweise übereinstimmt – oder er wird Einspruch einlegen, wenn er zu einem Punkt eine andere Sichtweise einnimmt. Das kann öfter geschehen als einem als Verhandlungspartner lieb ist – denn was der eine gesagt und der andere gehört hat, das muss nicht zwangsläufig übereinstimmen. Besonders wichtig ist diese Absicherung, wenn Sie aus Ihrem Blickwinkel endgültige Vereinbarungen getroffen haben. Denken Sie dabei an das Vier-Augen-Prinzip (vgl. Kapitel 2.4 und 5.3); vielleicht hat Ihr Gesprächspartner Ihren Finanzierungswunsch positiv kommentiert – aber damit keinesfalls eine Kreditzusage gemeint, sondern nur, dass er Ihr Vorhaben interessant findet und das jetzt einmal mit den Kollegen in der Marktfolge diskutieren wird.

Diese mündliche Absicherung verhindert, dass Sie mit Missverständnissen aus einem Gespräch herausgehen – ohne es zu merken. Und dann ggf. Aktivitäten starten, die finanziell noch gar nicht abgesichert sind.

FAZIT:

- Machen Sie die Absicherung der getroffenen Vereinbarungen am Ende des Gesprächs zum Standard.
- Vermeiden Sie so vermeidbare Missverständnisse.
- Für Berater: Weisen Sie auf dieses wichtige Element des Gesprächsabschlusses hin. Wenn Sie am Gespräch teilnehmen, unterstützen Sie Ihren Mandanten dabei oder übernehmen Sie diese Aufgabe (speziell wenn Sie die Protokollanten-Funktion übernommen haben (vgl. Kapitel 10.6.1)).

10.7 Nachbereitung gehört dazu

Wenn das Gespräch beendet ist, ist es allerdings noch nicht ganz zu Ende. Nehmen Sie sich Zeit für die Nachbereitung. Viele Unternehmer sehen das als lästiges und unnötiges Übel an. Wenn Sie jedoch auch zukünftig die Initiative behalten wollen, dann ist es ein unerlässlicher Schritt.

Manchmal ist es hilfreich, sich zu fragen, was denn **„die andere Seite"** nach einem Verhandlungstermin tut. Ihr Bankbetreuer wird vermutlich folgende Schritte gehen:

- Eine Art interne Nachbetrachtung: Wie ist das Gespräch gelaufen mit Blick auf die eigenen Ziele.
- Einen Aktenvermerk schreiben: Festhalten der
  - wichtigsten Informationen,
  - Antworten auf die Bankfragen,
  - Wünsche des Kunden,
  - Themen, die jetzt in der Bank weiter bearbeitet werden müssen, um die angesprochenen aber nicht endgültig vereinbarten Punkte bankintern zu entscheiden – und die dazu ggf. mit dem Kunden abgesprochenen Termine,

  - getroffene Vereinbarungen mit seinem Beschluss inklusive Begründung (Votum) – wenn alleine entscheidend (nicht risikorelevantes-Kreditgeschäft, vgl. Kapitel 2.4 und 3.1.2),
  - Entscheidungsvorschläge zu den Kundenanfragen mit dem 1. Votum aus Marktsicht i. R. d. Vier-Augen-Prinzips (vgl. Kapitel 2.4 und 3.1.2),
  - ...
- Veranlassen, dass Verträge dazu ausgefertigt und an Sie übersandt werden, wenn bereits endgültige Vereinbarungen getroffen wurden.
- Überlegen und entscheiden, welche weiteren Schritte er bezüglich Ihres Kreditengagements i. S. der Engagements-Beobachtung und der besprochenen Themen gehen will und die dazu erforderlichen Wiedervorlagetermine anlegen (vgl. Kapitel 12).
- ...

Wenn Sie diese Schritte aus Ihrem Blickwinkel als Kunde anschauen, dann könnten **Ihre Nachbereitungsschritte** die Folgenden sein:

- Sehen Sie Ihre Notizen aus dem Gespräch durch, ob Sie ggf. an der einen oder anderen Stelle noch ein Stichwort ergänzen wollen, damit Sie auch nach Monaten aus Ihren Aufzeichnungen „noch schlau" werden. Ggf. übertragen Sie Ihre handschriftlichen Aufzeichnungen in einen „maschinenschriftlichen" Vermerk (Das kann evtl. auch Ihr Begleiter als externer Dienstleister tun – insbesondere natürlich dann, wenn dieser die Protokollfunktion inne hatte).
- Legen Sie Ihren Vermerk in Ihrem Bankordner ab und ergänzen/korrigieren Sie so weit wie nötig die „Inventur Ihrer Bankverbindungen" (vgl. Kapitel 10.3.1).
- Überlegen Sie: Was ist im Gespräch mit Blick auf Ihre Themen und Ziele gut gelaufen, was weniger gut und leiten Sie daraus Konsequenzen ab:
  - Gut: Die Beteiligten loben, z. B. wegen der Zuarbeit in der Vorbereitung, der Einbindung im Gespräch, . . . Vergessen Sie dabei nicht, auch Ihre eigenen Anteile positiv zu sehen und sich selbst zu belohnen!
  - Weniger gut: Die Themen überlegen und mit den Beteiligten erörtern, was beim nächsten Gespräch besser laufen könnte und wie Sie dies (gemeinsam) realisieren können.
- Wiedervorlagen anlegen für
  - Eigene Aktivitäten, die dem Bankbetreuer zugesagt wurden – damit Sie pünktlich liefern werden.
  - Aktivitäten, die der Bankbetreuer zugesagt hat – liefert er pünktlich?

Diesen Punkt sollten Sie nicht unterschätzen: Ihre Zuverlässigkeit wird im Rating beurteilt (vgl. Kapitel 4.2.2.2 und 4.9) – also müssen sich Ihre Banken den gleichen Maßstäben stellen. Fragen Sie spätestens zwei Tage nach dem abgelaufenen Wiedervorlagetermin nach. So merkt Ihr Banker, dass Sie die Dinge erst nehmen und er Sie nicht in die Schublade legen kann „kommt nicht so drauf an – andere können vorgehen".

– Aktivitäten und Entscheidungen, die Sie sich als Schlussfolgerungen selbst auf Ihre Tagesordnung schreiben wollen.

DOWNLOAD:

► Gehen Sie Aktivitäten, die direkt folgen sollen, auch direkt an. Nutzen Sie dafür das Methoden-Arbeitsblatt 09 „Aktivitätenplan".

► Genaues Lesen der von der Bank im Anschluss an das Gespräch vereinbarungsgemäß übersandten Unterlagen und Verträge. Achtung: Es wird immer eine schriftliche Bestätigung oder Zusage geben – auch wenn Ihr Bankbetreuer alleine entscheiden kann – denn die Bank wird alle Vereinbarungen schriftlich festhalten.

  Unterschreiben Sie nichts, was Sie nicht gelesen haben – es passieren auch schon mal Übertragungs- und Schreibfehler.

  Unterschreiben Sie ebenso nichts, was Sie nicht verstanden haben. Auch kleine Abweichungen von dem, was Sie aus dem Gespräch mitgenommen haben, sollten Sie konsequent hinterfragen. Achten Sie auch auf Formulierungen oder Passagen, die für Sie gar nicht erinnerlich sind, und hinterfragen Sie diese. Deren Auswirkungen in der Zukunft können schwerwiegender sein, als Sie es heute einschätzen (können).

Ein weiterer Nachbereitungsschritt könnte sein, dass Sie die am Ende des Gesprächs in der Absicherung angesprochenen Themen und Vereinbarungen schriftlich festhalten und **als Brief oder Aktenvermerk an die Bank senden**. Eine solche „Doppel-Absicherung" kann sich insbesondere dann anbieten, wenn

► der Themenkatalog sehr lang war,

► Themen kontrovers diskutiert wurden,

► in der Vergangenheit bereits mit der Umsetzung auf Seiten der Bank keine guten Erfahrungen gemacht wurden,

► Sie ein unsicheres „Bauchgefühl" zu den Inhalten oder auch zu Ihrem Gegenüber von der Bank haben,

► ...

Ihr Vorteil ist dann: Sie haben Ihre Sichtweise schriftlich dargelegt. Wenn die Bank nicht sofort widerspricht, haben Sie bei evtl. Meinungsverschiedenheiten eine bessere Ausgangsbasis für Ihre Argumentation.

Eine weitere Besonderheit ist gegeben, wenn Ihr Bankbetreuer eine endgültige Zusage im Gespräch bereits getroffen hat (und treffen durfte – vgl. Kapitel 2.4) und darauf hinweist, dass dies mündlich ausreichend sei. In diesem Falle ist es zur Absicherung der eigenen Position sinnvoll, diese Vereinbarungen in einem freundlichen „Zweizeiler" zu bestätigen.

Ob Sie derartige schriftliche Nachbereitungsschritte per E-Mail oder auf dem Postwege absenden, hängt auch davon ab, wie der laufende schriftliche Austausch mit der Bank funktioniert. Wenn auch die Bank oftmals den E-Mail-Weg nutzt, dann können Sie dies bei „kleineren" Punkten auch tun. Alle wirklich wichtigen Vereinbarungen sollten Sie auf dem Postwege der Bank zuleiten.

FAZIT:

- Ihre Nachbereitung ist zwingender Bestandteil jedes Bankgesprächs.
- Halten Sie wichtige Ergebnisse fest und aktualisieren Sie die Inventur der Bankverbindungen.
- Legen Sie Wiedervorlagen an als wesentlicher Bestandteil der Nachbereitung.
- Für Berater: Nehmen Sie Ihrem Mandanten die Nachbereitung nach gemeinsamen Gesprächen soweit wie möglich ab. Achten Sie darauf, dass er die erforderlichen Aktivitäten angeht und umsetzt.

11. Besondere Formen des Kreditgesprächs

DOWNLOAD:

Begleitblätter „Besondere Kreditgespräche“

Im Rahmen der Bankenkommunikation gibt es „Gesprächstypen“, die regelmäßig wiederkehren. Dies ermöglicht einerseits eine gezielte Vorbereitung, andererseits aber auch eine gezielte Nutzung der Impulse aus dem Gedankenaustausch mit Ihrem Bankbetreuer. Diesen können Sie intensivieren, in dem Sie immer wieder seine Sichtweise, seine Meinung einfordern. Denn Ihnen als Unternehmer kann nicht daran gelegen sein, dass Ihr Bankbetreuer sich „undeutlich“ ausdrückt. Manche Bankmitarbeiter scheuen sich, die Bankensicht deutlich zum Ausdruck zu bringen, weil sie vielleicht ihren Kunden nicht verprellen wollen oder auch die eine oder andere dann aufkommende Debatte nicht führen wollen.

Eigentlich muss auch den Banken daran gelegen sein, klare Botschaften zu senden. Denn nur diese versetzen wiederum Sie als Firmenkunden in die Lage, die Sichtweise der Bank aufzunehmen, zu durchleuchten und ggf. Impulse für das eigene Handeln daraus abzuleiten. Und das kann nur i. S. der Kreditgeber sein. Mein Motto für die Banken zu diesem Thema lautet: „Verkaufen“ Sie mit solchen Gesprächen Bonität und deren Verbesserung!

Also profitieren beide Seiten von einem **offenen, konstruktiven Dialog**. Leider findet dieser nicht immer statt. Wenn Sie als Unternehmer die Sichtweise der Bank (genauer) kennen lernen wollen, empfiehlt es sich, in der Kommunikation Brücken zu schlagen. Konkret bedeutet dies, **Fragen der folgenden Form zu vermeiden**:

- Warum beurteilen Sie diese Kennzahl als nicht ausreichend?
- Warum halten Sie den Bestand an Halbfertigen Erzeugnissen für nicht konservativ bewertet?
- Warum ist meine Ratingnote um eine Stufe gefallen?
- ...

Denn so formulierte Fragen setzen Ihren Gesprächspartner unter Begründungszwang. Vielleicht kann oder darf Ihr Bankbetreuer eine solche Frage (z. B. Rating) gar nicht beantworten – zumindest nicht im Detail. Oft lösen solche Fragen und die Antworten auch Debatten aus, die nicht wirklich weiterführen. Bedenken Sie auch: Diese Art von Fragen sind vergangenheitsbezogen – es geht aber darum, die Zukunft zu gestalten und zu gewinnen.

Daher überlegen Sie, ob Ihnen die **alternativen Formulierungen** besser gefallen und ob Sie sich vorstellen können, dass sich aus diesen evtl. ein konstruktiveres Gespräch entwickeln lässt:

- Was könnte ich in Ihren Augen tun, um diese Kennzahl für mein Unternehmen zu verbessern?
- Was wäre aus Ihrer Sicht eine konservative Bewertung dieser Bilanzposition und wie würde mein Unternehmen davon profitieren?
- An welchen unternehmerischen Stellschrauben müsste ich nach Ihrer Einschätzung vor allem drehen, um meine Ratingnote um mindestens eine Stufe zu verbessern?
- ...

Auf diese Weise setzen Sie auf das Fachwissen Ihres Bankers und seinen anderen Blickwinkel (wie schon an vielen Stellen beschrieben) und bekommen Handlungsimpulse. Ob und wie Sie diese dann ggf. aufgreifen und umsetzen, ist Ihre Entscheidung.

Diese Art zu fragen, eignet sich für alle Bankgespräche und besonders für die im Folgenden beschriebenen **besonderen Arten** von Kreditgesprächen. Probieren Sie es einfach aus.

FAZIT:

- Nutzen Sie diese besonderen Arten von Kreditgesprächen als unternehmerische Chance, von der Sichtweise der Gesprächspartner auf der Kreditgeberseite zu profitieren.
- Entscheiden Sie sich für eine Art der Fragestellung, auf die Sie Antworten für das eigene Zukunftshandeln erwarten dürfen.
- Für Berater: Begleiten Sie auch in der Vorbereitung und Führung dieser Gesprächs-Typen.

11.1 Jahresgespräch

Für bestimmte Kundensegmente (vgl. Kapitel 2.1) entwickeln viele Banken Betreuungskonzepte. Zumindest für „größere" Kunden ist in diesen i. d. R. einmal im Jahr ein **Grundsatzgespräch** vorgesehen, das sog. „Jahresgespräch".

In der Sparkassen-Organisation heißt es dazu z. B. (vgl. *Deutscher Sparkassenverlag* (Hrsg.), 2010, S. 12):

„Das Jahresgespräch i. S. des Sparkassen-Finanzkonzeptes Firmenkunden hat einen besonderen Fokus: Die betriebswirtschaftliche Beratung auf Basis der wirtschaftlichen Unterlagen des Kunden. Damit verfolgt das Jahresgespräch zwei Schwerpunkte:

- Analyse der aktuellen Situation des Kunden und
- Ableitung von Handlungsfeldern und Optimierungsansätzen."

Im Genossenschaftsbereich ist vergleichbar zu verstehen der „Grundbalken" im Bild des „VR-FinanzPlan Mittelstand" mit der Bezeichnung „Unternehmensmanagement: Managementunterstützung, betriebswirtschaftliche Beratung" (vgl. Abbildung 3 in Kapitel 2.3).

Die Themen der drei folgenden Gesprächstypen werden oft in das Jahresgespräch einbezogen. Dabei **entscheidet der Bankbetreuer**, welchem der Themen er **Priorität** einräumt und in welchem Umfang und welcher **Intensität** er sie behandelt.

Speziell die Dimension „Intensität" wird dabei von vielen Unternehmern kritisch erlebt – denn den **Anspruch der „betriebswirtschaftlichen Beratung"** muss der Bankbetreuer glaubwürdig mit Leben füllen. Informationsgrundlagen für ihn und seinen Kunden sind oft die Bilanzgliederung (siehe das folgende Kapitel 11.2), ein wie auch immer aufgebauter Rating-Report (vgl. Kapitel 11.3) und ein Fragebogen zur weiteren Unternehmensentwicklung (vgl. Kapitel 11.4).

Unternehmer sollten diese Gespräche als **Chance** sehen und dabei ihren **Bankbetreuer** weniger als „Unternehmensberater" sondern als **„Impulsgeber"** verstehen und nutzen, d. h. vor allem auch nachfragen, um die Denkweise und die Ansätze der Bank nachvollziehen und für sich prüfen zu können.

Wichtig ist dabei allerdings auch **von Bankenseite**, die eigenen Grenzen dieser Beratungsansätze sowohl auf der bankstrategischen wie auf der beraterindividuellen Seite kritisch zu reflektieren und auch zu kommunizieren. Sonst werden evtl. falsche Erwartungen geweckt oder Ansprüche formuliert, die dann im konkreten Gespräch nicht erfüllt werden können – für eine vertrauensvolle Zusammenarbeit keine gute Konstellation (vgl. auch *Sander*, Die Bank 6/2012).

In der konkreten Gesprächssituation wird es dann von Bankenseite auf eine **sensible, zuhörende Gesprächsführung** ankommen. Auf keinen Fall darf von Seiten des Kunden der Eindruck einer „Verhör-Situation" entstehen. Und auch der Gefahr der „Besserwisserei" ist schon mancher Bankbetreuer erlegen. Nicht unterschätzen sollte der Bankbetreuer seine Kompetenzwahrnehmung aus unternehmerischer Sicht – denn jetzt ist er nicht mehr „nur" Finanzierungspartner, sondern will als „unternehmerischer Partner" wahr und ernst genommen werden. Dafür obliegt ihm im Gespräch die „Beweislast".

Das Jahresgespräch dient auch dazu, die **weiteren Geschäftspotenziale** mit dem Kunden auszuloten und in weitere Vereinbarungen für Detailgespräche umzusetzen. Das Bild des VR-FinanzPlan Mittelstand der Genossenschaftsbanken zeigt das mit den definierten Geschäfts- (Gesprächs-) Feldern deutlich auf (vgl. Abbildung 3 in Kapitel 2.3). Banken sehen das häufig wie einen „Stufenplan“:

- Im Jahresgespräch werden die grundsätzlichen Fragen diskutiert,
- gleichzeitig werden Geschäftspotenziale identifiziert und erfragt,
- für die erkannten Potenziale werden sodann weitere Gesprächstermine vereinbart, um diese im Detail zu besprechen und möglichst zu einem Abschluss für die Bank zu kommen,
- zu diesen Folgegesprächen werden bei Bedarf Fachexperten hinzugezogen (vgl. Kapitel 2.5).

Ihr Bankbetreuer verfolgt also immer zwei Blickwinkel parallel: Geschäftsentwicklung bzw. Risikosicht und Geschäftspotenziale. Von Unternehmerseite kommt die Überlegung der Steuerung der eigenen Finanziererlandschaft hinzu (vgl. Kapitel 13.4).

FAZIT:

- Nutzen Sie das Jahresgespräch für einen konstruktiven Austausch – und erwarten Sie das auch von Ihrem Bankbetreuer.
- Fragen Sie Ihren Bankbetreuer ggfs. nach seinem inhaltlichen Anspruch – falls dieser von ihm aus Ihrer Sicht nicht deutlich genug kommuniziert wird.
- Für Berater: Sehen Sie den betriebswirtschaftlichen Anspruch des Bankbetreuers nicht als „Konkurrenz“, sondern als Verstärkung für die Themen, die Sie bei Ihrem Mandanten auch als Handlungsfelder erkannt haben und intensivieren möchten.

11.2 Bilanzgespräch

In Kapitel 4.1 ist ausführlich dargestellt, wie Banken an Ihre Jahresabschlüsse herangehen und mit welchen Fragen sie diese analysieren und welche Schlussfolgerungen sie daraus ziehen.

Die folgende Abbildung stellt das in einem groben **Überblick nochmals** zusammen:

ABB. 25: Themen des Bilanzgesprächs

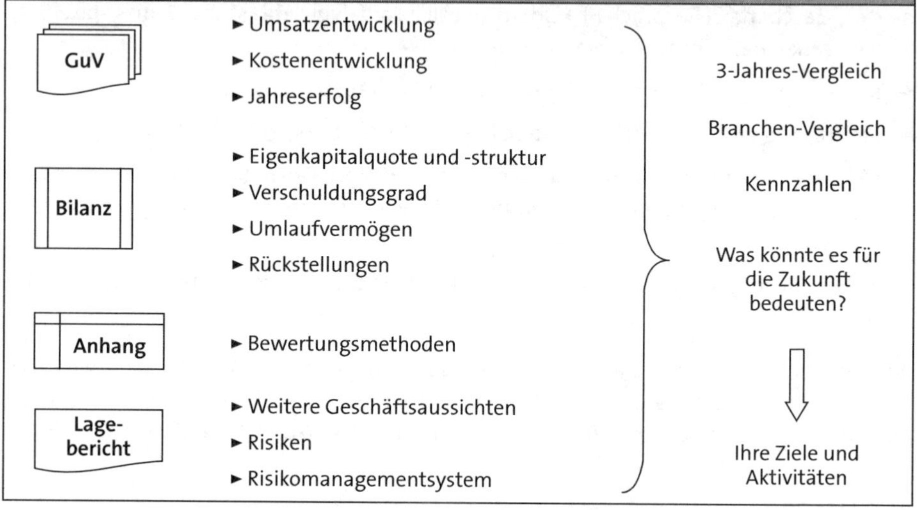

Damit sind die regelmäßig wichtigsten Themen benannt. Natürlich können je nach Struktur weitere dazu kommen.

Bedenken Sie, dass die Fragen, die Ihr Bankbetreuer Ihnen zu Ihren Zahlen stellt, von seinen Marktfolgekollegen formuliert worden sind (vgl. Kapitel 5.2). Mit Ihren Unterlagen und den begleitenden Erläuterungen (vgl. Kapitel 7.4.2) haben Sie bereits dazu beigetragen, die Zahl der Fragen deutlich zu reduzieren und Ihre Sichtweise auf Ihre Zahlen zu verdeutlichen.

Auf dieser Basis können Sie sich auf das Bilanzgespräch gut vorbereiten, sodass eigentlich keine Bankfrage Sie unvorbereitet treffen kann. Grundlage für das Bilanzgespräch ist die Bilanzgliederung Ihrer Banken (vgl. Kapitel 4.1.1). Lassen Sie sich diese aushändigen und erläutern, sodass eine gemeinsame Gesprächsgrundlage gegeben ist.

Jetzt ist es an Ihnen, die Fragen Ihres Bankbetreuers kompetent zu beantworten (vgl. Kapitel 10.3 und 10.6) und Ihre eigenen Fragen zukunftsbezogen zu stellen (vgl. am Beginn dieses Kapitels).

In der Nachbereitung des Bilanzgesprächs (vgl. Kapitel 10.7) legen Sie abschließend Ihre Schlussfolgerungen und Aktivitäten fest.

FAZIT:

- Nutzen Sie das Bilanzgespräch als eine gute Möglichkeit, die zahlengetriebene Sicht der Bank aufzunehmen und zu verarbeiten.
- Achten Sie dabei auf eine gute und konstruktive Kommunikation auf beiden Seiten.
- Leiten Sie Ihre Schlussfolgerungen und Aktivitäten ab und eröffnen Sie sich so die Chance, Impulse aus dem Bilanzgespräch effektiv zu nutzen.
- Für Berater: Unterstützen Sie als Sparrings-Partner in der Vorbereitung dieses Gesprächs, indem Sie die wahrscheinlich von der Bank anzusprechenden Themen benennen und im Vorfeld besprechen (vg. auch Kapitel 4, insbesondere 4.1).

11.3 Ratinggespräch

Die Details zum Rating und den verschiedenen Rating-Verfahren im Rahmen der Risikoklassifizierung durch Ihre Kreditgeber (vgl. Kapitel 3.1.3) sind in Kapitel 4.2 ausführlich dargestellt.

Leider zeigt sich sehr oft, dass die **Kommunikation über das Rating** zwischen Banken und Kunden noch deutliches **Verbesserungspotenzial** hat. Dabei beurteilen Banker und Unternehmer den kommunikativen Ist-Zustand durchaus unterschiedlich (vgl. *Sander* in: Basel III, 2013).

Diese **unterschiedliche Wahrnehmung** hat oft folgende Gründe:

- Der Bankbetreuer stellt die Ratingfragen i. R. d. ganz normalen Gespräche – erklärt aber nicht, dass diese Fragen für das Rating relevant sind – bzw. der Unternehmer nimmt das nicht so auf.
- Die Ratingkommunikation wird mit verschiedenen Kundengruppen seitens der Banken unterschiedlich intensiv geführt. Dabei gilt die „Regel“: Je größer ein Firmenkunde nach Umsatz oder Engagementsgröße ist (vgl. Kapitel 2.1 zur Kundensegmentierung), desto eher sprechen Banken (deutlich) über das Rating.
- Die Bank hat das Rating generell mal erläutert – individuell oder in einer Kundenveranstaltung; der Kunde erwartet aber eine regelmäßige Aussage zum jährlich wiederkehrenden Rating.
- Die Bank vermeidet das Thema, weil die Noten durch das Backtesting (vgl. Kapitel 4.2.1) schlechter geworden sind (ohne dass sich die wirtschaftliche Situation des einzelnen Unternehmens verändert hätte) und sie dieses komplizierte Verfahren nicht erläutern will.

Diese Liste ließe sich noch verlängern. Entscheidend aus Unternehmersicht ist, dass die folgenden **fünf Fragen** von Seiten der **Kreditgeber** klar und deutlich **beantwortet werden**:

- Welche Kennzahlen und welche qualitativen Fragen werden im Rating verwendet?

  Nur auf dieser Informationsbasis können Sie als Kunde Ihren Kreditgebern die umfassenden Informationen für eine angemessene Bewertung zur Verfügung stellen (vgl. Kapitel 4.2.2.1 und 4.2.2.2).

- Welche Rating-Note hat mein Unternehmen aktuell?

  Nur mit dieser Information können Sie die Risikosicht Ihrer Bank in einem ersten Schritt grob einschätzen (vgl. Kapitel 4.2.4).

- Welche Bedeutung hat diese Rating-Note auf der Skala der Bank (und nicht der IFD-Skala)?

  Nur mit dieser Information haben Sie eine Chance, das Ergebnis und seine Auswirkung auf die Kreditvergabebereitschaft im zweiten Schritt im Detail einschätzen zu können (vgl. Kapitel 4.2.4).

- Wie lautet die Ausfallwahrscheinlichkeit hinter der Rating-Note?

  Nur mit dieser Information können Sie die Noten Ihrer verschiedenen Kreditgeber vergleichen (vgl. Kapitel 4.2.4).

- Wie sieht die Bank als Ergebnis des Rating die Stärken und Schwächen meines Unternehmens?

  Nur mit dieser Information können Sie Ihre Schlussfolgerungen aus der Sichtweise der Bank im Detail abwägen. Denken Sie dabei auch an die eingangs zu diesem Kapitel angesprochene „Fragetechnik".

Bedenken Sie dabei bitte, dass Banken i. d. R. über die Gewichtung der einzelnen Kennzahlen und Fragen keine Auskunft geben (wollen bzw. können) – vgl. Kapitel 4.2.1.1.

Wie Banken die **Rating-Kommunikation** handhaben, ist **vollkommen unterschiedlich**. Allerdings wird heute ausführlicher und offener kommuniziert als zu Beginn des „Rating-Zeitalters" in der Mitte der 2000er Jahre. Dennoch bleiben immer wieder Fragen offen. So stellt der Autor diese fünf Fragen seit Anfang der 2000er Jahre in seinen Vorträgen und Seminaren rund um die Themen Liquidität/Finanzierung/Rating/Bankgespräche und muss leider feststellen, dass die Quote der Antwort „Kenne ich" in diesen Jahren nicht signifikant gestiegen ist. Selbstverständlich sind diese Abfragen keine repräsentativen Umfragen. Andererseits kommen in solche Veranstaltungen meist die „aktiveren" Unternehmer – und stellen damit sozusagen eine positiv gefärbte Stichprobe dar. Umso bedauerlich ist, dass kein eindeutig positiver Trend bei den Antworten zu verzeichnen ist.

Es gibt auch die Situation, dass ein Bankbetreuer eine Antwort auf Ihre Rating-Fragen schlicht ablehnt, z. B. mit dem Hinweis, es sei Geschäftspolitik, darüber nicht zu sprechen. In diesen – und auch anderen Fällen Ihnen zögerlich erscheinender Bank-Rating-Kommunikation – sollten Sie Ihren Bankbetreuer erinnern an die **„Selbstverpflichtung der deutschen Kreditwirtschaft zur Ratingkommunikation"**. Diese ist beschlossen worden in der „Initiative Finanzstandort Deutschland" (IFD), die beim Thema Rating-Noten in Kapitel 4.2.4 bereits angesprochen wurde. Alle deutschen Kreditinstitute bzw. ihre Verbände haben sich folgender Selbstverpflichtung unterworfen (vgl. *IFD* (Hrsg.), 2010, S. 27):

„Jeder Firmenkunde kann ab einer nach Kundensegmenten variierenden Mindestkredithöhe eine Auskunft von seinem Kreditinstitut über sein Bonitätsrating erhalten. In Abhängigkeit vom Detaillierungsgrad kann eine angemessene Vergütung erhoben werden". Weiter heißt es in dem Text: „Über all diese Dinge gilt es mit der Bank und Sparkasse in einen offenen Dialog zu treten."

Damit haben sich die Kreditinstitute in der IFD zwar zu keiner Initiative verpflichtet – und man mag daher darüber streiten, ob der Terminus „Selbstverpflichtung" vor diesem Hintergrund wirklich passend erscheint – aber sie werden auf Fragen der Unternehmer antworten. Auch sind in der aktuellen Broschüre aus Dezember 2010 gegenüber der ersten Auflage von 2006 im weiteren Text positive Veränderungen hinsichtlich des Gehalts der Informationen vorgenommen worden. Auch hier weht also ein offenerer Wind.

Auf diese Selbstverpflichtung kann also hingewiesen werden, wenn eine Bank offenbar die Fragen nach dem Rating restriktiv behandelt. Allerdings muss damit gerechnet werden, dass der einzelne Bankbetreuer diese Selbstverpflichtung nicht unbedingt in jedem Fall kennt.

Der evtl. ablehnenden Antwort mit Blick auf die „variierende Mindestkredithöhe" sollten Kunden gerade von Sparkassen und Genossenschaftsbanken allerdings mit Hinweis auf den öffentlichen Auftrag bzw. den genossenschaftlichen Förderauftrag begegnen und auch bei kleineren Engagements volle Offenheit einfordern.

Bemerkenswert ist auch, wie die **Banken intern an dieses Kommunikationsthema** herangehen. So stellt z. B. der Deutsche Sparkassenverlag den Kundenbetreuern eine spezielle Broschüre zu diesem Thema zur Verfügung unter dem Titel „Rating im Kundengespräch – Ein Kommunikationsleitfaden für Firmenkundenbetreuer" (vgl. *Deutscher Sparkassenverlag* (Hrsg.), 2010). Die 68 Seiten starke Broschüre gibt einen umfassenden Überblick, was kommuniziert werden darf und wie dies auch mit Blick auf verschiedene Kundensegmente erfolgen kann. Dabei wird im Wesentlichen der in diesem Buch formulierten Offenheitsanforderung entsprochen.

Vor diesem Hintergrund: Alle Banken und Bankengruppen haben **Instrumente**, um ihre Kunden **ausführlich über die Rating-Fragen und -Ergebnisse zu informieren**. Allerdings werden diese nicht immer eingesetzt – siehe oben den Hinweis auf die unterschiedlichen Unternehmensgrößen respektive die Formulierung in der Selbstverpflichtung.

Das sollte Unternehmer aber nicht daran hindern, solche **„Rating-Reports“** von Ihren Kreditgebern einzufordern. Dabei geben die oben genannten fünf Fragen eine gute Grundorientierung.

Zwei Beispiele sollen die Chancen solcher Rating-Reports aufzeigen, die allerdings in jeder Bank andere Namen tragen – selbst in den Gruppen der Sparkassen einerseits und der Genossenschaftsbanken andererseits sind diese Bezeichnungen nicht einheitlich. Dabei ist in den beiden genannten Verbünden außerdem zu berücksichtigen, dass diese Instrumente von den jeweiligen Rechenzentralen angeboten werden – aber keine Sparkasse oder Volksbank ist verpflichtet, diese auch zu nutzen. Das entscheidet wiederum jedes Institut für sich im Rahmen seines Betreuungskonzeptes (vgl. Kapitel 2.3 zu den Zielsystemen).

Der Rating-Report der **Sparkassen** heißt **„Stärken-Potenzial-Profil“ (SPP)**. In diesem werden die Rating-Ergebnisse zu allen Kennzahlen und qualitativen Fragen in **fünf Schritten** dargestellt (vgl. *Deutscher Sparkassenverlag* (Hrsg.), 2010, S. 25 ff.):

- Sog. „Rating-Tachometer“ zeigen die eigene erreichte Ausprägung graduell im Vergleich zur besten und schlechtesten im Rating erreichbaren Ausprägung an;
- die Kennzahlen und Fragen (z.T. werden mehrere Fragen in einem Oberbegriff im Tachometer zusammen gefasst) werden dargestellt mit ihren konkreten Ausprägungen;
- in einer Zeitreihe über die letzten drei Jahre wird die Entwicklung der eigenen Kennzahl dargestellt bzw. die Veränderung der Beantwortung von qualitativen Fragen in den drei Wertungen „Stärke“, „Potenzial“ und „Handlungsbedarf“;
- in einem Branchenvergleich werden die Kennzahlen und die Antworten auf die qualitativen Fragen mit der jeweiligen „Branchenmitte“ verglichen; hinzu kommen kann eine Darstellung im Zeitverlauf;
- mit Hilfe einer Checkliste kann der Bankbetreuer zu jeder Kennzahl und qualitativen Frage Hinweise zur Optimierung der Unternehmensführung aus Sicht der Sparkasse geben.

Das SPP gibt es in **drei Abstufungen**:

- Grund-Profil (Basis): Enthält nur eine Übersicht über alle wesentlichen Kennzahlen und Faktoren mit den Rating-Tachometern – ohne detailliertere Informationen und ist damit für ein fundiertes Gespräch und die Ableitung unternehmerischer Konsequenzen nur bedingt geeignet;

- Grund-Profil (Optional): Ergänzt die Basis-Version um die in der obigen Aufstellung genannten Details mit Ausnahme der Zeitreihenbetrachtung und des Branchenvergleichs; hinzu kommt eine einseitige „Ratinginformation" zur Note;
- Premium-Profil: Alle oben genannten Elemente.

Die beiden nachfolgenden Abbildungen zeigen einen Auszug aus einem SPP, um die dargestellte Systematik zu verdeutlichen – hier am Beispiel des qualitativen Fragebereichs „Produktion/Leistungserstellung" (vgl. *Deutscher Sparkassenverlag* (Hrsg.), 2008):

ABB. 26: Stärken-Potenzial-Profil – Beispiel 01

4.4.4.2 Ihre Leistungserstellung bzw. Produktion in 2008

Der Rating-Tachometer gibt Aufschluss über die Rating-Bewertung von Produktionsanlagen und den Prozess der Leistungserstellung in Ihrem Unternehmen.

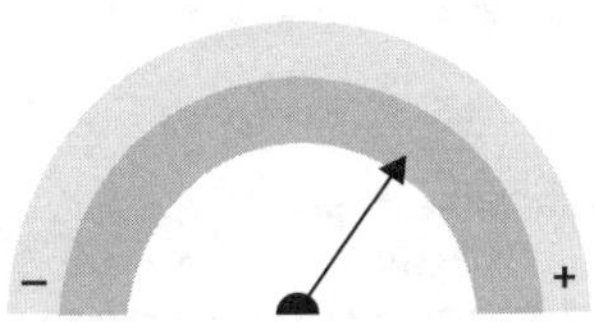

Der Rating-Tachometer spiegelt die aktuelle Situation Ihres Unternehmens in Abhängigkeit der besten und schlechtesten im Rating zu erreichenden Ausprägung dieser Kennzahl wider.

Die Leistungserstellung bzw. Produktion Ihres Unternehmens erhält im Rating eine durchschnittliche Bewertung durch Ihre Sparkasse/Landesbank.

4.4.4.3 Die Entwicklung Ihrer Produktion/Leistungserstellung von 2003 bis 2005

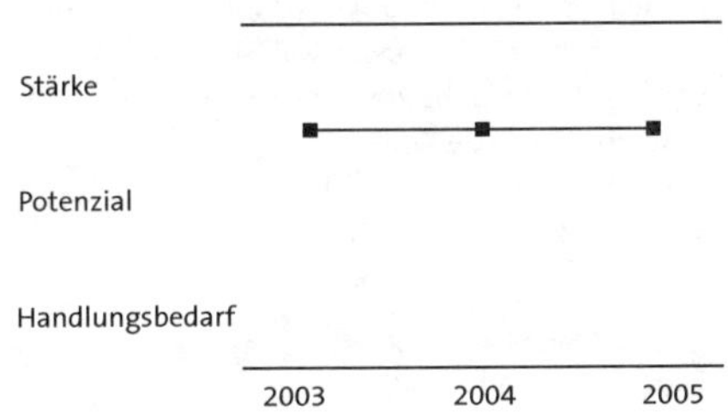

Die Rating-Bewertung dieses Merkmals bleibt im Vergleich zum Basisjahr konstant. Reicht Ihnen dieses Ergebnis?
Wenn nicht, lassen Sie sich von der unten stehenden Checkliste unterstützen.

ABB. 27: Stärken-Potenzial-Profil – Beispiel 02

4.4.4.4 Ihr Unternehmen im Vergleich zur Branche 2005

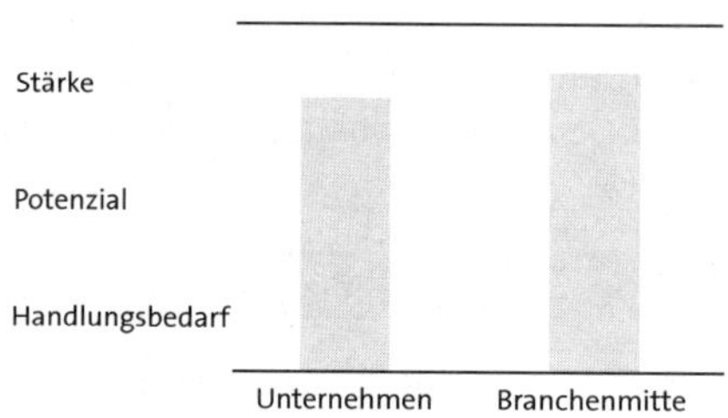

Die Qualität Ihrer Produktionsanlagen bzw. die Effizienz Ihrer Leistungserstellungsprozesse werden für das Jahr 2005 insgesamt schlechter bewertet als in den meisten anderen Unternehmen in Ihrem Sektor. Wo stehen Sie im Vergleich zu Ihren direkten Mitbewerbern?

4.4.4.4 Checkliste/Unterstützung durch Ihre Sparkasse/Landesbank

- Entsprechen Ihre Produktionsanlagen einem modernen Standard? Sehen Sie Innovationsmöglichkeiten?
- Nehmen Sie regelmäßig Ersatzinvestitionen vor, um zu vermeiden, dass Ihre Anlagen veralten?

Um die Produktionsanlagen in Ihrem Unternehmen kontinuierlich zu erneuern, kann es sinnvoll sein, Apparate und Maschinen zu leasen. Ihre Sparkasse/Landesbank informiert Sie gern über attraktive Leasingmodelle und die daraus resultierenden Steuervorteile.

- Können Sie mit neuen Anlagen umweltfreundlicher und effizienter produzieren und ggf. mit einer DIN-Zertifizierung neue Kunden über die positive Vermarktung Ihres Umweltengagements gewinnen?
- Verkürzte Umrüstzeiten könnten Ihre Produktivität steigern und Kosten minimieren.
- Prüfen Sie die Effizienz Ihrer Leistungserstellungsprozesse! Analysieren Sie z.B. die Maßnahmen, die Ihr Unternehmen ergriffen hat, um Kapazitäten flexibel einsetzen zu können. Können Sie auf freie Mitarbeiter zurückgreifen? Oder erlaubt es ihr Arbeitszeitmodell, die Arbeitszeiten Ihrer Mitarbeiter der tatsächlichen Auftragslage anzupassen?

Kommentar: Dies ist ein Freitext in dem der Berater bis zu 1000 Zeichen als Kommentar erfassen kann.

Die oben genannte **Ratinginformation** gibt es auch ohne SPP sozusagen als Basis-Information überhaupt zum Sparkassen-Rating; sie ist der nachstehenden Abbildung 28 wiedergegeben und sollte der Mindest-Standard sein (vgl. *Deutscher Sparkassenverlag* (Hrsg.), 2010, S. 13):

ABB. 28: Ratinginformation der Sparkassen

Ratinginformation

Firma

Gewerbekunde

Rating-Note (1-17)		Zugeordnete mittlere statistische Ein-Jahres-Ausfallwahrscheinlichkeit
2009	5	0,39 %

Gewerbekunde

Datum der letzten Rating-Erstellung
18. Februar 2009

Stichtag des letzten ausgewerteten Jahresabschlusses
31. Dezember 2007

Wir haben mit Ihnen über ihr Stärken-Potenzial-Profil geredet

Rating-Note
Zugeordnete mittlere statistische Ein-Jahres-Ausfallwahrscheinlichkeit

1 (AAA) 0,01 %	1 (AA+) 0,02 %	1 (AA) 0,03 %	1 (AA–) 0,04 %	1 (A+) 0,07 %	1 (A) 0,07 %	1 (A–) 0,09 %	2 0,12 %
3 0,17 %	4 0,26 %	5 0,39 %	6 0,59 %	7 0,88 %	8 1,32 %	9 1,98 %	10 2,96 %
11 4,44 %	12 6,67 %	13 10,00 %	14 15,00 %	15 20,00 %	16 Ausfall	17 Ausfall	18 Ausfall

Interpretationsbeispiel
Von 10.000 Kunden, denen die Rating-Note „5“ zugeordnet ist, werden im Durchschnitt in den nächsten zwölf Monaten 39 Kunden zahlungsunfähig.

Haftungsausschluss
Das vorgenannte Rating-Ergebnis dient nur zu Ihrer eigenen Information. Es ist grundsätzlich nicht für die Nutzung durch Dritte bestimmt. Insbesondere wird keine Information der Öffentlichkeit über die Qualität von an Kapital- oder Finanzmärkten gehandelten Wertpapieren oder Kreditforderungen bezweckt. Die vorstehende Bewertung beruht auf den uns vorliegenden Informationen ohne Anspruch auf Vollständigkeit. Eine Haftung des Instituts ist ausgeschlossen.

Die **Volks- und Raiffeisenbanken** bezeichnen Ihren Rating-Report sehr unterschiedlich, häufig werden die Begriffe **„Unternehmensexposé"** oder **„Rating-Exposé"** verwendet, aber auch andere sind gebräuchlich. Mitunter wird noch ein zusätzlicher Begriff angehängt, der auf die zugrundeliegende Bankensoftware hinweist: In Norddeutschland ist es die Bezeichnung „MinD.banker" (im Kapitel 7.14.2 wurde im Zusammenhang mit dem Pre-Rating auf die Unternehmenssoftware „MinD.business" der Genossenschaftsbanken hingewiesen – sozusagen das „Schwesterprodukt", vgl. www.min-d.de), in Hessen und weiter südlich die Bezeichnung „BAPagree" – beides sind die Software-Namen der Basisprodukte der jeweiligen Rechenzentrale.

Das hier gezeigte Beispiel stammt aus der Software MinD.banker. Genossenschaftsbanken können mit dieser Software individuelle Berichte konfigurieren (z. B. auch für unterschiedliche Kundensegmente – vgl. Kapitel 2.1). Dafür stehen ihnen u. a. folgende **Bausteine** in beliebiger Kombination zur Verfügung:

- Rating-Note im Zeitverlauf mit Masterskala der Genossenschaftsbanken;
- Gesamtdarstellung aller Kennzahlen im Branchenvergleich mit Pfeil-Anzeige Entwicklung gg. Vorjahr;
- Einzeldarstellung der Kennzahlen mit Zeitvergleich und Erläuterungen;
- Überblick über alle qualitativen Merkmale in drei Ausprägungsgraden;
- Einzeldarstellung der qualitativen Merkmale mit Rating-Antwort ergänzt um eine Ampelfunktion zur Darstellung möglichen Handlungsbedarfs;
- Weitere Informationselemente z. B. zur Bilanzgliederung (vgl. Kapitel 11.2);
- Seite „Nächste Schritte" z. B. mit den Unterteilungen „Absprachen", „Offene Themen/Ausstehende Unterlagen", „Unsere wichtigsten Vereinbarungen/Maßnahmen".

Ein solches Rating-Exposé kann z. B. folgende Gliederung haben:

ABB. 29: Gliederung eines Rating-Exposés der Genossenschaftsbanken

1. Ihre Volksbank Muster eG
2. Unser Betreuungskonzept
3. Ihr Unternehmen
4. Ihre Konten
5. Ihre Pläne für das Unternehmen
6. Ihre Investitionspläne
7. Ihre GuV und Bilanz
8. Ihr VR-Rating
9. Ihre Unternehmensrisiken
10. Ihre persönlichen Risiken

11. Ihre privaten Ziele und Wünsche
12. Unsere Vereinbarungen
13. Anhang

(vgl. *Sander*, NWB Betriebswirtschaftliche Beratung 5/2014 S. 144)

In den beiden folgenden Abbildungen wird jeweils eine Detailseite aus dem Kennzahlen- und dem qualitativen Bereich eines Auswertungsmusters wieder gegeben:

ABB. 30: Unternehmensexposé aus MinD.banker – Kennzahlen

Eigenkapitalquote

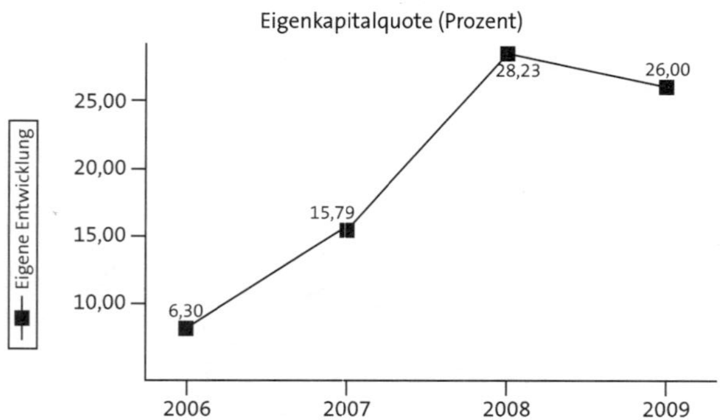

Erläuterung
Die Eigenkapitalquote gibt den Anteil des bilanziellen Eigenkapitals an der bereinigten Bilanzsumme eines Unternehmens an. Sie wird zur Beurteilung der Kapital- und Bestandskraft des Unternehmens herangezogen.

Wertung
Es wird davon ausgegangen, dass Unternehmen mit einer höheren Eigenkapitalquote eine bessere Bonität aufweisen. Je höher die Kennzahl, desto besser.

Anlagendeckung

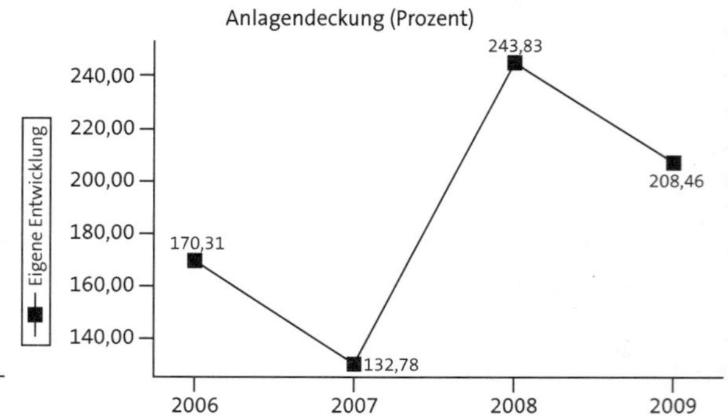

Erläuterung
Die Anlagendeckung gibt an, wie viel Prozent des vorhandenen Anlagevermögens durch das bilanzielle Eigenkapital zuzüglich langfristiger Rückstellungen und langfristiger Verbindlichkeiten gedeckt werden kann.

Wertung
Je höher die Anlagendeckung, desto besser. Es sollte zumindest eine Deckung von 100 Prozent gegeben sein. Bei stark schwankenden Jahresüberschüssen bzw. -fehlbeträgen ist ein höherer Deckungsgrad empfehlenswert, um die Gefahr einer Überschuldung auszuschließen.

ABB. 31: Unternehmensexposé aus MinD.banker – Qualitative Fragen

Qualitative Unternehmensdaten

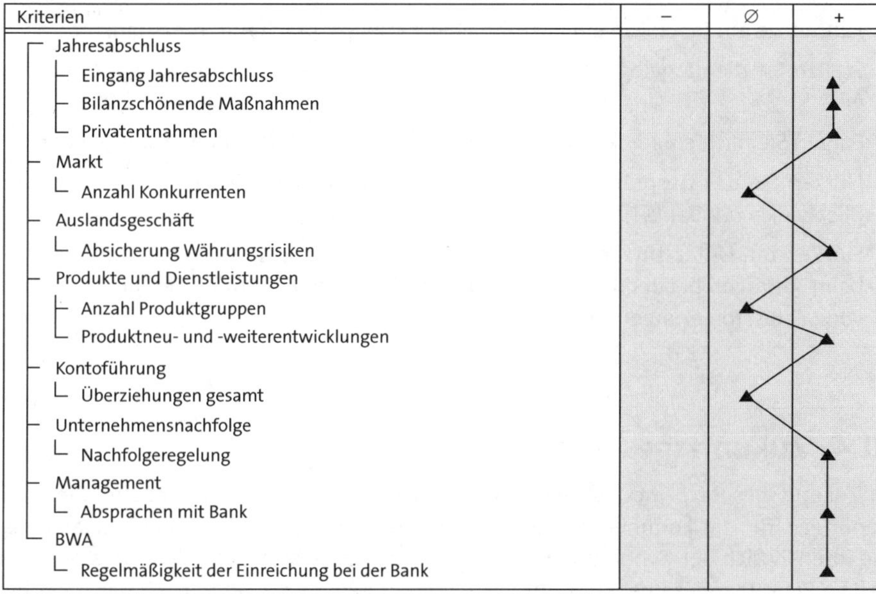

▲ Datenreihe 1 (2008)

Kriterium	Erläuterung	
Jahresabschluss		
Eingang Jahresabschluss	Der Jahresabschluss wurde 90 Tag(e) nach dem Bilanzstichtag bei der Bank eingereicht.	
Bilanzschönende Maßnahmen	Im letzten vorliegenden Bilanzjahr wurden keine bilanzschönenden Maßnahmen vermerkt.	
Privatentnahmen	In der Bilanzanalyse gibt es keinen Vermerk über massive Privatentnahmen.	
Markt		
Anzahl Lieferanten > 50% Materialaufwand	Auf 10 Hauptlieferanten entfallen 50 % des Materialaufwandes.	
Anzahl Konkurrenten	Auf dem relevanten Markt besitzt das Unternehmen 10 direkte(n) Konkurrenten.	
Auslandsgeschäft		
Absicherung Währungsrisiken	Das Unternehmen erzielt keine bzw. nur geringe Umsätze in Fremdwährungen. Währungsrisiken sind nicht von Bedeutung.	
Produkte und Dienstleistungen		
Anzahl Produktgruppen	Das Unternehmen besitzt 5 Produktgruppe(n).	
Produktneu- und -weiterentwicklung	Eine aktive Produkt-/Dienstleistungsentwicklung wird beständig betrieben.	

FAZIT:

- Führen Sie auf jeden Fall ein ausführliches Ratinggespräch mit Ihren Banken.
- Stellen Sie die dargelegten fünf Fragen und fordern Sie aussagekräftige Antworten ein.
- Fragen Sie nach einem schriftlichen und möglichst ausführlichen „Rating-Report“.
- Nutzen Sie das Gespräch zur Überprüfung Ihrer eigenen Einschätzungen aus dem Blickwinkel der Banken.
- Für Berater: Unterstützen Sie mit Ihren Kenntnissen aus anderen Mandaten sowohl beim Anfragen bei den Banken, als auch im Gespräch und im Ziehen und Umsetzen von Schlussfolgerungen im Unternehmen.

11.4 Zukunftsgespräch

Im Zukunftsgespräch möchte der Bankbetreuer mit seinem Kunden dessen **Ziele und Planungen** für die kommenden Jahre diskutieren und dabei aus Banksicht ausloten, wie intensiv sich der Kunde überhaupt mit Zielen und Planungen beschäftigt – und in welche Richtung diese gehen. Dahinter steht zum einen die Frage nach der dauerhaften Bonität i. S. des Rating (vgl. Kapitel 4.2) und der nachhaltigen Kapitaldienstfähigkeit (vgl. Kapitel 4.4). Zum anderen möchte die Bank abschätzen können, welcher Finanzierungs- und sonstiger Geschäftsbedarf wohl in den kommenden Jahren aus den Überlegungen des Kunden resultieren könnte? Daran anschließen wird die Bank wiederum ihre Abwägungen, in wie weit sie diesem Finanzierungsbedarf aus heutiger Sicht selbst entsprechen möchte und welche sonstigen Geschäftspotenziale sie möglichst für die eigene Ertragsrechnung nutzen möchte.

Hier schließt sich der Kreis zu den **Informationen und Unterlagen**, die Unternehmen ihren Kreditgebern zur Verfügung stellen sollten (vgl. Kapitel 7) und insbesondere natürlich zu Ziele und Planungen (vgl. Kapitel 7.10).

Die Vorgehensweise im Zukunftsgespräch ist von Bank zu Bank unterschiedlich. I. d. R. liegt ein **strukturierter Fragenkatalog** zu Grunde, den der Bankbetreuer situationsangepasst mit dem Kunden durcharbeitet. Bereits die Gliederung eines „Rating-Exposés“ der Genossenschaftsbanken im vorigen Kapitel 11.3 hat gezeigt, dass auch im Rating-Gespräch die Ziele eine Rolle spielen. Damit wird – wie schon zu Anfang dieses Kapitels angesprochen – deutlich, dass die hier geschilderten vier „besonderen“ Gesprächssituationen durchaus ineinander übergehen können.

Einen guten Überblick über den **ganzheitlichen Ansatz** solcher Zukunftsgespräche gibt das Konzept der SHT Schwäbisch Hall Training GmbH. Diese Tochter der Bausparkasse Schwäbisch Hall trainiert u. a. Firmenkundenbetreuer von **Genossenschaftsbanken** mit einem ganzheitlichen Ansatz unter der Marke „Kaufen lassen®" im Vertrieb und der konkreten Führung von Kundengesprächen. Der ganzheitliche Ansatz der SHT umfasst folgende Felder:

ABB. 32: Der ganzheitliche Gesprächsansatz der SHT Schwäbisch Hall Training GmbH

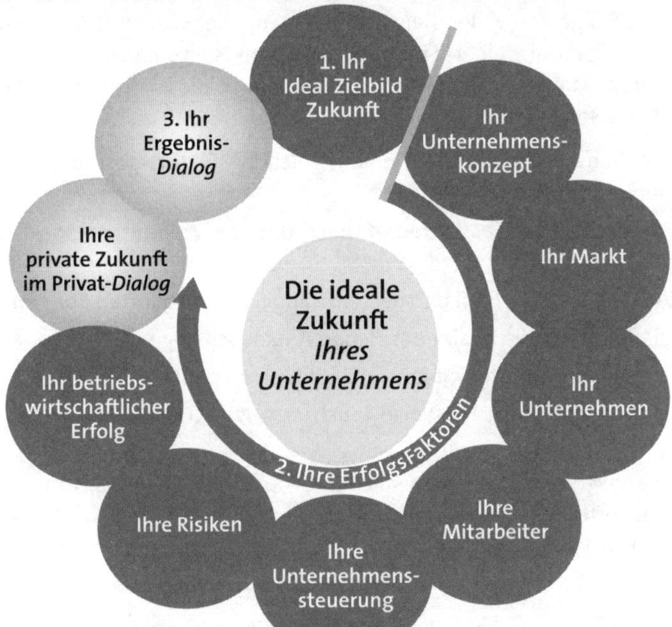

Die Volksbank Offenburg eG bietet Ihren Kunden als Basis für das Zukunftsgespräch einen „Unternehmens-Vital-Check" an, der über eine Internetplattform ausgefüllt wird; der Kunde erhält eine Zustandsanalyse mit Handlungsimpulsen, die dann Grundlage weiteren Austauschs sein kann (vgl. *Dauber/Schulze*, BankInformation 4/2012).

Das bereits angesprochene **SparkassenFinanzkonzept Firmenkunden** sieht einen umfangreichen Fragebogen vor, den der Sparkassenmitarbeiter gemeinsam mit dem Kunden im Gespräch durchgehen und ausfüllen soll. Am Ende stehen zu allen Themenfeldern Gesprächsergebnisse, die oft in einen weiteren Detailtermin münden (sollen) (vgl. dazu auch *Olma/Mönkhoff/Richter*, www.sparkassenzeitung.de 15. 2. 2013).

Auf die **Grenzen**, die in einer solchen Vorgehensweise auf Bankseite liegen, wird bereits in Kapitel 11.1 hingewiesen. Auf Unternehmerseite ist zu entscheiden, ob ein solches Zukunftsgespräch mit dem Bankbetreuer überhaupt erwünscht ist. Das wird sehr stark davon abhängen, wie die persönliche Schiene zwischen Kunde und Betreuer „funktioniert“ und als wie kompetent der Bankbetreuer als „unternehmerischer Partner“ erlebt wird.

Andererseits kann die Bereitschaft natürlich auch davon abhängen, wie gut sich ein Unternehmer selbst auf solche Gespräche vorbereitet sieht. Denn die kurz geschilderten Ansätze als einige von vielen Beispielen zeigen, wie wichtig eine **Vorbereitung** auf ein solches Gespräch auf beiden Seiten ist. Die Bank sollte daher zumindest den Themen-Reigen ihrem Kunden im Vorfeld mitteilen, damit dieser sich von Umfang und Intensität nicht überfahren fühlt.

Fragen, die sich ein Unternehmer zu einem solchen Zukunftsgespräch stellen könnte, sind möglicherweise u. a. die Folgenden:

- Kann er die Stärken seines Unternehmens und die Zukunftsperspektiven deutlich darstellen?
- Wird er die Fragen seine Bankpartners umfänglich beantworten können/wollen?
- Sieht er die Chancen, die in einem solchen Austausch liegen?
- Läuft er aus seiner Sicht ggf. Gefahr, sich Blößen zu geben?
- Sieht er sich in der Lage, Hinweise (auch auf evtl. Lücken) konstruktiv aufzunehmen?
- Will er die Konsequenz aus einem solchen Gespräch tragen – nämlich die Weiterverfolgung der (offenen) Themen selbst – und auch ggf. parallel durch seinen Bankbetreuer in Form von Rückfragen nach einer bestimmten Zeit?
- ...

Wie in allen Gesprächen mit den Kreditgebern, sollten in erster Linie die darin liegenden Chancen gesehen werden. Diese i. S. von Erkenntnisgewinn und Umsetzungshandeln zu nutzen, wird immer sinnvoll sein.

FAZIT:

- Das Zukunftsgespräch ist für beide Seiten anspruchsvoll.
- Eine gute Vorbereitung ist für beide Gesprächspartner entscheidend.
- Klare Vereinbarungen über den weiteren Fortgang und die „Aufgabenverteilung“ erleichtern die weitere Kommunikation.
- Für Berater: Führen Sie selber „Zukunftsgespräche“ mit Ihren Mandanten.

12. Der Kredit ist gegeben – und wird überwacht

DOWNLOAD:

Begleitblätter „Kreditüberwachung"

Bereits bei der Nachbereitung des Bankgesprächs (vgl. Kapitel 10.7) wurde deutlich, dass der Bankbetreuer Ihr Kreditengagement in der einen oder anderen Weise im Blick behält. Mögliche Instrumente und Methoden sind Gegenstand dieses Kapitels.

12.1 Ihre Informationen während der Kreditlaufzeit – vereinbaren Sie einen klaren Rahmen

Wie im Kapitel 3.2.6 zum § 18 KWG dargestellt, zeigen Banken gerade bei der **laufenden Offenlegung** der Kreditunterlagen einen deutlichen Spielraum zu der Frage, welche Unterlagen sie in welchem Turnus einfordern. Dies ist in den Arbeitsanweisungen der Banken geregelt und i. d. R. abhängig von Größe, Rating-Note und Blankoanteil des jeweiligen Engagements. Zudem können auch die Risikostrukturen der Bank selbst eine Rolle spielen (vgl. Kapitel 3.1.1 zur Kreditrisikostrategie).

Das bedeutet auch, dass Ihre verschiedenen Banken die Anforderung von Unterlagen während der Laufzeit eines Kredites durchaus unterschiedlich handhaben können. Konsequenz aus Unternehmenssicht ist, dass Sie von Ihrer Bank eine klare Aussage dazu erbitten. Gute Banken haben dafür eine **Checkliste**, die sie Ihnen aushändigen, sodass für beide Seiten eindeutige Klarheit besteht. In dieser Checkliste sind die Unterlagen und der Turnus eingetragen. Ein Muster für eine solche Checkliste aus dem Sparkassenbereich zeigt die nachstehende Abbildung (S. 1 einer dreiseitigen Checkliste) (vgl. *Deutscher Sparkassen Verlag* (Hrsg.), 2007, S. 28-30):

ABB. 33: Checkliste für Ratinginformationen – S. 1 von 3 (Quelle: *Deutscher Sparkassenverlag* (Hrsg.), 2007)

Rating – Checkliste für den Informationsaustausch

Sehr geehrte Damen und Herren,
für das folgende Unternehmen reichen Sie uns bitte die angekreuzten Unterlagen ein.

____
(Name des Unternehmens)

		benötigte Unterlagen	bis zum …/ Rhythmus …
1. Zum Jahresabschluss			
1.1	Aktueller Jahresabschluss	☐	______
1.2	Aktuelle betriebswirtschaftliche Auswertungen (BWA)	☐	______
1.3	Detaillierte Informationen zum Konsolidierungskreis	☐	______
1.4	Informationen über eine steuerliche Betriebsaufspaltung	☐	______
1.5	Ergänzungs- oder Sonderbilanzen	☐	______
1.6	Gewinnverwendungsnachweis	☐	______
1.7	Bestätigung des WP/StB, dass vorläufige Zahlen sich nicht mehr ändern	☐	______
1.8	Bei Bilanzen nach dem Umsatzkostenverfahren eine zusätzliche schriftliche Information über – Gesamtleistung – Materialaufwand – Miet- und Leasingaufwand – Abschreibungen	☐	______
1.9	Sofern in der Bilanz nicht gesondert ausgewiesen – Geschäftsführergehalt – Miet- und Leasingaufwand	☐	______
1.10	Erläuterungsberichte zum Jahresabschluss (nach § 18 KWG)	☐	______
1.11	Inventarliste	☐	______
1.12	Debitorenliste	☐	______
1.13	Rangrücktrittserklärung zu Gesellschafterdarlehen	☐	______
1.14		☐	______
	______________________________		______
2. Zum Unternehmen			
2.1	Handelsregisterauszug mit Gesellschafterliste	☐	______
2.2	Organigramm der Beteiligungsverhältnisse	☐	______
2.3	Gesellschaftsvertrag	☐	______
2.4	Patronatserklärung	☐	______

Auch aus dem Bereich der Genossenschaftsbanken gibt es eine solche Checkliste. Sie ist enthalten auf der CD Rom „Unternehmensfinanzierung nach Maß." aus dem DG Verlag (Bestell-Nr. 703038); diese CD Rom enthält auch weitere Informationen, Checklisten und Excel-Tabellen zu verschiedenen Themen rund um die Finanzierung.

DOWNLOAD:

Im Download-Bereich finden Sie beide Checklisten:

- Arbeitsblatt B „Checkliste Ratinginformationen Sparkassen". Diese Checkliste wurde für Rating-Unterlagen entwickelt, ist aber auch für diesen Zweck geeignet.
- Arbeitsblatt C „Checkliste Bankunterlagen Genobanken"

Die von Ihren Banken **erbetenen Unterlagen** (vgl. dazu Kapitel 7.1 und 7.2) stellen Sie diesen wie auch bei der Erstoffenlegung zur Verfügung

- in der erbetenen Qualität,
- plus Ihrem „besonderen Extra",
- in einem Paket,
- pünktlich zum vereinbarten Termin.

Bedenken Sie, dass auf dieser Basis das jährliche **Rating** erstellt (es sei denn, Ihr Engagement wird mit dem „Schnell-Rating" bewertet – vgl. Kapitel 4.2.1.3 und 4.2.3) sowie die nachhaltige **Kapitaldienstfähigkeit** geprüft wird (vgl. Kapitel 4.4). Die Hinweise zu den einzelnen von Ihren Banken ggf. angeforderten Unterlagen werden in Kapitel 7 dargestellt.

FAZIT:

- Für eine störungsfreie Zusammenarbeit sind die Unterlagen zur laufenden Offenlegung eine wesentliche Voraussetzung.
- Erfragen Sie dafür von Ihren Banken präzise Informationen, am besten in Form einer Checkliste.
- Halten Sie auch bei der laufenden Offenlegung Ihren Qualitätsanspruch regelmäßig ein.
- Für Berater: Unterstützen Sie mit eigenen Checklisten oder nutzen Sie die Formate der Banken für alle Mandanten.

12.2 Beobachtung Ihrer Liquiditätssteuerung

Oft noch wichtiger als die in Kapitel 12.1 beschriebenen Unterlagen ist für Banken die Beobachtung der Liquiditätssituation ihres Kunden. Die Bedeutung dieses Aspektes ist bereits bei den Warnsignalen der Ratingverfahren (vgl. Kapitel 4.2.2.3) und beim Schnell-Rating (vgl. Kapitel 4.2.3) deutlich geworden.

Dabei schauen Banken im Wesentlichen auf folgende Punkte der Geschäftsgirokonten:

- **Überziehungen**: Diese sind grundsätzlich negativ. Lässt sich eine Überziehung doch einmal nicht vermeiden, ist diese im Vorfeld präzise abzustimmen – vgl. Kapitel 1.4 – und darauf hinzuwirken, dass die Überziehungstage im Rating nicht mitgezählt werden – vgl. Kapitel 4.2.2.3, sowie möglichst keine Überziehungsprovision anfällt (vgl. Kapitel 9.5.1).
- **Höchst- und Niedrigst-Salden**: So bezeichnen Banken die höchste Kreditinanspruchnahme (Höchstsaldo) und die niedrigste Kreditinanspruchnahme bzw. den höchsten Guthabenstand (Niedrigst-Saldo). Diese werden verglichen mit dem eingeräumten Kontokorrentkredit-Limit.
  - Positiv beurteilt wird eine „bewegliche Kontoführung“, d. h. die Salden auf dem Konto verändern sich durch Geldeingänge und Geldausgänge täglich und sind immer ein gutes Stück von der KK-Linie entfernt. Wenn dann noch wechselnde Salden dazukommen, umso besser – also der Saldo sich auch einmal zumindest tageweise im Guthabenbereich bewegt.
  - Negativ beurteilt wird eine sich versteifende Kreditinanspruchnahme, d. h. der Saldo bewegt sich mit nur kleinen Schwankungen immer stärker auf die vereinbarte Kreditlinie zu.
  - Absolut negativ ist eine dauerhafte steife Kreditinanspruchnahme, also Salden, die sich nahezu ständig knapp unter der KK-Linie bewegen.
- **Umsätze**: Ergänzend ist wichtig, dass über das Konto „echte“ Haben-Umsätze laufen, also Geldeingänge von Seiten Ihrer Kunden. „Unechte“ Haben-Umsätze in diesem Verständnis sind Überträge, die Sie selbst zwischen Ihren Konten bei verschiedenen Banken tätigen. Das bedeutet auch, dass Sie ggf. auf Ihre Kunden einwirken sollten, auf bestimmte Bankverbindungen zu überweisen. Dass die Haben-Umsätze zudem auch noch in einem bestimmten Verhältnis zu den Kreditvolumina Ihrer verschiedenen Banken stehen sollten, wird Betrachtungsgegenstand in Kapitel 13.4 sein.

Diese Merkmale werden edv-technisch täglich ausgewertet. Negativ-Informationen landen jeden Morgen auf dem Tisch Ihres Kundenbetreuers – und ggf. parallel auf dem Tisch des Kollegen in der Marktfolge (vgl. Kapitel 2.6 und 5.3). Je nach Engagementsbeurteilung und Gewichtigkeit der Negativ-Informationen werden diese automatisch auch an höhere Hierarchiestufen gemeldet.

In Kapitel 6.1.3 wird „Die gezielte Steuerung und Disposition Ihrer Geschäftsgirokonten" behandelt. Genau hierum geht es an dieser Stelle: Durch die Nutzung dieser Instrumente das Senden von Warnsignalen in der Kontoführung unbedingt zu vermeiden.

FAZIT:

- Die Bank hat die Liquiditätsentwicklung ihrer Kunden immer im Blick.
- Daher kommt Ihrer eigenen Liquiditätssteuerung hohe Bedeutung zu.
- Für Berater: Machen Sie immer wieder auf dieses wichtige Thema aufmerksam und unterstützen Sie bei der Beschaffung ausreichender Kreditlinien.

12.3 Beobachtung Ihres Umfeldes

Bankbetreuer nehmen, wenn sie in ihrem Marktgebiet unterwegs sind, aufmerksam vielfältige Informationen zu Kunden und Nichtkunden auf. Die Bewertung solcher Informationen ist allerdings eine andere Sache. Gilt es doch, den Informationsgeber auf Nähe zum Informationsgegenstand und Verlässlichkeit einzuschätzen, um nicht Gefahr zu laufen, einem Gerücht oder womöglich einer gezielten Fehlinformation aufzusitzen. Diese Art der Kommunikation können Sie nicht unterbinden und auch nur begrenzt beeinflussen. Das gesamte Auftreten Ihres Unternehmens und der handelnden Entscheidungsträger gegenüber Ihren Kreditgebern und im Markt generell ist natürlich ein beeinflussender Faktor. Je glaubwürdiger und authentischer Sie auftreten, desto weniger wird die Bankseite Informationen aus eher zweifelhaften Quellen aufnehmen.

Darüber hinaus verfolgen Banken das Umfeld aber auch systematisch. Die dabei verwendeten Wege und Instrumente sind im Kapitel 4 „Grundlagen der Kreditentscheidung" und im Kapitel 7 „Typische Kreditunterlagen" ausführlich besprochen. Daher wird an dieser Stelle lediglich auf diese Wege und die dazugehörigen Abschnitte aus den Kapiteln 4 und 7 verwiesen:

- Büroauskünfte der Auskunfteiunternehmen – vgl. Kapitel 4.5
- Bank-zu-Bank-Auskünfte – vgl. Kapitel 4.6
- Sonstige Umfeldinformationen – vgl. Kapitel 4.7
- Internetauftritt und Social-Media – vgl. Kapitel 7.13.2
- Kontakte zu den Sie begleitenden Externen – vgl. Kapitel 4.8

Dass bei persönlichen Kontakten die Vertraulichkeit auf beiden Seiten gewahrt wird, ist eine Selbstverständlichkeit. Banken und Banker nehmen das Bankgeheimnis ernst. Leider kann dies wohl niemand immer 100 %-ig garantieren – es gibt auch das Phänomen der unbedachten Äußerung.

FAZIT:

- Umfeldinformationen stellen für Kreditgeber eine wichtige Informationsquelle dar.
- Nehmen Sie die systematische Pflege dieser Umfeld-Quellen in die Liste Ihrer unternehmerischen Chefaufgaben auf.
- Für Berater: Vergegenwärtigen Sie sich, dass auch Sie eine solche Umfeld-Quelle sind und agieren Sie entsprechend sensibel. Machen Sie auch Ihren Mandanten die Bedeutung dieses Themas immer wieder bewusst.

13. Ihre Finanziererlandschaft – nüchtern analysiert und zukunftsfähig gestaltet

DOWNLOAD:

Begleitblätter „Finanziererlandschaft“

Ein roter Faden durch dieses Buch ist die Verwendung des Plural, wann immer der Begriff Bank/Kreditgeber/Finanzierungspartner auftaucht. Dahinter steht die klare Aussage: Unternehmer sollten sich nicht alleine auf einen Bankenpartner verlassen, sondern auf mindestens zwei stabilen (!) Beinen stehen. D. h. die oft bei Unternehmern anzutreffende Politik trägt nicht mehr: Eine Hauptbankverbindung und eine Nebenbankverbindung, die keine oder kaum Kredite zur Verfügung stellt. Der Hintergrund für diese These ist im Vorwort unter dem Stichwort „Kreditklemme“ erläutert – nämlich, dass diese von Banken ausgehen kann.

13.1 Mit wem arbeiten Sie zusammen – Ihr „Bankenspiegel“

Der Einstieg in eine nüchterne Analyse Ihrer Finanzierungs-Situation und -Strukturen ist der Bankenspiegel (vgl. Kapitel 7.9). In Kapitel 10.3.1 werden mit Blick auf das Bankgespräch dazu weitere „Übersichts-Bausteine“ dargestellt. Ohne einen solchen Überblick werden Sie keine sinnvolle Analyse mit darauf aufbauenden Überlegungen und Schlussfolgerungen vornehmen können. Gleichzeitig schärft diese Zusammenstellung dessen was ist Ihren Blick auf die Bewertung der bisherigen Zusammenarbeit mit Ihren verschiedenen Kreditgebern.

Ein besonderer Aspekt dabei ist die Frage, ob Sie Ihre Firmen-Finanzierung komplett von Ihren privaten Bankgeschäften trennen wollen oder nicht. Dies ist immer auch eine „Geschmacksfrage“, für die es keine Musterlösung gibt. Bedenken Sie, dass Sie als mittelständischer Unternehmer i. d. R. ohnehin mit Ihrem Privatvermögen haften – als Einzelunternehmer ohnehin, als Gesellschafter einer Kapitgesellschaften über Ihre persönliche Bürgschaft (vgl. Kapitel 8.4.1). Dennoch können gute Gründe dafür sprechen, hier eine Trennung vorzunehmen.

FAZIT:

- Nutzen Sie den Bankenspiegel als grundlegende Voraussetzung für die Analyse Ihrer Ist-Situation.
- Bewerten Sie dabei auch nüchtern die Qualität der bisherigen Zusammenarbeit mit Ihren Finanzierungspartnern.
- Für Berater: Bieten Sie Ihrem Mandanten an, Ihn bei der Ist-Analyse mit kritischen Fragen und Ihren Erfahrungen aus anderen Mandaten als Dialogpartner zu begleiten.

13.2 Mit wem wollen bzw. sollten Sie zusammen arbeiten – die Kreditgeber-Auswahl

Die derzeit vorhandenen Kreditgeber sind der eine Blickwinkel. Der zweite richtet sich auf den Finanzierungsbedarf, wie er in Kapitel 6 beschrieben wird. Die Frage lautet immer: Mit welchen Partnern soll der Kreditbedarf zukünftig gedeckt werden. Dafür stehen verschiedene **grundsätzliche Alternativen** zur Verfügung:

- Die bisherigen Bankpartner in gleicher Gewichtung/Verteilung der Geschäfte (vgl. auch Kapitel 13.4);
- die bisherigen Bankpartner aber mit einer abweichenden Gewichtung/Verteilung als bisher;
- ein oder mehrere zusätzliche neue Bankpartner;
- Ersatz eines bisherigen Bankpartners durch einen neuen Bankpartner;
- andere Finanzierungspartner (bisherige/neue), die Spezialdienstleistungen anbieten (z. B. Leasing – vgl. Kapitel 6.2.3 – oder Factoring – vgl. Kapitel 6.3.4);
- „neuartige" Finanzierungspartner, die bisher noch gar nicht im Fokus standen – z. B. aus dem Internet;
- Reduzierung der Anzahl der Finanzierungspartner.

Diese Alternativen schließen sich nicht gegenseitig aus, sondern können auch in **Kombinationen** aufgegriffen werden.

Gehen Sie bei der Kreditgeberauswahl systematisch vor und beziehen Sie die Überlegungen aus Kapitel 13.2.4 immer mit ein.

FAZIT:

- Meist stehen Ihnen mehr potenzielle Lösungsmöglichkeiten und Finanzierungspartner zur Verfügung als auf den ersten Blick ersichtlich ist.
- Berücksichtigen Sie auf Basis der bisherigen Situation und Erfahrungen (vgl. Kapitel 13.1) alle denkbaren Alternativen und wägen Sie gezielt ab.
- Für Berater: Unterstützen Sie gezielt bei der Gestaltung der Finanziererlandschaft – nutzen Sie dazu Ihre umfassenden Mandantenerfahrungen – bei allen Themen zu diesem Kapitel.

13.2.1 Arten von Kreditgebern

13.2.1.1 Kreditinstitute

Selbst der (erste) Blick auf Kreditinstitute erfasst meist nur einen Teil des Marktes

- Sparkassen
- Volks- und Raiffeisenbanken
- Großbanken
- Ausländische Kreditinstitute

Dabei sind durchaus weitere Bankpartner am Markt, die je nach Situation angesprochen werden können. Natürlich ist zu prüfen, inwieweit diese von ihrem Geschäftsmodell zum Unternehmen und seinem Finanzierungsbedarf „passen“. Das es nicht immer passen wird, sollte aber nicht davon abhalten, den Blick entsprechend zu weiten. Achten Sie dabei auch auf neu hinzukommende Anbieter – auch das gibt es immer wieder. So z. B. im Jahr 2011 die „Bank11 für Privatkunden und Handel GmbH“ als Bank für die Kfz-Finanzierung sowohl für Autohändler als auch Privat- und Geschäftskunden (www.bank11.de). Die nachstehend genannten **Beispiele** möglicher Bankpartner erheben keinen Anspruch auf Vollständigkeit:

- Landesbanken – als Partner der Sparkasse im Metakreditgeschäft (vgl. Kapitel 6.2.2.5) und als eigenständiger Kreditgeber. So akquiriert z. B. die Rheinland-Pfalz-Bank als Teil der LBBW Landesbank Baden-Württemberg derzeit in Nordrhein-Westfalen im Mittelstand (www.rlp-bank.de)
- WGZ Bank AG und DZ Bank AG als Partner der Volks- und Raiffeisenbanken im Metakreditgeschäft (vgl. Kapitel 6.2.2.5) und als eigenständiger Kreditgeber
- Privatbankhäuser

- Regionale Banken – z. B. die Nationalbank im Ruhrgebiet und im Rheinland und die Merkurbank AG in Bayern oder die Oldenburgische Landesbank; auf der Internetseite des Bankenverbandes gibt es eine Mitgliederliste, in der Sie gezielt auch nur nach „Regionalbanken" suchen können (http://bankenverband.de/service/banken suche#c5=Regionalbanken&b_start=60)
- Postbank mit ihrem Firmenangebot
- Branchen-Spezial-Banken
  - Banken der Autokonzerne (www.autobanken.de),
  - Anbieter von Konsumentenfinanzierungen (z. B. Santander Consumer Bank AG)
  - ...
- Spezialbanken mit eingeschränktem Leistungsangebot oder Zielgruppen
  - Deutsche Apotheker- und Ärztebank eG
  - GLS Gemeinschaftsbank eG und UmweltBank AG – Finanzierung sozialer und ökologischer Projekte
  - ETRIS BANK GmbH (Zentralregulierung, Zahlungsverkehr und Handelsfinanzierung – nur für Mitglieder der Verbundgruppe E/D/E – Geschäftstätigkeit ab Januar 2012)
  - MKB Mittelstandskreditbank AG, Tochter der MEGA AG (Malereinkauf Hamburg) – die Bank bediente ursprünglich nur Handwerksbetriebe aus dem Bau- und Ausbaugewerbe, versteht sich heute aber als umfassende Bank für Handwerk, Selbstständige und Freiberufler (www.mkbag.de)
  - TRUMPF Financial Services GmbH – jüngst gegründete Finanzierungstochter des Maschinenbauers TRUMPF mit Vollbanklizenz als Spezialfinanzierer für die Kunden des Unternehmens (http://www.de.trumpf.com/de/uebertrumpf/financial-services.html)
  - Deutsche Revo AG Bank in Gründung – diese in Vorbereitung befindliche Bank will sich komplett als Spezialanbieter der Finanzierung des Umlaufvermögens (Working-Capital-Management) widmen; Zielgruppe sollen Unternehmen ab € 10 Mio. Umsatz sein, das Einzelgeschäft soll bei einem Volumen von € 500.000 beginnen (www.deutsche-revo.de)
  - ...
- Ratenkreditfinanzierer für Privatkunden (Private Kreditaufnahme und Weitergabe an das Unternehmen)
  - Easy credit – TeamBank AG (direkt oder über verbundene Genossenschaftsbanken)

  - S-Kreditpartner GmbH (direkt oder über verbundene Sparkassen)
  - ...
- Direktbanken jedweder Provenienz mit Blick auf die private Seite aber auch zunehmend mit beginnendem Fokus auf das Firmengeschäft
- Reine Internetbanken wie die Triodos Bank N.V. Deutschland (www.triodos.de/de/geschaeftskunden)
- Mikrokreditanbieter i. R. d. Förderprogramms der Bundesregierung (www.mikrokreditfonds.de) für Kleinstbeträge
- Versicherungsgesellschaften als Anbieter von Policendarlehen (vgl. Kapitel 6.4.4), von Avalkrediten (vgl. Kapitel 6.3.3) und auch größeren Immobilienfinanzierungen
- ...

Auch wenn diese oftmals nur einen Teil des Finanzierungsbedarfs abdecken, können sie sinnvolle Bausteine in einer Gesamtfinanzierung sein. Zumal Gespräche mit anderen oder auch Spezial-Anbietern oftmals neue Aspekte zur eigenen Finanzierungssituation aufzeigen.

FAZIT:

- Gehen Sie mit „weitem Blick" durchs Finanzierer-Land.
- Nutzen Sie den Austausch mit anderen Unternehmern als Informationsquelle zu weiteren Anbietern.
- Nutzen Sie Gespräche mit anderen Anbietern als Blick über den Zaun und eröffnen Sie sich damit ggf. neue Wege.
- Für Berater: Unterstützen Sie mit Ihren Marktkenntnissen aus der Gesamtheit Ihrer Mandate und beziehen Sie die Kenntnisse Ihrer Kooperationspartner mit ein.

13.2.1.2 Spezialanbieter, die keine Kreditinstitute sind

Der Blick geht auf Finanzierungs-Möglichkeiten, die in Kapitel 6 ausführlich dargestellt sind:

- Leasinggesellschaften – Kapitel 6.2.3
- Factoringgesellschaften – Kapitel 6.3.4
- Lieferanten als Finanzierer – Kapitel 6.3.5

Leasing- und Factoring-Anbieter finden Sie oft auch als Tochtergesellschaften von Kreditinstituten oder als deren Kooperationspartner.

FAZIT:

- Beziehen Sie alternative Finanzierungs-Spezialisten in jedem Fall in Ihre Überlegungen ein.
- Für Berater: Unterstützen Sie mit Ihrer Marktübersicht und auch mit Kontakten zu einzelnen Anbietern, mit denen Sie, Ihre Mandanten und/oder Ihre Kooperationspartner bereits positive Erfahrungen gemacht haben.

13.2.1.3 Kreditplattformen im Internet

Neben den oben beschriebenen zwar z.T. neueren aber doch klassischen Finanzierern bieten immer mehr Plattformen im Internet die **Vermittlung zwischen Kreditnehmern und privaten Geldanlegern bzw. professionellen Kreditgebern** an.

Dabei haben sich in den letzten Jahren sehr dynamisch unterschiedliche Wege herausgebildet und eine Vielzahl von Anbietern etabliert – und es kommen nahezu im Monatstakt weitere hinzu. Auch sind Anbieter bereits wieder aus dem Markt ausgeschieden. Alles in allem macht das diesen Markt recht unübersichtlich.

Zu klären sind zu Beginn die Begrifflichkeiten der unterschiedlichen Wege – wobei diese in der Öffentlichkeit oft durcheinander gehen:

- **Crowd-Funding**: Viele einzelne Personen (Crowd = Menge, Haufen) spendieren Geld für ein Vorhaben, das ihnen im Internet auf einer entsprechenden Plattform vorgestellt wird. Es handelt sich tatsächlich um eine Spende – es wird keine Vergütung gezahlt; manchmal gibt es eine Art von Vergütung in Form von „Naturalien“ wie z. B. Vergünstigungen beim Einkauf. Crowdfunding wird vor allem von Existenzgründern genutzt; diese kommen dabei überwiegend aus dem weiten Feld der Kreativwirtschaft.
- **Crowd-Investing**: Auch hier investieren viele Einzelne in ein vorgestelltes Projekt – allerdings mit Renditeorientierung. Über diese Plattformen werden daher Beteiligungen, Aktien, Anleihen und Kredite vermittelt, für die das aufnehmende Unternehmen eine entsprechende Vergütung an die Anleger/Investoren zahlt. Die Plattform selber ist also nur Vermittler, die Zahlungen werden über einen Bankpartner abgewickelt. Bei den Crowd-Investing-Plattformen sind solche zu unterscheiden, die ausschließlich Mittel an Privatpersonen vermitteln (P2P – Peer-to-Peer – von Privatperson zu Privatperson) oder an Unternehmen (P2B – Peer-to-Business) oder auch beide Zielgruppen bedienen.

- Daneben gibt es weitere **Vermittler-Plattformen**, die Kontakte zu Finanzierungspartnern herstellen, die i. d. R. selber wiederum Kreditinstitute oder Finanzdienstleister sind.

Alle diese Angebote im Internet sind natürlich keine Garantie, dass dort Ihre Finanzierungswünsche sozusagen „problemlos“ bedient werden. Die Portale verlangen in unterschiedlichem Umfang von den Geldaufnehmern Informationen und Unterlagen, um eine Einschätzung vornehmen und einen Zins (Crowd-Investing, Vermittler-Plattformen) festlegen zu können (der auch hier risikoadjustiert ist, vgl. Kapitel 3.1.4). Und im zweiten Schritt folgt die spannende Frage, ob Sie mit Ihrem Finanzierungsprojekt genügend Anleger überzeugen können bzw. einen professionellen Finanzierer. Dennoch kann es sich lohnen, diese Wege ergänzend zu anderen Finanzierungsbausteinen auszuprobieren. Die veröffentlichten Zahlen zeigen, dass die vermittelten Volumina kontinuierlich ansteigen. So wird für Crowd-Funding ein bisheriges Investitionsvolumen von € 9 Mio. genannt und für Crowd-Investing i. H. von € 22,7 Mio. (*DUB Unternehmer* (Hrsg.), 3/2014). Daten zum vermittelten Volumen einzelner Vermittler-Plattformen finden Sie weiter unten.

Wichtig für Unternehmen: Bei vielen Plattformen kommt es darauf an, das eigene Unternehmen und seinen Finanzierungswunsch attraktiv und plausibel darzustellen. Viele Plattformen bieten dafür einen „Rahmen“ an. Es gilt, sich zu verkaufen und eine Vielzahl von Anlegern für sich zu gewinnen. Diese Art von Außendarstellung muss man als Unternehmen dann auch wollen (vgl. Kapitel 7 und dabei insbesondere 7.12, 7.13 und 7.15).

Die Tiefe der Vorprüfung durch die Plattformen ist sehr unterschiedlich. Die reine Vermittlung ist nicht erlaubnispflichtig durch die Bankenaufsicht. Bei Eigenkapitalinstrumenten postuliert allerdings das Vermögensanlagesetz eine Prospektpflicht. Ausgenommen davon sind nach § 2 Abs. 3 des Gesetzes Angebote, bei denen „der Verkaufspreis der im Zeitraum von zwölf Monaten angebotenen Anteile insgesamt 100 000 Euro nicht übersteigt“. Daher begrenzen viele Plattformen das Geschäft mit z. B. Genussrechten und direkten Beteiligungen auf diesen Betrag.

Mit Blick auf die angesprochene Dynamik des Marktes kann hier kein vollständiger Überblick dargestellt werden (einen guten Überblick Stand Frühjahr 2013 bietet *Schaab*, Finanzierung im Mittelstand 2/2013). Mit Informationen zu am Markt befindlichen unterschiedlichen Anbietern wird jedoch versucht, die Bandbreite der Möglichkeiten aufzuzeigen. Wie bei allen Kreditgeschäften: Es kommt auf die einzelnen Regelungen an, deshalb ist auch hier genaues Lesen aller Bedingungen unerlässlich vor der Unterschrift oder dem letzten Klick. Die nachfolgenden Zusammenfassungen basieren auf den Internetseiten der Anbieter bzw. deren ergänzenden Informationen (worauf immer gesondert hingewiesen wird). Die Aufnahme der Anbieter in diese Übersicht stellt keine Empfehlung durch den Autor dar. Die Detailangaben beziehen sich auf Juli 2014.

Die Anlegerseite dieser Geschäftsmodelle ist nicht Gegenstand der Betrachtung in diesem Buch. Das Risiko des Totalausfalls werden die Anleger aber in vielen Fällen einkalkulieren müssen. Die alte Regel der „Streuung“ sollte also jeder Investor auf diesen Plattformen unbedingt beherzigen – worauf auf vielen Plattformen auch hingewiesen wird.

Crowd-Funding

Startnext (www.startnext.de) ist ein Bespiel für einen Anbieter für kleinere Projekte der Kreativwirtschaft. Das wird schon daran deutlich, dass die Geldgeber als Unterstützer oder Fans bezeichnet werden. Die Kosten für die Projektinitiatoren sind „Dankeschöns“ für die Unterstützer. Erwartet wird auch eine regelmäßige Kommunikation über den Projektstand. Scheitert ein Projekt, so kann der Unterstützer seinen Betrag als Gutschein für ein weiteres Projekt aufbewahren oder in einen Fonds endgültig spenden.

Die Volksbank Bühl eG hat 2013 mit www.viele-schaffen-mehr.de ihre eigene Crowd-Funding-Plattform für lokale Unterstützungsprojekte gegründet (*Welter*, BankInformation 6/2013 S. 18-19). Mittlerweile (Juli 2014) sind insgesamt sechs Volksbanken auf dieser Plattform aktiv und bieten diese regionale Unterstützung an. Die Internetseite zeigt eine Vielzahl unterschiedlicher Projekte – nach Größe und Art – und gibt bei jeder beteiligten Bank einen guten Überblick über die Vorgehensweise. Nach Angaben der Volksbank Bühl eG wurden bisher 15 Projekte mit einem Gesamtvolumen von € 45.900 gefördert (Juli 2014).

Crowd-Investing

Auxmoney (www.auxmoney.com) ist eine P2P-Plattform, bedient aber auch Selbstständige und Freiberufler mit Krediten bis zu € 25.000 mit Laufzeiten bis zu 60 Monaten. Auf Basis von Informationen des Kreditnehmers und extern zugänglicher Daten von z. B. Schufa und Creditreform wird ein Score-Wert festgelegt. Auf dieser Grundlage bewegt sich der Zins auf einer Bandbreite von 2,90 % p. a. bis 15,25 % p. a.

Lendico (www.lendico.de) ist relativ jung im Markt. Auch hier wird P2P gearbeitet bis zu € 25.000. Auch hier werden Schufa-Daten hinzugezogen. Auf der Internetseite ist von Unterlagen, die zu übersenden sind, die Rede. Leider wird – zumindest bei schnellem Lesen – nicht erläutert, welche Unterlagen das im einzelnen sind.

Smava (www.smava.de) dürfte die in Deutschland bekannteste Plattform sein. Smava bedient sowohl Privatpersonen als auch Unternehmen mit Krediten bis zu € 75.000. Nachdem smava als Crowd-Investing-Anbieter an den Start gegangen ist, wurde 2012 auch die Vermittlung von Krediten an kooperierende Banken mit ins Leistungsangebot aufgenommen. Der Kreditinteressent hat also die Wahl. Eine Anfrage zu dieser Zweiteilung des Angebotes mit der Bitte um weitere Informationen hat smava nicht beantwortet.

Seedmatch (www.seedmatch.de) ist spezialisiert auf Existenzgründungs-Finanzierungen und kann als etablierte Plattform bezeichnet werden. Die Plattform bezeichnet sich selber als „Crowd-Funding"-Plattform – ist nach der obigen Unterscheidung allerdings ein Crowd-Investing-Angebot: Die Anleger wollen Rendite sehen. Diese besteht aus einer jährlichen Basisverzinsung plus Gewinnbeteiligung und einem Buchgewinn beim Ausstieg – hoffentlich. Seedmatch hat laut Internet vom 9. 7. 2014 bereits 65 Projekte mit einem Volumen von € 17 Mio realisiert.

innovestment (www.innovestment.de) ist ebenfalls ein Portal für Start-Up-Finanzierungen. Vermittelt werden stille Beteiligungen, die über ein Auktionsverfahren den Investoren angeboten werden. Die Anforderungen an die Startups werden klar definiert: „Vielversprechende Geschäftsidee mit Alleinstellungsmerkmalen und Wachstumspotential; ausführlich ausgearbeiteter Business- und Finanzplan, der Ihr Geschäftsmodell einem nicht-fachkundigen Investor plausibel macht und diesen begeistern kann; bereits erfolgter oder unmittelbar bevorstehender Markteintritt; Team mit benötigten (insbesondere betriebswirtschaftlichen) Kompetenzen besetzt; Gesellschaftsform GmbH oder UG, bereits gegründet; Bereitschaft, das eigene Vorhaben einem größeren Publikum vorzustellen." Auf der Internetseite werden erfolgreiche Auktionen vorgestellt und auch das bisher errreichte Gesamtvolumen dargestellt: Bisher wurden 28 Unternehmen mit einem Volumen von ca. € 2,5 Mio. finanziert; die durchschnittliche Beteiligung der Anleger belief sich auf € 3.467 (Juli 2014).

Bergfürst (www.bergfuerst.de) ist ein von der Bankenaufsicht zugelassener Handelsplatz für Aktien- und Immobilienbeteiligungen und seit 2011 am Markt. Der Kapitalbedarf von Unternehmen wird in der Größenordnung von € 1,5 - 10 Mio. finanziert. Die Unternehmen müssen einen entsprechenden Prospekt erarbeiten und Informationsverpflichtungen einhalten. Auf der Internetseite wird zu weiteren Details auf die Kontaktaufnahme zum „Corporate Finance Team" verwiesen.

Neu am Markt ist zencap (www.zencap.de). Die Plattform bietet Kredite (Crowd-Lending – als weiterer Begriff) von € 10.000 - 150.000 für Betriebsmittel und Investitionen mit bis zu 60 Monaten Laufzeit. Grundvoraussetzungen: Unternehmen ist im Handelsregister eingetragen, hat ein positives Eigenkapital und erwirtschaftet Gewinne. Als Unterlagen müssen die letzten drei Jahresabschlüsse und eine aktuelle BWA (nicht älter als zwei Monate) zur Verfügung gestellt werden. Außerdem werden Daten von Creditreform und der Schufa (vgl. Kapitel 4.5) hinzugezogen, um das Unternehmen in eine der fünf Bonitätsklassen einzuordnen. Als Sicherheit wird bei Kapitalgesellschaften eine „handelsübliche selbstschuldnerische Bürgschaft" verlangt. Die risikoadjustierten

Zinssätze bewegen sich zwischen 3,99 % p. a. und 15,64 % p. a. Ob diese Zinssätze fest oder variabel sind, wird auf der Internetseite nicht deutlich; allerdings erfolgt der Hinweis, dass bei vorzeitiger Tilgung keine Vorfälligkeitsentschädigung fällig wird. Außerdem ist eine Gebühr von 1,00 % bis 4,5 % zu bezahlen – steigend in Abhängigkeit von der Laufzeit. Ob bei diesen Konditionen noch von einem preiswerten Angebot gesprochen werden kann, wäre im Vergleich mit Hausbank-Konditionen zu entscheiden.

Vermittlungs-Plattformen

Finpoint (www.finpoint.de) ist seit 2011 am Markt und damit wohl die älteste Vermittlungs-Plattform. Auf der Internetseite können Unternehmen eine sehr übersichtliche Handlungsanleitung herunterladen. Das Unternehmen gibt seine Stammdaten selber auf der Plattform ein, einschließlich der Daten der letzten drei Jahresabschlüsse und lädt ergänzende Unterlagen hoch; dazu zählen die Jahresabschlüsse, Betriebswirtschaftliche Auswertungen, Businessplan sowie eine Beschreibung des Finanzierungsprojekts. Die Veröffentlichung auf der Plattform erfolgt anonymisiert. Die auf der Plattform aktiven Anbieter bekunden ihr Interesse und werden nach Zustimmung durch das mittelsuchende Unternehmen sowie Abgabe einer Vertraulichkeitserklärung freigeschaltet. Jetzt treten Unternehmen und Anbieter miteinander in Kontakt und klären alle weiteren Fragen auf direkten Wege – bis zum möglichen Vertrag. Bei der Arbeit auf Finpoint können sich Unternehmen durch ihre Berater unterstützen lassen; eine entsprechende Freischaltung ist im Rahmen eines Premium-Angebots zum Preis von € 240,00 p. a. möglich. Finpoint hat nach eigenen Angaben bisher (Juli 2014) 280 Projekte mit einem Gesamtvolumen von € 420 Mio. vermittelt. Davon sind 200 Projekte Unternehmensfinanzierungen wie Darlehen, Kontokorrentkredit-Linien, Leasing, Factoring und Warenfinanzierungen. Weitere rd. 80 Projekte waren Immobilienfinanzierungen, Mezzanine-Kapital und Beteiligungen. Das durchschnittliche Finanzierungsvolumen betrug rd. € 1,3 Mio. Die Provision bei erfolgreicher Vermittlung zahlt i. d. R. das finanzierende Unternehmen. Die Provisionshöhe beläuft sich auf 0,75 % bei Unternehmensfinanzierungen, 2 % bei Mezzanine-Kapital und zwischen 3-5 % bei Kapitalbeteiligungen.

COMPEON (www.compeon.de) ist seit Herbst 2013 am Markt und bezeichnet sich selber als erste Plattform dieser Art mit Angeboten auf der Kredit- und Anlageseite. Vermittelt werden neben Finanzierung und Leasing auch Geldanlagen. Das Verfahren ist ähnlich dem von Finpoint. Allerdings wird im Internet – ohne Eingabe einer Anfrage – nicht deutlich, welche Unterlagen z. B. der Ausschreibung des Finanzierungsprojekts beigefügt sein müssen, damit die Finanzierungspartner auch ein fundiertes Angebot abgeben können. Compeon erläutert dies (Juli 2014) wie folgt: Das anfragende Unternehmen macht Angaben zu seinem Finanzierungswunsch (Verwendung, Höhe, Laufzeit, Sicherheiten) und gibt Informationen zu zentralen Kennziffern des Jahresabschlusses und zur Ratingnote seiner Hausbank/en (wenn bekannt) und lädt - wenn es möchte - auch entsprechende Unterlagen hoch. Auf dieser Basis nimmt Compeon je nach Charakter der Anfrage persönlichen Kontakt auf und bespricht das weitere Vorgehen ab und stellt das Angebot dann den Finanzierungspartnern vor; das Unternehmen kann dabei bestimmen, welche Finanzierungspartner das Angebot nicht erhalten sollen. Auf dieser Basis treten dann interessierte Finanzierungspartner und das Unternehmen in Kontakt und schließen ggf. das Geschäft ab. Compeon arbeitet derzeit mit rd. 80 Finanzierungspartnern zusammen und hat bisher ein Finanzierungsvolumen von € 350 Mio. vermittelt. Bezahlt wird Compeons Vermittlungsleistung von den Finanzierern.

finaboo (www.finaboo.de) bietet die Vermittlung nahezu aller Finanzierungsarten an. Für Unternehmen ist die Vermittlung selber kostenlos, die Finanzierungspartner zahlen Provision an finaboo. Auf der Seite wird nicht deutlich, welche Unterlagen benötigt werden. Allerdings ist die Rede von Businessplan und Cash-Flow-Berechnung. Auch werden keine Angaben zum bisherigen Vermittlungsvolumen gemacht.

Debitos (www.debitos.de) ist ein Spezialanbieter für den Verkauf von Forderungen. Dabei geht es zum einen um zukünftige Forderungen analog zum Factoring (vgl. Kapitel 6.3.4), zum anderen um ausgefallene Forderungen oder ausgemahnte Forderungen. Auf der Internetseite werden die einzelnen Wege transparent dargestellt und ein umfangreicher Download-Bereich einschließlich Vertragswerke angeboten. Debitos bietet auch an, bei der Bewertung von Forderungen zu unterstützen. Das Preismodell ist transparent – der Verkäufer zahlt im Erfolgs-, sprich Verkaufsfalle eine Provision, die er auf der Internetseite selber ermitteln kann. Debitos informiert im Internet direkt über den Geschäftsumfang. So wird im Juli 2014 ein verkauftes Forderungsvolumen von € 693 Mio. annonciert sowie die Anzahl von 243 geprüften Käufern; pro Verkaufsangebot werden danach im Durchschnitt 3,5 Angebote abgegeben.

FAZIT:

- Internetplattformen können ein ergänzender Finanzierungsweg sein.
- Die Aussagen auf den Internetseiten sind von sehr unterschiedlicher Qualität. Die Erfolgsaussichten realistisch einzuschätzen, ist vor diesem Hintergrund oft noch schwierig.
- Für Berater: Sich über diese Finanzierungs-Alternativen auf dem Laufenden zu halten, ist wichtig. Ein Start mit „Pilotkunden“ könnte ein sinnvoller Einstieg sein.

13.2.1.4 Kunden als Kreditgeber

Ein ganz anderer Weg ist es, (Stamm-) Kunden als Kreditgeber einzubinden. Dies kann sicherlich nicht als „Königsweg" bezeichnet werden, könnte aber bei einem großen und guten Stammkunden-Klientel eine Möglichkeit sein. Die dabei offen stehenden Wege sind z. B. Genussrechte, stille Beteiligungen oder auch Bürgschaften. Auch hier wird es ohne eine professionelle Vorbereitung von Informationen für die Kunden nicht funktionieren. Hinzu kommt sicherlich eine juristische Begleitung bei Abfassung der Verträge.

Nachfolgend sei auf drei Berichte über solche Finanzierungsprojekte verwiesen:

- Ein spezialisiertes Einrichtungshaus in Süddeutschland, dass in seine Ausstellungsräume investiert hat.
- Ein Biomöbelhaus im Rheinland nutzte diese Möglichkeit bereits 2003 – 13 Stammkunden stellten je € 10.000 als Darlehen zur Verfügung.
- Der Bio-Bäcker Schomacker aus Rheurdt am Niederrhein hat 2013 über Genussrechte seiner Kunden € 200.000 aufgenommen für die Finanzierung einer neuen Getreidemahlanlage. Er ging diesen Weg, nachdem seine Hausbank eine Kreditanfrage abgelehnt hatte und war selber überrascht über die positive Resonanz (vgl. www.handwerksblatt.de/index.php?option=com_content&view=article&id=20471-:alternativen-zum-bankkredit&catid=1169:banken).

FAZIT:

- Als Ausnahmemöglichkeit kann auch eine solche Finanzierungsart einmal genauer betrachtet werden.
- Für Berater: Halten Sie Augen und Ohren offen im Rahmen Ihres Netzwerks, um solche Beispiele zu erfahren und ggf. mit in Finanzierungsstrategien einzubringen.

13.2.1.5 Privatkontakte als Kreditgeber

Neben den Kunden können auch private Kontakte als Kreditgeber in Frage kommen. Die Engländer haben dafür eine prägnante Bezeichnung: FFF – Familiy, Friends and Fools oder: Familie, Freunde und die Dummen. Hintergrund für diese Bezeichnung: Diese Kreditgeber sind oftmals die letzten, die angesprochen werden, wenn gar nichts anderes mehr geht. Und die dann oft auf Basis der persönlichen Verbindung Geld leihen – und nicht nach Abwägung von Chancen und Risiken(!).

Natürlich können private Kontakte passende Kreditgeber sein. Fragen Sie sich aber immer, ob Sie ein solches Geschäft auch „fremden Dritten" antragen würden. Informieren Sie wirklich über alle Aspekte, stellen Sie Informationen zur Verfügung wie bei Dritten und schließen Sie ordnungsgemäße Kreditverträge. Das alte Sprichwort „Bei Geld hört die Freundschaft auf" sollten Sie dabei immer im Hinterkopf haben. Auf dieser Basis haben private Kreditgeber schon manche erfolgreiche Finanzierung mit getragen.

! FAZIT:

- Als Ausnahmemöglichkeit kann die Finanzierung über private Kontakte eine Alternative sein.
- Achten Sie darauf, dass Sie agieren wie gegenüber fremden Dritten.
- Für Berater: Unterstützen Sie hier besonders nachdrücklich mit dem Ziel, dass Ihr Mandant keinen „Vertrauensschaden" anrichtet.

13.2.2 Kriterien der Zusammenarbeit

Die **Auswahlkriterien** für Kreditgeber sind vielfältig. Zu denken ist z. B. an

- Erreichbarkeit örtlich (tägliche Geschäfte, u. a. Barverkehr)
- Erreichbarkeit des Betreuers telefonisch
- Fachkompetenz Betreuer
- Vertrauensverhältnis Betreuer
- Vollständigkeit der Produktpalette nach den Anforderungen des Unternehmens
- Spezielle Produktangebote nach Bedarf des Unternehmens
- Serviceerwartungen an den Kreditgeber und deren Erfüllung
- Aktive Angebote seitens des Betreuers – die auf die Bedürfnissituation passen
- Informationsoffenheit zum Rating
- Betriebswirtschaftliche Kompetenz und Beratung
- Bearbeitungszeiten
- Kreditvergabebereitschaft allgemein (vgl. unten Kapitel 13.2.4)
- Verhalten gegenüber eigenen Kreditanfragen
- Verhalten bei Überziehungswünschen
- Informationsoffenheit bei Kreditbewilligungen/-ablehnungen
- Konditionsbeweglichkeit

- ...

Was einem Unternehmen wichtig ist, wird je nach Ausgangslage und Anforderungen an die Produktpalette und die erforderlichen Kreditvolumina unterschiedlich sein. Die Erwartungen können sogar bezüglich verschiedener Kreditpartner unterschiedlich sein, weil z. B. das Auslandsgeschäft von der örtlichen Sparkasse nicht erwartet wird, wohl aber von der Großbank.

So ist es sinnvoll, eine **eigene Checkliste** mit den eigenen Prioritäten aufzustellen und vor Bankgesprächen zu bearbeiten. In diese fließen auch die bisherigen Erfahrungen mit den vorhandenen Bankverbindungen ein, die sich schließlich immer wieder der Bewertung durch ihre Kunden stellen müssen (vgl. Kapitel 10.3.1 zur Inventur der Bankbeziehungen). Besonders wichtig ist dies, wenn neue Finanzierungspartner gesucht werden.

Zwei **Beispiele** mit Blick auf die **Servicequalität** Ihrer Bankverbindungen:

BEISPIEL: Im Rating (vgl. Kapitel 4.2.2.2) wird nach den besonderen Risiken eines Unternehmens gefragt. Ein solches ist vor allem auch der vorübergehende Ausfall der Unternehmerpersönlichkeit (z. B. vier Wochen Intensivstation nach einem Unfall) mit der Frage, wie das Weiterfunktionieren des Unternehmens sichergestellt ist? Sowohl die Sparkassen-Finanzgruppe wie die Volks- und Raiffeisenbanken verfügen hier über ein entsprechendes Angebot in Form des sog. „Notfallsordners“, der in einer CD alle Checklisten und Formulare zu dieser Fragestellung enthält. Wurde Ihnen dieser schon einmal angeboten? Manche Banken geben diesen kostenlos ab, andere gegen eine Schutzgebühr – und wieder andere haben noch gar nicht gemerkt, dass so etwas in ihrem Verbund angeboten wird.

BEISPIEL: Viele Banken verfügen über umfassende Informationen für Ihre Firmenkunden – von Kundenbroschüren zu einzelnen Themen über CD Roms mit „Handwerkszeug“ für Unternehmen (siehe die Checklisten-Beispiele in Kapitel 12.1) bis hin zu regelmäßigen Zeitschriften für Firmenkunden (bei den Sparkassen heißt diese z. B. „PROFITS“, bei den Genossenschaftsbanken „Auf Kurs“). Denken Sie als Kunde einer Volks- oder Raiffeisenbank auch an die schon angesprochene Unternehmens-Software „MinD.business“ (vgl. Kapitel 7.14.2). In welchem Umfang erhalten Sie solche Informationen von Ihren bestehenden Bankverbindungen – und zwar unaufgefordert? Sprechen neue Finanzierungspartner solche Informationsmöglichkeiten als ihr Angebot aktiv an?

Auch bei diesem Thema kann der Austausch mit Unternehmerkollegen helfen, den eigenen Blick zu schärfen.

FAZIT:

- Erstellen Sie eine Checkliste mit Ihren Auswahlkriterien.
- Pflegen und ergänzen Sie diese Checkliste im Rahmen Ihrer Finanziererkontakte.
- Bringen Sie die Themen Ihrer Checkliste systematisch in Ihre Gespräche ein.

► Für Berater: Bringen Sie Ihre breite Marktkenntnis aus der Vielzahl Ihrer Mandate und Netzwerkkontakte ein. Bieten Sie Ihren Mandanten eine „Basis-Checkliste" an, die diese individuell erweitern können. Unterstützen Sie auch die regionalen Finanzierungspartner mit allgemeinen Rückmeldungen aus Ihren Mandantengesprächen zu diesem Thema.

13.2.3 Basel III und seine Folgen

Eines der wesentlichen Kriterien für die Auswahl von Banken ist deren Fähigkeit (und Bereitschaft) Kredite vergeben zu können. Diese wird ausgedrückt im zentralen Begriff der Bankenaufsicht von der **„Risikotragfähigkeit"** einer Bank. Diese wiederum bildet sich ab in der Ertragskraft und der daraus erarbeiteten Eigenkapitalausstattung einer Bank (Details dazu im folgenden Kapitel 13.2.4).

Basel III wird dazu führen, dass Kreditinstitute in den kommenden Jahren z. T. **weiteres Eigenkapital bilden** müssen – und das oft mehr als aus dem üblichen Geschäftsergebnis bisher im Jahresdurchschnitt realisierbar war. Konsequenz wird sein, dass die eine oder andere Bank ggf. ihre Kreditvergabepolitik überdenken, d. h. einschränken muss, und zwar sowohl hinsichtlich der Risikoneigung (was strengere Maßstäbe bedeutet) als auch ggf. hinsichtlich des Gesamtvolumens (was geringeres Kreditwachstum aber auch Abbau von Kreditvolumen –„Risiko-Aktiva"– beinhalten kann). Das bedeutet, dass Kreditinstitute z. T. schon heute ihre Kreditrisikostrategie (vgl. Kapitel 3.1.1) überdenken müssen, damit Sie Ende 2018 das nach Basel III erforderliche Eigenkapital gebildet haben.

Auf der anderen Seite verfügen viele Kreditinstitute schon heute über eine Eigenkapitalausstattung, die den zukünftigen Anforderungen von Basel III genügen, die in Stufen bis 2019 (Ende 2018) erreicht sein müssen.

Die Verlautbarungen aus den Bankenverbänden sprechen zwar „im Allgemeinen" von steigendem Eigenkapitalbedarf. Die jeweils eigene Situation, wird aber i. d. R. positiv gesehen. So betont z. B. der Deutsche Sparkassen- und Giroverband: („Haasis: Sparkassen und Landesbanken werden neue Eigenkapitalanforderungen bewältigen", Pressemitteilung Nr. 86 vom 9. 2. 2010 Deutscher Sparkassen- und Giroverband) „Die Sparkassen werden in der Lage sein, ihr künftig benötigtes Eigenkapital aus eigener Kraft zu erwirtschaften" und verweist darauf, „die Kernkapitalquote aller deutschen Sparkassen liege schon heute bei 9,7 %". Was auf den ersten Blick beruhigend klingt, löst auf den zweiten Blick Fragen aus: Das Argumentieren mit dem Durchschnitt aller Sparkassen hilft vor Ort nicht weiter, wenn man es als Kreditnehmer mit einer (deutlich) unterdurchschnittlichen Sparkasse zu tun hat.

Eine aktuelle Studie aus dem Bereich der Genossenschaftsbanken kommt zu dem Ergebnis, dass rd. 250 Volks- und Raiffeisenbanken derzeit die Anforderungen einer Kernkapitalquote von 8,5 % (vgl. auch Kapitel 13.2.3.1; gefordert 8 %, hier mit einem Schwankungsaufschlag von weiteren 0,5 %-Punkten realistisch mit 8,5 % angesetzt) noch nicht erfüllen (vgl. *Schätzle*, 2014, S. 7).

Basel III umfasst insgesamt drei Bausteine, die sich in verschiedener Weise auf die Kreditfähigkeit auswirken können. Einen guten allgemeinen Überblick zum Thema bietet auch die Broschüre des Bundesverbandes Deutscher Banken und der Industrie- und Handelskammern „Basel III - Die Folgen für den Mittelstand" vom Mai 2013 (http://bankenverband.de/publikationen/unternehmen/@@shopitem/e34b44527aaf4dadbde37c4f6222d8e7).

FAZIT:

- Die Auswirkungen von Basel III können nicht pauschal, sondern nur mit Blick auf die einzelne Bank beurteilt werden.
- Für Berater: Unterstützen Sie Ihre Mandanten mit gezielten Informationen zu Basel III und seinen Auswirkungen im regionalen Bankenmarkt.

13.2.3.1 Steigende Eigenkapitalanforderungen

Durch Basel III werden für die in Kapitel 3.2.1 dargestellten drei Eigenkapitalarten strengere **Mindestquoten** formuliert und die Anforderungen, denen diese Instrumente in ihrer **rechtlichen Ausgestaltung** genügen müssen, werden z. T. deutlich verschärft.

Die Veränderung der Mindestquoten gemessen an den risikogewichteten Aktiva (vgl. Kapitel 3.2.2 zum Solvabilitätskoeffizienten) ist in Abbildung 34 dargestellt:

ABB. 34: Eigenkapitalanforderungen gem. Basel III

Eigenkapitalart	Basel II	Basel III	
Hartes Kernkapital	2,00	4,50	
Weiches Kernkapital	2,00	1,50	Struktur-Verschärfung
Ergänzungskapital	4,00	2,00	
Zwischensumme	8,00	8,00	
Kapitalerhaltungspuffer		2,50	Mengen-Verschärfung
Antizyklischer Puffer		2,50	
Summe	**8,00**	**13,00**	

Für „systemrelevante" Banken erhöhen sich die Anforderungen weiter

Die „Struktur-Verschärfung" muss in drei Schritten von 2013 – 2015, die „Mengen-Verschärfung" von 2016 – 2019 realisiert werden.

Bereits die **Struktur-Verschärfung** wird die eine oder andere Bank vor Probleme stellen, und zwar wenn weiches Kernkapital oder Ergänzungskapital in nennenswerten Beträgen im Eigenkapital enthalten ist. Diese heute in den Bilanzen vorhandenen Eigenkapitalbestandteile werden zum ganz überwiegenden Teil den neuen Anforderungen von Basel III bezüglich der rechtlichen Ausgestaltung nicht mehr genügen – und werden in einem Abschmelzungsprozess seit 2013 zu immer geringeren Anteilen noch als Bankeigenkapital anerkannt. Der Ersatz durch neues, den Basel III-Anforderungen genügendes Ergänzungskapital wird den Banken durchweg allerdings verschlossen sein. Denn die Basel III-Anforderungen an die Nachrang-Eigenschaften dieser Eigenkapital-Produkte sind so hoch, dass wohl kaum ein Privatanleger diese zeichnen wird (ganz im Gegenteil zur Situation nach Basel II, als die heutigen Ergänzungskapital-Produkte aktiv vertrieben und gekauft wurden).

D. h. in der Konsequenz: Sowohl die Struktur- als auch die Mengen-Verschärfung wird ganz überwiegend nur durch **hartes Kernkapital** zu meistern sein. Das bedeutet speziell für Sparkassen und Genossenschaftsbanken: Aus versteuerten Gewinnen – also aus der eigenen operativen Ertragskraft (vgl. unten Kapitel 13.2.4). Die Möglichkeit einer Bank in der Rechtsform der AG oder GmbH, eine Kapitalerhöhung durchzuführen, steht Sparkassen überhaupt nicht zur Verfügung. Die Genossenschaftsbanken können ihren Mitgliedern zwar weitere oder neuen Mitgliedern erstmals Geschäftsguthaben verkaufen – allerdings nur zum Nominalwert (d. h. ohne Kursaufschlag, wie gerade bei Aktiengesellschaften üblich) und meist auch durch die Satzungen begrenzt (Zahl der Geschäftsanteile pro Mitglied).

Hinzu kommt, dass auch bestimmte **Geschäfte deutlich höhere Eigenkapitalzuordnungen** erfahren, also mit mehr Eigenkapital zu unterlegen sein werden; tendenziell trifft dies allerdings weniger auf die typischen Geschäfte von Sparkassen und Genossenschaftsbanken zu.

Je nach heutiger Eigenkapitalstruktur werden Kreditinstitute von den neuen Basel III-Eigenkapitalanforderungen unterschiedlich betroffen sein. **„Starke" Banken** werden diese Anforderungen sehr oft schon heute erfüllen. Andererseits: Wenn diese Situation ein Kreditinstitut schon mit Blick auf das heutige Kreditvolumen vor Fragen stellt, so werden diese mit Blick auf ein gewolltes oder von den Kunden gefordertes weiteres Wachstum des Kreditvolumens noch deutlicher.

FAZIT:

- Je nach Eigenkapitalausstattung werden Banken von Basel III unterschiedlich betroffen sein.
- Stark betroffene Banken könnten in der Kreditvergabefähigkeit und -bereitschaft eingeschränkt werden.
- Die eigene Bankenlandschaft sollte aus möglichst eigenkapitalstarken Kreditinstituten bestehen.
- Eigenkapitalstark sind i.d.R. nur Banken, die auch dauerhaft ertragsstark waren, sind und sein werden.
- Für Berater: Machen Sie sich ein Bild von der Eigenkapitalstärke der regionalen Bankpartner und unterstützen Sie so Ihre Mandanten bei der Beurteilung der jeweiligen Banken.

13.2.3.2 Liquiditätsgrundsätze

Da die Finanzkrise im Ursprung eine Liquiditätskrise der Banken war, die sich untereinander kein Geld mehr geliehen haben, werden im Rahmen von Basel III auch zwei neue Liquiditätsgrundsätze diskutiert. Diese sind noch nicht endgültig verabschiedet und ihre Wirkung soll auch zunächst getestet werden. Dennoch müssen sich die Banken bereits heute darauf einstellen, dass **verschärfte Anforderungen** auf sie zukommen werden für:

- **Kurzfristige** Liquiditätsvorhaltung bis zu einem Monat Laufzeit,
- **mittelfristige** Liquiditätsvorhaltung bis zu einem Jahr Laufzeit.

Das bedeutet, dass Kreditinstitute einen größeren „Liquiditätsvorrat“ anlegen müssen, um gegen überdurchschnittliche Einlagenabzüge oder geringere Liquiditätszufuhr aus dem Interbankenmarkt gewappnet zu sein. Für die Ertragslage von Banken heißt das i. d. R. auch: Größere Beträge in Anlagen zu parken, die (deutlich) weniger Zinsertrag bringen. Die **Ertragslage** wird also **belastet**.

Außerdem wird hiervon eine **Einschränkung der sog. Fristentransformation** ausgehen: Banken investieren von den Einlegern erhaltene kurzfristige (preiswerte) Einlagen (z. B. Festgelder, Spareinlagen) in Kredite mit längeren Zinsfestschreibungen. Hintergrund: Damit ist mehr Geld zu verdienen, als mit variabel verzinsten Krediten – solange die Einlagenzinsen nicht deutlich steigen. Dieses ganz normale Bankgeschäft ist ebenfalls in den Fokus der Aufsichtsbehörden geraten, weil daraus die sog. Zinsänderungsrisiken der Banken resultieren (Einlagenzins steigt, Kreditzins ist fest – Kreditmarge der Bank sinkt und kann sogar negativ werden).

Für Kreditnehmer bedeutet das: Es könnte in den kommenden Jahren ggf. **schwieriger** werden, Investitionsdarlehen mit **langjähriger Zinsfestschreibung** zu erhalten und/oder diese werden tendenziell teurer. Damit werden voraussichtlich die öffentlich geförderten Darlehen nochmals stärker in den Fokus rücken (vgl. Kapitel 6.2.2.2).

! FAZIT:

- Die Liquiditätsgrundsätze aus Basel III werden tendenziell zu einer Ertragsbelastung für Banken führen.
- Die Vergabe von Krediten mit langfristiger Zinsfestschreibung könnte eingeschränkt werden.
- Für Berater: Behalten Sie auch dieses Thema im Blick und sprechen Sie ggf. auch mal mit den regionalen Banken darüber.

13.2.3.3 Verschuldungsobergrenze

Drittes Element ist eine Verschuldungsobergrenze mit Blick auf die Bilanzsumme. Das bedeutet, dass hier nicht die risikogewichteten Aktiva Bemessungsgrundlage für die Eigenkapitalausstattung sind – wie beim Solvabilitätskoeffizienten (vgl. Kapitel 3.2.2) – sondern die Bilanzsumme als solche. Diese sog. „Leverage Ratio“ misst die ungewichteten Risikoaktiva (also die Bilanzsumme) und stellt Sie in Beziehung zum Eigenkapital. Danach soll eine Bank maximal das 33-fache des Eigenkapitals in Risikoaktiva investieren dürfen. Auch diese Regelung ist noch in der Diskussion und soll einem Testverfahren (Auswirkungsstudie) unterzogen werden. Es ist aber davon auszugehen, dass eine solche Grenze ebenfalls bis 2019 eingeführt werden wird.

Daher werden Kreditinstitute noch stärker als bisher darauf achten, welche Erträge mit Risikoaktiva – also auch Krediten – zu erwirtschaften sein werden. Denn der Eigenkapitaleinsatz lohnt sich mit Blick auf die Leverage-Ratio für die Bank umso mehr, je höher der Ertrag aus dem Einsatz von jedem Euro Eigenkapital ist.

Für Unternehmen stellt sich daher die Frage, welche Geschäfte mit welchen Banken getätigt werden und wie attraktiv diese nicht nur für den Kreditnehmer, sondern auch für die Kreditgeber sind? Zählt der Kreditnehmer zu den für die Bank interessanten Kunden? Wie werden vor diesem Hintergrund die verschiedenen Geschäfte im Unternehmen und Privat auf die Banken verteilt (vgl. dazu auch unten Kapitel 13.4)?

FAZIT:

- Die Verschuldungsobergrenze wird weiteren Ertragsdruck auf die Banken ausüben, sodass diese noch mehr auf die Ertragsbeiträge einzelner Geschäfte wie ganzer Kundenverbindungen schauen werden.
- Der Gestaltung Ihrer Finanziererlandschaft wird damit noch größere Bedeutung zukommen als heute bereits.
- Für Berater: Machen Sie sich auch zur Verschuldungsobergrenze ein Bild von den Banken in Ihrem Geschäftsgebiet zur Unterstützung Ihrer Mandanten.

13.2.4 Kriterien der Kreditbereitschaft und -fähigkeit auf Kreditgeber-Seite (Risikotragfähigkeit)

Vor dem Hintergrund der aus Basel III resultierenden Ertragsanforderungen (vgl. oben Kapitel 13.2.3) kommt der Kreditrisikostrategie einer Bank (vgl. Kapitel 3.1.1) steigende Bedeutung zu. Viele Kreditinstitute werden diese bereits jetzt überarbeiten (müssen).

Wie „stark" eine Bank ist, ist in letzter Konsequenz abhängig von ihrer dauerhaft (sehr) guten **Ertragskraft**, denn nur diese versetzt eine Bank in die Lage,

- Eigenkapital (Rücklagen) aus versteuerten Gewinnen zu bilden,
- für Eigenkapitalgeber (Aktionäre, GmbH-Gesellschafter, Zeichner von Geschäftsguthaben bei Genossenschaftsbanken) attraktiv zu sein – also eine „angemessene" Dividende ausschütten zu können (auch die Städte, Gemeinde und Kreise als Träger

der Sparkassen erwarten zunehmend von diesen eine Gewinnausschüttung als Beitrag zur eigenen Finanzsituation),

- sog. „Ergänzungskapital" („Genussrechte" oder „Nachrangverbindlichkeiten"), das die Banken i. R. d. Einführung von Basel II neu geschaffen und an Ihre Kunden verkauft haben, durch Eigenkapitalaufstockung aus versteuerten Gewinnen zu ersetzen (denn unter Basel III wird Ergänzungskapital kaum noch verkäuflich sein – vgl. Kapitel 13.2.3.1),
- in ihrer Bilanz die Möglichkeit der Bildung von versteuerten stillen Reserven bis zur gesetzlichen Höchstgrenze zu nutzen (Banken sind die einzigen Unternehmen, die dies dürfen),
- in ihrer Bilanz die Position „Fonds für allgemeine Bankrisiken" zu dotieren,
- die erforderlichen Einzelwertberichtigungen auf Kredite und Eigenanlagen „großzügig" zu bemessen.

Für die **Bankenaufsicht** münden diese Überlegungen in den Begriff der **„Risikotragfähigkeit"**: Eigenkapitalhöhe und -struktur sowie Ertragskraft werden der Risikostruktur in Krediten und Eigenanlagen gegenüber gestellt. Informationen als Basis ihrer Einschätzungen erhält die Bankenaufsicht durch diverse Meldungen der Kreditinstitute (vgl. z. B. Kapitel 3.2.3 und 3.2.4) und vor allem durch den jährlichen Prüfungsbericht der Wirtschaftsprüfer (vgl. Kapitel 3.2.9) sowie ggf. durch die Berichte über von der Aufsicht angeordnete Sonderprüfungen (vgl. Kapitel 3.2.10). Auf dieser Basis beurteilt die Bankenaufsicht, ob sie die Risikotragfähigkeit für gegeben hält oder ob sie ergänzende Fragen stellt, der Bank Hinweise für die weitere Geschäftspolitik gibt oder sogar Maßnahmen gegen die Bank oder deren Vorstandsmitglieder einleitet.

Die **Ertragskraft einer Bank** speist sich im Wesentlichen aus folgenden Komponenten:

- <u>Zinsüberschuss</u> (Zinsertrag abzüglich Zinsaufwand): Bei Sparkassen und Genossenschaftsbanken macht der Zinsüberschuss meist über 70 % aller Erträge aus. Und er ist rückläufig! Die langanhaltende Tiefzinsphase setzt den Zinsüberschuss in allen Kreditinstituten zunehmend unter Druck: Kredite mit noch hohen Zinssätzen werden zurückgezahlt, dasgleiche gilt bei sog. Eigenanlagen der Banken, z. B. fällig werdenden Bundesanleihen; die so frei werdenden Mittel können nur zu deutlich geringeren Zinssätzen im Kredit- oder Eigenanlage-Geschäft re-investiert werden.
  Diesen Rückgang versuchen die Banken zumindest teilweise zu kompensieren durch die Steigerung des
- <u>Provisionsüberschusses</u>: Darunter fallen alle Erträge aus Gebühreneinnahmen wie z. B. aus Zahlungsverkehr, Auslandsgeschäften, Wertpapiergeschäften, der Vermittlung von Versicherungen etc. (vgl. dazu auch Kapitel 9). Der Provisionsüberschuss ist jedoch nicht unbegrenzt steigerbar und kann meist den Rückgang des Zinsüber-

schusses nicht kompensieren. Aus dieser Konstellation erklärt sich auch der von Unternehmen immer öfter erlebte „Verkaufsdruck" auf Seiten ihrer Bankbetreuer.

- Von diesen Erträgen werden die Kostenblöcke abgezogen, nämlich Personaufwand, sonstiger betrieblicher Aufwand und die Abschreibungen auf das Sachanlagevermögen.
- Der Saldo – einschließlich sonstiger betrieblicher Erträge und Aufwendungen – ist das Betriebsergebnis vor Bewertung.
- Der Bewertungs- oder Risikoaufwand (aus dem Kreditgeschäft und den Eigenanlagen der Bank) ist jetzt die entscheidende Größe für die Frage, wie viel für den Jahresüberschuss nach Steuern verbleibt, aus dem Dividende und Rücklagenzuführung d. h. die Eigenkapitalerhöhung zu leisten sind.

An dieser Aufstellung ist leicht zu erkennen, dass Banken drei Stellschrauben für eine Besserung der Ertragskraft haben: a) Erträge erhöhen, b) Kosten senken, c) Risiko reduzieren. Den Komponenten a) und b) sind schnell Grenzen gesetzt im derzeitigen Umfeld (Tiefzinsphase, steigender Regulierungsaufwand und steigende Abgaben mit dem Stichwort Bankenunion), sodass viele Institute die Risikoreduzierung im Blick haben.

Ein weiteres Beurteilungsmerkmal ist das Verhältnis von Kundenforderungen zu Kundeneinlagen: Typischerweise sind die Bilanzen regionaler Institute davon geprägt, dass diese ihr gesamtes Kundenkreditgeschäft vollständig aus den Kundeneinlagen finanzieren können; i. d. R. besteht ein nicht unerheblicher Einlagen-Überhang. Einzelfälle sehen jedoch anders aus: Sparkassen oder Genossenschaftsbanken, die mehr Kundenkredite als Kundeneinlagen in der Bilanz haben, sind zur Refinanzierung wie die Grossbanken auf den Kapitalmarkt angewiesen. Einerseits bedeutet dies höhere Refinanzierungskosten (Kundeneinlagen sind meist preiswerter einzukaufen), andererseits geht damit eine Abhängigkeit von den volatileren Kapitalmärkten einher. Oftmals ist dies auch ein Indikator für eine eher risikogeneigte Kreditpolitik. Diese mag für schwächere Kreditnehmer günstig sein, weil die Bonitätsanforderungen nicht ganz so hoch liegen. Für gute Unternehmenskunden sollte dies eher den Charakter eines Warnsignals haben mit der Frage, wie stabil diese Bank auf Dauer sein wird.

Vor allem bei Banken mit einem nicht so guten Risikoprofil können Unternehmen daher bei Kreditwünschen zurückhaltende Reaktionen durchaus mehr oder weniger deutlich spüren.

Also sollten Unternehmen ein Interesse daran haben, mit – hinsichtlich Ertragskraft und Eigenkapitalausstattung – starken Banken zusammen zu arbeiten. Daraus können sich in Konditionenverhandlungen auch „Interessenkonflikte" ergeben. Aber: Wer mit starken Banken arbeitet, wird marktgerechte Konditionen erzielen. Schwache Banken tendieren eher zu dem Versuch, höhere Konditionen als der Markt durchzusetzen – weil sie es brauchen (zum Konditionenvergleich siehe Kapitel 9.8).

FAZIT:

- Beziehen Sie die Risikotragfähigkeit Ihrer Banken als wichtiges Kriterium bei der Auswahl Ihrer Bankverbindungen mit ein.
- Halten Sie Ihre Kenntnisse über die Risikotragfähigkeit Ihrer Bank aktuell (vgl. auch die beiden folgenden Abschnitte).
- Für Berater: Unterstützen Sie mit Analysen zum regionalen Banken-Umfeld.

13.2.5 Rating von Banken

Wie können Kreditnehmer ihre Bankverbindungen beurteilen? Auch Banken werden einem (externen) Rating unterzogen – durch die international bekannten Ratingagenturen wie Standard & Poor', Moody's und Fitch. Für die **Großbanken** liegen diese Ratings auch regelmäßig vor und werden im Rahmen der Berichterstattung der Medien immer wieder zitiert, sodass hier ein offener Informationsstand herrscht.

Schwieriger wird diese Sichtweise, wenn es um die örtlichen Sparkassen und Genossenschaftsbanken geht. Ein Ausweg dieser Finanzgruppen ist, die Gruppe als Ganzes einem externen Rating zu unterziehen. Ein solches sog. Verbund-Rating oder auch Floor-Rating (Boden) gilt dann als Mindestratingnote für alle Institute der Gruppe. Im Frühjahr 2011 wurde z. B. die **Sparkassen-Finanzgruppe** für langfristige Verbindlichkeiten von Moody's mit „Aa2" und von Fitch mit „A+" bewertet. Die Sparkassen zeigen sich damit sehr zufrieden und betonen, dass die Ratingagenturen damit „die Stabilität und Verlässlichkeit der Gruppe" würdigen (*SparkassenZeitung*, 6. 5. 2011). Aktuell gelten diese Bewertungen unverändert durch alle Jahre, wie ein Blick ins Internet unter www.sparkasse.de zeigt (http://www.sparkasse.de/s_finanzgruppe/financial-market-relations/rating.html, Juli 2014).

Gleiches gilt auch für die **Genossenschaftsbanken**. Hier hat Fitch analog ein „A+" vergeben, dito Standard & Poor's. Die Bewertung des Bundesverbandes der Volks- und Raiffeisenbanken e.V. dazu lautet: „Im Ergebnis haben beide Agenturen ein im Branchenvergleich erfreuliches Langfristrating von „A+" erteilt und damit die Vitalität und finanzielle Stabilität des Geschäftsmodells der genossenschaftlichen Bankengruppe mit ihrer sehr starken Marktposition im Privatkundengeschäft gewürdigt." (vgl. *Bundesverband der Deutschen Volks- und Raiffeisenbanken e.V.*, 29. 6. 2011). Aktuell liegen die

Ratings lt. www.bvr.de von Fitch unverändert bei A+ (letzte Presseerklärung Fitch von Januar 2014) und Standard & Poors bei AA- (November 2013) (http://www.bvr.de/rating, Juli 2014).

Nur was nützen diese Floor-Ratings dem Kreditnehmer bei der Beurteilung seiner Bank oder Sparkasse vor Ort? Konkret „eigentlich" nichts, denn es ist eine Durchschnittsbewertung über die gesamte Gruppe. Allerdings: Bewertet wird der Verbund, der in beiden Fällen über die jeweiligen **Sicherungseinrichtungen** dafür sorgt, dass ein Institut, dass in eine „Schieflage" gerät, von der Gruppe aufgefangen wird. Beide Sicherungseinrichtungen schützen im Gegensatz zur Staatlichen Einlagensicherung nicht die Einlage des einzelnen Bankkunden bis zu einem Betrag von € 100.000, sondern bieten einen sog. **Institutsschutz**. Konkret: Eine Volks-, Raiffeisenbank und eine Sparkasse können nicht in Insolvenz gehen, weil die jeweilige Gruppe die nötigen Mittel zur Verfügung stellt, um dieses zu verhindern. „Schieflage" heißt im Allgemeinen: Ein Institut muss Verluste ausweisen und benötigt um dies bilanztechnisch zu verkraften und/oder weitere Verluste zu vermeiden eine sog. Risikoabschirmung. Diese wird von den Sicherungseinrichtungen als Bareinlage und/oder Bürgschaftsübernahme zur Verfügung gestellt (vgl. Beispiele unter 13.2.7).

Für **Kreditnehmer** eines derart „sanierten" Kreditinstituts können sich dennoch **deutliche Konsequenzen** ergeben. Bevor die Sicherungseinrichtung eingreift, muss ein Institut alle vorhandenen offenen und stillen Reserven auflösen – wenn es denn welche hatte (vgl. Kapitel 13.2.4). Gleichzeitig wird es in Zukunft die Unterstützungsleistungen zurückzahlen bzw. -geben (Bürgschaften) müssen. Das geht nur über Ertrag. Dieser wird erwirtschaftet durch geringe Kosten, gute am Markt erzielte Erlöse und möglichst geringes Risiko. Ein solches Institut wird also eine sehr vorsichtige Kreditrisikostrategie (vgl. Kapitel 3.1.1) fahren müssen. Diese Risikozurückhaltung wird dann in vielen Geschäftsfeldern bei den Kunden ankommen.

Interessanterweise haben die beiden Finanzverbünde dank Ihrer Sicherungseinrichtungen nicht nur ein „externes Verbund-Rating", sondern auch ein **internes Rating der Sicherungseinrichtungen**. Nur dieses könnte ein wirklich zutreffendes Bild des einzelnen Instituts offen legen. Auf Basis dieses Ratings werden auch die Beiträge zu den Sicherungseinrichtungen bemessen – also „risikoangemessen" und damit genauso wie im Kreditgeschäft mit den eigenen Kunden. Die Spreizung der Beiträge bei den Genossenschaftsbanken z. B. geht von 80 % bis zu 140 % des Normal-Beitragssatzes.

Informationen über diese Systeme sind auf den Internetseiten der jeweiligen Verbände abrufbar (Juli 2014):

INTERNET:

- Sparkassen: http://www.sparkasse.de/s_finanzgruppe/haftungsverbund/
- Genossenschaftsbanken: http://www.bvr.de/p.nsf/index.html?ReadForm&main=3&sub=61
- Private Banken: http://bankenverband.de/publikationen/shopitem/271560eb0dc74c968efb7d8f04e04fa2

Der Informationsgehalt ist allerdings sehr unterschiedlich. Und die Information, die in diesem Zusammenhang am meisten interessiert ist auf keiner der drei Internetseiten zu finden: Die Grundlagen der risiko-bezogenen Beitragsbemessung, d. h. die Ratingeinstufungen der einzelnen Institute durch ihre jeweilige Sicherungseinrichtung!

FAZIT:

- Die Verbundratings haben keine Aussagekraft für die Bewertung eines Institutes vor Ort, sondern nur für die Stärke des Verbundes als „Rückversicherung".
- Eine Aussage für die Institute vor Ort haben die internen Ratings der Sicherungseinrichtungen, die nicht veröffentlicht werden.
- Für Berater: Beobachten Sie die Entwicklungen in Ihrem regionalen Markt und bringen Sie Ihre Einschätzungen in die Gespräche mit Ihren Mandanten mit ein.

13.2.6 Informationsquellen

Wo finden Unternehmen Informationen, um die Stärke und Servicequalität (vgl. Kapitel 13.2.2) Ihrer Banken und Finanzdienstleister beurteilen zu können? Das Hinhören und **Umhören** ist gerade im lokalen und regionalen Bezug eine wichtige Quelle: Was berichten andere Unternehmer über die Zusammenarbeit mit den Anbietern vor Ort? Dass dabei eine zurückhaltende Würdigung angebracht ist (man hört immer nur eine Seite), gilt hier natürlich ebenso wie bei den Banken, wenn diese Umfeldinformationen auswerten (vgl. Kapitel 12.3). Auch die örtliche Presse mit der Berichterstattung über die Geschäftsabschlüsse ist eine Quelle. Leider gibt es bei den regionalen Kreditinstituten meistens einen Gewichtungsunterschied: Die Berichterstattung über die Genossenschaftsbanken ist oft umfangreicher als über die Sparkassen. Der Hintergrund sind die

Rechtsformunterschiede: Die Mitgliederversammlung bzw. Vertreterversammlung der Volks- oder Raiffeisenbank ist öffentlich – die Gewährträgerversammlung der Sparkasse hingegen nicht. Dadurch gelingt es – nebenbei bemerkt – bei Sparkassen auch oft, zumindest „kleinere" Schieflagen nicht öffentlich werden zu lassen (Beispiele für Schieflagen vgl. Kapitel 13.2.7). Die Schieflage einer örtlichen Großbankfiliale kommt naturgemäß gar nicht „ans Licht" – es wird häufig schlicht der Filialleiter ausgetauscht.

Darüber hinaus bieten die veröffentlichten Zahlen der Institute Anhaltspunkte, dies sind insbesondere der Geschäftsbericht und der Offenlegungsbericht nach der Solvabilitätsverordnung.

Für den **Geschäftsbericht** gibt es keinen rechtlichen Rahmen hinsichtlich Umfang und Inhalt. Hier handelt jedes Institut für sich. Gerade bei Sparkassen und Genossenschaftsbanken werden oft nur „wichtige" Geschäftszahlen veröffentlicht und nicht der komplette Jahresabschluss aus Bilanz, Gewinn- und Verlustrechung und Anhang sowie der Lagebericht. Da es für diese Institute auch keine rechtliche Verpflichtung der Information gibt, wird oftmals ganz darauf verzichtet. Man ist also auf die Transparenzfreude des einzelnen Instituts angewiesen. Oder man nutzt die Möglichkeiten des elektronischen Handelsregisters.

Wenn ein Geschäftsbericht erstellt wird, ist dieser i. d. R. im Internetauftritt der Bank im Menüpunkt „Über uns" oder einer ähnlichen Bezeichnung als pdf-Dokument zu finden.

Der **Offenlegungsbericht nach der Solvabilitätsverordnung** hingegen hat einen rechtlichen Rahmen und ist im Internet zu veröffentlichen. Meist ist er ebenfalls im Menüpunkt „Über uns", „Die Bank" oder ähnlich zu finden. In diesem Bericht stehen im Vordergrund:

- Das Risikomanagementsystem der Bank wird beschrieben.
- Die Eigenmittelausstattung wird im Detail dargestellt mit dem Volumen der gewichteten Risikoaktiva und dem Solvabilitätskoeffizienten insgesamt und nur bezogen auf das Kernkapital (damit kann ein Rückschluss auf die Basel III-Auswirkungen gezogen werden).
- Das Adressenausfallrisiko (aus Krediten, Wertpapieren und ggf. derivativen Instrumenten) wird aufgegliedert und die dazu gebildete Risikovorsorge beziffert (damit kann auch mit Blick auf die Eigenkapitalsituation ein Eindruck von der Risikopolitik gewonnen werden).
- Weitere bankbetriebliche Risiken wie z. B. das operationelle Risiko (z. B. aus Personal, Recht, Haftungen, ...) und das Zinsänderungsrisiko (vgl. oben Kapitel 13.2.3.2) inklusive Simulationsrechnungen werden gezeigt.

Aus diesen Zahlen können zumindest **Anhaltspunkte** abgeleitet werden, die ergänzt um einen Blick in den Jahresabschluss eine erste Einschätzung zulassen und ggf. den Hintergrund für Fragen im Gespräch mit der Bank bilden. Denn warum sollte auch diesbezüglich nicht eine „Zweibahnstraße" herrschen: Sie legen als Kunde der Bank Ihre wirtschaftlichen Verhältnisse offen – und im Gegenzug tut die Bank das Gleiche, um Sie zu überzeugen, dass genau diese Bank für Sie der richtige nachhaltige Geschäftspartner ist.

Wer tiefer gehen möchte, findet im Internet unter www.kmu-banken-check.de die Möglichkeit, eine intensivere Betrachtung der Kreditinstitute vor Ort zu erhalten.

Für die **Beurteilung der Servicequalität** kommen als Informationsquellen u. a. in Frage:

- Die eigenen Erfahrungen (in der Inventur der Bankbeziehungen miterfasst, vgl. Kapitel 10.3.1)
- Die Erfahrungen von Unternehmerkollegen – mit kritischer Würdigung
- Die Erfahrungen Ihrer sonstigen Unterstützer wie z. B. Ihr Steuerberater aus der Vielzahl seiner Mandate
- Die Internetauftritte der Finanzdienstleister zum Firmenkundengeschäft
  - Wie übersichtlich sind diese gestaltet?
  - Werden die Produkte und Dienstleistungen dargestellt und wie informativ?
  - Werden auch „Werkzeuge" angeboten z. B. als Informationsbroschüren, Checklisten oder Excel-Tabellen wie Skontorechner, Darlehensrechner etc.
  - Wird ausdrücklich auf die Einbeziehung öffentlicher Förderkredite (vgl. Kapitel 6.2.2.2) und der Bürgschaftsbank (vgl. Kapitel 8.5) hingewiesen?
  - Werden die Firmenkundenbetreuer mit Foto und Kontaktdaten vorgestellt?
  - Wird eine Kontaktmöglichkeit angeboten – mit Angebot zu Rückruf und/oder Terminvereinbarung?
- Testen Sie einmal die angebotene Rückruf-Funktion!
- ...

! FAZIT:

- Informationen zur Einschätzung einer Bankensituation sind vorhanden.
- Umfang und Gehalt der Quellen sind z. T. von den Banken selbst abhängig.
- Nutzen Sie diese Informationen, um zumindest erste Anhaltspunkte zur Stärke Ihrer Banken und potenzieller neuer Verbindungen abzuleiten.

► Für Berater: Unterstützen Sie Ihre Mandanten bei der Informationsbeschaffung, indem Sie z. B. die aktuellen Informationen auf den Internetseiten der regionalen Kreditinstitute regelmäßig abrufen und Ihren Mandanten zur Verfügung stellen.

13.2.7 Sanierungsfälle von Banken - Beispiele

Die „Schieflage" einer Bank mag vielen Unternehmern als eine eher theoretische Möglichkeit erscheinen nach dem Motto „Davon habe ich noch nie gehört" (vgl. Kapitel 13.2.6). Dennoch kommen diese öfter vor, als „man so denkt". Die Statuten der Sicherungseinrichtungen sprechen selber von „Sanierungsfällen" und regeln detailliert, wie Sanierungsverträge abgeschlossen werden und deren Umsetzung verfolgt wird.

Zwei Beispiele sollen die Tragweite von Schieflagen erläutern: Während die Sparkasse Südholstein so etwas wie eine „Never-Ending-Story" darstellt, zeigt aktuell die Fusion zweier Kirchenbanken aus dem Genossenschaftsbereich, dass die „Tücke im Objekt" liegt.

Zum 1. 1. 2013 fusionierten die Kreissparkasse Pinneberg (Bilanzsumme € 3,3 Mrd.) und die Kreissparkasse Segeberg (Bilanzsumme € 2,3 Mrd.) zur **Sparkasse Südholstein**. Am 18. 6. 2013 berichtete das Handelsblatt unter der Überschrift „Millionenloch bei neuer Sparkasse Südholstein", dass ein „unerwarteter Wertberichtigungsbedarf von € 80 Mio." bei Kreditprüfungen angezeigt worden sei. Der Sparkassenverband – also die Sicherungseinrichtung – werde wohl zur Hilfe kommen müssen. Der unbefangene Betrachter rieb sich seinerzeit verwundert die Augen: „unerwartet"!? Vor einer Fusion werden die Institute vom jeweiligen Verband einer Fusionsprüfung unterzogen und dieser Verband muss die Fusion freigeben. Und jetzt unerwartet € 80 Mio.!? Wie ein Blick in die Zahlen der neuen Sparkasse zeigte, waren diese € 80 Mio. 1,4 % der Bilanzsumme und lt. Pressemitteilung der Sparkasse vom 13. 6. 2003 „das 8-fache des üblichen Jahresvolumens". Interessant: Die fusionierte Sparkasse hatte einen Überhang der Kundenkredite über die Kundeneinlagen von € 2 Mrd. (vgl. zu dem Thema 13.2.4)!

Nun mag man fragen, was soll das heute, das liegt doch elf Jahre zurück! Aber leider – oder „naturgemäß" – geht die Geschichte weiter: Lt. Pressemitteilung der Sparkasse vom 23. 6. 2005 gab es eine weitere Fusion mit der Stadtsparkasse Neumünster, die nochmals eine Bilanzsumme von € 1,1 Mrd. einbrachte. Damit stand die Sparkasse Südholstein Ende 2005 auf Platz 25 der Größenrangliste der seinerzeit 457 deutschen Sparkassen. Am 27. /28. /29. 3. 2009 berichtete das Handelsblatt über eine erneute Schieflage der Sparkasse: „Die Belastungen durch die Finanzmarktkrise habe das Eigenkapital des Instituts soweit aufgezehrt, dass die Risikotragfähigkeit nicht mehr gewährleistet sei". Natürlich sind die norddeutschen Sparkassen auch durch Abschreibungen auf ihre

Beteiligung an der HSH Nordbank (der Landesbank der Länder Hamburg und Schleswig-Holstein, die mit Milliarden-Beträgen gestützt werden musste) belastet. Aber das alleine war wohl nicht der Grund für die erneute Hilfe der Sicherungseinrichtung. Die Sparkasse hatte bereits im Rahmen der ersten Sanierung 2003 alle stillen Reserven auflösen müssen (wenn denn welche vorhanden waren) und natürgemäß wohl kaum neue bilden können, sodass weitere Risiken voll auf den Jahresüberschuss durchschlagen.

Und in diesem Jahr berichtet wiederum das Handelsblatt vom 30./31.5/1.6.2014: Die Sparkasse Südholstein erhält weitere € 30 Mio., um die Anforderungen aus Basel III erfüllen zu können. Das Handelsblatt beziffert die Gesamthilfen seit 2009 (!) damit auf € 190 Mio. Den jetzt erforderlichen Betrag von € 30 Mio. kann lt. Handelsblatt die Sicherungseinrichtung des Schleswig-Holsteinischen Sparkassenverbandes nicht mehr leisten, man ist auf die Hilfe des überregionalen Haftungsverbundes angewiesen. Auch die SparkassenZeitung berichtet am 20.6.2014: „Insgesamt fließen noch einmal 55 Millionen Euro aus den regionalen und überregionalen Stützungseinrichtungen".

Nebenbei: Auch die Nord-Ost-Sparkasse in Flensburg (auch ein Fusionsfall) wurde in den letzten Jahren mit insgesamt € 180 Mio. gestützt, so das Handelsblatt.

Dass solcher Art in Not geratene Institute eine sehr „risiko-bewusste" Geschäftspolitik fahren (müssen), erscheint sofort nachvollziehbar.

Die Evangelische Darlehensgenossenschaft eG (EDG) mit Sitz in Kiel und die Evangelische Kreditgenossenschaft eG (EKK) mit Sitz in Kassel werden fusionieren. Das Handelsblatt vom 12.6.2014 zitiert die Bank aus der Börsenzeitung: „Wir treffen die Entscheidung nicht aus einer Notsituation heraus. Beide Häuser sind gut aufgestellt." Da fällt dem externer Betrachter nur der Kommentar ein: Wenn man das schon betonen muss. Mittlerweile deckt die Sicherungseinrichtung der Genossenschaftsbanken Kreditprobleme im Bestand der EDG im Volumen von € 139 Mio. ab, bei einem Kreditbestand dieser Bank von € 2,5 Mrd. Das Handelsblatt zitiert weiter aus einem Gutachten folgende Stichworte: Die Ertragskraft der EDG läge unter der anderer kirchlicher Institute und auch die Ausstattung mit Eigenkapital sei unbefriedigend. Auch dies übrigens eine durchaus typische Kumulation von Negativmerkmalen bei Bank-Schieflagen.

Bleibt als Schlussfolgerung für Mittelständler: Wohl dem, der ertrags- und eigenkapitalstarke Hausbanken an seiner Seite hat.

13.3 Aufbau neuer und zusätzlicher Kreditbeziehungen

Wenn ein weiteres Kreditinstitut oder sonstiger Finanzdienstleistungs-Anbieter die eigene Finanziererlandschaft bereichern soll, stellt sich zuerst die Frage, wann dafür der richtige bzw. ein günstiger **Zeitpunkt** ist. Die Antwort ist für Bankbeziehungen denkbar einfach: Dann, wenn Sie tatsächlich eine weitere Bankverbindung gar nicht zwingend benötigen. Denn zu diesem Zeitpunkt haben Sie alle Kraft und Ruhe für die Auswahl. Wenn ein Finanzierungsbedarf ansteht, den die bestehenden Bankverbindungen nicht (mehr) aufnehmen wollen, wird es ungleich schwieriger, unter diesem Druck tatsächlich weitere Finanzierungsquellen zu erschließen. Das bedeutet: Gehen Sie dieses Thema strategisch an und nicht situativ.

Der Aufbau einer neuen Bankbeziehung ist in aller Regel **ein längerer Prozess**; auch dies spricht für den eben genannten günstigen Zeitpunkt. Neben den in Kapitel 1.1 gegebenen Hinweisen ist zu berücksichtigen, dass der Aufbau einer neuen Bankverbindung meistens in Stufen erfolgt. Dabei wird i. d. R. mit einem kleineren Geschäft begonnen. Typische Geschäfte in diesem Stadium sind z. B. die Eröffnung eines Geschäftsgirokontos evtl. auch mit einer kleineren Kontokorrentkredit-Linie oder ein kleineres Investitionsdarlehen. Auf dieser Basis erfolgt das Kennenlernen und der Aufbau von Vertrauen, sodass weitere Schritte zum Ausbau des Geschäftsvolumens folgen können. Die Commerzbank AG z. B. unterstützt diesen Ansatz mit einer neuen Kompetenz für die Kundenberater in den Filialen speziell mit dem Ziel, die Zahl der Kunden zu erhöhen: Seit April 2014 dürfen diese bis zu einer Kreditsumme von € 50.000 über Verträge alleine entscheiden. Die Commerzbank will auch die Unterlagen-Anforderungen reduzieren (vgl. *Osman*, Handelsblatt 27. 3. 2014).

Die direkte **Übernahme größerer Kreditvolumina** oder gar die Ablösung einer anderen Bankverbindung kommen auch vor – allerdings geht dem meist ein umso längerer und umso intensiverer Austauschprozess voraus – mit entsprechenden Anforderungen z. B. an den Unterlagenumfang (vgl. Kapitel 7).

Die Aufnahme von Geschäftsbeziehungen zu sonstigen Finanzdienstleistern, wie z. B. Leasing- (vgl. Kapitel 6.2.3) oder Factoring-Gesellschaften (vgl. Kapitel 6.3.4) werden Sie i. d. R. mit einer konkreten Geschäftsanfrage starten.

Da Sie das Thema strategisch angehen, umfasst Ihre **Vorbereitung folgende Aspekte**:

- Überlegung, welche Art von Anbieter derzeit eine gute Ergänzung Ihrer Finanziererlandschaft darstellen würde (vgl. Kapitel 6 zu Finanzierungsbedarf und Kapitel 13.2.1).
- Recherche zu der Stärke der in Frage kommenden Anbieter.
- Formulierung Ihrer Erwartungen an eine neue Verbindung, die Sie auch deutlich kommunizieren (vgl. Kapitel 13.2.2):
  - wie sieht Ihre Finanziererlandschaft derzeit aus,
  - welche Ziele verfolgen Sie mit der Aufnahme einer weiteren Geschäftsbeziehung,

  - welche Perspektiven könnten sich daraus für die Bank/den Finanzdienstleister und das gemeinsame Geschäftsvolumen entwickeln,
  - wie lauten Ihre Erwartungen auch bezüglich Service- und Beratungsbereitschaft.
- Abfrage im Vorfeld, welche Informationen für den neuen Partner wichtig wären.
- Zusammenstellung „Ihres" Informationspaketes (vgl. Kapitel 7).
- Ihre Aussage zu Ihrem Transparenz- und Informationsverständnis und -verhalten, das Sie durch Ihr Informationspaket unterstreichen.

Auf dieser Basis können Sie im ersten Schritt kritisch-distanziert das Verhalten des neuen potenziellen Finanzierungspartners auf sich zukommen lassen und bewerten.

Wichtig ist es, auch für die kleinen Dinge sensibel zu sein. Besonders wenn Ihnen die **Service- und Beratungsqualität** wichtig ist (vgl. Checkliste im Kapitel 13.2.2), sollten Sie darauf achten, wie eine Bank oder Finanzdienstleister aktiv auf Sie zukommt oder nicht:

- Wie ist das Zeitverhalten,
- welche inhaltlichen Impulse gehen vom Betreuer aus,
- wie ist das Frageverhalten/Interesse des Betreuers,
- wie ist das Transparenzverhalten seitens der Bank/des Finanzdienstleisters (Rating und Entscheidungen),
- wann erfolgt die erste aktive Ansprache seitens des Anbieters nach dem ersten Abschluss – und mit welchem Inhalt (wichtige Information oder „Vertriebsdruck"? – vgl. Kapitel 2.3),

Daneben spielt natürlich eine wichtige Rolle, wie sich das **Kreditverhalten** bereits beim ersten Kontakt gezeigt hat, sodass abgeglichen werden kann, wie dieses zu den vorher eingeholten Informationen über die Kreditfähigkeit passt.

Bedenken Sie, dass es darum geht, eine **langfristige, tragfähige Beziehung** aufzubauen. Deshalb ist es auch wichtig, Aspekte der Zusammenarbeit, die Ihnen nicht behagen, von Beginn an anzusprechen. Das Motto „das wird sich schon einrenken" hilft meistens nicht weiter. Klare Worte sind Voraussetzung für eine gute Partnerschaft.

Wenn in diesem Kapitel der Fokus auf der Aufnahme neuer Finanzierungspartner liegt, so ist das der Beratungserfahrung geschuldet, dass tatsächlich viele Unternehmen unverändert nur mit einem Haupt-Finanzierungs-Partner oder eine Haupt-Bank-Verbindung zusammenarbeiten – und damit in einem Abhängigkeitsverhältnis leben. Genauso gibt es natürlich auch die andere Konstellation: Über die Jahre hat sich eine Vielzahl von Bank- und Finanzierungspartnern gewissermaßen ergeben und diese Situation ist für beide Seiten nicht wirklich hilfreich:

- Das Unternehmen verliert langsam den Überblick, die Verwaltung all dieser Geschäftsbeziehungen ist aufwändig.
- Das Geschäftsvolumen für den einzelnen Bankpartner oder Finanzdienstleister ist nicht wirklich attraktiv, weil auf zu viele Anbieter aufgeteilt.
- In solchen Situationen kann auch eine Konzentration auf einige Partner – natürlich die „stärksten" i. S. von Risikotragfähigkeit (vgl. Kapitel 13.2.4) und Servicequalität – angesagt sein (vgl. dazu *Portisch*, Die Bank 3/2011)

! FAZIT:

- Sehen Sie den Aufbau einer neuen Finanz-Verbindung als strategische Entscheidung, die Sie gut vorbereiten.
- Ihre Sensibilität für den und im Prozess ist wichtig, um Dinge von Anfang an klar anzusprechen.
- Begleiten Sie den weiteren Aufbauprozess einer Geschäftsbeziehung mit regelmäßig kritischer Würdigung.
- Für Berater: Seien Sie auch hier ein kritisch fragender Wegbegleiter und unterstützen Sie mit Werkzeugen wie Checklisten und Ihrer umfassenden Marktkenntnis.

13.4 Strategische Verteilung Ihrer Bankgeschäfte

Ihre Kreditgeber sehen die Geschäftsverbindung zu Ihnen als eine möglichst dauerhafte Ertragschance, in die Parameter wie Volumen, Rating, Blankoanteil, Geschäftspotenziale einfließen. Dahinter steht oft eine Art „Gleichbehandlungs-Anforderung" – sozusagen in Analogie zu diesem Begriff der Gleichbehandlung im Bereich der Sicherheiten speziell für Kontokorrentkredite (vgl. Kapitel 8.7). An dieser Stelle könnte man auch von einem **Proportionalitätsgrundsatz** sprechen. Dahinter verbirgt sich folgende Erwartung der verschiedenen Kreditgeber: Entsprechend dem jeweiligen Anteil am Gesamtkreditvolumen und der Blankoanteile sollten die Kunden die Gesamtheit ihrer Geschäfte – und damit Ertragschancen für die Banken – aufteilen.

Ein **Beispiel** mag das verdeutlichen: In Kapitel 12.2 wurde im Rahmen der weiteren Beobachtung eines Kreditengagements das Thema Zuweisung der Habenumsätze – also Ihrer Geldeingänge – auf die Girokonten bei den verschiedenen Banken angesprochen. Mit Blick auf die Verteilung der KK-Linien und/oder alle Kredite erwarten Banken einen entsprechenden Umsatzanteil.

BEISPIEL: Ein Unternehmen hat zwei Banken. Bank A steht mit einer KK-Linie von € 200.000 zur Verfügung, Bank B mit € 500.000. Die meisten Kunden überweisen auf das Konto bei Bank A, bei der sich so 70 % des gesamten Geschäftsumsatzes sammeln. Bank B wird dies auf Dauer – vielleicht auch unausgesprochen – nicht akzeptieren. Zum einen entgehen ihr Zahlungsverkehrspreise, zum anderen funktionieren ihre Frühwarnsignale nur bei entsprechendem Leben auf dem Konto und zum dritten fühlt sie sich einfach in Ihrer Rolle als Hauptbankverbindung nicht angemessen gewürdigt.

In solchen Situationen handeln Banken mitunter unterschwellig.

Wenn in diesem Beispiel kurzfristig eine Überziehung benötigt wird, könnte es gut sein, dass Bank B sich hartleibig verhält, ohne ihre eigentliche Motivationslage offen zu legen.

Übertragen Sie dieses Bild auf das **Gesamtvolumen Ihrer Bankverbindungen**. Bedenken Sie dabei zusätzlich die durchgängige Frage dieses Buches nach Ihrer Verhandlungsmacht. Dahinter steht die Frage: Welchen Ihrer Banken teilen Sie welche Geschäfte und damit Ertragschancen zu und steht dies auf Dauer in einem sinnvollen ausgewogenen Verhältnis zu der jeweiligen Kreditbereitschaft?

Berücksichtigen Sie auch hier, dass Banken immer das Geschäftspotenzial nicht nur aus einer Kontoverbindung sehen, sondern aus Ihrem **Unternehmens-Verbund**: Unternehmen, Inhaber/Gesellschafter/Geschäftsführer, deren Familienangehörige – ggf. bis hin zu den Mitarbeitern des Unternehmens.

Und übertragen Sie den Begriff „Verbund" in seiner zweiten Bedeutung auf Ihre Banken. D. h. beziehen Sie auch alle Geschäfte mit den **Verbund- oder Kooperationspartnern Ihrer Banken** (vgl. Kapitel 9.1.2) in der ganzen möglichen Breite mit ein (und denken Sie dabei auch an eine Kennzahl wie den „Verbundsaldo" im Firmenkunden-Schnellrating der Genossenschaftsbanken – vgl. Kapitel 4.2.3).

Die hier angesprochene Frage der Verteilung der **Unternehmensgeschäfte einerseits** und der **Privatgeschäfte andererseits** hat für viele Unternehmer eine besondere Dimension. Auch dazu gibt es keine Musterlösung. Banken freuen sich, wenn sie möglichst viele oder sogar alle Geschäfte auf sich vereinigen können. Aus Unternehmersicht kann es aber sehr sinnvoll sein, z. B. diese beiden Geschäftsbereiche strikt zu trennen. Auch das will mit Blick auf die individuellen Verhältnisse gut durchdacht sein.

Es steht jedem frei, in jeder Beziehung **Rosinenpickerei** zu betreiben – also gewünschte Finanzierungen und Dienstleistungen jeweils immer dort zu kaufen, wo diese gerade am billigsten sind. Und hier steht bewusst: „am billigsten" und nicht „am preiswertesten". Sie brauchen nur selbst zu überlegen, wie Sie Ihren Kunden gegenüber stehen, die so agieren und auch bei Ihnen immer das letzte aus dem Preis herausholen wollen; oder sich bei Ihnen beraten lassen, und dann woanders billiger kaufen. Das können Sie nicht immer verhindern – aber sind das die Kunden, mit denen Sie am liebsten arbeiten und wirklich Ihr Geld verdienen?

Übertragen Sie dieses Bild nüchtern auf Ihre Bankpartner und überlegen Sie, wie Sie Ihre Geschäfte **strategisch steuern** wollen. Natürlich muss die Qualität der Leistung und das Service-Niveau stimmen und der Preis muss marktgerecht sein (zum Preisvergleich von Bankleistungen siehe Kapitel 9.8). Aber sind immer die letzten 0,10 % beim Zinssatz entscheidend? Oder können auch mal **andere Überlegungen** den Ausschlag geben?

BEISPIEL 1 Natürlich ist es ein Unterschied, ob wir zum **Beispiel** über eine Zinsdifferenz von 0,10 % sprechen bei

- einem Kontokorrentkredit über € 200.000, der durchschnittlich mit € 130.000 in Anspruch genommen wird – mithin über eine Zinsdifferenz von € 130 im Jahr,
- einem Tilgungsdarlehen über € 550.000 bei einer Laufzeit und Zinsfestschreibung von 8 Jahren – mithin über eine Zinsdifferenz von € 2.200 in 8 Jahren (aber auch „nur" durchschnittlich € 275 p. a.).

BEISPIEL 2 Oder es wird über eine Immobilienfinanzierung gesprochen und der Bankbetreuer bringt das Thema der Gebäudeversicherung ein und Sie lassen seinen Verbundpartner ein Angebot machen; wenn dies jetzt € 220 p. a. teurer ist als das von Ihnen natürlich eingeholte Alternativangebot, die sonstigen Leistungsmerkmale aber übereinstimmen – vielleicht ist es sinnvoll, dem Bankbetreuer seinen Vertriebserfolg und seiner Bank den Provisionsertrag zukommen zu lassen!?

Diese Beispiele wollen nicht nahe legen, immer und auf jeden Fall Angebote der Banken – gerade auch in Zusatzgeschäften – anzunehmen. Der mittelfristige strategische Aspekt sollte aber nicht zu kurz kommen. Natürlich werden Sie dann in der geeigneten höflichen Form darauf hinweisen, dass Sie das Geschäft trotz der Preisdifferenz mit „Ihrer Bank" abgeschlossen haben.

Was könnten beispielhaft strategischen Aspekte einer Neu- oder Umverteilung Ihrer Finanzierungs-Geschäfte sein:

- Die Änderung der Verteilung von Gewichten, weil die Zusammenarbeit mit der bisherigen Hauptverbindung sich schwieriger gestaltet.
- Veränderungen in der Risikotragfähigkeit von Bankpartnern (vgl. Kapitel 13.2.4) – positiv wie negativ.
- Die Betrachtung der Gesamtzahl Ihrer Finanzdienstleistungs-Anbieter (vgl. Kapitel 13.3)
  - Stärken Ihrer Unabhängigkeit von einzelnen Anbietern durch die Aufnahme weiterer Anbieter

   – Reduzieren der Anzahl der Anbieter, weil deren Vielfalt zu groß und damit unübersichtlich geworden ist; dadurch sind die Geschäftsvolumen für die einzelnen Anbieter ggf. auch nicht sehr interessant.

- Die Aufnahme von Spezialfinanzierern in den Kreditgeber-Kreis (vgl. Kapitel 13.2.1).
- Das aktive Bemühen eines neuen (kreditfähigen) Kreditgebers um Eintritt in Ihren Kreditgeber-Kreis.
- Die Neujustierung Ihrer Sicherheiten-Situation mit Blick ggf. auf Gleichbehandlung oder auch die Herauslösung bestimmter Sicherheiten aus der Haftung (vgl. Kapitel 8)
- Die Aufnahme neuer Geschäftszweige, die von Ihnen veränderte oder neue Finanzierungswege erfordern.
- Die von den Kreditgebern verwendeten Rating-Verfahren, um z. B. bei jeder Bank die Mindest-Engagements-Größe zu erreichen, die erforderlich ist
   – um nicht mit einem Schnell-Rating bewertet zu werden (vgl. Kapitel 4.2.3),
   – um nicht einem Verfahren zur automatischen Rückgabe von Verfügungen zu unterliegen (vgl. Kapitel 6.1.3 – Stichwort „auto retour").

Unterschätzen Sie dabei nicht, wie wichtig der Wettbewerb zwischen den eigenen Finanzierungspartnern ist. Nur durch funktionierenden Wettbewerb werden Sie auf Dauer quer durch alle Leistungsbereiche marktgerechte Konditionen realisieren.

FAZIT:

- Verteilen Sie alle (!) Geschäfte auf die verschiedenen Finanzierungspartner nach strategischen Überlegungen.
- Prüfen Sie, ob die letzten Preisdifferenzen dabei immer ausschlaggebend sein müssen.
- Wenn Sie Preisdifferenzen „zu Ihren Lasten" respektieren, kommunizieren Sie das auch.
- Für Berater: Weisen Sie aktiv auf dieses Thema hin, wenn Sie „Ungleichgewichte" feststellen oder strategische Ansatzpunkte erkennen, die Ihr Mandant selber vielleicht noch gar nicht so wahrgenommen hat.

14. Exkurs: AGB und Kreditverträge – das sollten Sie beachten

DOWNLOAD:

Begleitblätter „AGB und Kreditverträge"

Detaillierte rechtliche Würdigungen sind nicht Gegenstand dieses Buches. In allen Streitfragen zu Verträgen mit Banken und Finanzdienstleistern empfiehlt es sich, auf Bankrecht spezialisierte Juristen heranzuziehen. Einige Grundzüge und typische Vertragsklauseln sollen an dieser Stelle zum Abschluss aber kurz und knapp angeführt werden.

Rechtsgrundlage für Verträge unter Kaufleuten ist in erster Linie das Handelsgesetzbuch (HGB) und natürlich das Bürgerliche Gesetzbuch (BGB) speziell zum Vertragsrecht. Auf Basis dieser Gesetzesgrundlagen werden Regelungen in individuellen Kreditverträgen geschlossen.

Die Allgemeinen Geschäftsbedingungen (AGB) regeln die Vereinbarung von Vertragsregeln mit dem Blick auf Verträge mit privaten Endverbrauchern. Banken beziehen ihre AGB aber immer auch durch entsprechenden Verweis in ihre Kreditverträge mit Kaufleuten mit ein. Das bedeutet die AGB greifen, wenn im Vertrag selber zu bestimmten Sachverhalten oder Fragen keine Regelung enthalten ist. Die in den AGB für das Kreditgeschäft relevanten Paragraphen machen aber auch deutlich, wie Banken ihre diesbezüglichen Geschäftsbeziehungen gestalten.

Im Folgenden wird mit Bezug auf die AGB immer zitiert

- für die Sparkassen – Beispiel Sparkasse Neuss/Fassung März 2014 – heruntergeladen in deren Internetauftritt im Juli 2014: „Sparkasse Nr. ..."
- für die Genossenschaftsbanken – Beispiel Volksbank Düsseldorf Neuss eG/Fassung Juni 2014 – heruntergeladen in deren Internetauftritt im Juli 2014: „GenoBanken § ..."

Bei beiden Verbünden dürften sich die AGB der einzelnen Sparkassen und Genossenschaftsbanken kaum voneinander unterscheiden, da es hier Muster-AGB der jeweiligen Verbände gibt, die die Institute jeweils zugrundelegen oder gleich komplett übernehmen. Für die Großbanken und sonstigen privaten Banken kann es natürlich abweichende Regelungen (vor allem aber auch abweichende Gliederungen) geben; der Grund-Tenor dürfte jedoch jeweils ähnlich sein.

FAZIT:

- Laden Sie sich die aktuellen Versionen der AGB Ihrer Finanzierungspartner im Internet herunter.
- Das Lesen der Ihnen zur Unterschrift vorgelegten Verträge – vor Ihrer Unterschrift! – ist Pflichtaufgabe.
- Unterschreiben Sie nichts, was Sie nicht verstehen.
- Für Berater: Übernehmen Sie die Aufgabe, Verträge vor der Unterschrift durch Ihre Mandanten gegenzulesen mit Blick auf die besprochenen Vereinbarungen und bringen Sie aus Ihrer Sicht kritische Punkte unmissverständlich zur Sprache.

14.1 Die wichtigsten AGB-Regelungen für das Kreditgeschäft

- **Änderung von Zinssätzen** durch die Bank und darauf folgende sechswöchige Kündigungsfrist für den Kunden: Sparkassen Nr. 17 Abs. 5, GenoBanken § 12 Abs. 4
- **Pfandrecht zu Gunsten der Bank** an allen Werten und Guthaben, die der Kunde bei der Bank unterhält: Sparkassen Nr. 21, GenoBanken § 14
- Regelungen zu den **Bankauskünften** (vgl. Kapitel 4.6): Sparkassen Nr. 3, GenoBanken § 2
- **Bestellung oder Verstärkung von Sicherheiten** (sog. Nachbesicherung, vgl. Kapitel 8, insbesondere 8.2): Sparkassen Nr. 22 Abs. 1, GenoBanken § 13
  Hier ist bemerkenswert, dass die Bedingungen, unter denen eine Besicherung oder Nachbesicherung von der Bank verlangt werden kann, sehr „interpretationsfähig" formuliert sind (am Beispiel der GenoBanken):
  - „wenn sich die wirtschaftlichen Verhältnisse des Kunden nachteilig verändert haben oder sich zu verändern drohen"
  - „wenn sich die vorhandenen Sicherheiten wertmäßig verschlechtert haben oder zu verschlechtern drohen"
- **Sicherheiten Freigabe-Verpflichtung**: Sparkassen Nr. 22 Abs. 2, GenoBanken § 16 (vgl. auch Kapitel 8.3 zur Übersicherung)
- **Verwertung von Sicherheiten**: Sparkassen Nr. 21 Abs. 5, GenoBanken § 17

- **Kündigung der Geschäftsbeziehung durch die Bank**:
  - Ordentliche Kündigung: Sparkassen Nr. 26 Abs. 1, GenoBanken § 19 Abs. 1-2
    Beide AGB enthalten die Regelung, dass die Bank jederzeit kündigen kann, wenn „weder eine Laufzeit noch eine abweichende Kündigungsregelung vereinbart ist" – dann allerdings unterscheiden sich die Regelungen, wie gekündigt werden kann:
    - GenoBanken: „unter Einhaltung einer angemessenen Kündigungsfrist" und „Bei der Bemessung der Kündigungsfrist wird die Bank auf die berechtigten Belange des Kunden Rücksicht nehmen".
    - Sparkassen: „jederzeit ohne Einhaltung einer Kündigungsfrist kündigen" und „wird sie den berechtigten Belangen des Kunden angemessen Rechnung tragen, insbesondere nicht zur Unzeit kündigen".

    Beide Regelungen werden im Einzelfall verhandelt werden müssen. Dann gilt es, den Begriff „angemessen" mit Leben zu füllen. Die Sparkassen verweisen interessanter Weise auf den aus der Rechtsprechung stammenden Begriff der „Kündigung zur Unzeit". Eine weitergehende Erläuterung zu diesem Begriff findet sich im Internet z. B. wie folgt:
    „Das Verbot der Kündigung zur Unzeit beinhaltet die Pflicht der Bank, den Kreditnehmer vor einer fristlosen ordentlichen Kündigung (vor allem des Kontokorrentkredites) zu warnen und ihm eine angemessene Umstellungsfrist einzuräumen. Dem Kreditnehmer muss ferner die Möglichkeit eröffnet werden, sich den zur Rückzahlung der Darlehensvaluta erforderlichen Betrag anderweitig zu beschaffen. Die dem Kreditnehmer einzuräumende Frist hängt dabei von den Umständen des Einzelfalls, z. B. davon ab, ob die Bank den Anschein erweckt hat, dass eine Kündigung vorerst ausgeschlossen sein würde. Spricht die Bank eine Kündigung zur Unzeit aus, ist diese jedoch nicht unwirksam (vgl. *BGH* ZIP 2003, 1336, 1338). Dem Kreditnehmer steht vielmehr ein verschuldensunabhängiger Schadensersatzanspruch gegen die Bank zu. Ferner darf die ordentliche Kündigung nicht rechtsmissbräuchlich sein. Rechtsmissbräuchlich ist eine Kündigung dann, wenn sie entgegen einem von der Bank geschaffenen Vertrauenstatbestand (z. B. bei längerfristig geduldeten Kontoüberziehungen) erfolgt." (http://www.bankrecht-ratgeber.de/bankrecht/kredit/kredit_07_04.html, 30. 7. 2014).
  - Kündigung aus wichtigem Grunde: Sparkassen Nr. 26 Abs. 2, GenoBanken § 19 Abs. 3
    Diese Kündigung kann **fristlos** erfolgen – wiederum mit allerdings verschiedenen Formulierungen zu den berechtigten Belangen des Kreditnehmers. Als Gründe für eine fristlose Kündigung werden in beiden AGB beispielhaft aufgeführt:

- Unrichtige Angaben über die Vermögensverhältnisse,
- wesentliche Verschlechterung der Vermögensverhältnisse des Kunden oder der Werthaltigkeit der Sicherheiten tritt ein oder droht einzutreten,
- Verpflichtung zur Stellung oder Verstärkung von Sicherheiten wird nicht gefolgt – innerhalb einer von der Bank gesetzten angemessenen Frist,
- gegen den Kunden wird eine Zwangsvollstreckung eingeleitet (nur Sparkassen),
- Verschlechterung oder erhebliche Gefährdung der Vermögensverhältnisse eines Mitverpflichteten oder des persönlich haftenden Gesellschafters sowie bei Tod oder Wechsel des persönlich haftenden Gesellschafters (nur Sparkassen).
- Ausnahme von der Fristlosigkeit der Kündigung: „Besteht der wichtige Grund in der Verletzung einer vertraglichen Pflicht, ist die Kündigung erst nach erfolglosem Ablauf einer zur Abhilfe bestimmten angemessenen Frist oder nach erfolgloser Abmahnung zulässig..." (GenoBanken, Sparkassen ähnlich) – also z. B. Sie haben Ihre Unterlagen nicht in den vertraglich vereinbarten Fristen eingereicht.

Bedenken Sie bitte: Diese Aufzählung ist jeweils nur beispielhaft, also keinesfalls abschließend. Und auch diese Formulierungen lassen jede Menge Interpretationsspielraum zu.

Diese hier auszugsweise angegebenen und zitierten Klauseln aus den AGB machen einerseits deutlich, wie wichtig die Kenntnis der Handlungsmöglichkeiten Ihrer Finanzierungspartner ist. Zum anderen wird klar, dass es für Sie entscheidend darauf ankommt, Ihre Verträge „bewusst" abzuschließen und die Vereinbarungen genauestens einzuhalten (vgl. dazu u. a. die Stichwörter Bankenspiegel und Sicherheitenspiegel mit dem Schwerpunkt der eigenen Wiedervorlage-Vermerke für Ihre Aktivitäten). Damit Ihre Banken gar nicht erst in die Situation oder die „Versuchung" kommen, den Interpretationsspielraum dieser AGB-Klauseln zu nutzen.

Bei diesem Interpretationsspielraum wird sich im Einzelfall zeigen, dass eine langjährige, vertrauensvolle und von Ihnen aktiv gepflegte Verbindung zu Ihren Finanzierungspartnern, wie sie in diesem Buch empfohlen wird, zumindest einen gewissen Schutz vor für Sie zu ungünstigen Interpretationen durch Ihre Banken im „Falle eines Falles" geben wird. Am besten ist natürlich, wenn Ihre Verhandlungsmacht-Position so gut ist, dass keine Bank jemals auf die Idee kommen wird, die Kündigungsregelungen der AGB auch nur in Betracht zu ziehen.

FAZIT:

- Organisieren Sie im Unternehmen eine klare „Verfolgung“ Ihrer Kredit- und Sicherheitenverträge.
- Sorgen Sie mit aktiver Kommunikation für eine gute Vertrauensbasis.
- Für Berater: Unterstützen Sie bei der Umsetzung dieser beiden Schlussfolgerungen. Halten Sie für alle Fälle einen bankrechtlich versierten Netzwerkpartner in der Hinterhand.

14.2 Ihre Kreditverträge

Auch die Kreditverträge im Firmenkundengeschäft sind in aller Regel Formularverträge, in die die jeweiligen Vereinbarungen an den dafür vorgesehenen Stellen eingetragen werden. Einzelvertragliche Regelungen von größerem Umfang werden in solchen Fällen als Anhang zum Vertrag zum Vertragsbestandteil gemacht. Derartige Formularverträge sind teilweise tatsächlich nur eine oder zwei Seiten lang. Auf die AGB wird dabei i. d. R. immer Bezug genommen, diese werden also mitvereinbart – entweder insgesamt oder einzelne genau bezifferte Paragraphen oder Nummern. Bei Darlehensverträgen sind oftmals auch noch sog. „Darlehensbedingungen“ angefügt und damit Vertragsbestandteil, die AGB-Regelungen aufgreifen und/oder für Darlehen nochmals präzisieren. Einen Überblick über das Thema Kreditverträge gibt auch eine Broschüre des Bundesverband Deutscher Banken e.V., die im Internet heruntergeladen werden kann: http://bankenverband.de/publikationen/unternehmen/@@shopitem/899d76392acc47b7a9dfaa29e8e29b5d

Die Kreditverträge regeln die Themen, die in diesem Buch in den vorherigen Kapiteln beschrieben worden sind:

- Gestaltung des einzelnen Kredits: Kapitel 6.2 und 6.3
- Konditionen: Kapitel 9
- Sicherheiten: Kapitel 8
- Informationspflichten: Kapitel 7

Daher kann an dieser Stelle nur wiederholt werden: Lesen Sie alle Verträge im Detail, bevor Sie unterschreiben. Unterschreiben Sie nichts, was nicht vereinbart ist oder was Sie nicht verstehen. Und lassen Sie sich auch nicht zeitlich unter Druck setzen: Oftmals werden Ihnen Verträge in den Geschäftsräumen der Bank zur Unterschrift vorgelegt; nehmen Sie diese mit nach Hause, sodass Sie diese in aller Ruhe lesen können. Vereinbaren Sie gleichzeitig einen Termin für die Rückgabe und halten Sie diesen ein. Natürlich suchen Sie vor Ihrer Unterschrift das Gespräch, wenn Sie mit einzelnen Punkten der Vertragstexte nicht einig gehen.

! FAZIT:

- Unterschreiben Sie keine Verträge, die Sie nicht wirklich vollständig gelesen haben. Und unterschreiben Sie nur, wenn Sie vollinhaltlich einverstanden sind.
- Für Berater: Bieten Sie Ihre Dienstleistung als Mit- oder „Vor-"Leser an und machen Sie auf „kritische" Punkte aufmerksam. Unterstützen Sie bei evtl. erforderlichen Nachfragen oder Nachverhandlungen.

14.3 Kreditverkäufe durch Banken

In den Jahren der Finanzkrise war der Verkauf von Kreditforderungen durch Banken an Finanzinvestoren ein stark in den Medien diskutiertes Thema, da viele dieser Finanzinvestoren sofort in die Sicherheitenverwertung eingestiegen sind. Der Verkauf von Krediten ist in den AGB nicht geregelt, kann bei Unternehmenskrediten aber natürlich einzelvertraglich vereinbart werden. *Herke* (NWB Betriebswirtschaftliche Beratung 4/2011 S. 113) zitiert dazu aus dem Kreditvertrag einer Genossenschaftsbank: „Zum Zwecke der Refinanzierung, Eigenkapitalentlastung oder Risikodiversifizierung ist die Bank berechtigt, das wirtschaftliche Risiko des Kredits ganz oder teilweise auf Dritte zu übertragen ...". Im Weiteren wird geregelt, welche Informationen die Bank an diese Dritten weitergeben darf und dies gipfelt in der Formulierung „Der Kreditnehmer befreit die Bank insoweit vom Bankgeheimnis". Allerdings findet sich am Ende dieser Regelung auch ein Absatz 4: „Die Bank nimmt eine Übertragung der Kreditforderung und der Sicherheiten bei ordnungsgemäß bedientem Kredit nicht ohne Einwilligung des Kreditnehmers vor".

Auffallend ist an dieser Vertragsklausel, dass es eben nicht vordergründig um notleidende Kreditforderungen geht, sondern um alle Kredite. Die Bank stellt einfach ihre eigene Kreditrisikostrategie (vgl. Kapitel 3.1.1) in den Mittelpunkt, die sich jederzeit verändern kann. Darauf verweist auch *Uppenbrink* (Profile 1/2014), der aus seiner Beratungspraxis offenbar viele derartige Fälle kennt.

Der Hinweis auf die Zustimmungspflicht bei ordnungsgemäß bedienten Krediten sollte Sie nicht in Sicherheit wiegen: Manchmal kommen Unternehmen schneller in Rückstände als gedacht. Bedenken Sie, dass die Überziehung einer KK-Kredit-Linie bereits die Tatsache des nicht ordnungsgemäß bedienten Kredites erfüllt. Daher sollte die

Richtschnur Ihres Handelns sein, solche Klauseln möglichst nicht zu unterschreiben. Womit wir wieder beim Thema Verhandlungsmacht wären.

FAZIT:

- Achten Sie auf Klauseln zum Verkauf oder zur Abtretung Ihres Kredites und vermeiden Sie diese möglichst.
- Für Berater: Unterstützen Sie bei diesem Ziel durch kritische Begleitung beim Verhandeln und Lesen von Kreditverträgen.

15. Nachtrag zu Kapitel 2.3 Ziele Ihres Bankbetreuers

Für den in Abb. 4 auf Seite 15 dargestellten VR-FinanzPlan Mittelstand der Volks- und Raiffeisenbanken gibt es eine aktuelle Neufassung. Die Genossenschaftsbanken haben ihr Marktbearbeitungskonzept für das Firmenkundengeschäft überarbeitet – darüber wird in der Ausgabe September 2014 der BankInformation in mehreren Beiträgen berichtet.

Einer der Kernpunkte ist eine Gesprächsunterlage. Abb. 35 zeigt eine Themenübersicht aus dieser Gesprächsunterlage für das Segment „Geschäfts- und Gewerbekunden":

ABB. 35: Themenübersicht für Gewerbe- und Geschäftskunden der Genossenschaftsbanken

Quelle: *Abel/Ripka*, BankInformation 09/2014, S. 26

Der Vergleich mit der Abb. 4 auf Seite 15 zeigt,

- die Darstellung ist etwas moderner geworden,
- die Themen sind etwas detaillierter und mit etwas anderen Zuordnungen aufgelistet
- und ein Thema ist entfallen.

Das nicht mehr auftauchende Thema ist der "Basisbalken" aus der alten Darstellung: "Unternehmensmanagement (Managementunterstützung, betriebswirtschaftliche Beratung"). Kommentiert wird dieser Verzicht in den Fachbeiträgen in der BankInformation nicht. Da die meisten Genossenschaftsbanken in der Vergangenheit dieses Thema z. B. in ihren Internetauftritten zur Darstellung des VR-FinanzPlan Mittelstand "unterschlagen" haben, darf vermutet werden, dass dieses Thema in der Beratungsrealität kaum mit Leben gefüllt worden ist. Der Anspruch eines Bankbetreuers gleichzeitig auch als "Unternehmensberater" seines Firmenkunden wirken zu können, ist wie bereits dargestellt nicht unproblematisch (vgl. *Sander*, Die Bank 6/2012). Dieser Einschätzung und Erfahrung wird hier offenbar Rechnung getragen.

LITERATURVERZEICHNIS

A

Abel, Erfolgreiche Weiterentwicklung, BankInformation 11/2013 S. 26-29

B

Bausch/Behrends, Spalten kann helfen, BankInformation 11/2012 S. 36-40

Beil/Frohn, Risikoadjustierte Ergebnissteigerung, BankInformation 04/2013 S. 52-55

Bendzulla, MKP als Beispiel für eine gelungene Anwendungsrealisation, Betriebswirtschaftliche Blätter 12/2006 S. 710-712

Bleier/Hübner, Intensivierung im Firmenkundengeschäft, BankInformation 11/2013 S. 32-34

Bundessteuerberaterkammer (Hrsg.), Bundeskammerversammlung beschließt neue Verlautbarung zu den Grundsätzen für die Erstellung von Jahresabschlüssen, Pressemitteilung vom 13. 4. 2010, http://www.bstbk.de/de/presse/pressemitteilungen/2010/20100413_pressemitteilung_011_bstbk/index.html

Bundessteuerberaterkammer (Hrsg.), Verlautbarung der Bundessteuerberaterkammer zu den Grundsätzen für die Erstellung von Jahresabschlüssen, Pressemitteilung vom 7. 1. 2010, http://www.bstbk.de/de/presse/pressemitteilungen/2010/20100107_pressemitteilung_002_bstbk/index.html

Bundesverband Deutscher Banken (Hrsg.), rating, September 2010, S. 10

Bundesverband der Deutschen Volks- und Raiffeisenbanken e.V. (Hrsg.), Ratings – Vitalität und finanzielle Stabilität, 29. 6. 2011, http://www.bvr.de/p.nsf/index.html?ReadForm&main=4&sub=31

C

Creditreform Düsseldorf Neuss (Hrsg.), Newsletter vom 28. 1. 2011

D

Dauber/Schulze, Universelles Analyseinstrument, BankInformation 4/2012 S. 54-57

Deutscher Sparkassenverlag (Hrsg.), BWA-Analyse: Die aktuelle wirtschaftliche Situation Ihrer Firmenkunden im Blick, Produkt-Informationsblatt, Oktober 2010

Deutscher Sparkassenverlag (Hrsg.), Rating im Kundengespräch – Ein Kommunikationsleitfaden für Firmenkundenbetreuer, 5. Aufl., Stuttgart 2010

Deutscher Sparkassenverlag (Hrsg.), S.PLANNER: Integrierte Finanz- und Liquiditätsplanung, Produkt-Informationsblatt, September 2009

Deutscher Sparkassenverlag (Hrsg.), Formular 191 531.000, Fassung Oktober 2008 „Bank-an-Bank-Auskunft"

Deutscher Sparkassenverlag (Hrsg.), Stärken-Potenzial-Profil für SPP-Testkunde, 5. Aufl., Stuttgart 2008

Deutscher Sparkassenverlag (Hrsg.), Rating – Chance für mein Unternehmen, Kundenbroschüre, 2. Aufl., 10/2007

Deutscher Sparkassenverlag (Hrsg.), Rating – Herausforderung und Chance zugleich. Ein Ratgeber für Firmenkunden über das Rating der Sparkassen-Finanzgruppe, 4. Aufl., Stuttgart 2007

DG Verlag (Hrsg.), Unternehmensfinanzierung nach Maß, CD Rom, Bestell-Nr. 703038

Drost/Köhler/Landgraf, Abwicklung mit Schlupflöchern, Handelsblatt 9. 7. 2014 S. 28-29

DUB Unternehmer (Hrsg.),Geld auf breiter Basis, Magazin der Deutschen Unternehmerbörse 3/2014 S. 1-2

F

Fröhlich/Kolak, Den Kampf mit genossenschaftlicher Beratung gewinnen, BankInformation 11/2013 S. 20-24

G

Gleißner/Everling, Rating-Software – Welche Produkte nutzen wem?, München 2007

Götze/Weegen, Genossenschaftliche Beratung 2015, BankInformation 06/2014 S. 10-11

Günther/Schmidt, Kredit kann jeder, BankInformation 1/2012 S. 54-57

H

Haasis, Sparkassen und Landesbanken werden neue Eigenkapitalanforderungen bewältigen, Pressemitteilung Nr. 86 vom 9. 20. 2010 Deutscher Sparkassen- und Giroverband

Handelsblatt vom 18./19. 3. 2011, Zitat Donald Rumsfeld

Handelsblatt vom 9. 6. 2011 S. 36

Hartig/Kampmann/Dockenfuß, Erfolgreiche Betreuung von Unternehmenskunden, Betriebswirtschaftliche Blätter 4/2011 S. 219-220

Heitzer/Wittgruber, Nebenabreden verbessern Risiko- und Ertragsstruktur, Betriebswirtschaftliche Blätter 9/2011 S. 507-512

Herke, Kreditplattformen im Internet: Echte Alternative zu Banken?, NWB Betriebswirtschaftliche Beratung 3/2011 S. 81-84

Herke, Kreditverträge richtig abschließen, NWB Betriebswirtschaftliche Beratung 4/2011 S. 110-114

Herke, Haftungsfalle Bürgschaft, NWB Betriebswirtschaftliche Beratung, 3/2014 S. 75-79

I

IFD Initiative Finanzstandort Deutschland (Hrsg.), Rating-Broschüre, Dezember 2010, ursprünglich: http://www.finanzstandort.de/uploads/tx°mseifd/documents/IFD_Publikation_Rating_Broschuere.pdf, aktuell nicht mehr verfügbar

IFD Initiative Finanzstandort Deutschland (Hrsg.), Kriterien für die Mezzanine-Qualifizierung der Kreditinstitute, Juni 2011, http://www.finanzstandort.de/uploads/tx°mseifd/documents/Kriterien_Mezzanine_Kapital.pdf - aktuell nicht mehr verfügbar.

J

Jahrstorfer/Pöhlmann, BranchenPrognose stärkt Firmenkundengeschäft, Betriebswirtschaftliche Blätter 1/2012 S. 29-34

Jöhnk/Jöhnk, Financial Covenants: Klare Vorgaben für Kreditnehmer, NWB Betriebswirtschaftliche Beratung 6/2011 S. 177-180

K

KMU-Beraterverband (Hrsg.), KMU-Banken-Barometer des KMU-Beraterverbandes, Juli 2014, http://www.banken-barometer.kmu-berater.de

Kruse/Muth, Update VR-Rating für die interne Revision, Foliensatz eines Vortrags vom 5. 10. 2009, Genossenschaftsverband e.V., Neu-Isenburg und Hannover

Kruse/Muth, Exkurs Override, Foliensatz eines Vortrags vom 5. 10. 2009, Genossenschaftsverband e.V., Neu-Isenburg und Hannover

Kruse/Muth, Exkurs Risikomerkmale, Foliensatz eines Vortrags vom 5. 10.2009, Genossenschaftsverband e.V., Neu-Isenburg und Hannover

L

Leibenger, Bürgschaften: Kautionsversicherungen und Avale gezielt einsetzen, NWB Betriebswirtschaftliche Beratung 2/2013 S. 49-52

Loy/Pecoroni/Tomani/Walter/Wörz, Beleihungswertermittlung, 3. Aufl., Stuttgart 2011

M

Mann, Kapitalgeber Kunde, Finanzierung im Mittelstand 3/2009 S. 21

Moormann/Schnitzler, Rangliste der Deutschen Sparkassen 2010, Betriebswirtschaftliche Blätter 6/2011 S. 345-354

Müller/Sander, Die Vermögens-Verbindlichkeiten-Übersicht, NWB Betriebswirtschaftliche Beratung 9/2013

O

Olma/Mönkhoff/Richter, Zukunftsorientierte Beratung und Analyse, www.sparkassenzeitung,de vom 15. 2. 2013

Osman, Schnelle Kredite als Köder, Handelsblatt vom 27. 3. 2014

P

Palm, Meta-Plus beschleunigt Prozesse, www.sparkassenzeitung.de vom 17. 7. 2013

Pape, Schuldscheindarlehen auch als Minibonds?, Kredit & Rating Praxis 3/2014 S. 22-23

Portisch, Stabilität im Finanziererkreis, Die Bank 3/2011 S. 50-53

R

Reichmann, Das „Kleinst-Kunden-Rating" ist effektiv und kostengünstig, Betriebswirtschaftliche Blätter 1/2006 S. 48-50

Ringwald, Sparkassen haben ein neues Leistungsbarometer, Betriebswirtschaftliche Blätter 7/2012 S. 382-384

S

Sander, Rating-Gespräche von Sparkassen und Genossenschaftsbanken, NWB Betriebswirtschaftliche Beratung 5/2014 S. 140-146

Sander, Anforderungen von Firmenkunden an die Bankenkommunikation rund um Rating und Basel III, in: Everling/Langen (Hrsg.), Basel III, Köln 2013

Sander, Jahresabschluss-Check 2012 - Teil 1: Beratungsangebot aufbauen und vermarkten, NWB-Betriebswirtschaftliche Beratung 9/2012; Jahresabschluss-Check 2012 - Teil 2: Die Aktivseite der Bilanz, NWB-Betriebswirtschaftliche Beratung 10/2012; Jahresabschluss-Check 2012 - Teil 3: Die Passivseite der Bilanz, NWB-Betriebswirtschaftliche Beratung 11/2012

Sander, Banker als Unternehmensberater, Die Bank 6/2012 S. 36-39

Sander, Umschuldung als Finanzierungsbaustein nutzen, NWB Betriebswirtschaftliche Beratung 3/2012 S. 80-85

Schaab, Finanzierung 2.0 - Wie Unternehmen im Netz an Kapital kommen, Finanzierung im Mittelstand 2/2013 S. 10-12

Schätzle, Die Auswirkungen von Basel III auf Genossenschaftsbanken, www.ifg-muenster.de 1/2014 (Newsletter Institut für Genossenschaftswesen, Universität Münster)

Schumacher/Hamm, Förderkredite - nein danke?, SparkassenZeitung vom 2. 9. 2011

Sonntag/Zeiselmaier, Krisenbewältigung, BankInformation 5/2012, S. 50-51

Sparkassen Rating und Risikosysteme GmbH (Hrsg.), 04 Informationen für Kundenbetreuer,Stand Juni 2010

Sparkassen Rating und Risikosysteme GmbH (Hrsg.), 03 Information für den Rating-Anwender, Stand Februar 2010

Sparkassen Rating- und Risikosysteme GmbH (Hrsg.), Das Immobilien-Geschäfts-Rating, 2007

SparkassenZeitung, Moodys und Fitch bestätigen Rating, vom 6. 5. 2011, Seite 1

SparkassenZeitung vom 2. 8. 2002

Steven, Der Kundenbetreuer als Experte und Problemlöser von Firmen, Betriebswirtschaftliche Blätter 7/2011 S. 411-412

U

Uppenbrink, Kreditinstitute verkaufen auch nicht gekündigte Darlehensforderungen an Abwicklungsgesellschaften, Profile 1/2014, Zeitschrift des Steuerberaterverbandes Westfalen-Lippe e.V. S. 24-25

W

Weik/Schöning, Mittelstandsanleihe als Alternative für KMU, Finanzierung im Mittelstand 1/2013 S. 3-7

Welter, Die genossenschaftliche Idee im Netz, BankInformation 6/2013 S. 18-19

STICHWORTVERZEICHNIS

C

F

H

I

J

K

L

S

T

U

V